Umweltinformationssysteme – Digitalisierung für eine nachhaltige Planetare Zukunft

Frank Fuchs-Kittowski · Andreas Abecker ·
Friedhelm Hosenfeld · Anja Reineke ·
Matthias Möller
(Hrsg.)

Umweltinformationssysteme – Digitalisierung für eine nachhaltige Planetare Zukunft

Tagungsband des 31. Workshops „Umweltinformationssysteme (UIS 2024)" der Fachgruppe „Umweltinformationssysteme" der Gesellschaft für Informatik (GI)

Springer Vieweg

Hrsg.
Frank Fuchs-Kittowski
Umweltinformatik
Hochschule für Technik und Wirtschaft (HTW) Berlin
Berlin, Berlin, Deutschland

Friedhelm Hosenfeld
DigSyLand - Büro Großsolt
Großsolt, Schleswig-Holstein, Deutschland

Matthias Möller
Fachbereich III
Berliner Hochschule für Technik (BHT)
Berlin, Deutschland

Andreas Abecker
Disy Informationssysteme GmbH
Karlsruhe, Baden-Württemberg, Deutschland

Anja Reineke
Nationales Zentrum für Umwelt- und Naturschutzinformationen
Umweltbundesamt
Merseburg, Sachsen-Anhalt, Deutschland

ISBN 978-3-658-46393-9 ISBN 978-3-658-46394-6 (eBook)
https://doi.org/10.1007/978-3-658-46394-6

Die Deutsche Nationalbibliothek verzeichnet diese Publikation in der Deutschen Nationalbibliografie; detaillierte bibliografische Daten sind im Internet über https://portal.dnb.de abrufbar.

Springer Vieweg ist ein Imprint der eingetragenen Gesellschaft Springer Fachmedien Wiesbaden GmbH und ist ein Teil von Springer Nature.
Die Anschrift der Gesellschaft ist: Abraham-Lincoln-Str. 46, 65189 Wiesbaden, Germany

Organisation

Tagungsleitung und Organisationskomitee

Dr. Andreas Abecker, Disy Informationssysteme GmbH, Karlsruhe
Prof. Dr. Frank Fuchs-Kittowski, HTW Berlin
Friedhelm Hosenfeld, DigSyLand, Husby
Anja Reineke, Umweltbundesamt, Merseburg
Prof. Dr. habil. Matthias Möller, BHT Berlin

Mitglieder des Programmkomitees

Dr. Andreas Abecker, Disy Informationssysteme GmbH, Karlsruhe
Dr. Matthias Bluhm, con terra GmbH, Münster
Prof. Dr. Frank Fuchs-Kittowski, HTW Berlin
Dr. Burkhard Golla, Julius Kühn-Institut, Berlin
Dr. Sandra Greassidis, Ruhr-Universität Bochum
Prof. Dr. Klaus Greve, Universität Bonn
Helge Höllriegl, Land Niederösterreich
Friedhelm Hosenfeld, DigSyLand, Husby
Prof. Dr. Christian Jolk, TH Ostwestfalen-Lippe, Höxter
Prof. Dr. Michael Klafft, Jade Hochschule, Wilhelmshaven
Prof. Dr. Gerlinde Knetsch, HTW Berlin
Prof. Dr. Matthias Möller, Otto-Friedrich-Universität Bamberg
Prof. Dr. Heidrun Ortleb, Jade Hochschule, Wilhelmshaven
Anja Reineke, Umweltbundesamt, Merseburg
Dr. Patrick Schielein, Otto-Friedrich-Universität Bamberg
Prof. Dr. Dietmar Wikarski, TH Brandenburg a. d. Havel

Vorwort

Dieses Buch präsentiert die wichtigsten Forschungsergebnisse der 31. Ausgabe der seit langem etablierten, interdisziplinären Konferenzreihe über Umweltinformationssysteme (UIS) der Fachgruppe Umweltinformationssysteme (FG UIS) der Gesellschaft für Informatik e. V. (GI).

Die Konferenz „Umweltinformationssysteme 2024 (UIS2024)“ wurde vom 10. bis 12. April 2024 an der Otto-Friedrich-Universität in Bamberg durchgeführt und stand unter dem Motto „Digitalisierung für eine nachhaltige Planetare Zukunft“. Die Veranstaltung wurde von der Fachgruppe Umweltinformationssysteme in Zusammenarbeit mit der Universität Bamberg organisiert. Die Organisation lag in den Händen von Friedhelm Hosenfeld (DigSyLand), Dr. Andreas Abecker (Disy Informationssysteme GmbH), Anja Reineke (Umweltbundesamt) und Prof. Dr. Frank Fuchs-Kittowski (HTW Berlin) seitens der FG UIS sowie Prof. Dr. habil. Matthias Möller seitens der Gastgeberin Universität Bamberg.

Die Tagung UIS2024 war gleichzeitig Gründungsveranstaltung der Fachgruppe Umweltinformationssysteme der Gesellschaft für Informatik e. V. (GI). Mit der Gründung der Fachgruppe UIS wurde der seit 1989 erfolgreich arbeitende Arbeitskreis UIS (AK UIS) in eine dauerhafte GI-Gliederung überführt. Die Mission und Ziele der Fachgruppe wurden in einem Manifest formuliert, das auf der Webseite der Fachgruppe https://fg-uis.de/ws/ws2024/FG_UIS_Manifest.pdf abgerufen werden kann.

Ziel der Konferenzreihe „Umweltinformationssysteme (UIS)“ ist es, den neuesten Stand der Forschung und Entwicklung auf dem Gebiet der Umweltinformatik und umweltbezogener IT-Anwendungsbereiche vorzustellen und zu diskutieren. Dies umfasst sowohl Konzepte und Anwendungen von Umweltinformationssystemen als auch Technologien, die moderne Umweltinformationssysteme unterstützen und ermöglichen. Der offene Erfahrungsaustausch zwischen Fachleuten aus öffentlicher Verwaltung, Wirtschaft und Wissenschaft steht dabei traditionsgemäß im Fokus der jährlich stattfindenden Konferenz.

Die Veranstaltung richtet sich zum einen an UIS-Anwender:innen (z. B. aus Behörden) und Fachexpert:innen aus dem Umweltbereich (z. B. aus Geoökologie, Hydrologie, Biologie, Geographie etc.), zum anderen an UIS-Entwickler:innen (z. B. aus Unternehmen) und zudem an UIS-Wissenschaftler:innen (z. B. aus Hochschulen und Forschungseinrichtungen). Entwickler:innen wird in drei Tagen ermöglicht, Lösungen vorzustellen und deren Nutzbarkeit mit Fachanwender:innen kritisch zu diskutieren. Zudem hilft die Konferenz, Erfahrungen und Anforderungen von UIS-Anwender:innen frühzeitig an Entwickler:innen zu kommunizieren, um neue Bedürfnisse zu identifizieren. Außerdem sollen neuartige Ideen und Ansätze aus der Forschung Perspektiven und Chancen für innovative UIS eröffnen.

Die zum „Aufruf zum Einreichen von Beiträgen" eingereichten Beitragsvorschläge für die UIS2024 wurden einem intensiven Review durch das Programmkomitee unterzogen. Zu jedem Beitragsvorschlag wurden mehrere Gutachten erstellt. Als Ergebnis des Reviews wurden 25 Beiträge zum Vortrag auf der Tagung angenommen. Nach der Tagung erfolgte ein weiteres Review der überarbeiteten Langfassungen durch das Programmkomitee mit mehreren Gutachten pro Beitrag, in dessen Ergebnis 16 Beiträge zur Veröffentlichung in diesem Konferenzband angenommen wurden.

Die in diesem Tagungsband enthaltenen Beiträge bilden eine breite Vielfalt an Themen und aktuellen wissenschaftlichen Diskussionen zum Einsatz moderner Informations- und Kommunikationstechnologien (IKT) im Umweltbereich ab. Die Beiträge wurden in vier Blöcken strukturiert:

- Digitale Werkzeuge und GIS
- Maschinelles Lernen und Bildverarbeitung
- Innovative Methoden für UIS
- Moderne UIS-Anwendungen für Verwaltung und Bevölkerung

Im ersten Block **„Digitale Werkzeuge und GIS"** stehen die Zusammenführung, Validierung und Klassifikation von räumlichen Daten im Mittelpunkt. Im ersten Beitrag von Lodenkemper et al. werden Methoden zur Verbesserung eines Landschaftsmodells zur Abbildung von Agrarlandschaften vorgestellt, um Gehölze, Saumstrukturen sowie Übergänge zwischen Nutzungen zu visualisieren und zu analysieren. Der zweite Beitrag von Haelke et al. beschreibt, wie eine Vielzahl von Schlüsselkonzepten und -technologien zu Digitalen Zwillingen in den Studiengang „Landschaftsarchitektur und Umweltplanung" an der Technischen Hochschule Ostwestfalen-Lippe (TH OWL) eingeführt werden. Der dritte Beitrag von Deharde et al. stellt ein System für die Validierung eines Vegetationsmodells vor, das die überwiegend amtlichen Daten durch verschiedene Crowdsourcing-Quellen erweitert, die Aufnahme neuer Daten ermöglicht und den Validierungsprozess für Fachpersonen vereinfacht.

Der zweite Block **„Maschinelles Lernen und Bildverarbeitung"** skizziert anhand von fünf Beiträgen Anwendungsbereiche von maschinellem Lernen in Umweltinformationssystemen und eng verwandten Einsatzfeldern. Eröffnet wird das Thema durch den Beitrag von Richter et al. mit Untersuchungen mittels eines Multisensor-Messsystems aus mehreren Kameras, deren Bilddaten mit fünf unterschiedlichen Algorithmen des maschinellen Lernens analysiert wurden, um den Gesundheitszustand von Salatpflanzen zu ermitteln. Der nachfolgende Beitrag von Urbanek et al. befasst sich mit der Rekonstruktion von 3D-Modellen nicht mehr existierender Gebäude anhand historischer Fotografien durch den Einsatz von Deep Learning-Technologien. Wie satellitenbasierte Radar-Fernerkundungsdaten zur Erkennung von Fluchtbooten für ein Frühwarnsystem zur Rettung eingesetzt werden können, beschreibt Peter Lanz im dritten Beitrag des Themenblocks. Verschiedene für den maritimen Bereich bewährte Detektionsalgorithmen zur Analyse der Radar-Daten wurden für den Anwendungsfall getestet, angepasst und kombiniert, um die Identifizierung zu optimieren. Behrens et al. erläutern in ihrem Beitrag einen datengetriebenen Ansatz zur Prognose von Pegelständen auf Basis frei verfügbarer Daten mit Unterstützung von rekurrenten neuronalen Netzen und die Analyse der Eignung dieser eingesetzten Machine Learning-Algorithmen für eine ausreichend präzise Vorhersage der Wasserstände. Den Abschluss des Blocks bilden Abecker et al. mit dem Simplex4Learning-Verfahren, das die Entwicklung einer Machine Learning-Plattform für Umweltdaten zum Ziel hat, um insbesondere große, komplexe und heterogene Datenbestände von Umweltbehörden besser zu erschließen und den zuständigen Fachleuten flexible Analysen unter anderem durch automatisiertes maschinelles Lernen (AutoML) zu erleichtern.

Der dritte Block **„Innovative Methoden für UIS"** vereint drei fachlich und technologisch sehr unterschiedliche Beiträge, die jedoch alle noch eher selten genutzte Methoden, Themen oder Lösungsansätze verfolgen, die jeweils ein vielversprechendes Potenzial besitzen, um UIS oder ihre Nutzung zu verbessern. Backhaus et al. beschreiben sehr detailliert, wie eine Clusteranalyse auf Basis der physikalisch-chemischen Eigenschaften von 550 Chemikalien dabei hilft, die Löschmittelempfehlungen im Informationssystem Chemikalien des Bundes und der Länder (ChemInfo) umweltfreundlicher zu gestalten. Holzhüter et al. untersuchen theoretisch und empirisch das Thema Nachhaltigkeit bei Content Management-Systemen und Webseiten-Buildern, um die Ressourceneffizienz web-basierter UIS zu erhöhen. Rudolf et al. zeigen anhand eines konkreten Beispiels zu Umweltfragestellungen bei der Stadt Leipzig (Lärm), wie sich ein kommunales UIS zu einem Digitalen Zwilling des urbanen Ökosystems weiterentwickeln lässt.

Die Beiträge im vierten Block befassen sich mit dem Thema **„Moderne UIS-Anwendungen für Verwaltung und Bevölkerung"**. Die Thematik wird mit einem Beitrag von Hosenfeld et al. eröffnet, der die Neuentwicklung des Abfallentsorgungsanlagenkatasters in Sachsen (ABENSA) beschreibt, das vielfältige Informationen über Entsorgungsanlagen für die Öffentlichkeit und zusätzlich Auswertungsmöglichkeiten für Fachpersonen der Landesumweltbehörde zur Verfügung stellt. Der nachfolgende Beitrag von Hahn-Woernle et al. diskutiert Erfahrungen aus der Analyse und Entwicklung von innovativen Lösungen für die Verwaltung aus drei Teilprojekten des Forschungsprojekts „Umweltinformationen digital 4.0“. Der dritte Beitrag des Themenblocks von Stephan Hofmann widmet sich der Berichtsplattform „Wasser-BLIcK“, mit der für die Europäische Wasserrahmenrichtlinie (EU-WRRL) wasserbezogene Meldedaten verschiedener Verwaltungsebenen gesammelt und an die Europäische Umweltagentur gemeldet werden. Der dritte Beitrag von Doms et al. präsentiert einen Chatbot für das Naturschutzzentrum Karlsruhe-Rappenwört, der organisatorische Informationen zum Naturschutzzentrum sowie Fachinformationen zu den Karlsruher Auen vermittelt. Im abschließenden fünften Beitrag dieses Blocks und damit als Abschluss des Buches wird von Yasmina Bouhout und Thomas Schlegel ein Gamification-Konzept für eine AR-App im Kontext eines Naturlehrpfads präsentiert.

Ergänzend zum vorliegenden Tagungsband stehen die Präsentationen und Videos der Vorträge auf der Tagung zum Download auf der Homepage der Fachgruppe https://www.fg-uis.de/ zur Verfügung. Dort finden sich unter anderem auch Links auf die Tagungsbände der Konferenzen vorangegangener Jahre.

Die Herausgebenden danken allen Beitragenden zur Konferenz und zu diesem Konferenzband. Ein besonderer Dank geht auch an die Mitglieder des Programm- und des Organisationskomitees. Insbesondere danken wir der Universität Bamberg für ihre Organisation vor Ort bei der Durchführung der Konferenz. Nicht zuletzt ein herzliches Dankeschön an unsere Sponsoren, die die Konferenz unterstützt haben.

April 2024

Frank Fuchs-Kittowski
Andreas Abecker
Friedhelm Hosenfeld
Anja Reineke
Matthias Möller

Inhaltsverzeichnis

Digitale Werkzeuge und GIS

Integration von Landnutzungs- und Landbedeckungsdaten für ein hochaufgelöstes Landschaftsmodell

Ricarda Lodenkemper, Martin Pingel, Zvonimir Perić und Burkhard Golla

Zusammenfassung

Agrarlandschaften sind multifunktionale Räume, deren Management durch die Interessen von Landwirtschaft, Umweltschutz und Gesellschaft beeinflusst wird. Landschaftsmodelle als Grundlage für Prognosen und Entscheidungshilfesysteme zur Lenkung von Maßnahmen in der Agrarlandschaft basieren auf einer Vielzahl von Geodaten verschiedener Qualität und Verfügbarkeit. In diesem Beitrag stellen wir einen Workflow für die Generierung eines kohärenten, rasterbasierten Landschaftsmodells auf Basis heterogener Landnutzungs- und Landbedeckungsdaten vor. Anhand einer Agrarlandschaft im „Alten Land" von 2×2 km^2 Größe demonstrieren wir die Integration verschiedener Datenprodukte wie das Digitale Landschaftsmodell (ATKIS Basis-DLM), Daten des landwirtschaftlichen Meldesystems InVeKoS und dem Digitalen Zwilling Deutschland, einem LiDAR-basierten räumlichen Modell. Der entwickelte Workflow kombiniert die verwendeten Geodaten zu fünf thematischen Rastern mit einer Bodenauflösung von 20 cm. Aus den thematischen Rastern können angepasste Landschaftsmodelle und entsprechende Karten durch Überlagerung und anschließender Aggregation von

R. Lodenkemper (✉) · M. Pingel · Z. Perić · B. Golla
Julius Kühn-Institut, Kleinmachnow, Deutschland
E-Mail: ricarda.lodenkemper@julius-kuehn.de

M. Pingel
E-Mail: martin.pingel@julius-kuehn.de

Z. Perić
E-Mail: zvonimir.peric@julius-kuehn.de

B. Golla
E-Mail: burkhard.golla@julius-kuehn.de

F. Fuchs-Kittowski et al. (Hrsg.), *Umweltinformationssysteme - Digitalisierung für eine nachhaltige Planetare Zukunft,* https://doi.org/10.1007/978-3-658-46394-6_1

Klassen generiert werden. Durch einen kohärenten Klassifizierungsschlüssel ist die Ansprache und Analyse einer hohen Zahl von Klassenkombinationen möglich. Der demonstrierte Ansatz ist insbesondere geeignet, um Gehölze, Saumstrukturen sowie Übergänge zwischen Nutzungen zu visualisieren und zu analysieren. Der Ansatz ist flexibel hinsichtlich der Integration weiterer oder alternativer Datensätze. Er unterstützt die raumbasierte ökologische Forschung, insbesondere durch die detaillierte Darstellung von Agrarlandschaften und deren nicht-produktiven Elementen. Durch die Zunahme immer hochauflösender domänenspezifischer Daten wächst der Bedarf an Integrationsmethoden, wie der hier dargestellten Methode, um mit bestverfügbaren Datengrundlagen den vielfältigen Herausforderungen der Agrarforschung zu begegnen.

Schlüsselwörter

Landschaftsraster • Landbedeckung und Landnutzung • LiDAR • Digitaler Zwilling Deutschland • InVeKoS • ATKIS Basis-DLM • Altes Land

1 Einleitung

Agrarlandschaften sind multifunktionale Räume im Spannungsfeld verschiedener Nutzungsinteressen von Landwirtschaft, Umwelt- und Naturschutz, und Gesellschaft. Grundlage zielgerichteter und effektiver politischer Maßnahmen, die auf einen Ausgleich dieser Interessen abzielen, sind wissenschaftliche Annahmen, Modelle und Prognosen. Landschaftsmodelle sind dabei unverzichtbar, da sie nicht nur für die Quantifizierung von Landschaftsstrukturen und die Abschätzung des ökologischen Potenzials von Landschaften entscheidend sind, sondern auch bei der Entwicklung und Anwendung von Simulationsmodellen als Entscheidungshilfen eine zentrale Rolle spielen. [1, 2].

Landschaftsmodelle sind abstrahierte Abbildungen einer realen Landschaft, die häufig als Mosaik aus diskreten Elementen aufgefasst werden [3]. Für die Ableitung eines Landschaftsmodells muss eine Datengrundlage aus einer Menge verfügbarer Geodaten geschaffen werden. Geodaten zu Landnutzung und Landbedeckung, die aus einer Reihe öffentlicher und nicht-öffentlicher Bezugsquellen stammen, basieren auf vielfältigen Erfassungsverfahren und Nutzungszielen, was eine erhebliche Variabilität in räumlicher und zeitlicher Auflösung, Semantik und der Qualität der Daten bedingt [4–6]. Zusätzlich erschweren Fragen des Dateneigentums und des Datenschutzes häufig die Verfügbarkeit und die Nachnutzung vieler dieser Daten.

Maßgeblich für die Eignung von Agrarlandschaften als Lebensraum für Wildtiere ist das Vorhandensein von nicht-produktiven Flächen sowie deren Art, Umfang und ökologische Qualität. Nicht-produktive Flächen hoher ökologischer Qualität können insbesondere Gehölz-dominierte Landschaftselemente sein, die nicht nur als wichtiger Lebensraum für Vögel und andere Wildtiere dienen, sondern auch Ökosystemleistungen erbringen wie Erosionsschutz, Kohlenstoff-Speicherung und eine Aufwertung der Landschaftsästhetik.

Hochaufgelöste Raumdaten auf Basis von LiDAR (Light Detection and Ranging) können die fernerkundliche Lokalisierung aufragender Vegetationsstrukturen unterstützen und damit einen Beitrag leisten, Gehölz-dominierte Landschaftselemente wie Hecken, Baumreihen und Gebüsche flächentreu in Landschaftsmodelle zu integrieren [7]. Das Projekt „Digitaler Zwilling Deutschland“ des Bundesamtes für Kartographie und Geodäsie (BKG) [8] verfolgt das Ziel, bundesweite LiDAR-basierte Raumdaten zur Verfügung zu stellen, dessen Integration in Landschaftsmodelle für raumbasierte, ökologische Modelle von großem Wert sein kann.

Für die Erstellung eines Landschaftsmodells ist nicht nur die Auswahl, Aufbereitung und Harmonisierung geeigneter Datensätze entscheidend, sondern auch die Entwicklung eines auf die spezifische Fragestellung bezogenen Detailniveaus des Landschaftsmodells und die Klassifizierung der darzustellenden Landschaftsobjekte. Ein einheitlicher, automatisierbarer Workflow für die Integration von Geodaten unterschiedlicher Herkunft und Qualität in ein kohärentes Landschaftsmodell im Rasterformat fehlt bisher.

In diesem Beitrag stellen wir einen innovativen Workflow vor, der die Integration von heterogenen Geodaten in ein Raster-basiertes Landschaftsmodell ermöglicht. Anhand einer Obstbau-geprägten Agrarlandschaft von 2×2 km^2 Größe demonstrieren wir die Integration verschiedener Datenprodukte, unter anderem dem Digitalen Landschaftsmodell (Basis-DLM [9]), landwirtschaftliche Flächen des landwirtschaftlichen Meldesystems InVeKoS [10] und dem Digitalen Zwilling Deutschland (DigiZ-DE) [8]. Das resultierende Landschaftsmodell zeichnet sich durch folgende Eigenschaften aus:

- Eine flächendeckende Repräsentation von Agrarlandschaften im Rasterformat mit einer Bodenauflösung von bis zu 20 cm.
- Die Möglichkeit, kombinierte Klassen von Landschaftsobjekten durch die Überschneidung von Geodaten unterschiedlicher Herkunft abzubilden.
- Ein kohärenter Klassifikationsschlüssel für Objektklassen, wodurch eine effiziente Filterung und Aggregation ermöglicht wird.

Der Workflow zeichnet sich durch seine Übertragbarkeit auf andere Landschaftsausschnitte aus und bietet die Möglichkeit zur Integration weiterer Datenquellen.

2 Untersuchungsgebiet und Datengrundlagen

Zur Entwicklung des Workflows für die Erstellung von Landschaftsmosaiken wurde ein Landschaftsausschnitt von 2×2 km^2 Ausdehnung in der kulturhistorischen, Obstbau-geprägten Region „Altes Land“ ausgewählt. Der Landschaftsausschnitt liegt in Niedersachsen zwischen Horneburg im Landkreis Stade und der Elbe.

Nach Prüfung verschiedener Datensätze für das Zielgebiet, wurden nachfolgend beschriebene Datensätze für die Integration ausgewählt.

Der Geobasisdatensatz Basis-DLM [9] ist Bestandteil des Amtlichen Topographisch-Kartographischen Informationssystems (ATKIS) und beschreibt topographische Landschaftsobjekte im Vektorformat für ganz Deutschland. Es werden alle Objekte in einem Maßstab von 1:25 000 erfasst und in einem regelmäßigen Abstand aktualisiert (Grundaktualität 5 Jahre; Spitzenaktualität 3 bis 12 Monate). Die Objekte werden als Punkte, Linien und Flächen modelliert. Hier wurden die Daten des Veröffentlichungsjahres 2021 verwendet.

Die Flächendaten aus dem landwirtschaftlichen Meldewesen InVeKoS (Integriertes Verwaltungs- und Kontrollsystem) stellen eine flächentreue Abbildung von landwirtschaftlichen Nutzflächen dar [10]. Die Daten werden jährlich von Inhabern landwirtschaftlicher Betriebe in Zusammenhang mit den Agrarförderanträgen an Landesbehörden übermittelt. Sie zeichnen sich durch eine hohe Aktualität bezüglich der tatsächlichen Flächennutzung und über eine höhere Flächengenauigkeit gegenüber dem Basis-DLM aus. Im Gegensatz zum Basis-DLM enthält der Datensatz nur gemeldete landwirtschaftliche Flächen sowie gemeldete Landschaftselemente, für die eine Förderung im jeweiligen Jahr beantragt wurde. Die Daten des InVeKoS sind nutzungsbeschränkt und stehen der Forschung nur in einigen Bundesländern in anonymisierter Form zur Verfügung. Für das Untersuchungsgebiet wurden die InVeKoS-Daten für die Jahre 2020 und 2021 verwendet.

Die amtlichen Hausumringe beschreiben die georeferenzierten Gebäudegrundrisse des Liegenschaftskatasters in einem Maßstab von 1:25 000 [11]. Der Geodatensatz steht nur einem eingeschränkten Kreis von Nutzungsberechtigten, darunter Bundesbehörden, zur Verfügung. Es wurden die Daten des Veröffentlichungsjahres 2017 verwendet.

Der DigiZ-DE [8] wird als eine Analyseplattform für die Bundesverwaltung konzipiert, um Prozesse, Maßnahmen und Entwicklungen virtuell durchzuspielen, bevor sie in der Realität umgesetzt werden. In der aktuellen Entwicklungsphase wurde zur Demonstration ein Gebiet von über 8000 km^2 (Großraum Hamburg sowie Teile Schleswig-Holsteins und Niedersachsens) mittels LiDAR-Sensorik analysiert, um eine hochauflösende, dreidimensionale Abbildung der zum Datum des Überfluges (Oktober/November 2021 – Januar/Februar 2022) vorhandenen sichtbaren Objekte zu erhalten. Der DigiZ-DE befindet sich in der Entwicklungs- und Pilotphase. Die Bereitstellung eines kontinuierlichen Dienstleistungsangebots für Bundesbehörden ist ab 2027 geplant.

3 Datenaufbereitung

Alle GIS-Operationen, soweit nicht anders dargestellt, wurden mit ArcGIS und dem Python-Site-Paket ArcPy zum Ausführen von Funktionen für geographische Informationssysteme umgesetzt. Für die Kombination der unterschiedlichen Datentypen wurden zunächst alle Datensätze in das Rasterformat konvertiert. Dabei wurde eine Auflösung von 20 cm und das Koordinatenreferenzsystem ETRS89/UTM Zone 32N gewählt. Die

Auflösung von 20 cm entspricht der Auflösung von Digitalen Orthophotos der Vermessungsverwaltungen der Bundesländer, welche vom BKG länderübergreifend zusammengeführt und deutschlandweite Datensätze generiert [12]. Alle Raster wurden mit gleicher Ausdehnung von 2 × 2 km^2 und gleichen Koordinateneckpunkten erstellt.

Die Objektarten des ATKIS Basis-DLM 2021 liegen in Vektordateien vor, welche als Punkt-, Linien- und Polygon-Objekte modelliert sind. Im Untersuchungsgebiet kommen insgesamt 18 verschiedene Objektarten (Linien und Polygone) der Objektartengruppen „Vegetation“, „Besondere Vegetationsmerkmale“ „Gewässer“, „Siedlung“, „Verkehr“ und „Bauwerke, Anlagen und Einrichtungen für den Verkehr“ vor [13]. Punkt-Objekte wurden hier nicht berücksichtigt. Für die Objektarten der Vegetation erfolgte eine weitere Unterteilung der landwirtschaftlichen Flächen in „Ackerland“, „Dauergrünland“, „Dauerkulturen“ und „Sonstige Flächen“. Die Objektarten „Gehölz“ und „Unland/ Vegetationslose Fläche“ wurden als „Sonstige Vegetation“ zusammengefasst. Wald wurde als Klasse gesondert beibehalten. Weiterhin wurden die Objektarten der Gruppe „Gewässer“ in „Stehende Gewässer“ und Fließgewässer unterteilt, sowie die Objektarten der Gruppen „Verkehr“ und „Bauwerke, Anlagen und Einrichtungen für den Verkehr“ in landwirtschaftlich genutzte und öffentliche Verkehrswege, wozu auch die Bahnstrecken zählen.

Linienobjekte des Basis-DLM wurden zur Konvertierung in das Rasterformat gepuffert. Die Angabe der Breite für Linienobjekte aus dem Basis-DLM wurde mithilfe von Orthophotos auf Plausibilität geprüft und anschließend für die Pufferung übernommen [13]. Bei möglichen Abweichungen, z. B. aufgrund von Gräben, Böschungen oder Autobahnseitenstreifen wurde die Breite angepasst Die angenommenen Breiten für die Linienobjekte des Basis-DLM sind Tab. 1 zu entnehmen. Die Raster der Gewässer und Verkehrswege wurden bereits in diesem Arbeitsschritt zu einem Raster zusammengefasst. Bei Überschneidungen von Verkehrswegen und Gewässern (z. B. bei Brücken), wurde die Rasterzelle als Verkehrsweg klassifiziert.

Für die Konvertierung der InVeKoS-Vektordaten in das Rasterformat wurden die für das Land Niedersachsen zugänglichen Datensätze der Jahre 2020 und 2021 verwendet. In den Daten werden Angaben zu den Anbaunutzungsarten gemacht. Im Untersuchungsgebiet wurden in den Jahren 2020 und 2021 insgesamt 22 verschiedene Nutzungsarten gemeldet. Diese wurden in die vier Klassen Ackerland, Dauergrünland, Dauerkulturen und Sonstige Flächen gruppiert.

Die Daten des DigiZ-DE wurden durch das BKG als Demonstrationsdatensatz zur Verfügung gestellt. Die Daten wurden im für LiDAR üblichen Punktwolkenformat übergeben. Dabei waren die Punktdaten wie folgt klassifiziert: Boden, Gebäude, Gewässer, niedrige Vegetation (0–1,5 m Höhe über dem Boden), mittlere Vegetation (1,5–7,5 m Höhe) und hohe Vegetation (ab 7,5 m Höhe). Für das vorliegende Modell wurden die Punktklassen Boden und Gewässer nicht berücksichtigt.

Tab. 1 Linienobjekte des Basis-DLM [9, 13] und Breitenangaben für die Integration in das Rasterbasierte Landschaftsmodell.

Objektart	Entsprechung im Untersuchungsgebiet	Gepufferte Breite
Vegetationsmerkmal	Hecke, Baumreihe	2 m
WegPfadSteig	Weg, Pfad, Steig	2,5 m
Fahrwegachse	Wirtschaftsweg	3 m
Fahrwegachse	Hauptwirtschaftsweg	4 m
Straßenachse	Gemeindestraße	4 m pro Fahrstreifen
Straßenachse	Bundesstraße	4 m pro Fahrstreifen
Fahrbahnachse	Bundesautobahn	4 m pro Fahrstreifen + 4m Seitenstreifen
Bahnstrecke		4 m pro Gleis
Gewässerachse		3 m, 6 m, 12 m

Die einzelnen Klassen wurden mithilfe der Software LasTools (https://lastools.github.io/) einzeln extrahiert und in ein Rasterformat mit einer Auflösung von 20 cm umgewandelt.

Das Ergebnis der Datenaufbereitung waren zwölf Raster, die Geodaten aus nur einer Quelle abbilden, diese sind zwei InVeKoS-Raster, ein Basis-DLM-Raster, bestehend aus allen Polygon-Objekten außer den Verkehrs- und Gewässer-Polygonen, das Raster der Basis-DLM Verkehrswege und Gewässer, sechs Raster des digitalen Zwillings (Boden, Gewässer, Gebäude, niedrige Vegetation, mittlere Vegetation, hohe Vegetation), sowie ein Raster der Basis-DLM Hecken und ein Raster der Hausumringe.

4 Erstellung von Kombinationsrastern

Ziel dieses Schrittes war es, die Quellen-spezifischen Raster zu fünf thematischen Rastern zu kombinieren (Abb. 1). Die Kombinationen der Raster sowie die Vergabe der Codes wurden mithilfe von booleschen Abfragen innerhalb des Python-Skriptes durchgeführt.

Das Kombinationsraster „Landnutzung" wurde aus den zwei InVeKoS-Rastern der Jahre 2020 und 2021 sowie dem Basis-DLM-Raster zusammengefasst. Bei der Überlagerung von InVeKoS-Flächen und landwirtschaftlichen Nutzflächen des Basis-DLM entstehen Säume, da die InVeKoS-Flächen häufig kleiner sind als die Flächen des Basis-DLM. Diese Säume wurden als solche entsprechend ihrer Nutzung laut Basis-DLM klassifiziert. Basis-DLM-Flächen landwirtschaftlicher Nutzung, die sich nicht mit einer

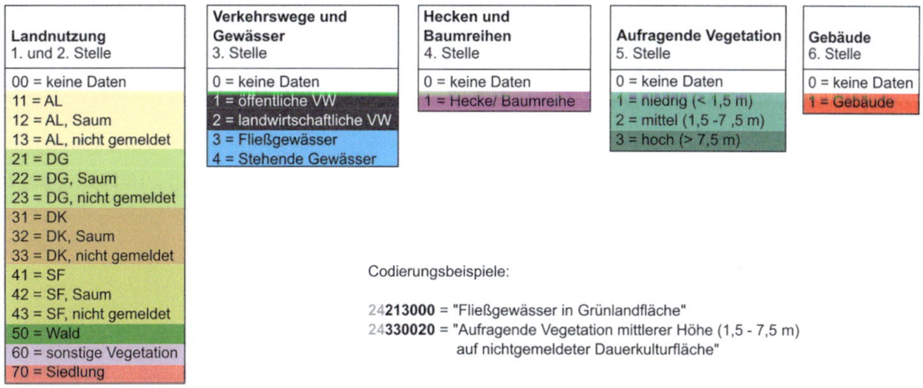

Abb. 1 Schema des Klassifizierungsschlüssels. Durch die Kombination der 5 thematischen Kombinationsraster entstehen eine hohe Zahl realisierbarer kombinierter Objektklassen, die durch den 8-stelligen Code eindeutig angesprochen werden können. Abkürzungen: AL, Ackerland; DG, Dauergrünland, DK; Dauerkulturen; SF, Sonstige Flächen; VW, Verkehrswege. Um aus datentechnischen Gründen die Ziffern „00“ am Anfang des Codes zu vermeiden, erhalten alle Codes die Ziffern „24“ als Präfix (s. Codierungsbeispiele).

InVeKoS-Fläche schneiden, wurden als „nicht gemeldet“, klassifiziert. Bei Überschneidungen der InVeKoS-Klassen innerhalb der beiden Jahre 2020 und 2021 wurde die Klasse des aktuelleren Datensatzes angenommen.

Die Codes des Kombinationsrasters „Verkehrswege und Gewässer“ wurden zwischen stehenden und fließenden Gewässern und öffentlichen und landwirtschaftlichen Verkehrswegen unterschieden.

Hecken und Baumreihen des Basis-DLM wurden als weiteres Raster „Hecken und Baumreihen“ angelegt. Das Kombinationsraster „Aufragende Vegetation“ wurde aus den drei Vegetationsrastern (niedrige Vegetation, mittlere Vegetation, hohe Vegetation) des DigiZ-DE zusammengesetzt.

Das Kombinationsraster „Gebäude“ wird aus dem Gebäude-Raster des DigiZ-DE und den Hausumringen zusammengesetzt. Für eine Klassifikation einer Rasterzelle als Gebäude ist das Vorhandensein der Information in einem der beiden Quellen ausschlaggebend.

5 Ergebnisse

Das endgültige Raster wurde aus den fünf Kombinationsrastern generiert. Zur Erstellung eines Klassifizierungsschlüssels wurden die Codierungen der Kombinationsraster aneinandergereiht. Die ersten beiden Ziffern „24“ wurden dem Klassifizierungsschlüssel aus datentechnischen Gründen vorgesetzt, um den möglichen Beginn eines Schlüssels mit „00“ zu vermeiden. Die dritte und vierte Ziffer des Schlüssels gibt den Code des Landnutzungs-Rasters wieder (Abb. 1). Es folgen die Codes der Kombinationsraster „Verkehrswege und Gewässer“, „Hecken und Baumreihen“, „Aufragende Vegetation“ und „Gebäude“ mit jeweils einer Stelle im Schlüssel. Durch die Überlagerung der Kombinationsraster mit ihren entsprechenden Objektklassen sind eine hohe Zahl an kombinierten Klassen möglich. Mithilfe des Klassifizierungsschlüssels können diese eindeutig angesprochen und gefiltert, sowie für weitere Analysen und Anwendungsfälle aggregiert werden.

Im Untersuchungsgebiet „Altes Land“ wurden über 240 Kombinationen identifiziert. Da diese nicht innerhalb einer Karte darstellbar sind, wurden mehrere Kombinationen zu darstellbaren und aussagekräftigen Klassen aggregiert (Abb. 2). Innerhalb des Landnutzungs-Rasters wurden die Objekte des Basis-DLM und InVeKoS so aggregiert, sodass die vier Landnutzungsklassen Ackerland, Dauergrünland, Dauerkulturen und Sonstige Flächen unabhängig vom Meldestatus dargestellt werden.

Die Darstellung des Landnutzungs-Rasters im nicht-aggregierten Format erlaubt die Identifikation möglicher Saumstrukturen: In der Detail-Karte (Abb. 3) ist zu sehen, dass die Flächen des Basis-DLM häufig größer sind, als die gemeldeten InVeKoS-Flächen. So entstehen auf Ackerflächen zum Beispiel Säume, die häufig einer weniger intensiven Bewirtschaftung unterliegen und damit ein höheres ökologisches Potenzial im Vergleich zur Kernfläche haben. Weitere potenziell unbewirtschaftete Säume ergeben sich in Dauerkulturen, die in der Regel als Zeilen-Kultur angelegt sind. Durch die Geometrie der Zeilen und die notwendige Rangierfläche für Landmaschinen entstehen an den Rändern der Flächen unbestockte Bereiche. Durch die Überlagerung mit den Daten des Digitalen Zwillings im Kombinationsraster „Aufragende Vegetation“ sind diese Saumbereiche explizit identifizierbar und flächenmäßig quantifizierbar.

Die Integration der aufragenden Vegetation, basierend auf dem DigiZ-DE, erlaubt neben der Darstellung von aufragenden Kulturen wie Obstkulturen, Wein oder Streuobst auch die Identifizierung von Gehölz-dominierten Landschaftselementen wie Hecken, Baumreihen, Strauchflora und Einzelbäumen. Diese Strukturen überlagern Objekte anderer Nutzung, wie landwirtschaftlich genutzte Flächen, deren Säume, oder Wirtschaftswege (Abb. 4). Die aufragende Vegetation aus dem Digitalen Zwilling bietet auch die Möglichkeit, die Ausdehnung der als Linienobjekte modellierten Hecken und Baumreihen des ATKIS Basis-DLM abzubilden.

6 Diskussion und Schlussfolgerung

Landschaftsobjekte stellen in der realen Welt nicht ausschließlich isolierte, diskrete Elemente dar, wie es beispielsweise im Basis-DLM modelliert ist. Vielmehr existieren Übergangszonen zwischen diesen Landschaftselementen, die wichtige ökologische Funktionen erfüllen. Die Modellierung dieser Saumstrukturen und Ökoton-Habitate,

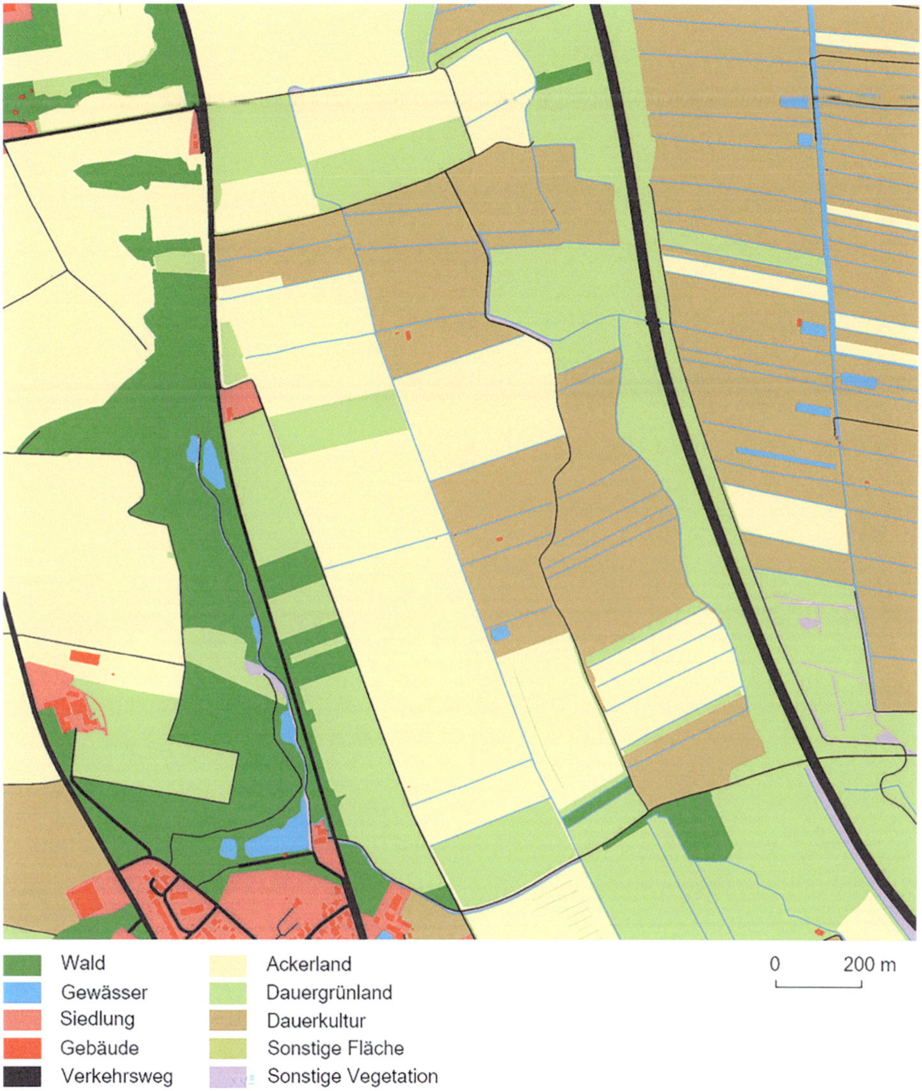

Abb. 2 Raster-Karte des Untersuchungsgebiets „Altes Land" (2×2 km^2, Auflösung 20 cm). Dargestellt sind 10 aggregierte Klassen aus dem Landnutzungs-Raster (Wald, Siedlung, Ackerland, Dauergrünland, Dauerkulturen, Sonstige Flächen, Sonstige Vegetation), das Raster „Verkehrswege und Gewässer" sowie Gebäude.

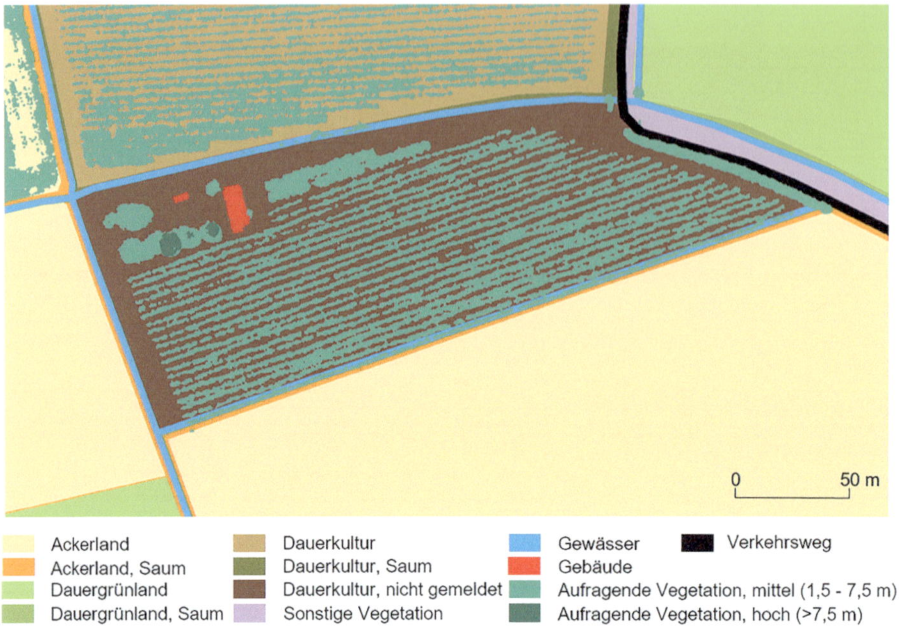

Abb. 3 Kartenausschnitt aus dem 2 × 2 km^2 Untersuchungsgebiets „Altes Land" mit Fokus auf nicht-aggregierte Flächen des Landnutzungs-Rasters zur Darstellung von Saumstrukturen und aufragender Vegetation, sowie zur Unterscheidung der tatsächlichen Produktionsfläche von nicht-produktiven Säumen.

ermöglichen es, die Dynamik und die Komplexität von Landschaften besser zu verstehen [3]. Dies ist insbesondere für die Integration unzureichend erfasster Gehölze in Agrarlandschaften und für die Darstellung der Übergänge zwischen verschiedenen Landschaftstypen wie Agrar-, Wald- und Siedlungslandschaften von Bedeutung.

Ein spezifisches Beispiel für die Anwendung dieses Modellierungsansatzes ist das „Animal, Landscape and Man Simulation System" (ALMaSS) [12, 13], welches in nationalen und europäischen Projekten zur Simulation von Populationsdynamiken schützenswerter Arten unter verschiedenen Umweltbedingungen eingesetzt wird. ALMaSS simuliert Zielorganismen als Agenten in einer dynamischen Landschaft, die durch landwirtschaftliche Praktiken und agrarpolitische Interventionen beeinflusst wird. Zu diesem Zweck benötigt ALMaSS Modelllandschaften, die realen Landschaften möglichst gut entsprechen [6].

Ein weiteres Einsatzgebiet für diesen Modellierungsansatz ist die Präzisionslandwirtschaft („Spot Farming") als innovativer Ansatz für die Landwirtschaft. Dieser geht von der Annahme aus, dass viele landwirtschaftliche Produktionsflächen in ihren Eigenschaften nicht homogen sind [14]. Technologien der Präzisionslandwirtschaft ermöglichen teilflächenspezifische Pflege, Düngung und Pflanzenschutzmittelapplikation bis zur Ebene

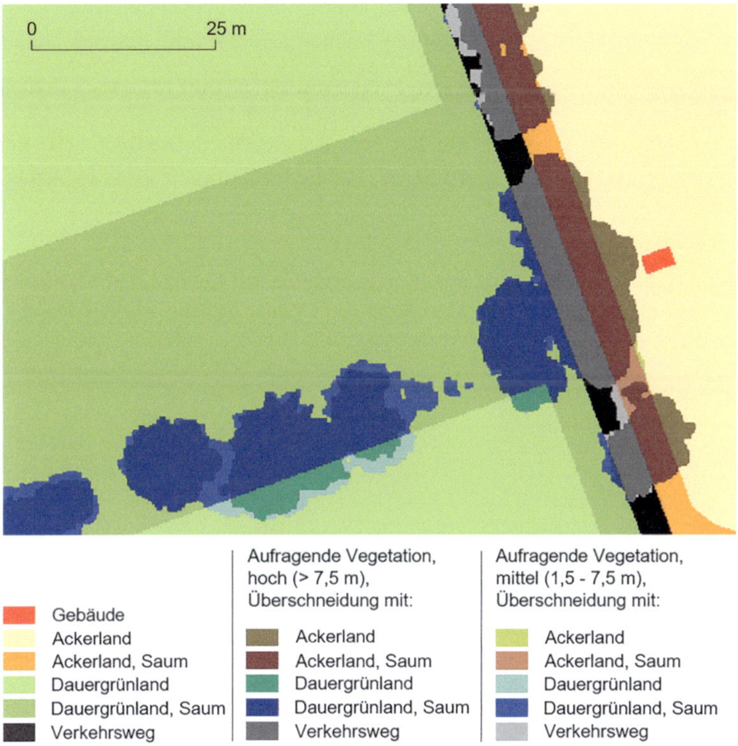

Abb. 4 Kartenausschnitt aus dem $2 \times 2\ km^2$ Untersuchungsgebiet „Altes Land“ mit Fokus auf die Überlagerung der aufragenden Vegetation mit nicht-aggregierten Flächen des Landnutzungs-Rasters und Verkehrswegen.

der Einzelpflanze. Dabei können neben kleinräumigen Unterschieden des Bodens und Reliefs innerhalb der Anbaufläche auch Saumstrukturen, angrenzende Gewässer und Landschaftselemente berücksichtigt und besser vor unerwünschten Einträgen geschützt werden. Präzise Applikationskarten, die auch nicht-kultivierte Flächen und Landschaftselemente berücksichtigen, sind eine essentielle Voraussetzung für Anwendungen des Spot Farmings.

Der in diesem Beitrag vorgestellte Workflow ermöglicht die flexible Einbindung weiterer oder alternativer Geodaten. Besonders für Agrarlandschaften erweisen sich Landnutzungs- und Fruchtartenklassifikationen, die durch Fernerkundung und maschinelles Lernen generiert werden, als vielversprechende Alternativen zu den oft unvollständigen InVeKoS-Flächendaten, welche aufgrund nicht erfasster Nutzflächen und datenschutzrechtlicher Einschränkungen limitiert sind.

In Agrarlandschaften spielen Kleingewässer und insbesondere Fließgewässer wie Gräben als aquatische Ökosysteme eine große Rolle. Diese werden durch das Basis-DLM nur unzureichend erfasst. Durch die Integration von fernerkundungsgestützten Geodaten wie hochaufgelösten Geländemodellen können Gräben und stehende Kleingewässer lagegenauer und mit höherer Genauigkeit modelliert werden [15].

Durch die Zunahme immer hochauflösender domänenspezifischer Daten wächst der Bedarf an Integrationsmethoden, wie der hier dargestellten Methode, um mit bestverfügbaren Datengrundlage den vielfältigen Herausforderungen der Agrarforschung zu begegnen.

Danksagung Wir danken dem Bundesamt für Kartographie und Geodäsie (BKG) und insbesondere Theresa Herbst für die Bereitstellung von Daten des Demonstrationsprojektes Digitaler Zwilling Deutschland (DigiZ-DE) sowie den Informationen zur Befliegung im Rahmen des DigiZ-DE.

Literatur

1. Poggi, S., Papaïx, J., Lavigne, C., Angevin, F., Le Ber, F., Parisey, N., Ricci, B., Vinatier, F., & Wohlfahrt, J. (2018). Issues and challenges in landscape models for agriculture: from the representation of agroecosystems to the design of management strategies. *Landscape Ecology*, 33(10), 1679–1690. https://doi.org/10.1007/s10980-018-0699-8
2. Liu, S., Brandt, M., Nord-Larsen, T., Chave, J., Reiner, F., Lang, N., Tong, X., Ciais, P., Igel, C., Pascual, A., Guerra-Hernandez, J., Li, S., Mugabowindekwe, M., Saatchi, S., Yue, Y., Chen, Z., & Fensholt, R. (2023). The overlooked contribution of trees outside forests to tree cover and woody biomass across Europe. Science Advances, 9(37), eadh4097. https://doi.org/10.1126/sciadv.adh4097
3. Lausch, A., Blaschke, T., Haase, D., Herzog, F., Syrbe, R-U., Tischendorf, L., & Walz, U. (2015). Understanding and quantifying landscape structure – A review on relevant process characteristics, data models and landscape metrics. *Ecological Modelling,* 295, 31–41. https://doi.org/10.1016/j.ecolmodel.2014.08.018
4. Golla, B., Lodenkemper, R., & Bacher, S. (2024). Reduction of plant protection products in sensible areas in Germany in context of the SUR Proposal. *Landbauforschung – Journal of Sustainable and Organic Agriculture*, 72(1), 1–18. https://doi.org/10.5073/LBF.2023.01.08
5. Krumpe, J. (2010). Multivariate Raumbewertung mit verteilten Geodaten. *GIS.Science*, 2010 (2), 74–82. https://gispoint.de/artikelarchiv/gis/2010/gisscience-ausgabe-22010/2990-multiattributive-raumbewertung-mit-verteilten-geodaten.html
6. Stein, S., Dominic, A, Kehlenbeck, H., Topping, CJ., Ziółkowska, E., & Golla, B. (2022). Datenaufbereitung für ALMaSS – Eine agentenbasierte Umweltfaktorensimulation auf Landschaftsebene. In F. Fuchs-Kittowski, A. Abecker, F. Hosenfeld, H. Ortleb, & M. Klafft (Hrsg.), *Umweltinformationssysteme – Wie trägt die Digitalisierung zur Nachhaltigkeit bei?* (S. 201–213). Wiesbaden: Springer Vieweg. https://doi.org/10.1007/978-3-658-35685-9_12
7. Perić, Z., Geiger, AN., & Nordheim, S. (2022). Beobachtung der Landschaftselemente anhand von LiDAR-Daten. In: F. Fuchs-Kittowski, A. Abecker, F. Hosenfeld, H. Ortleb, & M. Klafft (Hrsg.), *Umweltinformationssysteme – Wie trägt die Digitalisierung zur Nachhaltigkeit bei?* (S. 169–182). Wiesbaden: Springer Vieweg. https://doi.org/10.1007/978-3-658-35685-9_10
8. BKG. (2024). *Digitaler Zwilling Deutschland – Demonstrationsprojekt Metropolregion Hamburg.* Bundesamt für Kartographie und Geodäsie. https://www.bkg.bund.de/DE/Forschung/Projekte/Digitaler-Zwilling/Digitaler-Zwilling_cont.html

9. BKG. (2023). *Digitales Basis-Landschaftsmodell (Ebenen) (Basis-DLM)*. Bundesamt für Kartographie und Geodäsie. https://gdz.bkg.bund.de/index.php/default/digitale-geodaten/digitale-landschaftsmodelle/digitales-basis-landschaftsmodell-ebenen-basis-dlm-ebenen.html
10. Inan, HI., Sagris, V., Devos, W., Milenov, P., van Oosterom, P., & Zevenbergen, J. (2010). Data model for the collaboration between land administration systems and agricultural land parcel identification systems. *Journal of Environmental Management*, 91(12), 2440–2454. https://doi.org/10.1016/j.jenvman.2010.06.030
11. BKG. (2023). *Amtliche Hausumringe Deutschland (HU-DE)*. Bundesamt für Kartographie und Geodäsie. https://gdz.bkg.bund.de/index.php/default/digitale-geodaten/sonstige-geodaten/amtliche-hausumringe-deutschland-hu-de.html
12. BKG. (2024). *Digitale Orthophotos und Satellitenbilddaten*. Bundesamt für Kartographie und Geodäsie. https://gdz.bkg.bund.de/index.php/default/webdienste/digitale-orthophotos.html
13. Arbeitsgemeinschaft der Vermessungsverwaltungen der Länder der Bundesrepublik Deutschland. (2021). *ATKIS Basis-DLM-Objektartenkatalog (7.1.1)*. Dokumentation zur Modellierung der Geoinformationen des amtlichen Vermessungswesens (GeoInfoDok). https://www.adv-online.de/icc/extdeu/nav/9db/9db50769-dad3-19fa-6d78-79f08a07b51a&sel_uCon=f9870da6-7e55-e9fa-6d78-79f08a07b51a&uTem=73d607d6-b048-65f1-80fa-29f08a07b51a.htm
14. Wegener, JK., Urso, L-M., Hörsten, D., von, Hegewald, H., Minßen, T-F., Schattenberg, J., Gaus, C-C., de Witte, T., Nieberg, H., Isermeyer, F., Frerichs, L., & Backhaus, GF. (2019). Spot farming – an alternative for future plant production. *Journal of Cultivated Plants*, 71(4), 70–89. https://doi.org/10.5073/JfK.2019.04.02
15. Kislinger, F., Riedel, T., Golla, B., & Strassemeyer, J. (2022). Methodenentwicklung zur Böschungsoberkanten-Erkennung. In M. Gandorfer, C. Hoffmann, N. El Benni, M. Cockburn, T. Anken, H. Floto (Hrsg.), *Informatik in der Land-, Forst- und Ernährungswirtschaft – Künstliche Intelligenz in der Agrar- und Ernährungswirtschaft*. Referate der 42. GIL-Jahrestagung. Lecture Notes in Informatics (LNI)-Proceedings Volume P-317, Bonn: Gesellschaft für Informatik e. V. https://gil-net.de/wp-content/uploads/2022/02/GIL-Tagungsband2022.pdf

Digitale Werkzeuge in der Landschaftsarchitektur und der Umweltplanung

Fallbeispiele aus Lehre und Forschung

Tobias Haelke, Christian Jolk, Lucas Kaußen und Mirco Timmer

Zusammenfassung

Digitale Werkzeuge spielen eine zunehmend bedeutende Rolle in der Landschaftsarchitektur und der Umweltplanung, da sie innovative Möglichkeiten bieten, Planung, Design und Management von Freiräumen zu optimieren. Aktuell stehen Digitale Zwillinge im Fokus von Forschung und Entwicklung. Der Begriff „digitaler Zwilling" bezieht sich auf eine virtuelle Repräsentation eines physischen Objekts, dem Daten aus der Realität zugewiesen sind. Hierdurch unterscheidet er sich von dem 3D-Modell, das als rein geometrische Repräsentation des Objekts bzw. Freiraumes dient. Der Digitale Zwilling kann um Daten, die in Echtzeit aktualisiert werden,

T. Haelke (✉)
Digitale Werkzeuge, Technische Hochschule Ostwestfalen-Lippe,, Höxter, Deutschland
E-Mail: tobias.haelke@th-owl.de

C. Jolk
GIS und Digitalisierung, Technische Hochschule Ostwestfalen-Lippe, Höxter, Deutschland
E-Mail: christian.jolk@th-owl.de

L. Kaußen
Forschungsschwerpunkt Kulturlandschaften, Technische Hochschule Ostwestfalen-Lippe, Höxter, Deutschland
E-Mail: lucas.kaussen@th-owl.de

M. Timmer
Vegetationskunde, Technische Hochschule Ostwestfalen-Lippe, Höxter, Deutschland
E-Mail: mirco.timmer@th-owl.de

F. Fuchs-Kittowski et al. (Hrsg.), *Umweltinformationssysteme - Digitalisierung für eine nachhaltige Planetare Zukunft*, https://doi.org/10.1007/978-3-658-46394-6_2

ergänzt werden und liefert detaillierte Informationen über den Zustand, das Verhalten und die Performance des realen Objekts. In der Landschaftsarchitektur und der Umweltplanung ermöglichen digitale Zwillinge eine präzise und effiziente Gestaltung von Freiräumen. Im Studiengang „Landschaftsarchitektur und Umweltplanung" an der Technischen Hochschule Ostwestfalen-Lippe (TH OWL) werden Studentinnen und Studenten in eine Vielzahl von Schlüsselkonzepten und -technologien zu Digitalen Zwillingen eingeführt. Ein Schwerpunkt liegt auf der Erfassung und Verarbeitung von Geodaten mittels GIS-Technologien, um ein fundiertes Verständnis der natürlichen Umgebung und ihrer Eigenschaften zu entwickeln. Durch praktische Übungen in 3D-Modellierung und Visualisierung werden die Studentinnen und Studenten befähigt, komplexe Landschafts- bzw. Freiraumstrukturen zu erstellen und zu analysieren. Die Studentinnen und Studenten lernen, wie sie Simulationssoftware einsetzen können, um Veränderungen in der Landschaft vorherzusagen und zu bewerten, sei es in Bezug auf Wassermanagement, Erosion oder Vegetationskunde. Die erworbenen Kenntnisse ermöglichen es den Studentinnen und Studenten, adäquate Fragestellungen aus ihrer Fachdisziplin in der Praxis mit Hilfe digitaler Werkzeuge zu bearbeiten.

Schlüsselwörter

Digitaler Zwilling • Landschaftsarchitektur • Umweltplanung • Freiraumplanung • Schattenwurfanalyse • Vegetationskunde

1 Einleitung

Durch die Erstellung digitaler Zwillinge geplanter Freiräume können in der Landschaftsarchitektur sowie Umweltplanung verschiedene Planungsalternativen im Voraus verglichen, Objektvarianten getestet und die Auswirkungen von Umweltfaktoren wie bspw. Licht, Schatten, Klima oder Erosion auf den Freiraum simuliert werden. Dies fördert eine fundierte Entscheidungsfindung während des Entwurfs- und Planungsprozesses. Auch der Rückbau bestehender Objekte ist hiervon betroffen, da verdeckte Objekte in einem Digitalen Zwilling vorgehalten werden und es bei Um- bzw. Rückbaumaßnahmen von Vorteil ist, diese Bauteile non-invasiv nachverfolgen zu können. Der Building Information Modelling (BIM)-Zyklus aus Planung, Betrieb und Rückbau kann hierbei eins zu eins auf die Entwicklung des Landscape Information Modelling (LIM) übertragen werden. Die Erweiterung der vorherrschenden offenen Standards im Bauwesen zur digitalen Beschreibung von (Gebäude)-Modellen (Industry Foundation Classes bzw. IFC-Standards) um Objekte des Freiraums, sind jedoch für die Anpassung an ein LIM vorzunehmen. Die IFC-Objektklassen dienen hierbei dazu, Objekte des Bauwesens in Standardisierter und serialisierter Form herstellerneutral abzubilden. Die Forschungsgesellschaft Landschaftsentwicklung Landschaftsbau e. V. (FLL) hat hier mit der Entwicklung des Objektkatalogs Freiflächen einen Meilenstein in der Entwicklung der LIM-Arbeitsweise gelegt [1]. Die

Anwendung dieser Standards ist derzeit weder in den Behörden noch in den Planungsbüros flächendeckend gewährleistet. Dies dürfte vor allem daran liegen, dass Entwicklungen aus der Informatik in andere Branchen übergehen und dies enorm hohen Fortbildungsbedarfe auslöst, um fachfremde – jedoch überaus nützliche – Konzepte zu implementieren. Umso wichtiger ist es, die künftigen Arbeitskräfte (die derzeitigen Studentinnen und Studenten) auf diese Entwicklungen vorzubereiten und diese Mehrlast nicht auf dem Rücken kleiner und mittelständiger Unternehmen auszutragen.

Ein weiterer entscheidender Vorteil digitaler Zwillinge ist die Unterstützung des Bau- und Wartungsprozesses. Digitale Zwillinge ermöglichen es den Landschaftsarchitektinnen und Landschaftsarchitekten sowie Umweltplanerinnen und Umweltplanern mit anderen Baubeteiligten nahtlos zu kommunizieren und Änderungen in Echtzeit zu verfolgen. Eine gemeinsame, abgestimmte Datenumgebung (Common Data Environment, CDE) ist hierbei der essentielle Baustein, um in einem Arbeitsprozess, der neutral und unabhängig von Softwareherstellern gestaltet ist und mehrere projektbeteiligte Firmen einbezieht, einen reibungslosen Datenaustausch zu gewährleisten. Die Daten werden hierbei zu bestimmten, vordefinierten Phasen im Projekt auf einen Server geladen, der das Zusammenfügen der verschiedenen Fachmodelle, sowie die Einsicht in die Daten anderer Projektbeteiligter ermöglicht. Dies trägt dazu bei, die Effizienz und Genauigkeit bei der Umsetzung von Projekten zu steigern und Kostensicherheit zu gewährleisten. Darüber hinaus können digitale Zwillinge kontinuierlich den Zustand von Freiräumen überwachen, vorausgesetzt entsprechende Sensorik und die damit generierten Echtzeitdaten sind vorhanden. Dadurch können z. B. Pflegebedürfnisse auf Grünanlagen frühzeitig erkannt und Instandhaltungsprozesse optimiert werden [4].

Die Integration von Sensoren und IoT-Geräten (Internet of Things) in die physische Umgebung verstärkt den Nutzen digitaler Zwillinge auch auf weiteren Ebenen. Echtzeitdaten zu Umweltbedingungen, Bodenfeuchtigkeit, Pflanzenwachstum und anderen Parametern ermöglichen eine präzisere Anpassung und Pflege von Grünanlagen. In der Landschaftsarchitektur und der Umweltplanung können so nachhaltige und ressourceneffiziente Konzepte entwickelt werden, die sich an die spezifischen Anforderungen des Standortes anpassen. Eine Rückkopplung der generierten Datensätze in ein maschinelles Lernen kann bei künftigen Bauprojekten als Entscheidungshilfe dienen.

Insgesamt bieten digitale Zwillinge in der Landschaftsarchitektur und Umweltplanung eine innovative und zukunftsweisende Herangehensweise, um Freiräume zu gestalten und zu verwalten. Durch die Kombination von modernen Technologien mit kreativem Design können Landschaftsarchitektinnen und Landschaftsarchitekten sowie Umweltplanerinnen und Umweltplaner eine nachhaltige, effiziente und ästhetisch ansprechende Umgebung schaffen. Zu Beginn eines Projektes müssen jedoch die Anforderungen an den entsprechenden Anwendungsfall geklärt werden. Hierzu zählen die Versionierung des Industry Foundation Classes (IFC) – Standards, da Objekte in unterschiedlichen Versionen anders dargestellt werden und eine Kompatibilität nicht gewährleistet werden kann. Eine Einigung auf Standards in der Formatierung, ein CDE und andere softwaretechnische

Faktoren, sowie die Übergabeanforderungen sind im Vorhinein abzusprechen, vertraglich festzuhalten und von den Projektbeteiligten einzuhalten [5]. Inhaltlich müssen die Rahmenbedingungen (Level of Development, LOD) des digitalen Zwillings, bestehend aus Level of Information (LOI) und Level of Geometry (LOG), mit den zu erbringenden Genauigkeiten und Zeiten eingeplant werden. Zunehmend wichtig wird der Begriff des Level of Information Need (LOIN), der beschreibt, dass nicht alle Daten, die erhoben werden können, auch erhoben werden sollten. Auch wenn Speicherkapazität kaum noch eine Rolle spielt, trägt dies dazu bei, den Digitalen Zwilling übersichtlich zu halten und unnötigen Aufwand zu vermeiden. Aufgrund der schnell fortschreitenden Entwicklung in diesem Themenfeld ist es umso wichtiger, die derzeitigen Studentinnen und Studenten der Landschaftsarchitektur und Umweltplanung auf ein Arbeitsumfeld vorzubereiten, das sie zukünftig aktiv mitgestalten können.

An der Technischen Hochschule Ostwestfalen-Lippe (TH OWL) werden Studentinnen und Studenten der Landschaftsarchitektur und Umweltplanung in eine Vielzahl von Schlüsselkonzepten und -technologien eingeführt, die einen direkten Bezug zur Fachdisziplin haben. Der Lehrplan beginnt mit den Grundlagen der digitalen Zwillinge, wobei die Studentinnen und Studenten verstehen lernen, wie diese virtuellen Repräsentationen physischer Umgebungen erstellt und genutzt werden können. Ein Schwerpunkt liegt auf der Erfassung und Verarbeitung von Geodaten mittels GIS-Technologien, um ein fundiertes Verständnis der natürlichen Umgebung und ihrer Eigenschaften zu entwickeln. Durch praktische Übungen in 3D-Modellierung und Visualisierung werden die Studentinnen und Studenten befähigt, komplexe Landschaftsstrukturen zu erstellen und zu analysieren. Hierbei kommen Softwaretools wie Vektorworks, Rhino oder ArcGIS Pro zum Einsatz. Ein weiterer wichtiger Bereich ist die Datenerfassung mithilfe von Mobilen GIS-Anwendungen und Sensortechnologien, um Echtzeitinformationen über Umweltparameter zu sammeln und in die digitalen Zwillinge zu integrieren. Simulation und Analyse spielen ebenfalls eine zentrale Rolle im Lehrplan. Die Studentinnen und Studenten lernen, wie sie Simulationssoftware und ArcGIS Pro Extensions (Geostatistik, Rasteranalysen etc.) einsetzen können, um Veränderungen in der Landschaft vorherzusagen und zu bewerten, sei es in Bezug auf Wassermanagement, Erosion oder Vegetationskunde. Die Fähigkeit zur interdisziplinären Zusammenarbeit wird durch Projekte und Fallstudien gefördert, bei denen Studentinnen und Studenten mit Fachleuten aus verschiedenen Bereichen zusammenarbeiten, um ganzheitliche Lösungen zu entwickeln. Ein besonderes Augenmerk liegt auf Nachhaltigkeitsprinzipien und Umweltschutz. Die Studentinnen und Studenten lernen, wie digitale Zwillinge genutzt werden können, um nachhaltige Gestaltungskonzepte zu entwickeln und Umweltauswirkungen zu minimieren. Schließlich werden zukünftige Trends und Innovationen im Bereich digitaler Zwillinge untersucht, um die Studentinnen und Studenten auf eine sich ständig weiterentwickelnde Berufswelt vorzubereiten. Durch diesen ganzheitlichen Lehransatz werden sie darauf vorbereitet, innovative Lösungen für die Planung und Verwaltung unserer natürlichen und gebauten Umgebungen zu entwickeln, die den Anforderungen einer sich wandelnden Welt gerecht werden. Im Rahmen der Lehr- und Forschungsaktivitäten am Fachbereich Landschaftsarchitektur und Umweltplanung an der TH OWL wurden erste fachgebietsübergreifende Projekte erarbeitet, die im Folgenden vorgestellt werden. Im vorliegenden Beitrag werden die Ziele zweier Projektideen, deren methodische Ansätze sowie erzielte Ergebnisse vorgestellt.

2 Projekt Freiraumplanung

Beispielhaft sollte im Rahmen des Masterprojekts, im Studiengang Landschaftsarchitektur und Umweltplanung, von Studentinnen und Studenten die Idee ausgearbeitet werden, den Campus Höxter als Neugründung des Nachhaltigkeitscampus Höxter in bzw. an das UNESCO Weltkulturerbe „Kloster Corvey“ zu verlegen. Hierbei sollten digitale Werkzeuge, Methoden und Modelle im Fokus des Planungsprozesses stehen, um den „Campus Corvey“ als nachhaltigen Campus zu gestalten. Digitale Werkzeuge, Methoden und Modelle wie GIS (ArcGIS Pro, ArcGIS Online) und LIM (Vectorworks, Rhino) sollten die Bestandsaufnahme, Planung und Gestaltung der Gebäude und Freiräume unterstützend flankieren. Durch eine parametrische Modellierung in Grasshopper sollten die Studentinnen und Studenten einen Eindruck von dem Zusammenhang zwischen Datenströmen und bebauter Umwelt erhalten.

Die Erstellung eines digitalen Zwillings bietet die Möglichkeit datengesteuert Entscheidungen zu treffen, Visualisierungen zu erzeugen sowie Informations-, Kommunikations- und Managementprozesse zu begleiten. Hierzu wurde fachgebietsübergreifend die Ausarbeitung eines digitalen Zwillings durch die Studentinnen und Studenten begleitet. Neben dem Fachgebiet „GIS und Digitalisierung“ unterstützten die Fachgebiete „Digitale Werkzeuge“ und „Freiraumplanung im städtischen Kontext“ in einem ersten Schritt die Erstellung eines digitalen 3D Modells. Die Studentinnen und Studenten erhielten in projektbegleitenden Lehrveranstaltungen einen Einblick in die Wirkungsweise der verschiedenen digitalen Werkzeuge und wurden dazu aufgefordert, Teilprozesse in Eigenarbeit selbst abzubilden und den traditionellen Lern- und Entwurfsmethoden gegenüberzustellen.

Die Ausarbeitung der Studentinnen und Studenten schafft die Basis für einen digitalen Zwilling, der den realen Objekten und der Umgebung des Untersuchungsgebiets sowie dem freiraumplanerischen Entwurf entspricht und als Entscheidungshilfe für die gesetzte Aufgabe dienen soll. Abb. 1 zeigt eine Ansicht der erarbeiteten Grundlagen des Digitalen (Freiraum-) Zwillings.

Der Einsatz von CAD spielte bei der Erstellung der Geometrien, der neu geplanten Gebäudekubaturen, eine zentrale Rolle in diesem Prozess, indem er detaillierte 3D-Modelle von physischen Objekten aus dem freiraumplanerischen Entwurf ermöglichte. Diese 3D-Modelle boten nicht nur eine präzise Darstellung von Formen und Größen,

Abb. 1 Screenshot ArcGIS Online – Grundlage 3D Modell Digitaler Zwilling „Masterprojekt Corvey“

sondern auch eine genaue Wiedergabe von Abmessungen und die Grundlage, um Informationen mit den Objekten zu verknüpfen. Da bestimmte Fragen des LOIN noch nicht abschließend geklärt werden konnten, wurden zuerst Informationen verknüpft, deren Notwendigkeit eindeutig belegt waren. Hierzu zählten bspw. die Identifizierung von Überflutungsflächen im Hochwasserfall oder die Identifizierung der Bodendenkmale und deren Einstufung in historische Relevanz. In enger Zusammenarbeit mit dem Denkmalschutz mussten Flächen identifiziert werden, auf denen der Neubau des Campus am Standort Corvey möglich ist.

GIS kam zum Einsatz, um die 3D-Modelle mit weiteren räumlichen Informationen zu verknüpfen. GIS ermöglichte die Integration von topografischen Karten, LIDAR-Daten, Satellitenbildern und anderen Umweltfachdaten, wie z. B. Biotoptypen, Schutzgebietsausweisungen, Bodendaten etc., um den Kontext der physischen Umgebung der 3D-Modelle zu erfassen. Durch Georeferenzierung wurde sichergestellt, dass die 3D-Modelle in die tatsächliche Umgebung nahtlos integriert werden konnten.

Die Integration von LIM und GIS geht über den reinen Datenfluss hinaus. Die Kombination beider Technologien ermöglicht fortschrittliche Analysen, darunter räumliche Analysen und Sichtbezugsanalysen. Diese kombinierten Analysen auf geometrischer Basis bieten detaillierte Einblicke in das digitale 3D-Modell und unterstützen Planung und Optimierung des freiraumplanerischen Entwurfs unter Rücksichtnahme auf den historischen Bestand.

In der Freiraumplanung unterstützen digitale Zwillinge Entscheidungsträger bei der Entwicklung und Überwachung von städtischen Umgebungen, indem sie Analysen zur Flächennutzung und Umweltauswirkungen ermöglichen.

3 Projekt Schattenwurfanalyse

Auch im Bereich der Vegetationskunde bietet der Einsatz digitaler 3D-Modelle Vorteile. Diese ermöglichen es, Geodaten effizient zu erheben, zu verarbeiten und zu analysieren. Auf der Grundlage der gewonnenen Erkenntnisse können dann fundierte Entscheidungen getroffen werden, sowohl in Bezug auf den Standort als auch auf die Auswahl der zu pflanzenden Arten sowie auf die erforderliche Pflege.

Ein weiteres Beispiel aus der Lehre beschäftigt sich mit dem Aufbau und der Entwicklung eines digitalen Zwillings des Campus Höxter der TH OWL zur Standortanalyse in der Pflanzenverwendung. Hierbei wurde ein 3D-Modell des Campus Höxter erstellt, auf dessen Basis eine Schattenwurfanalyse durchgeführt wurde. Diese dient als Hilfsmittel zur Analyse der zu berücksichtigenden Standortfaktoren bei der Verwendung von Pflanzen im Garten- und Landschaftsbau. Die Entwicklung des digitalen Zwillings erfolgte in Zusammenarbeit der Fachgebiete „Vegetationskunde", „Pflanzenverwendung in der Landschaftsarchitektur" und „GIS in der Digitalisierung".

Für dieses Projekt galten zwei wesentliche Vorgaben: Eine kostengünstige Umsetzung sowie die Bereitstellung einer praktikablen und einfachen Methode, mit der Studentinnen und Studenten Aussagen über die Verschattung eines Planungsgebiets treffen können. Dabei war es wichtig, dass die Umsetzung kosteneffizient erfolgt, um Ressourcen zu schonen und dennoch eine praxisnahe Lösung erzielt wird.

Um Bereiche auf dem Campus zu identifizieren, die für die Anlage neuer Beete für Frühjahrsgeophyten aufgrund ihrer besonderen Ansprüche als geeignet erscheinen, sollten mehrere Aspekte berücksichtigt werden. Zunächst war es wichtig, Standorte auszuwählen, die ausreichend Sonneneinstrahlung erhalten, da viele Frühjahrsgeophyten, wie Tulpen oder Narzissen, volle Sonne benötigen, um optimal zu gedeihen. Darüber hinaus ist eine gute Drainage entscheidend, um Staunässe zu vermeiden, da dies die Wurzeln dieser Pflanzen schädigen kann.

Das 3D-Modell dient dazu, den Standort hinsichtlich der Verschattung und damit einhergehenden Annahmen bezüglich der Bodentemperatur für die Planung und die anschließende Gestaltung zu analysieren. Als Grundlage für das Modell dienten frei zugängliche LIDAR-Daten sowie Digitale Orthophotos (DOP), die durch das Land NRW zur Verfügung gestellt werden. Für die Darstellung der Gehölze als 3D-Objekte wurden zudem Daten benötigt, die eine genaue Verortung und eine annähernd exakte Abbildung des realen Habitus mit Berücksichtigung des phänologischen Zustandes ermöglichen (siehe Abb. 2 und 3).

Hierzu wurde das Baumkataster des botanischen Gartens verwendet, das zum einen die exakten Standorte der Gehölze, sowie deren Höhe, Kronenbreite und weitere allgemeine und sicherheitsrelevante Informationen über die Verkehrssicherheit enthält. Da das Ziel war, die Gehölze möglichst photorealistisch darzustellen, wurden die Höhen der einzelnen Gehölze anhand der LIDAR-Daten überprüft und falls nötig angepasst, um eine

Abb. 2 Schattenanalyse für einen Teil des Campus der TH OWL in Höxter. Dargestellt sind die potentiell möglichen Sonnenstunden am 20.03.2024.

Abb. 3 Schattenanalyse für einen Teil des Campus der TH OWL in Höxter. Dargestellt sind die potentiell möglichen Sonnenstunden am 20.04.2024.

größtmögliche Übereinstimmung bezüglich der Verschattung zu erreichen. Die Daten wurden mit ArcGIS Pro aufbereitet und in ArcGIS Online für die Studentinnen und Studenten als 3D-Szene bereitgestellt (siehe Abb. 2 und 3). In diesem Beispiel ging es darum, neue Elemente als 3D-Objekte in das Modell einzufügen, um so deren Wirkung in der Fläche zu simulieren und die Auswirkungen der Verschattung durch bestehende Gehölze auf den Status-Quo darzustellen.

Mithilfe des ArcGIS Pro-Tools „Sonnenschattenhäufigkeit“ konnten Raster-Daten für das Projektgebiet errechnet werden, die es ermöglichen, die Stunden auszuwerten, an denen das Untersuchungsgebiet potenziell der Sonneneinstrahlung ausgesetzt ist. Die errechneten Ergebnisse mussten im Anschluss durch Fachanwender klassifiziert werden und bedurften einer weiterführenden fachlichen Einschätzung. So wurden von potenziell möglichen 12 Sonnenstunden am 20.03.2024 in der vorangegangenen klimatologischen Referenzperiode von 1991 bis 2020 im Durchschnitt lediglich 3,63 tatsächliche Sonnenstunden gemessen [1–3].

Für die Beantwortung der Fragestellung sind vor allem die Frühlingsmonate von Interesse. Dennoch bietet dieses methodische Vorgehen auch Vorteile im Hinblick auf den Themenkomplex „Klimawandel“ für die Planung von Stadtplätzen, Parks und Gärten. Als Ergebnisse können qualitative und quantitative Aussagen über die Verschattung im Bereich des botanischen Gartens Höxter getroffen werden, die eine präzisere Bepflanzungsplanung und damit eine erhöhte Erfolgschance für die gepflanzten Frühjahrsgeophyten bedeuten.

Mithilfe des digitalen Zwillings kann zukünftig unter Einbindung von IoT-Daten eine flächendifferenzierte Pflege durchgeführt werden, indem Bodenfeuchte-Sensoren oder die Wetterdaten der Wetterstation der TH-OWL in das Modell eingebunden, analysiert und ausgewertet werden. Sofern Informationen über beispielsweise Trockenstress der Pflanzen gewonnen werden, kann eine an die jeweilige Art und an den Standort angepasste Bewässerung und Pflege durchgeführt werden.

Digitale Zwillinge haben gerade im kommunalen Bereich ein großes Potenzial, die Planung, den Bau und die Pflege von Freiräumen in Bezug auf die Klimaadaptivität zu unterstützen und dienen Planerinnen und Planern somit als umfassendes digitales Werkzeug.

4 Potenziale digitaler Werkzeuge in der Lehre in Studiengängen der Landschaftsarchitektur und Umweltplanung

Die Einbindung digitaler Werkzeuge in die Lehre bietet eine Vielzahl von Möglichkeiten, um Studentinnen und Studenten eine praxisnahe und interaktive Lernumgebung zu bieten. Ansätze zur Umsetzung auf praktischer Ebene helfen hier, das Gelernte zu vertiefen. Studentinnen und Studenten können interaktiv mit den vorhandenen Teilen die digitalen

Zwillinge arbeiten, um verschiedene Planungsszenarien zu evaluieren und die Planung in den Kontext der Umweltplanung zu setzen. Digitale Zwillinge können auch für kollaboratives Lernen genutzt werden. Studentinnen und Studenten können gemeinsam an Projekten arbeiten, Probleme lösen und durch die Interaktion mit digitalen Zwillingen ein tieferes Verständnis für ihr Fachgebiet entwickeln. Lehrende können digitale Zwillinge nutzen, um praxisnahe Anwendungsbeispiele zu erstellen. Dies ermöglicht den Studentinnen und Studenten, theoretisches Wissen auf reale Situationen anzuwenden und die Auswirkungen ihrer Entscheidungen zu verstehen. Gleichzeitig können die bestehenden Digitalen Zwillinge in diversen Modulen eingesetzt, ergänzt und ausgewertet werden.

Die Einbindung digitaler Zwillinge erfordert jedoch eine entsprechende technische Infrastruktur, Zugang zu relevanten Softwarelösungen und Schulungen für Lehrende anderer Fachrichtungen und Studentinnen und Studenten. Es ist wichtig sicherzustellen, dass die Integration sinnvoll und zielgerichtet erfolgt, um einen Mehrwert für die Lehre zu bieten.

Für planungspraktische Berufe wie die Landschaftsarchitektur bzw. die Umweltplanung ist die Einbindung digitaler Zwillinge in der Lehre im Kontext der voranschreitenden Digitalisierung in der Planung und dem Management von Freiräumen zwingend erforderlich.

4.1 Erkenntnisse aus dem Projekt Freiraumplanung

Der digitale Entwurfsprozess hat zweifellos seinen Platz neben traditionellen Methoden wie Skizzieren und manueller Modellierung in der Landschaftsarchitektur und Umweltplanung. Während die klassischen Ansätze den kreativen Prozess unterstützen, bietet die digitale Technologie eine Reihe von Vorteilen, insbesondere im Kontext der Visualisierung und Planung. Durch die Integration von GIS und CAD können Entwürfe in der Landschaftsarchitektur und Umweltplanung nahtlos in den Raum und die vorherrschenden Umweltbedingungen eingebettet werden. Diese Verschmelzung ermöglicht es, Entwürfe präziser an die gegebenen Rahmenbedingungen anzupassen und potenzielle Auswirkungen auf die Umwelt besser zu verstehen. Darüber hinaus ermöglicht der digitale Entwurfsprozess die Nutzung spezialisierter GIS-Analysewerkzeuge, um spezifische Fragestellungen, wie bspw. Sichtachsenbeziehungen, zu beantworten. Diese Werkzeuge eröffnen neue Möglichkeiten zur Erfassung, Analyse und Interpretation von räumlichen Daten, was zu fundierten Entscheidungen während des Entwurfsprozesses führt. Ein weiterer Vorteil ist die Möglichkeit, Entwürfe und Planungsergebnisse über webbasierte und interaktive Visualisierungen zu präsentieren. Diese modernen Präsentationsformen bieten eine benutzerfreundliche und immersive Erfahrung, die es Entscheidungsträgern und der Öffentlichkeit ermöglicht, Entwürfe besser zu verstehen und Feedback zu geben, unabhängig vom eigenen aktuellen Standort. Insgesamt ermöglicht der digitale Entwurfsprozess eine effizientere, präzisere und transparentere Herangehensweise an die Planung und Gestaltung von Projekten, wobei sich traditionelle und digitale Methoden ergänzen sollten.

4.2 Erkenntnisse aus dem Projekt Schattenwurfanalyse

Die Nutzung von digitalen Zwillingen zur Abbildung von räumlichen Datenanalysen sowie, deren Auswertung bietet ein großes Potential in der Pflege und Unterhaltung von Grünflächen. Gerade im Hochschulkontext ist die Entwicklung neuer und in der Praxis umsetzbarer Methoden maßgebend, da die Studentinnen und Studenten die erlernten Methoden in die Büros und Kommunen tragen, diese dadurch bereichern und den Planungsalltag unterstützen und verbessern.

Die Erkenntnisse der aufgeführten Schattenwurfanalyse führen zu einer Einschätzung des Standortes bezüglich der Sonnenscheindauer in Abhängigkeit mit dem phänologischen Zustand der Gehölze. Dies führt zu einer qualitativ verbesserten Planungsgrundlage für die Pflege und Unterhaltung der Grünflächen im Botanischen Garten der TH OWL in Höxter und kann durch versierte Studentinnen und Studenten auf andere Projekte und Vorhaben übertragen und angewandt werden.

Um das Potential der Anwendung von digitalen Zwillingen in der Landschaftsarchitektur umsetzen zu können, ist es von großer Bedeutung, weiter in den interdisziplinären Austausch von Forschung und Lehre zu investieren. Die Erweiterung des hier dargestellten Projektmodells um Echtzeitsensordaten kann im Bereich der Pflege und Unterhaltung von Grünflächen, etwa bei Trockenheit, sachdienlich sein.

5 Ausblick

Die Entwicklung von digitalen Zwillingen wird in der Fachdisziplin der Landschaftsarchitektur und Umweltplanung weiter voranschreiten. Es ist davon auszugehen, dass die Entwicklung digitaler Zwillinge in Zukunft weitere Vorteile für den Gesamtzyklus eines Planungsvorhabens bereithält:

- Fortschritte in der Sensorik werden die Erfassung von Echtzeitdaten verbessern. Diese Daten werden dann nahtlos in digitale Zwillinge integriert werden können, um genauere und umfassendere Modelle zu erstellen.
- Durch den Einsatz von KI-Technologien werden digitale Zwillinge intelligenter und können in Daten Muster erkennen, Vorhersagen treffen und sich an veränderte Bedingungen anpassen.
- Daten können in Echtzeit ausgewertet werden und tragen somit dazu bei, die Pflege von Freiräumen klimaadaptiv durchführen zu können.

- AR/VR-Technologien können digitale Zwillinge in der virtuellen Welt erlebbar machen, was die Planung, den Bau und die Unterhaltung von Freiräumen erleichtert.
- Standards und Protokolle zur besseren Interoperabilität zwischen verschiedenen Teilmodellen müssen weiterentwickelt werden, um den Austausch von Informationen und Zusammenarbeit zwischen verschiedenen Systemen, die nicht dem Hochbau zugeordnet sind, zu erleichtern.
- Digitale Zwillinge könnten verstärkt in der Freiraum- und Stadtplanung sowie Verwaltung in behördlichem Kontext eingesetzt werden, um die Effizienz von Infrastrukturen zu verbessern, Ressourcen besser zu verwalten und nachhaltige Entwicklungen zu fördern.

Studentinnen und Studenten sollen durch die oben beschrieben Lehrkonzepte ermutigt werden, innovative Anwendungen und Einsatzmöglichkeiten für digitale Zwillinge zu erkunden und neue Ideen zu entwickeln, um bestehende Praktiken zu verbessern oder neue Geschäftsmöglichkeiten zu identifizieren. Durch die Erreichung dieser Ziele können Ausbildungsprogramme die Studentinnen und Studenten auf eine Vielzahl von Karrieremöglichkeiten vorbereiten, sei es in Planungsbüros, in der Forschung oder im Bereich der öffentlichen Verwaltung.

Literatur

1. Brückner, I., Luckwald, K., Temmen, S., & Thieme-Hack, M. (2017). BIM in der Landschaftsarchitektur. *Neue Landschaft,* 2017 (7), 36–41.
2. Deutscher Wetterdienst. (2024a). *Historische tägliche Stationsbeobachtungen (Temperatur, Druck, Niederschlag, Sonnenscheindauer, etc.) für Deutschland*, Version v23.3. Station 03028. https://opendata.dwd.de/climate_enviroment/CDC/observations_germany/climate/daily/kl/historical/
3. Deutscher Wetterdienst. (2024b). *Aktuelle tägliche Stationsbeobachtungen (Temperatur, Druck, Niederschlag, Sonnenscheindauer, etc.) für Deutschland*, Qualitätskontrolle noch nicht vollständig durchlaufen, Version v23.3. Station 03028. https://opendata.dwd.de/climate_environment/CDC/observations_germany/climate/daily/kl/recent/
4. Knospe, F., & Ostrau, S. (2023). Digital Twin: Unverzichtbares Element für die Stadtentwicklung, Daseinsvorsorge und Bevölkerungsschutz. In ESRI Deutschland GmbH (Hrsg.), *The Science of Where: Digital Twins – Eine nachhaltige Welt ist möglich.* Kranzberg: ESRI Deutschland GmbH. https://wherenext.esri.de/wp-content/uploads/2023/12/Esri-WN_Magazin-Gesamt-2023_DIGITAL_231207.pdf
5. Schonowski, J. (2023). Digital Twin: Smarte Kommunen und Städte brauchen Normen. In ESRI Deutschland GmbH (Hrsg.), *The Science of Where: Digital Twins – Eine nachhaltige Welt ist möglich.* Kranzberg: ESRI Deutschland GmbH. https://wherenext.esri.de/wp-content/uploads/2023/12/Esri-WN_Magazin-Gesamt-2023_DIGITAL_231207.pdf

Validierung dynamischer Vegetationsmodelle mit über Crowdsourcing erhobenen Phänologiedaten

Maximilian Deharde, Tim Seegert, Fabian Bressel, Frank Fuchs-Kittowski, Ruben Müller, Bernd Pfützner, Beate Klöcking, Moritz Zemann und Andreas Abecker

Zusammenfassung

Die Validierung von Vegetationsmodellen ist eine wichtige und herausfordernde Aufgabe. Oftmals sind mangelnde Beobachtungsdaten für die Validierung ein Problem. Die Erfassung von Daten durch Freiwillige (Crowdsourcing) kann ein geeigneter Lösungsansatz sein. In diesem Beitrag soll ein System zur Unterstützung der Validierung eines Vegetationsmodells präsentiert werden, das die Datenmenge durch Sammlung und Vereinheitlichung von Daten aus verschiedenen Crowdsourcing-Quellen erweitert, die Aufnahme neuer Daten ermöglicht und den Validierungsprozess für Fachpersonen vereinfacht.

M. Deharde · T. Seegert · F. Bressel · F. Fuchs-Kittowski (✉)
Hochschule für Technik und Wirtschaft Berlin (HTW), Berlin, Deutschland
E-Mail: frank.fuchs-kittowski@htw-berlin.de

M. Deharde
E-Mail: maximilian.deharde@htw-berlin.de

T. Seegert
E-Mail: tim.seegert@htw-berlin.de

F. Bressel
E-Mail: fabian.bressel@htw-berlin.de

R. Müller · B. Pfützner
Büro für angewandte Hydrologie Berlin (BAH), Berlin, Deutschland
E-Mail: ruben.mueller@bah-berlin.de

B. Pfützner
E-Mail: bernd.pfuetzner@bah-berlin.de

F. Fuchs-Kittowski et al. (Hrsg.), *Umweltinformationssysteme - Digitalisierung für eine nachhaltige Planetare Zukunft,* https://doi.org/10.1007/978-3-658-46394-6_3

Schlüsselwörter

Validierung • Vegetationsmodel • Wasserhaushaltmodell • Crowdsourcing • Niedrigwasser • Trockenheit • Mobile Anwendung • Web-Dashboard • Datenintegration

1 Einleitung

Niedrigwasser bezeichnet einen Zustand des Wassermangels, in dem der Wasserstand in einem Gewässer (Fluss, See etc.) unterhalb des durchschnittlichen oder erwarteten Pegels liegt [1]. Dieser Zustand tritt normalerweise während Trockenperioden oder in Zeiten mit geringem Niederschlag in den Einzugsgebieten auf. Niedrigwasserereignisse können sowohl negative ökologische Auswirkungen (Verringerung von Lebensraum für aquatische Lebensformen, Beeinträchtigung der Wasserqualität und Schwächung der ökologischen Funktionen von Flüssen und Seen) als auch auch negative wirtschaftliche Auswirkungen (Schifffahrt, Tourismus, Landwirtschaft und Wasserkraftproduktion) haben [2].

Wasserhaushaltsmodelle helfen, die Auswirkungen von Niedrigwasserbedingungen großräumig zu simulieren und vorherzusagen, Wasserressourcen so effizient zu verwalten und die Belastbarkeit gegenüber künftigen Niedrigwasserereignissen zu verbessern [3]. Wasserhaushaltsmodelle simulieren alle wichtigen in einer Landschaft ablaufenden hydrologischen Prozesse (siehe Abb. 1). Es werden hierzu spezifische Untermodelle genutzt. In der Modellanpassung, oder Kalibrierung, werden die Modellparameter zur Beschreibung der Prozesse so geändert, dass die Modellreaktion mit Beobachtungsdaten übereinstimmt. Klassischerweise wird der vom Modell simulierte Durchfluss mit der an einem hydrologischen Pegel gemessenen Durchflusszeitreihe verglichen [4]. In einer Validierung wird die Leistungsfähigkeit des Modells anhand noch nicht verwendeter Zeitabschnitte der Beobachtungszeitreihe erneut verglichen.

Optional lassen sich weitere Größen hinzuziehen, um die Modellparameter einzelner Prozesse spezifisch anzupassen, z. B. die Zeitreihen von Grundwassermesspegeln zur Anpassung von Grundwassermodellen [5].

Speziell für die genaue Abbildung des Wasserhaushalts im Niedrigwasserbereich ist die Simulation der Vegetation unerlässlich. Die Vegetation entzieht dem Boden für die Transpiration verfügbares Wasser und mindert durch das Abfangen von Wasser bzw.

B. Klöcking
Büro für angewandte Hydrologie Berlin (BAH), München, Deutschland
E-Mail: kloecking@bah-muenchen.de

M. Zemann · A. Abecker
Disy Informationssysteme GmbH, Karlsruhe, Deutschland
E-Mail: moritz.zemann@disy.net

A. Abecker
E-Mail: andreas.abecker@disy.net

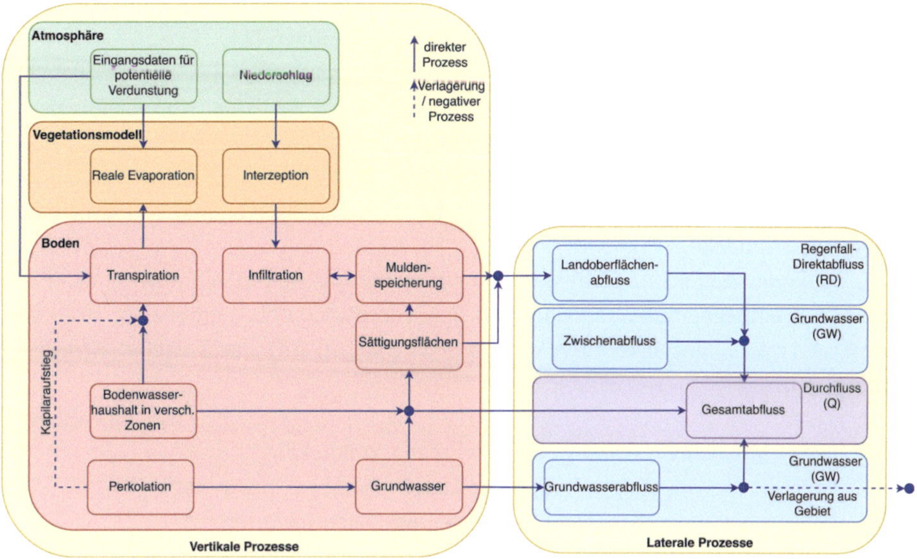

Abb. 1 Typische hydrologische Prozesse in Wasserhaushaltsmodellen

Regenwasser auf Blättern (Interzeption) das zu der Infiltration in den Boden bereitstehende Wasserdargebot. Die Vegetation in den gemäßigten Zonen unterliegt zumeist jährlich periodisch wiederkehrenden Wachstums- und Entwicklungserscheinungen (Phänologie). Dynamische Vegetationsmodelle simulieren die jährliche Entwicklung der Vegetation in Abhängigkeit der meteorologischen Gegebenheiten und erlauben somit z. B. Variabilität von Beginn und Ende bei variablen Pflanzenwachstumsraten in einer Vegetationsperiode.

Für die Anpassung von Vegetationsmodellen lassen sich z. B. Evaporationszeitreihen [6], Blattflächenindex, Wuchshöhe oder Trockenmasse [7] nutzen. Diese Messungen sind jedoch wenig verbreitet. Eine weitere Messgröße für die Anpassung von Vegetationsmodellen setzt sich aus den beobachteten Zeitpunkten der Eintrittszeiten charakteristischer Vegetationsstadien für unterschiedliche Vegetationstypen und die damit jeweils festgelegten phänologischen Phasen zusammen (Phänophasen, jährlich wiederkehrende Erscheinungsformen von Pflanzen [8]). Bestimmte Eintrittszeiten lassen sich mit typischen Modellausgaben von Vegetationsmodellen wie dem Blattflächenindex (Leaf Aera Index, LAI, beschreibt Maß für die Belaubungsdichte eines Bestands) korrelieren [9].

Daten zu beobachteten Phänophasen stehen zum Beispiel über das Beobachtermessnetz des Deutschen Wetterdiensts (DWD) bereit [10]. Das Beobachtermessnetz des DWD ist jedoch räumlich relativ spärlich besetzt und verzeichnet zeitlich abnehmende Beobachtungen. Die Erfassung von Daten durch Freiwillige (Crowdsourcing) mittels ihres eigenen mobilen Endgeräts wie Smartphone, Tablet etc. könnte ein geeigneter Ansatz sein, um das Problem des Datenmangels zu mindern oder gar zu beseitigen [11, 12].

In diesem Beitrag soll ein System präsentiert werden, dass (i) zur Unterstützung der Kalibrierung und Validierung der Vegetationsmodelle auf Basis von phänologischen Daten und (ii) der Erhebung von phänologischen Daten mittels Crowdsourcing beiträgt. Gleichzeitig wird durch die Einbeziehung in die Datenerhebung die Bevölkerung verstärkt für die Problematik Niedrigwasser sensibilisiert und kann aktiv dazu beitragen, die Niedrigwassermodelle zu verbessern [13].

Als konkreter Anwendungsfall soll der vom hydrologischen Modell ArcEGMO-PSCN errechnete Blattflächenindex anhand von durch Crowdsourcing erhobenen phänologischen Daten von Pflanzen validiert werden. Dabei stehen folgende Forschungsfragen im Vordergrund:

- Wie kann ein solches System gestaltet werden (Architektur)?
- Wie kann die Bevölkerung erforderliche Daten erheben (Crowdsourcing)?
- Wie können bereits vorhandene Crowdsourcing-Daten integriert werden?
- Wie kann eine Anwendung gestaltet sein, mit der Modellfachpersonen auf Basis von Crowdsourcing-Daten eine Validierung durchführen können?

Der Beitrag ist wie folgt strukturiert: Zunächst soll auf den fachlichen Hintergrund zu Crowdsourcing, insbesondere in der Hydrologie und phänologischen Daten, eingegangen werden (Abschn. 2). Anschließend wird das fachliche Konzept des Crowdsourcing-basierten Validierungssystems für Niedrigwassermodelle vorgestellt (Abschn. 3). Hierfür werden der Anwendungsfall und die Architektur des Gesamtsystems präsentiert. Danach werden im technischen Konzept die Komponenten des Systems (Web-App-Dashboard zur Validierung, mobile App für das Crowdsourcing von Daten, Modul zur Integration existierender Crowdsourcing-Daten) detaillierter dargestellt (Abschn. 4). Danach werden die Implementierung des Systems und enthaltene Komponenten beschrieben (Abschn. 5) sowie die Ergebnisse der Evaluation diskutiert (Abschn. 6). Der Beitrag endet mit einer Zusammenfassung und einem Ausblick (Abschn. 7).

2 Stand der Forschung

In diesem Abschnitt wird der Stand der Forschung zu Crowdsourcing von phänologischen Daten herausgearbeitet.

2.1 Crowdsourcing

Neben professionell erhobenen Daten von Regierungsorganisationen und Forschungsinstituten wird das Crowdsourcing von Daten für wissenschaftliche Zwecke – als ergänzender oder alternativer Ansatz – immer populärer. Insbesondere kann hierbei die Datenlage von spärlich vorhandenen oder in der Fläche schwierig zu messenden Daten verbessert werden [14]. Typisch im Crowdsourcing-Bereich ist die Verwendung von Smartphones zur Erfassung von Daten [12]. Diese sind universell verfügbar und bieten mit ihrer Hardware (Kamera, Sensoren) gute Möglichkeiten zur Datenaufnahme für verschiedene Anwendungsfälle.

2.2 Crowdsourcing in der Hydrologie

In der Hydrologie ist das Verwenden von Crowdsourcing-Daten bisher unüblich. Ein Einsatzgebiet für Crowdsourcing-Daten in der Hydrologie ist in der Vorhersage von Hochwasserereignissen. Hierzu wurde ein Verfahren entwickelt, bei dem Nutzende mithilfe ihres Smartphones Wasserstandmessungen durchführen können [4].

Zudem gibt es Ansätze, bei denen Daten aus Crowdsourcing-Initiativen verwendet werden, um hydrologische Modelle sowohl zu kalibrieren als auch zu validieren. In einem Ansatz wurden mittels Crowdsourcing erhobene Pegelstände oder Wassertemperaturen aus dem Projekt *CrowdHydrology* [13] verwendet, um die bestehende Modellkalibration und -validierung zu verbessern [15]. In einem anderen Ansatz wurde ein hydrologisches Modell ausschließlich mit durch Crowdsourcing-Initiativen generierten Wasserstandmessungen kalibriert und validiert [16]. Sowohl die Integration in bestehende Datensätze als auch die ausschließliche Verwendung von Crowdsourcing-Daten für die Modellkalibration und -validierung erzielten gute Ergebnisse in Form von verbesserten bzw. robusteren Modellen, aber die Nutzung von Crowdsourcing-Daten zu diesen Zwecken ist nach wie vor nicht typisch.

2.3 Crowdsourcing von phänologischen Daten

Verschiedene Crowdsourcing-Initiativen und Plattformen sammeln phänologische Daten von Pflanzen, darunter Naturkalender (Deutschland), UK Phenology Network (Vereinigtes Königreich), Finnish Phenological Observation System (Finnland) und Phenology Mappers (USA). Darüber hinaus bieten einige Plattformen Funktionen für das Crowdsourcing dieser Daten durch Citizen Scientists an, z. B. das Online-Portal iNaturalist (global) oder das USA National Phenological Network (USA). Oft wird das Online-Portal mit einer mobilen App erweitert, um das direkte Erheben von phänologischen Daten vor Ort zu ermöglichen. Diese Apps können auch eigenständig ohne ein verbundenes Online-Portal betrieben werden, wie die App ObsIdentify aus Australien.

In Deutschland stellt vor allem der Deutsche Wetterdienst (DWD) über sein phänologisches Beobachtungsprogramm hochqualitative Daten, die von qualifizierten und langjährig gebundenen Ehrenamtlichen erhoben wurden, zur Verfügung [8]. In einer neuen Entwicklung lässt der DWD seit 2023 phänologische Daten über die Vollversion der mobilen Warnwetter-App von Nutzenden der App sammeln.

Es stellen sich diverse Forschungsfragen, die beantwortet werden müssen. Zentral ist die Frage nach einer geeigneten System-Architektur, welche die Validierung von Niedrigwassermodellen durch Crowdsourcing-Daten ermöglicht. Auch wichtig ist das Finden geeigneter, bestehender Crowdsourcing-Daten und das Prüfen, inwiefern neue Crowdsourcing-Daten erhoben werden können. Abschließend muss beantwortet werden, wie die Crowdsourcing-Daten innerhalb einer Anwendung zum Zweck der Validierung aufbereitet und präsentiert werden müssen, damit sie für Fachpersonen nützlich sind.

3 Fachliche Konzeption

In diesem Abschnitt wird das fachliche Konzept des Validierungssystems vorgestellt. Hierfür wird ein illustrierender Anwendungsfall skizziert und die konzeptionelle Architektur des Systems präsentiert.

3.1 Anwendungsfall

Als konkreter Anwendungsfall soll die Kalibrierung und Validierung des dynamischen Boden- und Vegetationsmodells PSCN (Plant-Soil-Carbon-Nitrogen) [17] im Wasserhaushaltsmodell ArcEGMO [18] unterstützt werden, welches als Niedrigwassermodell für die Bundesländer Brandenburg und Berlin genutzt wird [19]. Die Ausgaben des Vegetationsmodells PSCN sollen durch Gegenüberstellung mit geeigneten Daten aus Crowdsourcing-Initiativen validiert werden.

Das Vegetationsmodell bildet den Einfluss von Pflanzen auf den Wasserhaushalt im Einzugsgebiet des Modells ab. Wie stark dieser Einfluss ist, hängt maßgeblich von der jeweils vorhandenen Pflanzenart und deren Blattdichte innerhalb eines Pflanzenbestandes zu einem bestimmten Zeitpunkt ab [17].

Im PSCN-Modell sind bestimmte Parameter von zentraler Bedeutung:

- Blattflächenindex (engl.: Leaf Area Index, LAI): eine Maßzahl, die das Blattflächenverhältnis eines Pflanzenbestandes zur Bodenoberfläche angibt [17],
- Landnutzungsspezifischer Korrekturfaktor der potenziellen Evapotranspiration (fLN): Korrektur potenzieller Evapotranspiration abhängig von der Bodenbedeckung und der Vegetation an einem Ort [17],

- Versiegelungsgrad: Fläche, die vollständig gegen das Eindringen von Boden, Luft und Wasser abgedichtet ist [20],
- Melioration: Berechnung des Abflusses basierend auf der potenziell entwässerten Fläche, dem Typ der Drainage und der Entwässerungswahrscheinlichkeit [17].

Grundsätzlich wäre es denkbar, innerhalb der Validierung verschiedene dieser Parameter mit durch Crowdsourcing erhobenen Daten gegenüberzustellen. Nach Gesprächen mit Modell-Fachpersonen wurde sich zunächst auf den Parameter Blattflächenindex beschränkt, da dieser aus Sicht der Fachpersonen für den Anwendungsfall am relevantesten ist. Mit dem LAI wird das dynamische Pflanzenwachstumsmodell des Vegetationsmodells validiert. Die direkte Messung und Gegenüberstellung von LAI-Daten wären zwar möglich [7], ist aber in der Praxis kaum umsetzbar, denn die Anforderungen an die räumliche als auch die zeitliche Auflösung sind nur schwer zu erfüllen.

Als Alternative zur Messung von LAI-Werten können auch pflanzenphänologische Daten für die Validierung verwendet werden. Zur Erhebung dieser ist, im Gegensatz zum LAI, lediglich ein Foto der Pflanze aufzunehmen und die Pflanzenart sowie die Phänophase anzugeben. Zusätzlich sind geeignete phänologische Daten aus Crowdsourcing-Initiativen über diverse Online-Portale verfügbar [10, 21], deren Datenstrukturen sich jedoch stark unterscheiden und daher nicht ohne Vorverarbeitung miteinander kompatibel sind.

Um in der Validierung sicherzustellen, dass das Modell korrekte Ergebnisse liefert, werden so aufgenommene phänologische Beobachtungsdaten mit der Modellausgabe LAI in einem Diagramm dargestellt. Diese werden dann Fachpersonen vorgelegt, damit sie die charakteristischen Kurvenpunkte der Modelldaten mit den Beobachtungen vergleichen können. Dieser visuelle Vergleich durch Fachpersonen führt dann zu einer subjektiven Beurteilung, ob das Modell plausible Ergebnisse liefert und ob eine Anpassung der Modellparameter nötig ist.

3.2 Konzeptionelle Architektur

In diesem Abschnitt wird die konzeptionelle Architektur eines Crowdsourcing-basierten Validierungssystem beschrieben. In Abb. 2 sind die funktionalen Komponenten mit ihren Beziehungen grob skizziert. Zusätzlich zur Validierungs-Anwendung (Dashboard) für die Validierung des Modells und einer zentralen Serverkomponente (Backend) zur Integration und Bereitstellung von Modellausgaben und Crowdsourcing-Daten umfasst die Architektur eine (mobile) Crowdsourcing-Anwendung für das mobile Sammeln von Crowdsourcing-Daten sowie verschiedene externe Datenquellen mit bereits vorhandenen Crowdsourcing-Daten.

Die zu validierenden Modelldaten müssen durch ein hydrologisches Modell bereitgestellt werden. Niedrigwassermodelle liefern eine Vielzahl von Ausgaben, die dazu

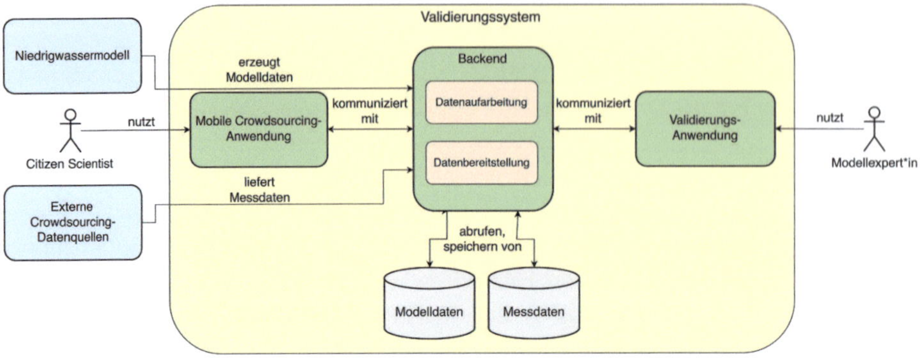

Abb. 2 Architektur des Systems zur Modellvalidierungsunterstützung

dienen, den Zustand von Flüssen und Gewässern während Perioden mit niedrigem Wasserstand zu charakterisieren. Zu den typischen Ausgaben von Niedrigwassermodellen gehören Wasserstand und Durchfluss, ggf. auch verschiedene hydrologische Parameter (wie Abflussmuster, Wasserqualität, Temperatur) oder Ausgaben, die das Wachstum und die Entwicklung von Pflanzen charakterisieren (z. B. Blattflächenindex).

Die wichtigste Komponente ist die Validierungs-Anwendung. Es handelt sich um ein Dashboard für Modellfachpersonen, in dem die mittels Crowdsourcing erhaltenen Messdaten (z. B. phänologische Daten von Pflanzen) visualisiert und mit den errechneten Modell-Ausgaben des hydrologischen Modells (z. B. Blattflächenindex einer Pflanze) gegenübergestellt werden, um so den Modellfachpersonen alle verfügbaren Daten für deren Validierungsprozess gleichzeitig anbieten zu können.

Die erforderlichen Ausgaben des Modells und die benötigten Crowdsourcing-Daten für die Validierung werden durch eine spezielle Server-Komponente (Backend) integriert, gespeichert, vorverarbeitet und der Validierungs-Anwendung (Dashboard) bereitgestellt.

Eine (mobile) Crowdsourcing-Anwendung (mobile App) dient dazu, Beobachtungsdaten durch Freiwillige aufzunehmen. Solche für die Validierung erforderlichen Crowdsourcing-Daten sind zudem bereits in diversen externen Quellen (z. B. Portale für Crowdsourcing-Initiativen, Open-Data-Portale von Behörden) vorhanden und verfügbar. Diese Daten können oftmals durch öffentliche API-Zugänge genutzt [22] und an das Serversystem (Backend) angebunden werden. Durch die Integration von neuen und vorhandenen Crowdsourcing-Daten soll die Messdatenlage erweitert und somit die Validierung von Modellausgaben flächendeckender und mit einer breiteren Datenlage möglich werden.

4 Technische Konzeption

In diesem Abschnitt werden die drei Hauptkomponenten des Systems (mobile Crowdsourcing-Anwendung, Komponente für die Integration von Crowdsourcing-Daten aus Informationsportalen, Validierungs-Anwendung) entsprechend dem Anwendungsfall detaillierter beschrieben.

4.1 Erfassung von Crowdsourcing-Daten mittels mobiler App

Ziel und Zielgruppe. Um zusätzliche Daten für den Validierungsvorgang generieren zu können, ist eine dafür geeignete Crowdsourcing-Anwendung nötig. Diese soll qualitativ hochwertige Daten produzieren, die direkt in den Validierungsprozess eingebunden werden können. Die Daten selbst sollen durch spontane und ungebundene Helfende generiert werden, die die Anwendung während eines Aufenthalts im Modelleinzugsgebiet nutzen und zur Mithilfe motiviert sind.

Anforderungen. Es existieren bereits diverse mobile Crowdsourcing-Anwendungen zur Erhebung von phänologischen Beobachtungen. Zur Anforderungserhebung an eine mobile Crowdsourcing-Anwendung wurde eine Analyse dieser Apps durchgeführt. Die Ergebnisse der Analyse sind in Tab. 1 dargestellt.

Jede Anwendung wurde hinsichtlich acht als zentral identifizierten Funktionen bewertet und bekam eine von drei Bewertungen: erfüllt (+), teilweise erfüllt (+−) oder nicht erfüllt (−), abgesehen von den Funktionen „Phänophasen" und „Einsehen Beobachtung". Diese erhielten die Werte „eigene" und „fremde".

Zentrale Funktionen, die die meisten Apps besitzen und daher in der mobilen Anwendung des Validierungssystems vorhanden sein müssen, sind: neue Beobachtungen erheben und das Einsehen von Beobachtungen (über eine Karte).

Keine der Anwendungen verwendet die Gesamtheit der Phänophasen, die der DWD in seinem Ehrenamtlichen-Programm nutzt, sondern durchweg eine weniger detaillierte Liste. Dadurch sind die Beobachtungen zwar leichter durchzuführen, allerdings auch weniger nützlich für den vorliegenden Anwendungsfall.

Aus der Analyse der bereits vorhandenen mobilen Apps zum Crowdsourcing von phänologischen Daten wurden grundlegende Anforderungen an die mobile Crowdsourcing-App bestimmt. Darüber hinaus wurde aus der Befragung von potenziellen Anwendenden im Kontext des Anwendungsfalls folgende abweichende Anforderungen identifiziert.

Beobachtungsaufnahme: Nutzende sollen Pflanzenbeobachtungen und den phänologischen Status in der Anwendung erfassen können. Diese Daten werden auf ein Backend-System übertragen, um die Beobachtungen aller Nutzenden zu sammeln und für die Validierung des Modells durch Sachverständige verfügbar zu machen.

Automatische Phasenerkennung: In einigen mobilen Apps gibt es bereits eine automatische Pflanzenerkennung, jedoch keine Erkennung der Phänophasen. Ein maschinelles

Tab. 1 Funktionsmatrix von Phänologischen Crowdsourcing-Anwendungen

Funktion	Beob-achtung	Karte	Phäno-phasen	Einsehen Beobachtung	Soziale Interaktion	Extrinsische Motivation	Pflanzenerkennung	Phasenerkennung
App/ Website								
Naturkalender	+	+	Eigene	Eigene & fremde	+/–	+/–	–	–
Flora Incognita	+	+/–	–	Eigene	–	+/–	+	–
iNaturalist	+	+	Eigene	Eigene & fremde	+	+/–	+	–
Obs-Identify	+	–	–	Eigene	+	+/–	+	–
PlantSnap	+	+	–	Eigene & fremde	+	+/–	+	–
Pl@ntNet	+	+	–	Eigene & fremde	+	+/–	+	–

Lernmodell soll entwickelt und in die App integriert werden. Diese Funktion erleichtert die Datenerfassung, besonders für Personen mit wenig Phänologie-Kenntnissen.

Mit DWD deckungsgleiche Phänophasen: Für die Validierung des Vegetationsmodells PSCN ist es besonders wertvoll, detaillierte und fein aufgelöste phänologische Beobachtungsdaten zu erhalten, beispielsweise solche, die vom DWD im Rahmen seines ehrenamtlichen Beobachtungsprogramms [8] aufgenommen werden.

Soziale Interaktion: Beobachtungen sollen auf zwei Wegen präsentiert werden: Zum einen werden Beobachtungen anderen Nutzenden zugänglich gemacht. Zum anderen ermöglicht die App Kommentare, Bewertungen und die Bearbeitung von Beobachtungen zur Förderung des Datenaustauschs.

Motivierung: Zur Motivation der Nutzenden soll in die App ein Aufgabenmanagement und Gamification integriert werden. Dabei sollen durch eine Person, nicht aus der Gruppe der Bevölkerung, Aufgaben erstellt, verwaltet und den Nutzenden in der mobilen Anwendung bereitgestellt werden. Diese Aufgaben können dann von den Nutzenden bearbeitet werden. Zur Gamifizierung soll das Aufgabenmanagement durch ein Punkte- und Rangsystem erweitert werden.

Konzept. Bei dem Konzept steht die Erfassung von Beobachtungen sowie deren Darstellung auf einer Karte oder als Liste im Vordergrund. Es umfasst aber ebenfalls ein Aufgabenmanagement, einen Gamification-Ansatz, soziale Funktionen und die automatische Phasenerkennung. Im Folgenden erfolgt die Darstellung der Ansichten (Screens) der Kernfunktionen der mobilen Crowdsourcing-Anwendung.

Zur Navigation in der App befindet sich am unteren Bildschirmrand eine feste Navigationsleiste, über die zu den drei Hauptbereichen „Beobachtung erstellen“, „Beobachtungskarte“ und „Beobachtungsliste“ gewechselt werden kann.

Die Start-Ansicht der App ist die Kamera-Ansicht „Beobachtung erstellen“ (Abb. 3 links). Hier können Bilder von Pflanzen aufgenommen werden. Zudem besteht die Möglichkeit, Bilder aus der Fotogalerie des Smartphones hinzuzufügen. Die Beobachtungen werden auf der „Beobachtungskarte“ als einzelne Lokationsmarker oder Kreise dargestellt, die die Anzahl der verfügbaren Beobachtungen an diesem Standort repräsentieren (Abb. 3 Mitte). Die dritte Ansicht ist die „Beobachtungsliste“. Hier werden alle gemachten Beobachtungen in Form einer zweireihigen Liste dargestellt (Abb. 3 rechts).

In der Ansicht „Neue Beobachtung“ sind über mehrere Felder verschiedene Daten zu einer neuen Beobachtung zu erfassen, wie Titel, Pflanze, Phänophase und Ort (Abb. 4 links). Die Ansicht „Detail“ stellt alle erfassten Daten einer Beobachtung dar (Abb. 4 rechts).

Um die Ergebnisse in der Beobachtungsliste zu reduzieren oder zu sortieren, stehen eine Sortierfunktion und eine Filterfunktion zur Verfügung (Abb. 5).

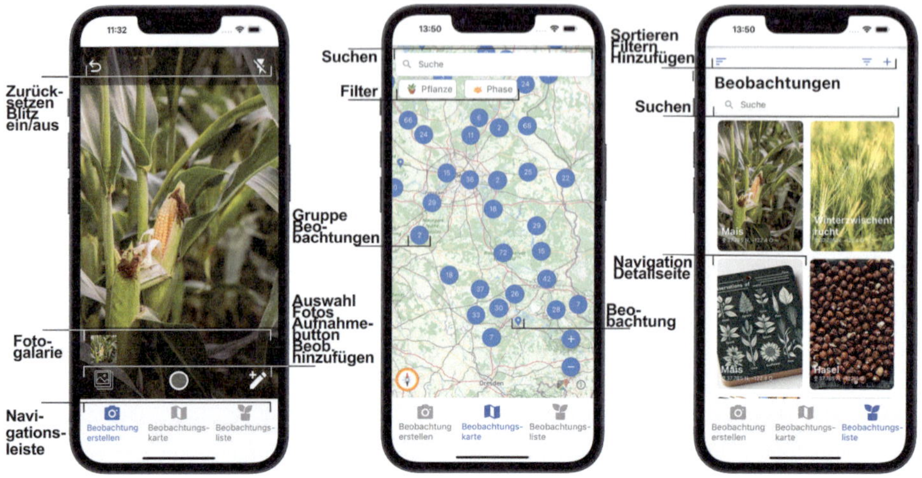

Abb. 3 Beobachtung erstellen (links), Beobachtungskarte (mittig) und Beobachtungsliste (rechts)

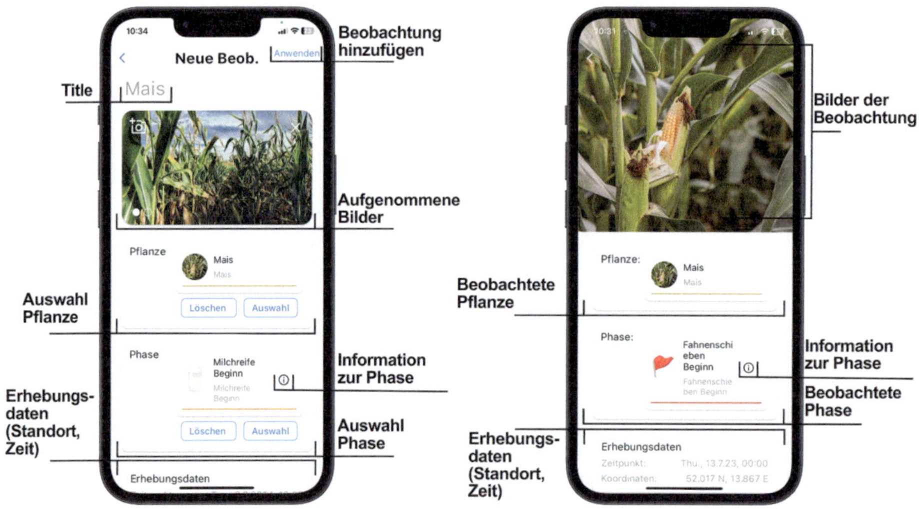

Abb. 4 Neue Beobachtung-Ansicht (links) und Detail-Ansicht (rechts)

4.2 Bereitstellung und Integration von Crowdsourcing-Daten aus Informationsportalen

Gerade im europäischen Raum gibt es einige Organisationen, die phänologische Beobachtungsdaten sammeln (Naturgucker, Naturkalender, BAYSICS). Oftmals sind die gesammelten Daten über eine API frei verfügbar.

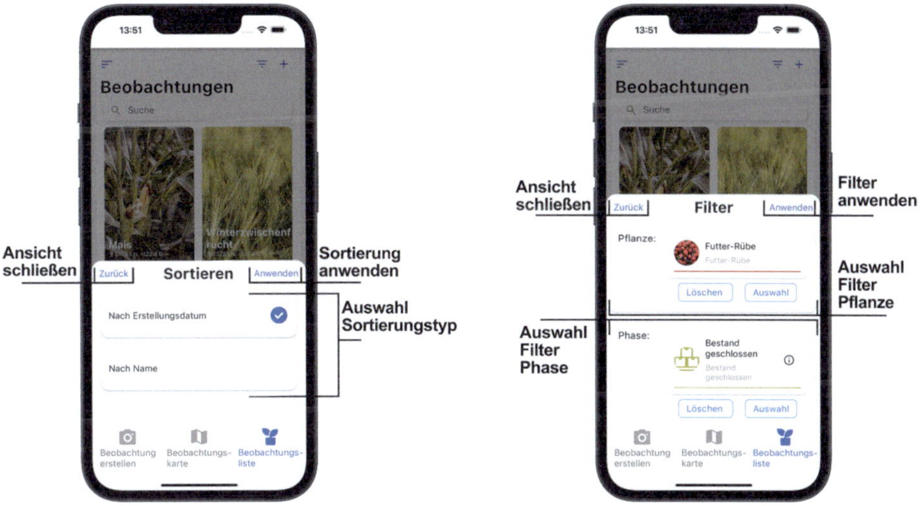

Abb. 5 Sortier- (links) und Filteroptionen (rechts) für die Listenansicht

Anforderungen. Um Daten aus verschiedenen Portalen für den Validierungsprozess nutzbar zu machen, muss eine Anwendung existieren, die sich um den Bezug und die Verarbeitung von phänologischen Daten aus den Portalen kümmert, nach folgenden Kriterien:

Raum: Daten müssen, für die Nutzung für den Validierungsprozess, innerhalb des Modelleinzugsgebiets aufgenommen worden sein. Außerdem sind die verwendeten Phänophasen nicht homogen, d. h. jede Organisation verwendet unterschiedliche Bezeichnungen und teilweise auch unterschiedliche Detailgrade bei der Aufnahme von Beobachtungen.

Datenbezug und -speicherung: Die Anwendung muss in der Lage sein, über API-Zugänge Daten der Portale zu beziehen, die anschließend verarbeitet und dann lokal im Validierungssystem gespeichert werden.

Datenverarbeitung: Damit Daten zusammen mit den anderen existierenden Daten verwendet werden können, müssen sie verarbeitet werden. Hierzu muss eine Portal-spezifische Verarbeitungslogik existieren, die die Daten in ein einheitliches Format überführt.

Phasen-Mapping: Zur gleichzeitigen Darstellung müssen die aus verschiedenen Quellen stammenden Daten bei Bedarf in ein gemeinsames Format gebracht werden können.

Konzept. Zur Lösung des Datenintegrationsproblems wird eine Komponente konzipiert, die (im Backend) kontinuierlich Daten aus verschiedenen Portalen abruft und verarbeitet. Diese Komponente arbeitet in regelmäßigen Abständen eine Liste von Portalen ab, um die gesammelten Daten aktuell zu halten. Für jedes Portal existieren spezifische

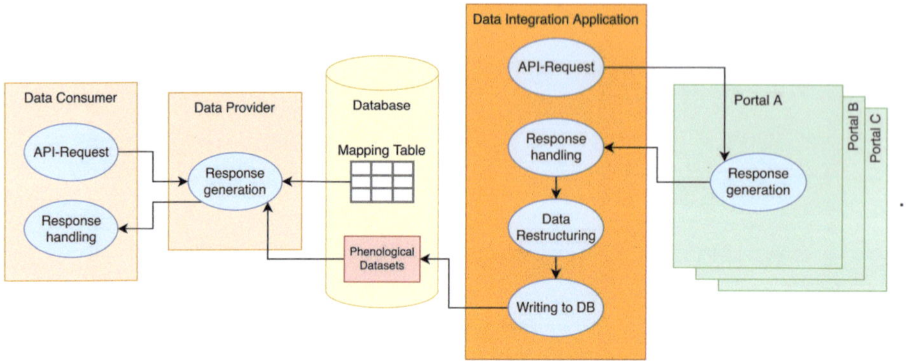

Abb. 6 Interaktion zwischen Datenintegrationsanwendung und Datenportalen

Skripte, die korrekte API-Abfragen durchführen und die API-Responses verarbeiten. Ein Schema hierzu ist in Abb. 6 dargestellt.

Insbesondere muss das Mapping von phänologischen Phasen, also eine Umwandlung von unterschiedlichen Phasenbezeichnungen auf eine gemeinsame Bezeichnung, realisiert werden. Dieses besteht aus einer händisch erstellten Tabelle, die innerhalb der Anwendung die Umwandlung von Phasenbezeichnungen verschiedener Quellen in ein gemeinsames Format übernimmt.

Das Mapping berücksichtigt die unterschiedlichen Detailgrade, die bei der Aufnahme von phänologischen Daten verwendet werden. Ob und wie die Beobachtungsdaten bei Anfrage durch das Mapping umgewandelt werden, wird durch die jeweils angefragten Quellen bestimmt. Falls es keine direkte Übersetzung von einer Phase gibt, muss eine neue Stufe in der Detail-Hierarchie vorgesehen werden, um wieder ein erfolgreiches Mapping in ein homogenes System zu ermöglichen. Die Umwandlung ist nur von hochdetaillierten zu niedrigdetaillierten Datensätzen oder innerhalb eines Detaillevels möglich.

Eine schematische Darstellung eines möglichen Mappings ist in Abb. 7 verdeutlicht. Die dort unten dargestellte Quelle ist weniger spezifisch als die oberen, weshalb sie ein niedrigeres Detaillevel einnimmt. Diese generischen Phasen beinhalten mehrere Phasen der detaillierteren oberen linken Quelle. Die Phasen der oberen rechte Quelle können direkt in äquivalente Phasen der oberen linken Quelle übersetzt werden, wodurch sie ein gemeinsames Detaillevel einnehmen.

4.3 Validierung von Modelldaten mittels Crowdsourcing-Daten

Ziel und Zielgruppe. Um die gesammelten, generierten und ggf. umgewandelten phänologischen Crowdsourcing-Daten zu nutzen, ist eine Anwendung zur Validierung nötig.

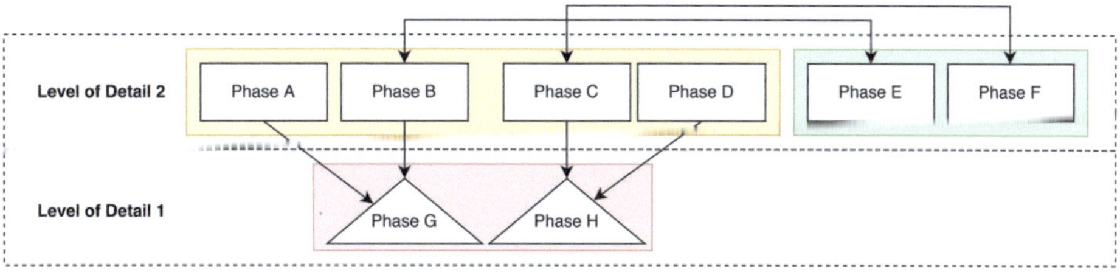

Abb. 7 Schematische Darstellung eines möglichen Phasen-Mappings mit gleichem und unterschiedlichem Detaillevel aus drei verschiedenen Quellen

Diese richtet sich an die sehr kleine Zielgruppe der Modellfachpersonen. Diese zeichnen sich durch einen hohen Wissensstand aus und zeigen eine große Bereitschaft, sich auch mit komplexen Anwendungen auseinander zu setzen, sofern diese ihre Arbeitsabläufe verbessern oder vereinfachen. Ziel der Anwendung ist es, einen leichten Zugriff auf alle vorhandenen Daten zu liefern und diese automatisiert zu visualisieren.

Anforderungen. Um Anforderungen an die Validierungsanwendung zu erheben, wurden Interviews mit Fachpersonen für das Vegetationsmodell PSCN geführt. Folgende zentralen funktionalen Anforderungen wurden identifiziert:

Datenvisualisierung: Es ist es hilfreich, alle verfügbaren Daten, z. B. in Form von Zeitreihen, zu visualisieren. Es können so langfristige Trends oder Anomalien durch Modellfachpersonen auf Basis deren Fachwissens erkannt werden.

Gegenüberstellung von Modell- und Beobachtungsdaten: Die Gegenüberstellung ermöglicht einen direkten Vergleich von Modell- und Beobachtungsdaten und ermöglicht eine subjektive Validierung des Modells durch Modellfachpersonen.

Rückverfolgung der Modelldaten: Wenn aus der Gegenüberstellung neue Erkenntnisse bzgl. der Modellvalidität gezogen werden, muss es möglich sein, die Quelle der gezeigten Modellausgaben möglichst genau zurückzuverfolgen.

Konzept. Bei dem Anwendungskonzept stehen diverse Visualisierungsfunktionen im Vordergrund, die es Modellfachpersonen ermöglichen, die zur Verfügung stehenden Daten möglichst vollumfänglich zu betrachten und daraus Schlüsse zur Modellvalidität ziehen zu können. Im Folgenden werden die einzelnen Teile der Anwendung und deren Funktionsumfang beschrieben.

Die Anwendung ist grundsätzlich in eine Einstellungsleiste am linken Rand und einen inhaltlichen Bereich im Zentrum des Bildes geteilt. Innerhalb der Einstellungsleiste kann eine diverse Auswahl an Einstellungen getroffen werden, die die angezeigten Daten im Inhaltsbereich einschränken (filtern) bzw. die Visualisierungsart steuern. Zum Beispiel ist es möglich, per Drop-Down-Menüs die aktuell betrachtete Beobachtungsstation, die Pflanzenart sowie deren Beobachtungsdaten darzustellen oder den anzuzeigenden Modellparameter anzupassen.

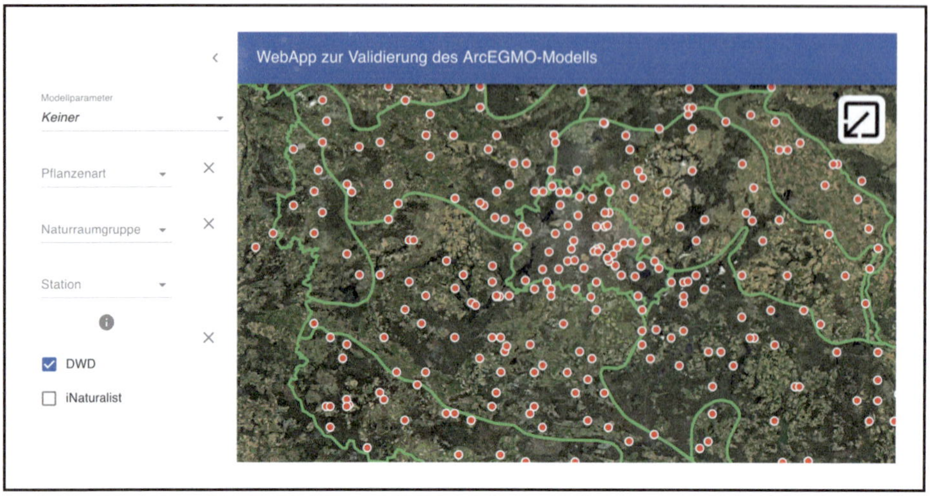

Abb. 8 Kartenansicht der Validierungs-Anwendung

Auf der Kartenansicht werden im Inhaltsbereich auf einer Karte alle Orte dargestellt, an denen phänologische Beobachtungen verfügbar sind (siehe Abb. 8).

Es werden so die geographischen Informationen der Beobachtungsdaten verdeutlicht. Durch Auswahl bestimmter Pflanzenarten oder die Beschränkung auf bestimmte räumliche Gebiete in der Einstellungsleiste wird die relative Anzahl der verfügbaren Beobachtungen an der jeweiligen Beobachtungsstation durch eine Veränderung der Punktgrößen verdeutlicht (siehe Abb. 9). Es ist so möglich, gezielt Orte für die Gegenüberstellung auszumachen, die besonders viele Beobachtungen einer bestimmten Pflanzenart vorweisen können und so besser für die Validierung geeignet sind.

Nachdem die Nutzenden eine Übersicht über die geographische Verteilung der phänologischen Daten auf der Kartenansicht bekommen haben, kann zu einer Zeitreihenansicht im Inhaltsbereich gewechselt werden. Diese ersetzt die Karte und erlaubt eine detailliertere Betrachtung der verfügbaren Beobachtungsdaten. Es ist möglich, zwei Zeitreihentypen darzustellen. Zum einen ist die Darstellung von durchschnittlichen Phasenwechselzeitpunkten als Tag-im-Jahr Werte (siehe Abb. 10) über mehrere Jahre hinweg möglich. Dies erlaubt eine mittel- bis langfristige Trendanalyse der Zeitpunkte der Phasenwechsel und dient als Übersicht und Plausibilisierung für die eigentliche Modellvalidierung.

Die eigentliche Validierung wird durch die Darstellung von LAI-Zeitreihen mit überlagerten phänologischen Beobachtungszeitpunkten ermöglicht (siehe Abb. 11). Es werden LAI-Ausgaben des Modells aus der unmittelbaren räumlichen Nähe zu den ausgewählten Beobachtungen als Tageswerte über einen bestimmten, manuell definierten Zeitraum, dargestellt. Um diese Werte mit phänologischen Beobachtungen vergleichen zu können,

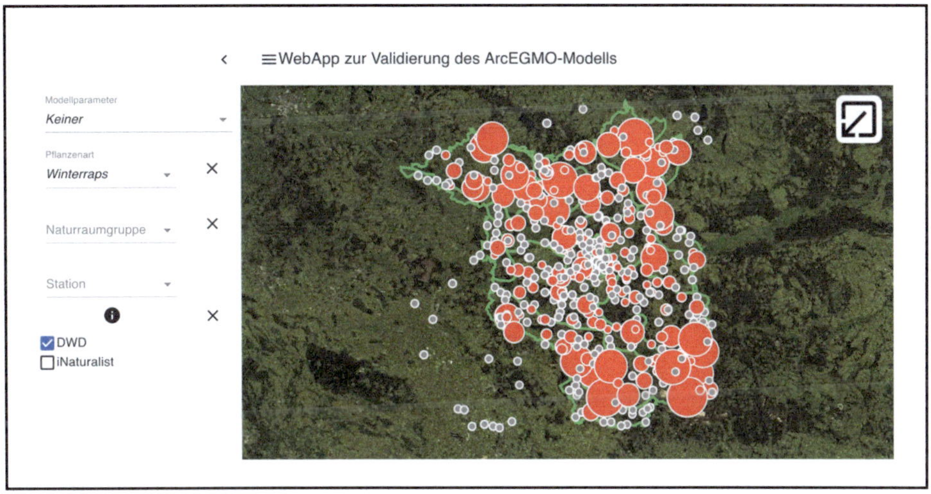

Abb. 9 Darstellung der Beobachtungsanzahl

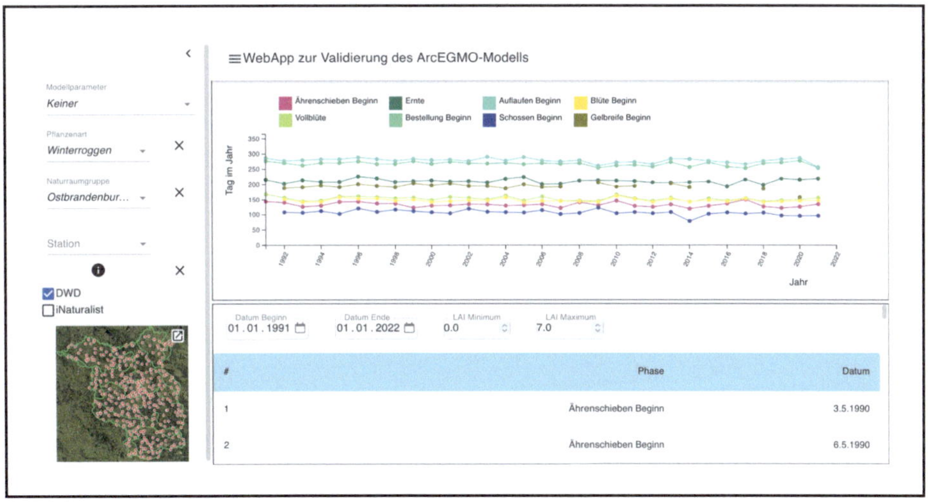

Abb. 10 Durchschnittliche Phasenwechsel, Tag-im-Jahr Zeitreihe

werden diese als Referenzlinien innerhalb desselben Diagramms angezeigt. So ist es Nutzenden möglich, subjektiv charakteristische Kurvenpunkte mit den Beobachtungszeitpunkten abzugleichen und so Aussagen zur Modellvalidität zu treffen. Bei Bedarf können so auch Neukalibrierungen des Modells motiviert werden. Durch Anpassung von modellinternen Parametern ist es für Fachleute möglich, den LAI-Kurvenverlauf so zu steuern,

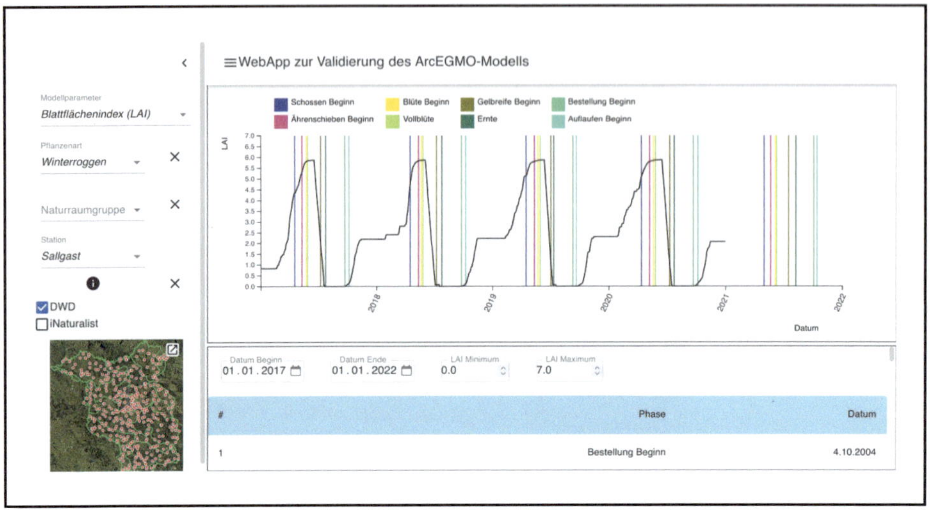

Abb. 11 LAI-Zeitreihe mit überlagerten phänologischen Beobachtungszeitpunkten

dass dieser besser mit den realen Beobachtungszeitpunkten übereinstimmt und so das modellierte System besser abbildet.

Um die detaillierte Rückverfolgung der Modellausgaben zu ermöglichen, werden zu jedem LAI-Tageswert modellinterne Flächen-IDs innerhalb der LAI-Visualisierung angezeigt. Es wird Modellfachpersonen so ermöglicht, detaillierte Nachforschungen außerhalb der Validierungs-Anwendung und innerhalb des Modellsystems anzustellen, falls dies durch negative Validierungsergebnisse nötig wird.

5 Technische Umsetzung und Implementierung

In diesem Abschnitt wird die Implementierung des Gesamtsystems und seiner Komponenten beschrieben. Eine Übersicht der hierbei verwendeten Bibliotheken und Frameworks ist in Abb. 12 dargestellt.

5.1 Server-Umgebung

Abgesehen von der mobilen Crowdsourcing-Anwendung werden alle Anwendungen auf einem Server innerhalb einer Docker-Network-Umgebung betrieben. Es existiert ein weiterer Container für die MongoDB-Datenbank sowie separate Container für einen SFTP-Server und einen Nginx-Server. Der Nginx-Server fungiert als Kommunikationsschnittstelle nach außen über einen definierten Port. Er leitet eingehende Anfragen an die

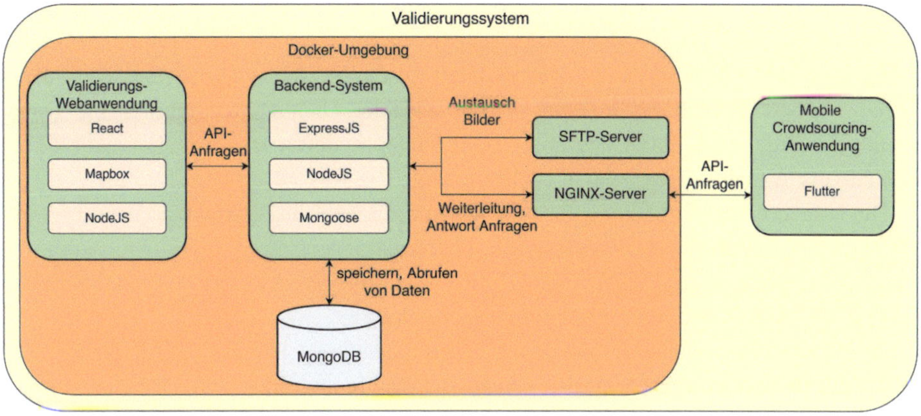

Abb. 12 Übersicht der verwendeten Bibliotheken und Frameworks

entsprechenden Container weiter. Der SFTP-Server dient zur Speicherung der von der mobilen Anwendung aufgenommenen und angezeigten Bilder.

5.2 Backend-System

Für die Entwicklung des Backend-Systems wurde das JavaScript-Framework ExpressJS verwendet. Es wurden Routen definiert, die als Endpunkte für REST-Anfragen angesprochen werden können, um Datenabfragen oder -manipulationen in der MongoDB-Datenbank durchzuführen. Zur Datenmanipulation wurde die Bibliothek Mongoose im Backend-System eingesetzt. Das Backend-System fungiert auch als Image-Cache für die Bilder der Beobachtungen. Sind die Einträge in der MongoDB-Datenbank mit neuen Attributen zu erweitern, Daten neu hinzuzufügen oder weitere aufwendige Datenoperationen durchzuführen, können dafür entsprechende in der Projektstruktur liegende Skripte im Backend-System genutzt werden.

5.3 Datenintegration aus Informationsportalen

Derzeit sind zwei Portale integriert, deren Daten über die Validierungs-Webanwendung angeboten werden.

- Opendata-Portal des DWD (https://opendata.dwd.de/climate_environment/CDC/observations_germany/phenology/annual_reporters/),
- iNaturalist-Portal (https://www.inaturalist.org/observations).

Die Datenintegration beider Portale wurde über Portal-spezifische JavaScript-Skripte implementiert. Die Anwendung zur Datenintegration arbeitet im Hintergrund des Backend-Systems und stößt in regelmäßigen Abständen diese Skripte an. Das DWD-Portal erneuert jährlich seine Daten. Daher wird lediglich einmal jährlich die Datengrundlage aktualisiert. Das iNaturalist-Portal hingegen liefert kontinuierlich neue Daten, weshalb die Aktualisierung einmal täglich erfolgt.

Die aufgenommenen phänologischen Phasen des iNaturalist-Portal sind deutlich weniger detailliert als die des DWD. Um die Daten homogenisieren zu können, wurde ein zweistufiges Mapping entwickelt. Die vom DWD aufgenommenen Phasen wurden hierzu generalisiert und den iNaturalist-Phasen zugeordnet.

Dies führt dazu, dass bei der Abfrage von phänologischen Daten über den Server zusätzlich angegeben werden muss, welche Detailstufe angefragt wird. Dies kann implizit über die Auswahl der Datenquellen geschehen: so lange nur Daten des DWD und/oder der eigenen phänologischen Beobachtungsanwendung angefragt werden, kann die Originalauflösung der Daten verwendet werden. Sollen auch oder nur Daten aus dem iNaturalist-Portal verwendet werden, muss die detailärmere Datendarstellung verwendet werden. Diese Unterscheidung wird innerhalb des Backend-Systems automatisch bei der Abfrage von Beobachtungsdaten gemacht.

5.4 Mobile Crowdsourcing-Anwendung

Zur Entwicklung der mobilen Anwendung wurde das Framework „Flutter" verwendet, welches die Möglichkeit bietet, Anwendungen für die gängigsten mobilen Betriebssysteme zu erstellen. Für die „Beobachtung erstellen"-Ansicht kam die camera-Bibliothek zum Einsatz, die die Erstellung eines individuellen UI ermöglicht. Zur Integration von Bildern aus der Fotogalerie eines Smartphones in den Prozess der Beobachtungserstellung, sind die Funktionen der image_picker-Bibliothek eingesetzt worden. Für die Karten-Ansicht wurde flutter_maps in Kombination mit flutter_map_marker_cluster eingesetzt. Letzteres ermöglicht die Darstellung der Beobachtungsgruppen als Kreise auf der Karte.

Die Grundkarte der Kartenansicht basiert auf OpenStreetMap. Es werden die 1000 neuesten Beobachtungen visualisiert, um eine angemessene Performance zu gewährleisten. Diese Begrenzung ist notwendig, da in der Datenbank eine große Anzahl von DWD-Datensätzen vorhanden ist.

Zur Verwaltung globaler Variablen wurde das State-Management-Framework Riverpod verwendet. Neben der Kontrolle globaler Variablen ermöglicht diese Bibliothek auch die Umsetzung des Model-View-Controller (MVC)-Patterns. Jede dargestellte Datenentität ist einem entsprechenden Modell ihres Typs zugeordnet. Die API-Anfragen werden über die Provider verarbeitet, wobei die Daten in globalen Variablen innerhalb der jeweiligen Provider festgehalten werden. Die einzelnen Ansichten greifen auf die Methoden der Provider zu und rufen die Daten aus den Providern ab. Dabei erfolgt die Kommunikation mit dem Backend über API-Abfragen gemäß dem REST-Interface.

5.5 Validierungs-Webanwendung

Für die Implementierung der Validierungs-Webanwendung wurden die React- und Material-UI-Bibliothek verwendet. Diese bieten einfache und schnell zu implementierende Komponenten für ein Webinterface, das typischen Entwurfsmustern folgt und daher leicht verständlich und nutzbar ist. Um die Kartendarstellung umzusetzen, wurde Mapbox GL JS verwendet. Dies ist eine JavaScript basierte Version der Mapbox-Bibliothek. Diese ermöglicht die Darstellung von sowohl Satellitenbildern als Basiskarte als auch die Überlagerung von zu Laufzeit generierter Punktdaten zur Darstellung von Orten, an denen Beobachtungen verfügbar sind.

Sowohl die LAI-Daten als auch die Beobachtungsdaten werden vom Server über die verfügbaren REST-Endpunkte abgefragt. Zur Visualisierung der Diagramme wurde die Bibliothek D3 verwendet, die Low-Level-Funktionen für das automatisierte Generieren von Vektorgrafiken zur Verfügung stellt. Hierdurch war es möglich, die sehr spezifische Visualisierung von Phasenwechseln mithilfe von Referenzlinien als Überlagerung einer LAI-Zeitreihe trotz einer großen Zahl an Datenpunkten (>10.000) ohne Performanz-Probleme zu ermöglichen.

6 Evaluation

In diesem Abschnitt werden Vorgehen und Ergebnisse der Evaluation von sowohl der mobilen Crowdsourcing-Anwendung als auch der Validierungs-Webanwendung beschrieben und diskutiert.

6.1 Mobile Crowdsourcing-Anwendung

Die mobile Anwendung wurde zuerst in zwei internen Testrunden von den Projektbeteiligten evaluiert. Hierfür erfolgte die Verteilung der Anwendung für iOS-Geräte über TestFlight (https://testflight.apple.com/) und für Android-Geräte über Diawi (https://www.diawi.com/). Beide Programme ermöglichen die gezielte Verteilung von mobilen Anwendungen an Testpersonen. Nach Abschluss dieser internen Tests wurde die Anwendung mithilfe externer Testpersonen evaluiert. Diese sollten Beobachtungen mit Testobjekten (Bilder von Pflanzen in bestimmten phänologischen Phasen) in der mobilen Anwendung erheben. Dadurch sollte die Usability der App getestet werden. Die Bewertung erfolgte durch den System Usability Score (SUS), einer Metrik zur objektiven Beurteilung der Anwendungsfreundlichkeit von Systemen [23].

In den zwei internen Testrunden der mobilen Crowdsourcing-Anwendung wurden mehrere Bugs identifiziert und erfolgreich behoben, wobei die entsprechenden Korrekturen in einer neuen Version integriert wurden. Anschließend wurden die externen Tests mit einer Gruppe von 16 Personen durchgeführt, die die Anwendung mit einem SUS-Score [23] von 70 % bewerteten.

6.2 Validierungs-Webanwendung

Für die Evaluation der Validierungs-Webanwendung wurde ein Interview-Format verwendet.

Es wurde zunächst die Anwendung den Fachpersonen zur Verfügung gestellt, mithilfe derer auch die Anforderungen an die Anwendung erhoben wurden. Dieser Kreis der Testenden war sehr klein, wodurch ein regelmäßiger und direkter Austausch in Form von Interviews möglich war. In diesen wurden die Erfahrungen der Testenden mit der Anwendung erfragt und insbesondere ein Fokus auf die Bedienungsfreundlichkeit, technische Fehler und die fachliche Richtigkeit gelegt.

Um eine optimale Bedienungsfreundlichkeit der Validierungsanwendung zu erreichen, mussten einige Anpassungen in der Bedienoberfläche vorgenommen werden. Zusätzlich konnten durch intensives Testen einige technische Fehler gefunden werden, die mithilfe von genauen Beschreibungen zur Nachverfolgung durch die testenden Fachpersonen leicht behoben werden konnten. Zu der fachlichen Richtigkeit gab es schon in der initialen Testversion keine Fehler, die von den Modellfachpersonen beanstandet wurden.

7 Zusammenfassung und Ausblick

Niedrigwasser-Modellsysteme werden bei zukünftig auftretenden Dürresituationen dabei helfen, eine Datengrundlage zu schaffen, auf Basis dessen Entscheidungen über die Verwaltung der knappen Ressource Wasser getroffen werden können. Diese Entscheidungen betreffen die direkten Lebensumstände der im betroffenen Gebiet lebenden Bevölkerung, weshalb ein besonderer Fokus auf die Datenqualität des Modellsystems gelegt werden muss. Zur Sicherstellung der Datenqualität besteht die Möglichkeit, auf Crowdsourcing-Daten zurückzugreifen. Derartige Daten werden bereits in mehreren Online-Netzwerken von der Bevölkerung gesammelt.

In diesem Beitrag wurde ein funktionierendes System zur Unterstützung der Validierung eines Niedrigwassermodells mit Crowdsourcing-Daten präsentiert. Es umfasst mehrere Anwendungen, die jeweils eine besondere Aufgabe zum Zweck der Validierung des Vegetationsmodells übernehmen. Eine Serveranwendung greift automatisiert auf andere verfügbare Datenquellen zu, die über Online-Portale frei zugänglich sind, und bereitet diese Daten für die Verwendung bei der Modellvalidierung auf. Eine mobile

Anwendung für die Bevölkerung schafft die Möglichkeit, weitere, auf die DWD-Phasen zugeschnittene Daten mittels Crowdsourcing zu erheben und so die Datengrundlage weiter auszubauen. Eine Webanwendung fragt diese Daten an und gibt Modellfachpersonen über diverse Filter und eine automatisierte Datenvisualisierung die Möglichkeit, das Modell umfassend, genau und schnell zu validieren. Die Implementierungen sind gemäß dem Technology Readiness Level, einer Metrik zur Bewertung des Reifegrads einer Technologie [24], auf Stufe 5 einzuordnen. Es liegt ein Prototyp vor und die Bauteile wurden evaluiert. Sie können in einer realen Umgebung getestet werden.

Im Verlauf der Konzeptions- und Implementierungsphase wurden jedoch einige offene Probleme deutlich.

Zum einen zeigte sich, dass die Aufnahme von phänologischen Daten mit der mobilen Anwendung hohe Anforderungen an die fachlichen Kenntnisse der Nutzenden stellt. Diese müssen bei der Datenerhebung teils schwierige Fragen bzgl. der Pflanzenphänologie beantworten können, die von Laien kaum zu beurteilen sind. Dabei richtet sich aber diese Art der Datenerhebung explizit an solche Personen, die ungebunden und spontan an Wissenschaftsprojekten mitmachen möchten und grundsätzlich nur geringe Fachkenntnisse mitbringen.

Zur Überbrückung dieser Lücke könnten Methoden der KI bzw. des Maschinellen Lernens (ML) dienen, die solche anspruchsvollen Aufgaben der Klassifizierung von phänologischen Phasen unterstützen oder sogar vollständig übernehmen können. Es wäre dann nur nötig, dass Nutzende ein Foto der Pflanze mit der Kamera des mobilen Endgeräts aufnehmen und die Phase anschließend automatisch erkannt wird. Derzeit wird an einer solchen KI- bzw. ML-Methode gearbeitet, die bei bestimmten Pflanzenarten die Erkennung von phänologischen Phasen ermöglicht. Erste prototypische Modelle konnten mit guter Genauigkeit ausgewählte Phasen von für das ArcEGMO-PSCN-Modell relevanten Pflanzenarten erkennen [25].

Die Langzeitnutzung durch die Bevölkerung stellt eine weitere Herausforderung dar. Es gilt, Anreize zu schaffen, um die Motivation zur Nutzung der mobilen Anwendung aufrechtzuerhalten oder sogar zu steigern. Im konzeptionellen Teil dieser Arbeit wurden dafür das Aufgabenmanagement, soziale Funktionen und ein Gamification-Ansatz genannt. Diese drei Aspekte sind zukünftig zu konzipieren, um die Anwendung spielerischer zu gestalten, den Austausch der Nutzenden über die Anwendung zu fördern und Anreize für eine kontinuierliche Nutzung in Form von Aufgaben zu schaffen.

Bei der Datenintegration stellte es sich als schwierig heraus, weitere geeignete Portale für die Integration zu finden. Da hohe Ansprüche an die geographische Position der Daten sowie die Datenqualität selbst gestellt werden, sind viele Beobachtungsprogramme für die Integration schlicht nicht geeignet. Dies könnte sich dann ändern, wenn das Einzugsgebiet des zu validierenden Modells größer wäre. Viele geographisch sehr begrenzte Beobachtungsprogramme, die eigentlich nutzbare Daten liefern, könnten so eingebunden werden.

Danksagung Die Autoren bedanken sich beim Bundesministerium für Verkehr und digitale Infrastruktur (BMVI) mit seiner Forschungsinitiative mFUND für die finanzielle Unterstützung im Rahmen des Forschungsprojekts „NieTro_2" (Förderkennzeichen 19FS2018A/B/C).

Literatur

1. DIN 4049–3 (1994). *Hydrologie – Teil 3: Begriffe zur quantitativen Hydrologie.* Beuth-Verlag. https://doi.org/10.31030/2644617
2. Umweltbundesamt. (2024). *Trockenheit in Deutschland – Fragen und Antworten.* Umweltbundesamt. https://www.umweltbundesamt.de/themen/wasser/extremereignisseklimawandel/trockenheit-in-deutschland-fragen-antworten
3. Haag-Wanka, I., & Varga, D. (2013). *Operationelle Niedrigwasserklassifizierung-Entscheidungsgrundlage zur Anpassung des Niedrigwassermanagements an Klimawandel und Landnutzungsänderungen (NieKlass BW).* Landesanstalt für Umwelt Baden-Württemberg. https://pd.lubw.de/13850
4. Refsgaard, J. C. (1997*). Parameterisation, calibration and validation of distributed hydrological models.* Journal of hydrology, 198(1–4), 69–97. https://doi.org/10.1016/S0022-1694(96)03329-X
5. McMillan, H. K., Booker, D. J., & Cattoën, C. (2016). *Validation of a national hydrological model.* Journal of Hydrology, 541, 800–815. https://doi.org/10.1016/j.jhydrol.2016.07.043
6. Vorobevskii, I., Luong, T. T., Kronenberg, R., Grünwald, T., & Bernhofer, C. (2022). *Modelling evaporation with local, regional and global BROOK90 frameworks: importance of parameterization and forcing.* Hydrology and Earth System Sciences, 26(12), 3177–3239. https://doi.org/10.5194/hess-26-3177-2022
7. Mauser, W., & Schädlich, S. (1998*). Modelling the spatial distribution of evapotranspiration on different scales using remote sensing data.* Journal of Hydrology, 212, 250–267. https://doi.org/10.1016/S0022-1694(98)00228-5
8. Deutscher Wetterdienst. (2021). *Phänologische Beobachteranleitung.* Deutscher Wetterdienst. https://www.dwd.de/DE/klimaumwelt/klimaueberwachung/phaenologie/daten_deutschland/beobachtersuche/beobachteranleitung.html
9. Jeanneret, F., Rutishauser, T., & Brügger, R. (2011). *Phänologie und Saisonalität. Geschichte, Monitoring, Raumansprache.* Geographica Bernensia. https://doi.org/10.4480/GB2018.U26
10. Deutscher Wetterdienst. (n. d.). *Datenportal der phänologischen Beobachtungen des DWD.* https://opendata.dwd.de/climate_environment/CDC/observations_germany/phenology/annual_reporters/
11. Burkard, S., Fuchs-Kittowski, F., Pfützner, B., & Müller, R. (2016). Mobile Sensing zur Hochwasservorhersage in kleinen Einzugsgebieten. In Ulrike Freitag, Frank Fuchs-Kittowski, Friedhelm Hosenfeld, Andreas Abecker, Thomas Kudraß (Hrsg.), *Umweltinformationssysteme – Umweltbeobachtung: Nah und Fern* (S. 20–38), Aachen: CEUR-WS.org. https://ceur-ws.org/Vol-1781/
12. Graham, E. A., Henderson, S., & Schloss, A. (2011). Using mobile phones to engage citizen scientists in research. *EoS, Transactions American Geophysical Union*, 92(38), 313–315. https://doi.org/10.1029/2011EO380002

13. Lowry, C. S., & Fienen, M. N. (2013). CrowdHydrology: Crowdsourcing hydrologic data and engaging citizen scientists. *GroundWater*, 51(1), 151–156. https://doi.org/10.1111/j.1745-6584.2012.00956.x
14. Mgwaba N. (2023). *Crowdsourcing and Citizen Science data for water resources management.* space4water. https://www.space4water.org/news/crowdsourcing-and-citizen-science-data-water-resources-management.
15. Avellaneda, P. M., Ficklin, D. L., Lowry, C. S., Knouft, J. H., & Hall, D. M. (2020). Improving hydrological models with the assimilation of crowdsourced data. *Water Resources Research*, 56(5), e2019WR026325. https://doi.org/10.1029/2019WR026325
16. Weeser, B., Jacobs, S., Kraft, P., Rufino, M. C., & Breuer, L. (2019). Rainfall-Runoff modeling using crowdsourced Water level data. *Water Resources Research*, 55(12), 10856–10871. https://doi.org/10.1029/2019WR025248
17. Klöcking, B., Suckow, F., & Pfützner, B. (2018). *Das ökohydrologische PSCN-Modul innerhalb des Flussgebietsmodells ArcEGMO: Theoretische Modellbeschreibung.* http://arcegmo.de/PSCN.pdf
18. Becker, A., Klöcking, B., Lahmer, W., & Pfützner, B. (2002). The hydrological modelling system ARC/EGMO. *Mathematical models of large watershed hydrology*, 321–384.
19. Müller, R., & Pfützner, B. (2022). *Konzeption eines Entscheidungshilfesystems für Niedrigwasser und Trockenheit.* In Fuchs-Kittowski, F., Abecker A., Hosenfeld F., Ortleb, H. & Klafft, M. (Hrsg.), *Umweltinformationssysteme – Vielfalt, Offenheit, Komplexität* (S. 169–185). Wiesbaden: Springer. https://doi.org/10.1007/978-3-658-39796-8
20. Wilke, S. (2024). *Bodenversiegelung.* Umweltbundesamt. https://www.umweltbundesamt.de/daten/flaeche-boden-land-oekosysteme/boden/bodenversiegelung
21. iNaturalist. (2022). *What is it.* https://www.inaturalist.org/pages/what+is+it
22. iNaturalist. (2022). *API Reference.* https://www.inaturalist.org/pages/api+reference
23. Brooke, J. (1996). SUS-A quick and dirty usability scale. *Usability evaluation in industry*, 189(194), 4–7.
24. Mankins, J.C. (1995). *Technology readiness levels: A white paper.* Washington D.C.: NASA Office of Space Access and Technology.
25. Seegert, T., Schulze, P., & Fuchs-Kittowski, F. (2024). Maschinelle Bilderkennung von Phänophasen bei Pflanzen. In Klein, M., Krupka, D., & Nagel., F. (Hrsg.): *Informatik 2024. Lecture Notes in Informatics (LNI) – Proceedings, Series of the Gesellschaft für Informatik (GI)*, Volume P-352, Bonn: Gesellschaft für Informatik e. V. https://doi.org/10.18420/inf2024_99.

Maschinelles Lernen und Bildverarbeitung

Detektion von Echtem Mehltau an Salat (*Lactuca sativa* L.) mithilfe hyperspektraler Bilddaten

Untersuchungen auf der Basis digitaler Bildanalyse für die Umsetzung in der Nahbereichsphotogrammetrie

Markus Richter, Hassan Tagharobi, Anna Helena Pasamonik und Matthias Möller

Zusammenfassung

Ein Multisensor-Messsystem, bestehend aus einer SWIR-Hyperspektralkamera, einer RGB- und einer RGB-NoIR-Kamera wurde konfiguriert, um berührungslos den Gesundheitszustand von Salatpflanzen in Hinblick auf einen potenziellen Befall mit Echtem Mehltau zu ermitteln. Am Ende stand ein Labor-Funktionsmuster, das die Möglichkeit bietet, Bilddaten der verschiedenen Sensoren zu fusionieren, Pflanzengewebe in den Bildern zu erkennen und Reflexionsdaten der Hyperspektralkamera unter Verwendung von Algorithmen des maschinellen Lernens hinsichtlich eines Befalls mit Echtem Mehltau zu differenzieren. Die fünf unterschiedlichen Algorithmen des maschinellen Lernens, Random Forest, Support Vector Machine, Gradient Boosting,

M. Richter (✉) · H. Tagharobi
FB V Life Sciences and Technology, Berliner Hochschule für Technik, Berlin, Deutschland
E-Mail: Markus.Richter@bht-berlin.de

H. Tagharobi
E-Mail: hassan-tagharobi@bht-berlin.de

A. H. Pasamonik · M. Möller
FB III Bauingenieur- und Geoinformationswesen, Berliner Hochschule für Technik, Berlin, Deutschland
E-Mail: anpa4040@bht-berlin.de

M. Möller
E-Mail: Matthias.Moeller@bht-berlin.de

F. Fuchs-Kittowski et al. (Hrsg.), *Umweltinformationssysteme - Digitalisierung für eine nachhaltige Planetare Zukunft,* https://doi.org/10.1007/978-3-658-46394-6_4

AdaBoost und Neural Network, zeigten alle sehr gute Ergebnisse im Hinblick auf die Differenzierung von gesunden und infizierten Blattproben. Eine Validierung der Klassifikatoren in Verbindung mit Pflanzen, deren Gesundheitszustand unbekannt ist, fand noch nicht statt. Die durchgeführten Untersuchungen stellen die Grundlage für die Weiterentwicklung des Multisensor-Messsystems zu einem in der Pflanzenproduktion einzusetzenden Prototypen dar, der Pflanzenbestände hinsichtlich des Gesundheitszustandes und bei möglicher Kombination mit Verfahren zur Bestimmung des Wasserversorgungszustands überwachen kann.

Schlüsselwörter

Salat • Echter Mehltau • SWIR-Hyperspektralkamera • Bildanalyse • Maschinelles Lernen

1 Einleitung

Produktionsabläufe im Gartenbau werden zunehmend automatisiert. Oftmals wird versucht, die Wahrnehmung der Eigenschaften gartenbaulicher Nutzpflanzen nicht mehr auf die subjektiven Eindrücke einzelner Personen beim Monitoring zu beschränken, sondern objektiv arbeitende Sensorsysteme für diesen Zweck einzusetzen. Dabei werden für diese Aufgaben häufig verschiedene Geräte mit unterschiedlichen Sensoren verwendet, deren Informationen im Einzelnen bewertet werden müssen, um daraus einen entsprechenden Handlungsbedarf abzuleiten.

Die im Folgenden beschriebene Untersuchung war Teil eines Vorhabens zur Erforschung der Möglichkeiten und der Entwicklung einer photogrammetrischen Apparatur in Form eines Multisensor-Messsystems, das mit einer SWIR-Hyperspektralkamera (SWIR = Short Wave Infrared) und RGB-Kameras (RGB = Kamera mit Rot-, Grün- und Blaukanälen im sichtbaren Wellenlängenspektrum) für die Pflanzendetektion sowie entsprechenden Bildanalysealgorithmen berührungslos über kurze Entfernungen einen eventuell vorhandenen Krankheitsbefall in Echtzeit oder mit minimaler Zeitverzögerung auswerten kann, um Handlungsempfehlungen zu geben.

In der Literatur wird auf den Einsatz von maschinellem Lernen zur Auswertung der Daten hingewiesen [1, 2]. So war es ebenfalls eine Aufgabe dieser Untersuchung, verschiedene Algorithmen des maschinellen Lernens auf ihre Eignung hin zu prüfen und miteinander zu vergleichen, um anschließend schnell, kurzfristig und zuverlässig Ergebnisse aus den Messungen abzuleiten. Auch wenn diese Form der Programmierung noch nicht abgeschlossen werden konnte, sollten die Vorbereitungen für den Einsatz künstlicher Intelligenz mit einbezogen werden.

Ein System, das den Gesundheitszustand in der Praxis ermittelt, existiert bislang nicht. Einzelne Messsysteme dienen dazu, objektive Daten zu ermitteln, die der Anwender zur Entscheidungsfindung nutzen kann. Ein Multisensor-Messsystem, das mehrere

Zustandsgrößen berührungslos erfassen kann, und sich dabei durch die Pflanzenbestände selbstständig bewegt und diese einer Analyse unterzieht und gegebenenfalls die Ausführung von Aktionen einleitet, ist aktuell nicht verfügbar.

Der SWIR-Bereich wurde hier gewählt, da dieser genutzt werden kann, um den Wasserversorgungszustand von Pflanzen zu ermitteln, [3] und mit dem Messverfahren zur Detektion von Pflanzenkrankheiten kombiniert werden kann.

Hier wird das Ziel verfolgt, mit einem photogrammetrischen Multisensor-Messsystem einen Krankheitsbefall berührungslos auf der Basis der Reflexionseigenschaften von Blattflächen zu erfassen. Die Ergebnisse sollen als Grundlage dienen, um später, auf verschiedene Trägersysteme montiert (zum Beispiel UAV oder Schienensystem [3]), Nutzpflanzen aus der Ferne und weitgehend autonom zu überwachen und entsprechende Handlungsbefehle an automatische Applikationssysteme beziehungsweise Informationen an die Anwender weiterzugeben.

2 Stand der Forschung

Krankheiten und Schädlinge an Pflanzen sorgen häufig für spektrale Änderungen und Aufhellungen an den Blättern im sichtbaren Wellenlängenbereich. Diese lassen sich photogrammetrisch bestimmen [4, 5]. Des Weiteren lassen sich bei Pflanzenstress durch den Befall mit Schadorganismen, aber auch Trockenheit, gasförmige Ausscheidungen, zum Beispiel Ethylen, feststellen, die analytisch nachweisbar sind. Das EU-Projekt „Gezonde Kas" hatte zur Aufgabe, Möglichkeiten des Monitorings in Bezug auf Krankheiten bei gartenbaulichen Nutzpflanzen im geschützten Anbau zu untersuchen [6]. Als Resultat wurde ein Messsystem im Labormaßstab entwickelt, das auf der Basis der Photogrammetrie und der Analyse der Sporenverbreitung durch Schimmelpilze einen Krankheitsbefall frühzeitig erkennen soll und selbstständig Gegenmaßnahmen einleitet [6].

In einer weiteren Studie wurde eine Methodik zur Ermittlung des Befalls mit Echtem Mehltau an Kürbisgewächsen mithilfe von Reflexionsmessungen beschrieben [7]. Insbesondere die statistische Auswertung stand dabei im Mittelpunkt. Dabei konnte der Befallsgrad durch Echten Mehltau an Kürbis auf der Grundlage der Partial Least Square Regression (PLSR) und entsprechender Koeffizienten, die aus den spektralen Signaturen extrahiert wurden, bestimmt werden. Zudem war es möglich, vier Stadien an der Pflanze zu klassifizieren: 1. gesunde Blätter, 2. Blätter in einem Stadium der Keimung des Pilzes, 3. Blätter mit ersten Symptomen und 4. erkrankte Blätter [7].

Ebenso wurden Ergebnisse zur frühzeitigen Erkennung von Echtem Mehltau an Weizen mithilfe von Fernerkundungsmethoden als Vorbeugung gegen seine Ausbreitung veröffentlicht [8]. In diesem Modell zur Früherkennung verwendete man maschinelles Lernen (PLS-LDA-Modell, Partial Least Square – Linear Discriminant Analysis) unter Berücksichtigung von Hyperspektralbildern. In der Untersuchung wurden verschiedene Indices extrahiert, um den Unterschied zwischen gesundem und mehltaubehaftetem Weizen zu verbessern. Dann wurde eine lineare partielle least-squares Diskriminierungsanalyse angewandt, um Echten Mehltau mit den kombinierten optimalen Merkmalen zu erkennen. Ebenso wurde ein Regressionsmodell auf der Grundlage der partiellen least-squares Regression entwickelt, um die Schwere der Krankheit abzuschätzen. Die Ergebnisse zeigten, dass das Modell die Fähigkeit zur frühzeitigen Erkennung der infizierten Blätter verbesserte [8].

Letztere und weitere Veröffentlichungen [1, 2, 9–14] beschäftigten sich mit der Thematik, einen Befall mit Echtem Mehltau an verschiedenen Pflanzen mithilfe von Hyperspektraldaten, aber auch Thermaldaten, zu detektieren. Dabei war es möglich, verschiedene Stadien im Verlauf der Infektion zu unterscheiden. Verschiedene Auswertungsverfahren, die neben verschiedenen Methoden des maschinellen Lernens auf Faktor- und partial least-square Regressionsanalysen zurückgehen, wurden angewandt.

In der zuvor genannten Literatur wurden Hyperspektraldaten aus dem VIS- und NIR-Spektrum verwendet. Untersuchungen, um das SWIR-Spektrum (900–2500 nm) zur Detektion von Echtem Mehltau zu verwenden, wurden erst in den letzten Jahren durchgeführt [15, 16].

3 Material und Methoden

Die Untersuchungen wurden an Salat (*Lactuca sativa* L.) der Sorte ‚Chalmers RZ' in Verbindung mit dem pilzlichen Schaderreger Echter Mehltau *(Golovinomyces cichoracearum)* vorgenommen. Salat wurde gewählt, da er sich in kurzer Zeit als Modellpflanze anziehen lässt. Ähnliches gilt für den Echten Mehltau, der als obligater Schadpilz auf Salatpflanzen gut vermehrt werden kann, sodass Pflanzen mit entsprechenden Krankheitssymptomen ständig zur Verfügung standen. Die Vermehrung des Salats und des Echten Mehltaus fanden im Gewächshaus statt. Neben infizierten Salatpflanzen wurden davon getrennt krankheitsfreie Pflanzen kultiviert.

Außer der SWIR-Hyperspektralkamera wurden Sensoren verwendet, die die VIS- und NIR-Spektralbereiche (380–1100 nm) berücksichtigen, um mithilfe dieser Bilddaten die Pflanze als Zielfläche zu identifizieren und Hintergrundpixel auszusortieren. Zur Anwendung kam dabei der Normalized Difference Vegetation Index (NDVI), mithilfe dessen sich chlorophyllhaltige Gewebe feststellen lassen [17].

Um das Messprinzip zur Detektion von Echtem Mehltau auf Salat zu erforschen, wurde das Multisensor-Messsystem an ein Aluminiumgestell mit den Maßen 70 cm × 30 cm befestigt, welches zudem eine 40 cm hohe Halterung für die Leuchten aufwies (Abb. 1). Für eine ausreichende Ausleuchtung der Messfläche mit Strahlung, die auch den SWIR-Bereich abdeckte, wurden jeweils drei 35 W Osram-Halogenlampen an Vorder- und Rückseite des Gestells, deren Einstrahlwinkel manuell eingestellt werden konnten, montiert. Direkt unter den Sensoren befand sich ein fernsteuerbares Schienensystem mit Objektträger, das über einen Stepmotor hin- und herbewegt wurde. Hierauf

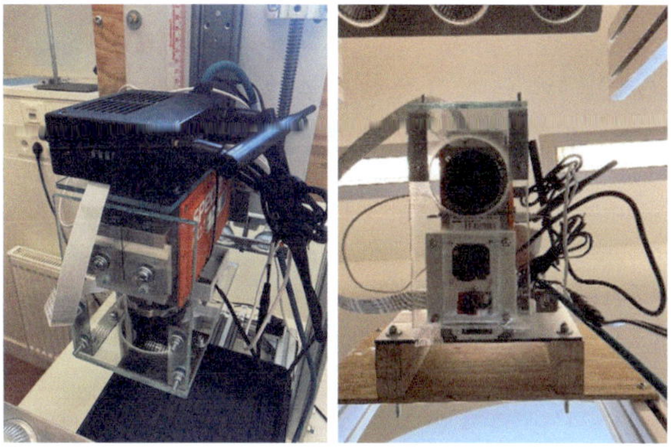

Abb. 1 Multisensor-Messsystem mit SWIR-Hyperspektralkamera Specim FX17 und Steuereinheit NVIDIA Jetson Nano mit WLAN-Antennen (links) und Ansicht von unten mit zusätzlichen RGB- und RGB-NoIR-Kameras (rechts). Bei der RGB-NoIR-Kamera wurde der Infrarotfilter durch einen Rotfilter ersetzt, um auf dem Rotlichtkanal nur Infrarotstrahlung zu detektieren.

wurden Blattproben der zu untersuchenden Pflanzen platziert. Der Objektträger bestand aus zwei 15 cm × 11 cm großen, mit schwarzer SWIR-absorbierender Folie (Oracal 751C High Performance Cast- 070 schwarz matt) beklebten Glasplatten, zwischen denen die Blattproben fixiert wurden.

Das obere Deckglas hatte eine 1 cm × 1,5 cm große Öffnung, durch welche die Probe von den Sensoren erfasst werden konnte. Um Störungen durch externe Strahlung zu vermeiden, befand sich das System in einer selbstgebauten 90 cm × 80 cm × 100 cm großen Dunkelkammer. Diese bestand aus Sperrholzplatten, die mit einer SWIR-absorbierenden Folie ausgekleidet wurden.

3.1 Konfiguration des Multisensor-Messsystems

Das Multisensor-Messsystem bestand aus drei Sensoren, die entlang einer Achse befestigt waren (Abb. 1).

- **Hyperspektral-Kamera.** Der Hauptsensor des Systems zur Erkennung von Problemen an Pflanzen war eine SWIR-Hyperspektralkamera (Specim FX17). Dabei handelte es sich um einen Pushbroom-Zeilensensor, der den kurzwelligen Infrarotbereich von 940–1714 nm mit einer Auflösung von bis zu 3 nm (in 256 Spektralbändern) erfassen konnte. Die Bildauflösung betrug maximal 640 Pixel in Breite x Länge des Scans. Der Sensor wies ein horizontales Sichtfeld von 38° auf und wurde über eine GigE-Verbindung an einen Laptop zur Ansteuerung angeschlossen.

- **RGB-Kamera.** Für die Gesamtwahrnehmung der Umgebung, die Erkennung von Pflanzen und gegebenenfalls Pflanzenschäden setzte man eine RGB-Kamera (Waveshare 18.584 IMX335 5MP) ein. Die Kamera besaß eine Sensorgröße von 1/2,8“ und eine Festbrennweite von 3,91 mm. Die maximale Auflösung betrug 2592 × 1944 Pixel (20 FPS) bei einem Sichtfeld von 92,6° (H) 48,6° (V). Die Kamera wurde über USB angeschlossen und gesteuert.
- **NoIR-Kamera.** Für die Pflanzenerkennung nutzte man zudem eine NoIR-Kamera (Arducam B0187 IMX219 8MP). Dabei handelte es sich um eine RGB-Kamera ohne Infrarotfilter. Sie hatte eine Sensorgröße von 1/4“ und eine feste Brennweite von 2,8 mm. Die maximale Bildauflösung lag bei 1280 × 720 Pixel (60 FPS) und wies ein Sichtfeld von 75° (H) 56° (V) auf. Die Kamera schloss man über MIPI CSI-2 an. Die NoIR-Kamera wurde zur Bestimmung des NDVI verwendet. Um sicherzustellen, dass der rote Kanal nur IR-Strahlung enthielt, wurde ein Rotlichtfilter in Form einer roten Folie (Rosco Storaro Color Effects Lighting Filter, #2001 VS Red) vor dem Objektiv angebracht.
- **Konfiguration.** Um die Sensoren sicher zu befestigen, wurde ein Gehäuse für die RGB- und die NoIR-Kamera konstruiert und mit einem 3D-Drucker aus Kunststoff hergestellt. Die Box war so konstruiert, dass beide Sensoren auf einer Achse befestigt waren. Dies erleichterte die spätere Sensordatenfusion. Das Gehäuse wurde im nächsten Schritt an der SWIR-Hyperspektralkamera befestigt, sodass alle Sensoren entlang einer Achse fixiert waren (Abb. 1).
- **Kalibrierung.** Die eingesetzten Sensoren erfassten die Umgebung in unterschiedlichen Formaten, Bildraten, Auflösungen, Sichtfeldern und vor allem in unterschiedlichen Spektralbereichen. Um diese unterschiedlichen Informationen miteinander verknüpfen zu können, mussten die Sensordaten zunächst kalibriert werden.
  Um die gleichen Punkte in verschiedenen Aufnahmen miteinander zu vergleichen und so Verschiebungen zu erkennen, mussten zunächst Materialien identifiziert werden, die alle verwendeten Wellenlängenbereiche als schwarz (Strahlung absorbierend) oder weiß (Strahlung reflektierend) erkennen. So wurde aus einer schwarzen Spezialfolie (Oracal 751C High Performance Cast- 070 schwarz matt) mittels Laserschneider ein negatives Schachbrett ausgeschnitten. Dieses wurde auf eine weiße Kunststoffplatte (PTFE) geklebt.
- **Sensordatenfusion.** Um die Sensordaten zu fusionieren und die Verzerrungen in den Bildern der unterschiedlichen Sensoren zu bestimmen, wurde ein Software-Tool entwickelt. Zuerst musste das Kalibrierungsblatt mit allen Sensoren gleichzeitig aufgenommen werden. Im Software-Tool wurde das Schachbrett in jedem Bild erkannt und die Transformation zwischen den Punkten der Bilder der verschiedenen Sensoren berechnet. Die resultierenden Transformationsmatrizen konnten dann für die Sensordatenfusion verwendet werden.

3.2 Datenerfassung

Für die Messungen wurde Salat in einer Klimakammer im Gewächshaus in 11 cm Kunststofftöpfen kultiviert. Um die Grundlagen zur Detektion von Echtem Mehltau zu untersuchen, wurden Messungen an einzelnen Blättern durchgeführt, die entweder zuvor mit Echtem Mehltau infiziert wurden und auf denen bereits eine Sporulation des Pilzes zu erkennen war, oder die von gesunden Pflanzen stammten, die isoliert von den infizierten Pflanzen kultiviert wurden.

Bei diesen Messungen wurden die RGB-Kameras nicht genutzt, da nur ein zuvor mithilfe der Deckgläser definierter Blattausschnitt ausgewertet wurde. Für die Messungen wurde das Blatt in die schwarzen Kunststoffschalen auf den Schlitten unter der SWIR-Hyperspektralkamera gelegt, mit einem Deckglas abgedeckt und mit geringer Geschwindigkeit (10 mm s^{-1}) unterhalb der Kamera in eine Richtung bewegt. Die Rohdaten wurden parallel zur Messung auf dem Steuerlaptop abgespeichert. Im Rahmen des Projektes wurden mehrere Software-Tools zur Vorverarbeitung und Analyse der Daten entwickelt und in Python implementiert.

Die Rohdaten mussten nach der Aufnahme händisch gesichtet werden, um eventuelle Fehlaufnahmen auszusortieren und die für die Bildauswertung relevanten Pixelbereiche zu bestimmen (Abb. 2). Auf horizontaler Ebene lagen die entsprechenden Pixel aufgrund des Ausschnitts in dem Deckglas immer an der gleichen Stelle. Der relevante vertikale Bereich musste in jeder Aufnahme einzeln selektiert werden. Die SWIR-Hyperspektralkamera speicherte die Bilddaten im ENVI-Format ab [18]. Das ENVI-Bildformat speichert die Reflexionsdaten der einzelnen Pixel über alle Wellenlängenbereiche sequentiell ab. Hierfür wurden die ENVI-Dateien mit der Software Scyven (Scyllarus) geöffnet, gesichtet und die einzelnen Bereiche in einer Liste dokumentiert. Diese Liste wurde anschließend mit einem selbst geschriebenen ENVI-Converter-Tool in eine .csv-Datei überführt und in einem separaten Ausgabeordner chronologisch abgespeichert. Dabei wurde für jeden Wellenlängenbereich eine separate .csv-Datei angelegt.

Nachfolgend wurde ein eigens für diesen Zweck programmiertes Preprocessing-Tool eingesetzt, um die einzelnen .csv-Dateien in einer einzelnen Datei zu fusionieren, Ausreißerdaten herauszufiltern und die Rohdaten der einzelnen Wellenlängen zu normalisieren. Dabei wurden die Datensätze von gesunden und infizierten Pflanzen entsprechend gekennzeichnet.

Für die Identifikation von Ausreißern wurde die Standardabweichung der Datensätze für die einzelnen Wellenlängenbereiche berechnet. Im Tool konnte ein Multiplikator für die Standardabweichung eingegeben werden, sodass ein Ausreißer dadurch gekennzeichnet wurde, dass er um ein Vielfaches der Standardabweichung vom Mittelwert abwich. Der Standardwert für das Vielfache der Standardabweichung wurde willkürlich mit 3 festgelegt.

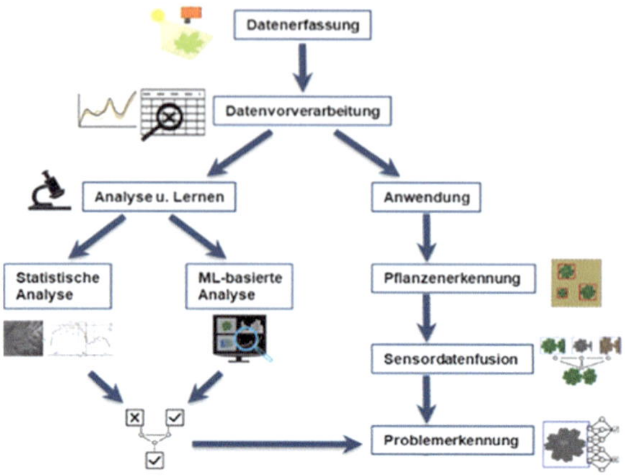

Abb. 2 Schematische Darstellung der Konfiguration des Multisensor-Messsystems in Bezug auf die Abfolge der Aufgaben beim Messvorgang und der Auswertung der Daten.

Die Rohdaten für den Messwert der Reflexion eines Pixels bewegten sich von 0 bis 4096 (2^{12}). Da die Reflexionswerte der einzelnen Wellenlängenbereiche auf unterschiedlichen Niveaus lagen, war es sinnvoll, für die weiteren Berechnungen die Werte auf einen Bereich zwischen 0 und 1 zu normalisieren, um Effekte der absoluten Messwerte zu minimieren. Dazu wurde folgende Formel verwendet:

$$Norm\ value = \frac{value}{4096} \times (\max_{value} - \min_{value}) + \min_{value}$$

Nach der Datenvorbereitung konnten mit einem Statistik-Tool verschiedene statistische Maßzahlen (Mittelwert, Standardabweichung, Median, Quartile, Minimum und Maximum) berechnet werden. Als Teil des Tools wurden die Maßzahlen in einem Diagramm über alle Wellenlängenbereiche dargestellt, um die ersten Ergebnisse der Messdatenerfassung zu prüfen (Abb. 3). In diesem Zusammenhang konnte man Datensätze von gesunden Pflanzen mit denen von infizierten Pflanzen vergleichen, um Rückschlüsse auf Unterschiede ziehen zu können.

Nach der statistischen Datenanalyse folgte die Datenanalyse unter Berücksichtigung von Methoden des maschinellen Lernens. Ziel war es dabei, Klassifikatoren für die Differenzierung zwischen gesunden und infizierten Pflanzengeweben zu erhalten. Gleichzeitig sollten die Algorithmen mit einer Vielzahl von Datensätzen trainiert werden, um später beim Erfassen von Einzelpflanzen und Pflanzenbeständen erkrankte Pflanzen zu detektieren.

Das selbst entwickelte Tool bot die Möglichkeit, verschiedene Algorithmen des maschinellen Lernens auf die Daten anzuwenden, um das passende Verfahren zu finden. Dabei wurden die antrainierten Klassifikatoren gespeichert und ausgewertet. Des Weiteren war es möglich, die Klassifikatoren auf andere externe Datensätze anzuwenden, um die Modelle zu evaluieren. Folgende Algorithmen wurden verwendet: Random Forest

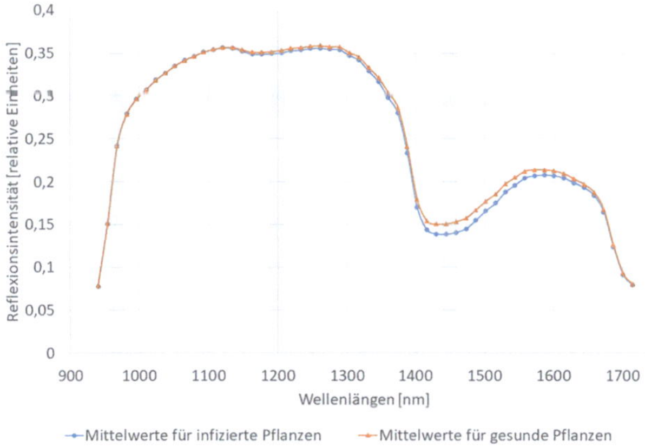

Abb. 3 Relative Reflexionsintensität der SWIR-Strahlung von Blattproben von gesunden und mit Echtem Mehltau infizierten Salatblättern. Die Messung erfolgte mit einer SWIR-Hyperspektralkamera. Die Reflexionswerte wurden in Bezug auf den maximalen Wert der Auflösung von 212 normalisiert und können Werte zwischen 0 und 1 annehmen. Die grau gekennzeichneten Bereiche stellen Absorptionsbereiche von Wasser dar.

[19], Support Vector Machine [20], Gradient Boosting [21], AdaBoost [22] und Neural Network [23] (Multilayer perceptron [24]).

Die für die einzelnen Algorithmen notwendigen Parameter waren einstellbar. Vorbereitete Datensätze von gesunden und infizierten Pflanzen wurden eingelesen. Nach der Vorbereitung der Daten mit dem Preprocessing-Tool wurden die Daten randomisiert und zufällig für Training, Evaluation und Anwendungstest aufgeteilt. Die Algorithmen wurden mit den entsprechenden Trainingsdaten trainiert und die generierten Klassifikatoren gespeichert. Ebenso gab es Angaben zur Vorhersagewahrscheinlichkeit und zur Evaluation, die anhand einer ROC-Kurve (Receiver-Operating-Characteristic-Kurve) überprüft werden konnte. Die Evaluation erfolgte mit dem separaten Evaluationsdatensatz und enthielt zudem Informationen zur Richtigkeit, Präzision, den F1-Score sowie den ROC-AUC-Wert (ROC-Area Under Curve-Wert). Training und Evaluation wurden mit den gleichen Parametern wiederholt. Die Ergebnisse waren sehr ähnlich.

4 Ergebnisse

Im Zeitraum vom 10.01.2023 bis zum 19.12.2023 wurden 18 gesunde Salatpflanzen und 8 infizierte Salatpflanzen für die Messungen verwendet. Da jeweils nur ein Blattausschnitt von 1,5 cm^2 analysiert wurde, konnten mehrere Blätter der Pflanzen verwendet werden. Für die weitere Auswertung wurden Reflexionsmesswerte einzelner Pixel in den aus Zeilen zusammengesetzten Bildern der SWIR-Hyperspektralkamera herangezogen. Daraus ergaben sich insgesamt 26.940 Datensätze von gesunden Pflanzen und 9282 Datensätze von mit Echtem Mehltau infizierten Pflanzen, die bereits einen sichtbaren Sporenbelag auf den Blättern zeigten. Um die Datenfülle vorab zu reduzieren, wurden bei den Messungen mit der SWIR-Hyperspektralkamera im Bereich von 940–1714 nm 50 Wellenlängenbereiche mit einer Breite von 14 nm berücksichtigt.

In Abb. 3 werden die Mittelwerte der normalisierten Reflexionswerte in relativen Einheiten über alle Wellenlängenbereiche dargestellt. In das Diagramm sind drei graue Bereiche eingetragen, welche die Absorptionsbereiche von Wasser in den Blättern angeben. Wasser absorbiert innerhalb des Messbereichs der elektromagnetischen Strahlung um 970 nm, 1200 nm und um 1450 nm [17].

Da die Unterschiede zwischen den Mittelwertkurven gering erschienen, wurden die Differenzen der Mittelwerte für gesunde und infizierte Blattproben für jeden Wellenlängenbereich berechnet und in Abb. 4 aufgezeigt.

Die größten Unterschiede zwischen den Blattproben waren im Bereich von 1400–1600 nm zu erkennen (Abb. 4). Eine große Differenz war auch im Bereich um 1450 nm deutlich sichtbar, sodass man einen Einfluss unterschiedlicher Wassergehalte in den Blattproben hier nicht ausschließen konnte. In den Bereichen von 940–1400 nm und 1650–1714 nm konnten nur geringe Unterschiede in der Reflexion festgestellt werden.

Die Evaluation des Einsatzes der Algorithmen des maschinellen Lernens ergab, dass die fünf verwendeten Modelle alle hohe ROC-AUC-Werte gleich oder über 0,91 erreichten (Abb. 5). Den höchsten Wert erzielten Neural Network und Random Forest mit 0,94. Die Wahr-Positiv-Rate erreichte bei den Modellen Werte zwischen 0,8 und 0,9 bevor

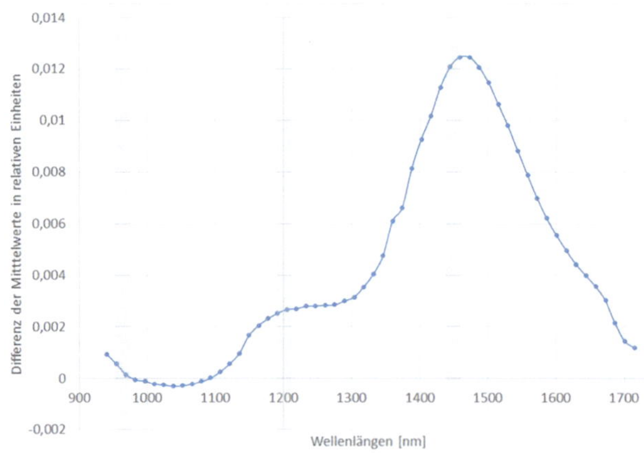

Abb. 4 Differenzen der normalisierten Reflexionsintensität der SWIR-Strahlung von Blattproben von gesunden und mit Echtem Mehltau infizierten Salatblättern. Die grau gekennzeichneten Bereiche stellen Absorptionsbereiche von Wasser dar.

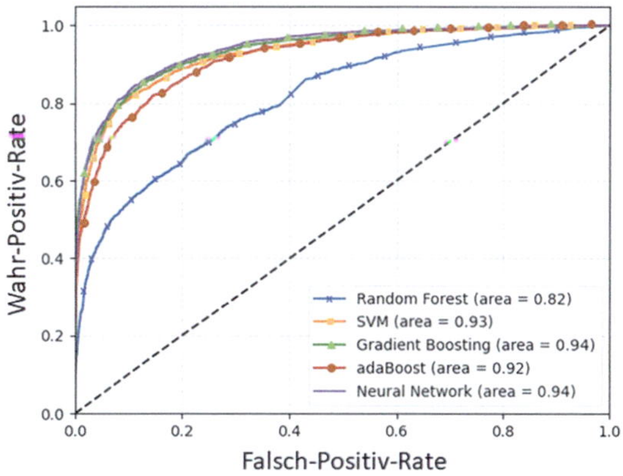

Abb. 5 Receiver-Operating-Characteristic-Kurven (ROC) für fünf Modelle des maschinellen Lernens als Ergebnis der Analyse der normalisierten Reflexionswerte von Blattproben gesunder und mit Echtem Mehltau infizierter Salatpflanzen.

die Falsch-Positiv-Rate den Wert von 0,2 überstieg. Der F1-Score (eine Kombination aus Präzision und Recall) lag bei allen zwischen 0,76 und 0,87 (Tab. 1). Hier schnitt Support Vector Machine mit 0,87 besonders gut ab.

In Tab. 1 werden weitere Evaluationswerte für die Verwendung der fünf Modelle des maschinellen Lernens zur Differenzierung der Blattproben des Salats aufgelistet. Auch bei den Werten für die Richtigkeit (accuracy), der Präzision (precision), des F1-Scores und der Fläche unterhalb der ROC-Kurven (ROC AUC) zeigte sich, dass alle Modelle hohe Werte für diese Evaluationsparameter aufwiesen. So zeigten Neural Network und Random Forest die höchsten Werte für ROC AUC, während die Support Vector Machine die besten Werte bei Richtigkeit, Präzision und beim F1-Score lieferte.

Die Evaluationsergebnisse der Algorithmen waren zwar sehr ähnlich, die Unterschiede zeigten jedoch die jeweiligen Stärken für diesen Ansatz. So könnte je nach Anwendung der geeignete Algorithmus ausgewählt werden. Wenn z. B. die Genauigkeit der wichtigste Parameter ist (z. B. Pflanzen werden richtig als gesund klassifiziert), würde sich SVM oder Gradient Boosting am besten eignen, oder, wenn die Präzision (z. B. als krank klassifizierte Pflanzen sind tatsächlich krank) oder der Recall (tatsächlich kranke

Tab. 1 Evaluationsparameter für fünf Modelle des maschinellen Lernens als Ergebnis der Analyse der normalisierten Reflexionswerte von Blattproben gesunder und mit Echtem Mehltau infizierter Salatpflanzen.

Modell	Richtigkeit	Präzision	F1-Score	ROC AUC
Random Forest	0,90	0,91	0,76	0,94
Support Vector Machine	0,94	0,94	0,87	0,92
Gradient Boosting	0,91	0,89	0,80	0,93
AdaBoost	0,90	0,88	0,77	0,91
Neural Network	0,90	0,87	0,80	0,94

Pflanzen werden richtig als krank erkannt) eine größere Rolle spielen, könnte man SVM oder RF verwenden. Dies ermöglicht eine flexible Auswahl der geeigneten Klassifikatoren in Abhängigkeit von den Kriterien. Es ist wichtig zu erwähnen, dass es bei neuen externen Daten empfehlenswert wäre, die Evaluierung der gelernten Klassifikatoren zu wiederholen, um die Leistung der Klassifikatoren im neuen Kontext besser beurteilen zu können.

5 Fazit

Mit den RGB- und RGB-NoIR-Kamerasystemen konnten Pixel, die ein Abbild der Pflanzen darstellten, von Pixeln des Hintergrunds mithilfe eines berechneten NDVI unterschieden werden. Auf der Basis dieses Ergebnisses wurde eine Maske erstellt, die es erlaubte, auch im zeilenweise zusammengesetzten Bild der Hyperspektralkamera die Pixel hervorzuheben, welche Pflanzenteile darstellten. Der Hintergrund blieb in der Folge schwarz, sodass für die folgende Auswertung nur Pixel verwendet wurden, die zu den Pflanzenteilen gehörten. Die Auswertung folgte der gleichen Methodik, die für die Blattproben beschrieben wurde.

In Abb. 3 ist zu erkennen, dass die Unterschiede in der Reflexion zwischen gesunden und infizierten Pflanzen relativ gering sind. Die deutlichste Differenzierung war im Bereich von 1400–1600 nm zu finden. Es gab jedoch keine näher definierbaren Peaks in den Differenzen, sodass man eine oder wenige Wellenlängenbereiche der elektromagnetischen Strahlung zur Unterscheidung hätte heranziehen können. Daher wurden verschiedene Algorithmen des maschinellen Lernens angewandt, um Klassifikatoren zur Differenzierung gesunder und infizierter Blattproben zu bestimmen. Die berechneten Evaluationsparameter von fünf angewandten Modellen (Random Forest, Support Vector Machine, Gradient Boosting, AdaBoost, Neural Network) zeigten, dass die angestrebte Unterscheidung bezüglich des Gesundheitszustands erfolgreich war. Eine Aussage dazu, welches Modell am geeignetsten ist, konnte noch nicht gemacht werden.

Hinsichtlich der relativ geringen Reflexion im Bereich von 1450 nm, wobei dieser Wellenlängenbereich ein Absorptionsmaximum von Wasser darstellt, könnten Rückschlüsse gezogen werden, dass infizierte Blattproben einen geringeren Wassergehalt aufwiesen. Dies muss in zukünftigen Untersuchungen geprüft werden. Die nur geringen Differenzen bei den anderen Absorptionsmaxima von Wasser in den Wellenlängenbereichen um 970 nm und 1200 nm unterstützten diese Aussage nicht. Die Testpflanzen wurden alle unter gleichen Bedingungen, auch was die Wasserversorgung anging, angezogen. Dennoch könnte es sein, dass ein Befall mit Echtem Mehltau durchaus auch Auswirkungen auf den Wasserzustand der Salatblätter haben könnte. Da die größten Differenzen im gesamten Bereich zwischen 1400 nm und 1600 nm auftraten, scheinen die Auswirkungen des Echten Mehltaus auf die Reflexionseigenschaften der Salatblätter den Absorptionsbereich von

Wasser mit einzubeziehen. Dieses ist insbesondere dann von Bedeutung, wenn das Messsystem zur Bestimmung des Gesundheitszustandes später einmal mit einem Verfahren zur Bestimmung des Wasserversorgungszustandes kombiniert werden soll. Interaktionen wären dann nicht auszuschließen.

Die besten Algorithmen des maschinellen Lernens gilt es an Pflanzen mit unbekanntem Gesundheitszustand in Bezug auf einen Befall mit Echtem Mehltau zu testen, um die Evaluationsergebnisse zu validieren. Die Grundlagen für die Verwendung in einem Multisensor-Messsystem konnten damit gelegt werden.

Die Entwicklung des Multisensor-Messsystems wird in der Folge zu dieser Untersuchung die Datenfernübertragung zur Steuerung und Datenerfassung, die Anbindung an mobile Trägersysteme, wie zum Beispiel Linearsysteme, Schlepper, Schienensysteme oder Drohnen, die Georeferenzierung und Kartierung der Bilddaten und die Erhöhung der Entfernung zu den Pflanzenbeständen beinhalten. Zudem sollte das System weiterentwickelt werden, um Funktionen zur Bestimmung des Wasserversorgungszustands einzubeziehen sowie automatisierte Applikationssysteme für Pflanzenschutzmittel oder Wasser ansteuern zu können.

Danksagung Das Projekt wurde aus Mitteln des Bundesministeriums für Ernährung und Landwirtschaft unter der Trägerschaft der Bundesanstalt für Landwirtschaft und Ernährung mit dem Förderkennzeichen 2818512A18 gefördert.

Literatur

1. Abdulridha, J., Ampatzidis, Y., Roberts, P., & Kakarla, S. C. (2020). Detecting Powdery Mildew disease in squash at different stages using UAV-based hyperspectral imaging and artificial intelligence. *Biosystems Engineering*, 197, 135–148. https://doi.org/10.1016/j.biosystemseng.2020.07.001
2. Burnett, A. C., Anderson, J., Davidson, K. J., Ely, K. S., Lamour, J., Li, Q., Morrison, B. D., Yang, D., Rogers, A., & P. Serbin, S. (2021). A best-practice guide to predicting plant traits from leaf-level hyperspectral data using partial least squares regression. *Journal of Experimental Botany*, 72(18), 6175–6189. https://doi.org/10.1093/jxb/erab295
3. Rojek, L., Möller, M., Richter, M., Bischoff-Schaefer, M., & Hehl, K. (2023). PLANTSENS: A rail-based multi-sensor imaging system for redundant water stress detection in greenhouses. *Smart Agricultural Technology*, 4, Artikel 100223. https://doi.org/10.1016/j.atech.2023.100223
4. Di Gennaro, F., Battiston, E., Di Marco, S., Facini, O., Matese, A., Nocentini, M., Paliotti, A., & Mugnai, L. (2016). Unmanned aerial vehicle (UAV)-based remote sensing to monitor grapevine leaf stripe disease within a vineyard affected by esca complex. *Phytopathologia Mediterranea*, 55(2). 262–275. https://doi.org/10.14601/Phytopathol_Mediterr-18312
5. Velichkova, K., & Krezhova, D. (2017). Sensitivity of remotely-sensed spectral reflectance to biophysical variables of plant. *RAD Conference Proceedings*, 2, 276–282. https://doi.org/10.21175/RadProc.2017.56
6. Zijstra, C. (2014). *The "Gezonde Kas" System.* Gezonde Kas. https://www.gezondekas.eu/en/gezonde-kas/system.html

7. Rivero-Romero, C. A., Palacios-Hernandez, E. R., Munoz-Minjares, J. U., Vite-Chavez, O., Morales-Saldana, J. A., & Reyes-Portillo, I. A. (2022). Using partial least square for identification of Powdery Mildew in Cucurbits plants. *IEEE International Autumn Meeting on Power, Electronics and Computing (ROPEC 2022)*, Ixtapa, Mexico. https://doi.org/10.1109/ROPEC55836.2022.10018618
8. Khan, I.H., Liu, H., Li, W., Cao, A., Wang0, X., Liu, H., Cheng, T., Tian, Y., Zhu, Y., Cao, W., & Yao, X. (2021). Early detection of Powdery Mildew disease and accurate quantification of its severity using hyperspectral images in wheat. *Remote Sensing*, 13, Artikel 3612. https://doi.org/10.3390/rs13183612
9. Atanassova, S., Nikolov, P., Valchev, N., Masheva, S., & Yorgov, D. (2019). Early detection of powdery mildew (*Podosphaera xanthii*) on cucumber leaves based on visible and near-infrared spectroscopy. *AIP Conference Proceedings 2075*, Artikel 160014. https://doi.org/10.1063/1.5091341
10. Awad, Y.M., Abdullah, A.A., Bayoumi, T.Y., Abd-Elsalam, K., & Hassanien, A.E. (2015). Early Detection of Powdery Mildew Disease in Wheat (*Triticum aestivum* L.) Using Thermal Imaging Technique. In D. Filev, J. Jabłkowski, J. Kacprzyk, M. Krawczak, I. Popchev, L. Rutkowski, V. Sgurev, E. Sotirova, P. Szynkarczyk, & S. Zadrożny (Hrsg.), *Intelligent Systems'2014. Advances in Intelligent Systems and Computing 323.* Springer, Cham. https://doi.org/10.1007/978-3-319-11310-4_66
11. Feng, Z.-H., Wang, L.-Y., Yang, Z. Q., Zhang, Y.-Y., Li, X., Song, L., He, L., Duan, J.-Z., & Feng, W. (2022). Hyperspectral monitoring of Powdery Mildew disease severity in wheat based on machine learning. *Front. Plant Sci.*, 13, Artikel 828454. https://doi.org/10.3389/fpls.2022.828454
12. Fernandez, C. I., Leblon, B., Wang, J., Haddadi, A., & Wang, K. (2021). Cucumber powdery mildew detection using hyperspectral data. *Can. J. Plant Sci.*, 102, 20–32, https://doi.org/10.1139/cjps-2021-0148
13. Perez-Roncal, C., Lopez-Maestresalas, A., Lopez-Molina, C., Jaren, C., Urrestarazu, J., Santesteban, L. G., & Arazuri, S. (2020). Hyperspectral imaging to assess the presence of Powdery Mildew (*Erysiphe necator*) in cv. ‚Carignan Noir' grapevine bunches. *Agronomy*, 10(88). https://doi.org/10.3390/agronomy10010088
14. Rivera-Romero, C. A., Palacios-Hernandez, E. R., Trejo-Duran, M., Rodriguez-Linan, M. D. C., Olivera-Reyna, R., & Morales Saldana, J. A. (2020). Visible and near-infrared spectroscopy for detection of powdery mildew in *Cucurbita pepo* L. leaves. *Journal of Applied Remote Sensing*, 14(4). https://doi.org/10.1117/1.JRS.14.044515
15. Thomas, S., Kuska, M. T., Bohnenkamp, D., Brugger, A., Alisaac, E., Wahabzada, M., Behmann, J., & Mahlein, A.-K. (2018). Benefits of hyperspectral imaging for plant disease detection and plant protection: a technical perspective. *J. Plant Dis. Prot.*, 125, 5–20. https://doi.org/10.1007/s41348-017-0124-6
16. Zhang N., Yang G., Pan, Y., Yang, X., Chen, L., & Zhaoi, C. (2020). A review of advanced technologies and development for hyperspectral-based plant disease detection in the past three decades. *Remote Sens.*, 12, Artikel 3188. https://doi.org/10.3390/rs12193188
17. Seelig, H.-D., Hoehn, A., Stodieck, L. S., Klaus, D. M., Adams III, W. W., & Emery, W. J. (2008). The assessment of leaf water content using leaf reflectance ratios in the visible near- and short-wave-infrared. International Journal of Remote Sensing, 29(13), 3701–3713. https://doi.org/10.1080/01431160701772500
18. NV5 Geospatial Software (2023). NV5 Geospatial Software. https://nv5geospatialsoftware.com/Products/ENVI
19. Breiman, L. (2001). Random forests. *Machine Learning*, 45, 5–32.

20. Brereton, R. G., & Lloyd, G. R. (2010). Support Vector Machines for classification and regression. *Analyst*, 135, 230–267. https://doi.org/10.1039/b918972f
21. Friedman, J. H. (2002). Stochastic gradient boosting. *Computational Statistics & Data Analysis*, 38, 367–378.
22. Solomatine, D. P., & Shrestha, D. L. (2004). AdaBoost.RT: a boosting algorithm for regression problems. *Conference: 2004 IEEE International Joint Conference on Neural Networks, at: Budapest, Hungary Volume: 2*. https://doi.org/10.1109/IJCNN.2004.1380102
23. Dongare, A. D., Kharde, R. R., & Kachare, A. D. (2012). *International Journal of Engineering and Innovative Technology (IJEIT)*, 2(1), 189–194.
24. Hinton, G. E. (1990). Connectionist learning procedures. In Y. Kodratoff, & R. S. Michalski (Hrsg.), *Machine Learning – An Artificial Intelligence Approach, Volum III* (S. 555–610). Burlington: Morgan Kaufman. https://doi.org/10.1016/B978-0-08-051055-2.50029-8

Super-Resolution-Techniken in der Structure-from-Motion-basierten Gebäuderekonstruktion

Sebastian Urbanek, Gudrun Görlitz und Matthias Möller

Zusammenfassung

Die Rekonstruktion von Gebäuden mittels 3D-Computergrafik ist auf Basis historischer Fotografien herausfordernd, da diese oft von niedriger Qualität und Auflösung sind. Die Super-Resolution-Technologie, insbesondere moderne Deep Neural Network-Ansätze, verspricht, die Bildqualität zu verbessern, und ermöglicht detailreichere Rekonstruktionen. Für eine Evaluation der modernen Super-Resolution-Techniken werden zusätzlich die klassischen Interpolationsmethoden herangezogen und die Ergebnisse miteinander verglichen.

Schlüsselwörter

Computer Vision • Virtuelle Realität • Photogrammetrie

S. Urbanek (✉) · G. Görlitz · M. Möller
Berliner Hochschule für Technik, Berlin, Deutschland
E-Mail: sebastian.urbanek@bht-berlin.de

G. Görlitz
E-Mail: gudrun.goerlitz@bht-berlin.de

M. Möller
E-Mail: matthias.moeller@bht-berlin.de

F. Fuchs-Kittowski et al. (Hrsg.), *Umweltinformationssysteme - Digitalisierung für eine nachhaltige Planetare Zukunft,* https://doi.org/10.1007/978-3-658-46394-6_5

1 Einleitung

Die digitale Rekonstruktion historischer Gebäude, welche nicht mehr existieren, ist eine faszinierende und herausfordernde Aufgabe in der Welt der 3D-Computergrafik, der Computer Vision und ebenso von Bedeutung in der Umweltinformatik. Eine realitätsnahe Rekonstruktion von Gebäuden trägt zur Erforschung von Umweltveränderungen bei. 3D-Modelle werden im Allgemeinen eingesetzt, um Umwelteinflüsse auf Gebäude oder Stadtgebiete zu simulieren, um z. B. Maßnahmen zur Erhaltung einzuleiten. Die Verwendung historischer Gebäudemodelle bringt eine zeitliche Komponente in die Erforschung ein, aufgrund dessen der geschichtliche Verlauf von Umweltveränderungen untersucht werden kann, aus der sich eine zweckdienliche Umwelt- und Regionalplanung ableiten lässt.

Elementar für diesen Prozess ist die Verwendung historischer Fotografien, ferner Videoaufnahmen. Diese Bilder sind häufig von niedriger Auflösung und Qualität, was die Detailgenauigkeit einer Rekonstruktion beeinträchtigt. In diesem Zusammenhang bietet die Super-Resolution-Technologie eine vielversprechende Lösung, um die Bildauflösung zu verbessern. Während traditionelle Methoden der Super-Resolution gewisse Grenzen aufweisen, versprechen moderne Deep Neural Network (DNN) Ansätze signifikante Fortschritte. Dieser Artikel vergleicht mehrere Ansätze hinsichtlich ihrer Eignung und Leistungsfähigkeit für die hochauflösende Skalierung historischer Bildaufnahmen, um eine realitätsnahe 3D-Rekonstruktionen zu ermöglichen.

Um die Eignung von Super-Resolution-Techniken für die 3D-Rekonstruktion historischer Gebäude zu bewerten, wurde der folgende Ansatz gewählt. Eine Bildsequenz von einem Gebäude wurde in seiner Auflösung verringert und einem Alterungsprozess unterzogen, um eine realitätsnahe Qualität und Auflösung historischer Fotografien nachzubilden. Als Ziel gilt es zu untersuchen, inwieweit Super-Resolution-Technologien genutzt werden können, um diese Bildsequenz auf eine höhere Auflösung zu skalieren, sodass die Bilder für eine detaillierte 3D-Gebäuderekonstruktion geeignet sind. Für jede Super-Resolution-Technik wurde je eine 3D-Rekonstruktion des Gebäudes mit dem Structure-from-Motion-Verfahren durchgeführt. Durch diesen methodischen Ansatz sind die Ergebnisse der verschiedenen Super-Resolution-Techniken direkt miteinander vergleichbar.

2 Verwandte Arbeiten

Fotografien aus den Jahren zwischen 1940 und 1990 wurden mit analoger Technik aufgenommen. Die eingesetzten Filme und die Optik haben sich über die Jahre verbessert, und dennoch bringt die Digitalisierung von analogen Fotografien für die Computer Vision Probleme mit sich. Dazu gehören die niedrige Auflösung, fehlender Kontrast, ein (teilweise starkes) Rauschen und die Tatsache, dass die Farbfotografie sich erst in den 1970er

Jahre allgemein etablierte [1]. Faktoren wie unsachgemäße Lagerung, hohe Luftfeuchtigkeit oder Temperaturen tragen zusätzlich zur Qualitätsminderung historischer Fotografien bei [7, 9]. Aufgrund einer längeren Belichtungszeit waren Aufnahmen zudem anfällig für Bewegungsunschärfe. Des Weiteren sind Metadaten wie Aufnahmedatum, Kameraparameter sowie Position und Orientierung im Raum in der Regel nicht vorhanden, welche für das Structure-from-Motion-Verfahren ein Vorteil sind [8].

Für die Wiederverwendung rekonstruierter Gebäudemodelle in Bereichen wie Stadtplanung oder Bildung, die eine tiefgreifende Immersion erfordern, ist ein hoher Detailreichtum dieser Modelle unerlässlich [2]. Die Modellqualität einer automatisierten Rekonstruktion hängt maßgeblich vom Detailgrad des Ausgangsmaterials ab. Daraus leitet sich die Anforderung ab, historische Fotografien vor dem Prozess der Rekonstruktion einer Aufwertung zu unterziehen, die sowohl die Pixeldichte als auch die Informationsfülle (wie Kantenhervorhebung, Denoising, etc.) des Bildes erhöht.

In der Computergrafik und speziell in der Bildverarbeitung werden verschiedene Ansätze angewendet, um Bilder in variablen Auflösungen darzustellen. Ein zentrales Verfahren hierfür ist die Interpolation, also die Schätzung von Zwischenwerten innerhalb einer Menge von Datenpunkten. Dabei haben sich insbesondere Techniken wie die bilineare und bikubische Interpolation sowie die Nearest-Neighbor-Methode durchgesetzt, die vor allem für Bildskalierung und -manipulation genutzt werden [3, S. 150–152, 13]. In neuerer Zeit haben lernbasierte Ansätze an Popularität gewonnen, bei denen Convolutional Neural Networks (CNNs) oder Generative Adversarial Networks (GANs) zum Einsatz kommen. Im Bereich der Grafikprozessoren nutzt die Firma Nvidia diese Technik, um gerenderte Bilder zunächst in einer niedrigeren Auflösung zu berechnen und anschließend mittels Super-Resolution-Techniken hochzuskalieren, wodurch eine Optimierung der Bildwiederholungsfrequenz von bis zu 45 % erreicht werden konnte [4].

Obwohl die zuvor erwähnten klassischen und lernbasierten Ansätze für die Skalierung von Einzelbildern erprobt und praktikabel sind [5], wird sich in der Computer Vision typischerweise auf die Arbeit mit standardisierten Bilddatensätzen fokussiert. Diese Datensätze decken eine Vielfalt an Motiven, Auflösungen und Qualitätsstufen ab und dienen als Grundlage für methodische Entwicklungen in Bereichen wie Objekterkennung, 3D-Rekonstruktion, Super-Resolution, Merkmalsdetektion und Bewegungsschätzung [6]. Historische Fotografien stellen in diesem Kontext eine Ausnahme dar, was zur Folge hat, dass trainierte Modelle mit dieser Motivart fehlen.

Der auf Structure-from-Motion basierende Ansatz in der Photogrammetrie umfasst eine Reihe von (teilweise) automatisierten Datenverarbeitungsschritten, die Einzelaufnahmen zu einem kohärenten 3D-Modell zusammenführen [10]. Dieser Prozess beginnt mit der Akquisition der Einzelbilder. Im Rahmen dieses Artikels liegt der Schwerpunkt auf der Vorverarbeitung bereits vorhandener historischer Fotografien, um sie für den Structure-from-Motion-Prozess geeignet zu machen.

Super Resolution mit Einzelbildern, benannt als *Single Image Super Resolution* (SISR), bezeichnet einen Prozess in der Bildverarbeitung, bei dem die Auflösung eines einzelnen Bildes erhöht wird [11]. Dabei werden Interpolationsmethoden oder Ansätze des maschinellen Lernens eingesetzt, um aus einem Bild mit niedriger Auflösung *(low-resolution, LR)* ein hochauflösendes Bild *(high-resolution, HR)* zu generieren. Die Technik zielt darauf ab, die Bildqualität zu verbessern, indem sie Texturen verfeinert und Kanten schärft, ohne dass dafür mehrere Bilder oder zusätzliche Informationen über das Bild erforderlich sind [11].

Bevor der Einsatz von CNNs oder GANs in den vergangenen Jahren populärer wurde, wurde Bildskalierung mit den erwähnten interpolativen Methoden standardmäßig durchgeführt [13]. Jede dieser Methoden bietet einen Kompromiss zwischen Berechnungskomplexität und Bildqualität, wobei die Auswahl je nach Anwendungsfall und erforderlicher Genauigkeit variiert.

Bei der Nearest-Neighbor-Interpolation werden neue Pixel in der gleichen Farbe eingefärbt, welche eben das nächste Pixel besitzt. Der Vorteil dabei ist die schnelle Computerberechnung. Im Resultat treten jedoch verstärkt Aliasing und Unschärfen auf [12, 13]. Die bilineare Interpolation berechnet einen Farbwert aus den vier umliegenden Pixeln (horizontal und vertikal). In der Theorie sind die Ergebnisse nach Anwendung der bilinearen Interpolation im Vergleich zum Nearest-Neighbor-Ansatz insgesamt glatter, aufgrund einer gleichmäßigen Gewichtung der einberechneten Farbwerte [12, 13]. Alle anliegenden Pixel verwendet die bikubische Interpolation, um einen Farbwert für einen Pixel zu berechnen. Damit ist diese Methoden zwar aufwendiger, liefert jedoch in der Theorie die brauchbareren Ergebnisse [12, 13]. Neben den drei benannten Interpolationsmethoden existieren weitere Ansätze, wobei an dieser Stelle noch die Lánzoc-Interpolation Erwähnung findet. Sie basiert auf einer normalisierten Sinus-Funktion (Sinc). Sie gilt als eine fortschrittliche Technik zur Bildskalierung, ist ungeachtet dessen rechenintensiver und kann wegen der Natur der Sinus-Funktion zur Artefakt-Bildung in Form von Halos um Kanten herum beitragen [12, 14].

In der Forschung zur Super-Resolution-Technologie wird von der Existenz einer Degenerationsfunktion ausgegangen. Diese Funktion beschreibt die Transformation eines HR-Bildes unter Einbeziehung spezifischer Degenerationsparameter, die eine Beeinträchtigung durch Unschärfe, Rauschen oder Kompressionsartefakte repräsentieren, in ein LR-Bild. Die Herausforderung in der Praxis liegt darin, dass die exakten Degenerationsparameter unbekannt sind, was eine direkte Rekonstruktion des ursprünglichen HR-Bildes aus dem LR-Bild erschwert. Um dieses Problem zu adressieren, wird die Annahme einer inversen Funktion postuliert, welche die theoretische Grundlage bildet, um aus dem vorliegenden LR-Bild auf das entsprechende HR-Bild zu schließen [5]. Diese Annahme ermöglicht die Entwicklung von Modellen, die darauf abzielen, die unbekannten Degenerationsparameter zu approximieren und somit eine Annäherung an das HR-Bild zu erreichen.

Im Rahmen dieses Artikels wurden vier Arbeiten herangezogen, um die Super-Resolution-Technik für die Gebäuderekonstruktion mit historischen Aufnahmen zu evaluieren. Lim et al. [15] schlugen 2017 ein »enhanced deep super-resolution network« (EDSR) vor. Die Autoren führten Optimierungen an der konventionellen CNN-Architektur durch, indem überflüssige Module entfernt wurden. Zudem wurde das Modell mit Bildern unterschiedlicher Skalierung trainiert, was den Modellumfang insgesamt vergrößerte.

Shi et al. [16] hingegen verwendeten für ihren Ansatz eine effiziente Sub-Pixel-Konvolutionsschicht, anstatt Vereinfachungen als Optimierung umzusetzen, wie bei EDSR. Bei dieser Herangehensweise wird eng mit den Positionsangaben aller Pixel gearbeitet, um Farbwerte für neue Sub-Pixel exakter bestimmen zu können. Die geläufige Abkürzung hierfür lautet ESPCN.

Der FSRCNN-Ansatz, vorgestellt von Dong et al. [17], zielt darauf ab, Super-Resolution-Convolutional Neural Networks zu beschleunigen, indem eine kompaktere und effizientere Netzwerkstruktur genutzt wird. FSRCNN verwendet das Originalbild in niedriger Auflösung direkt als Eingabe und führt eine Upsampling-Operation am Ende des Netzwerks mit einer Deconvolution-Schicht durch, was die Berechnungskomplexität erheblich reduziert.

Der Ansatz von Lai et al. [18] beschreibt den LapSRN-Ansatz, einen Deep Learning-Ansatz, der eine Laplace-Pyramide nutzt, um Bilder schrittweise von grob zu fein zu skalieren. LapSRN nutzt dabei eine Deep Supervision zusammen mit der Charbonnier-Verlustfunktion. Durch rekursive Schichten und die gemeinsame Nutzung von Parametern über und innerhalb der Pyramidenstufen reduziert es die Anzahl der notwendigen Parameter, während es gleichzeitig eine hohe Bildqualität liefert. Die Auswahl dieser vier Ansätze erfolgt aufgrund einer bereits vorhandenen Referenzimplementierung in der offenen Bibliothek für Computer Vision-Anwendungen *OpenCV*.

3 Daten und Methoden

Es wurde ein umfangreicher Bilddatensatz der Alten Fleischhalle in Bamberg angefertigt. Der Datensatz umfasst insgesamt 173 Bilder. Mit diesen Bildern ist eine 3D-Rekonstruktion durch Structure-from-Motion möglich.

Die Bilder wurden mit einer Drohne der Firma DJI (Modell Mini) aufgenommen, die das Gebäude in etwa gleichbleibendem Abstand in Streifen abflog, um eine 70 % Überlappung in vertikaler und horizontaler Ausrichtung mindestens zu gewährleisten. Jedes Bild wurde mit einer Auflösung 4000 × 2250 px aufgezeichnet, um architektonische Details exakt zu erfassen. Die Kameraeinstellungen wurden manuell konfiguriert mit einer Blende f/2,8 und einer Brennweite von 4,49 mm. Die Alte Fleischhalle ist ein historisches Bauwerk, welches 1740 vom Architekten Paulus Mayer entworfen wurde. Abb. 1 zeigt das Gebäude sowie eine ausgewählte Miniatur-Übersicht über die Einzelaufnahmen.

Abb. 1 Fotografie von der Alten Fleischhalle [24] (links), Auswahl an Aufnahmen mit der Drohne (Bildgruppe in Mitte), rekonstruiertes 3D-Modell aus Graustufenbildern (rechts)

Für die Evaluation der Super-Resolution-Technik wurde eine Software namens LP3D designed und implementiert. Die Anwendung verwendet die Bibliothek *OpenCV*, bei der es sich um eine freie Programmbibliothek zu dem Themenbereich Bildverarbeitung und Computer Vision handelt. Dabei wird durch die Open-Source-Gemeinschaft insbesondere die Interpolationstechnik [19] sowie die Super-Resolution-Technik mit den in Abschn. 2 erwähnten Ansätzen EDSR, ESPCN, FSRCNN und LapSRN gepflegt [20]. Die Bibliothek wird neben C, C++ und Java, ebenfalls für die Programmiersprache Python entwickelt [21].

LP3D ist eine Kommandozeilen-Anwendung, vollständig in Python programmiert und in drei Modulen organisiert. Das erste Modul beinhaltet alle notwendigen Funktionen für das Super-Resolution-Verfahren. Hiermit können trainierte Modelle auf ein einzelnes Bild oder einen gesamten Bilddatensatz angewendet werden. Die Verwendung der lernbasierten Ansätze ist mit OpenCV möglich, jedoch müssen die Merkmale des vortrainierten Modells zuvor der Anwendung übergeben werden. Für OpenCV existiert eine weitere Bibliothek *(opencv-contrib)* mit zusätzlichen Funktionsimplementierungen, dieser sind die DNN-Super-Resolution-Techniken zugeordnet. Es gibt vortrainierte Modelle, die mit diesem OpenCV-Contrib-Repositorium assoziiert sind [23]. Abb. 2 zeigt eine allgemeine Übersicht der LP3D-Anwendung.

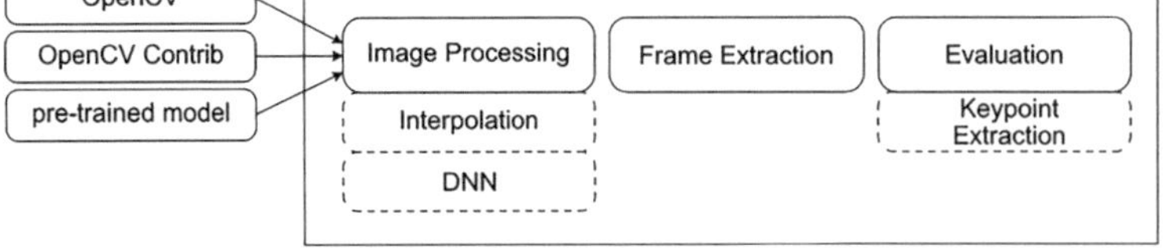

Abb. 2 Interne Programmstruktur von LP3D. Dargestellt sind drei Module zur Bildbearbeitung und Evaluation; OpenCV als externe Bibliothek sind links außen dargestellt.

Neben der Bildverarbeitung umfasst die Anwendung ein weiteres Modul zur Extraktion von Einzelbildern (engl. *frames*) aus Videosequenzen (in Abb. 2 *Frame Extraction*). Für die Structure-from-Motion-Methode stellt eine erhöhte Anzahl von Bildern einen Vorteil dar, da eine Videoaufzeichnung aus einer Vielzahl von Bildern pro Sekunde besteht (i. d. R. 30 Bilder/Sekunde). Um jedoch eine Überlastung durch zu viele ähnliche Bilder zu vermeiden, ermöglicht das Modul eine Parameterangabe für die pro Sekunde extrahierten Frames.

Ein drittes Modul ist für die Auswertung der HR-Bilder und deren Keypoints verantwortlich (in Abb. 2 *Evaluation*). Hiermit können mithilfe der SIFT-Methode die Keypoints identifiziert, gezählt, klassifiziert und beschrieben werden (siehe Abb. 3). Die Anwendung ist vollständig auf GitHub zugänglich [22].

Um das Potenzial der Super-Resolution-Technik zu überprüfen, wurde der Bilddatensatz bestehend aus den 173 Bildern des Alten Schlachthauses synthetisch verkleinert, in ein Graustufen-Bild umgewandelt und mit einem Rauschen versehen. Das Downsampling erfolgt für jedes Bild (4000 × 2250 Pixel) je einmal um den Faktor 2, sodass ein Bild nur noch ein Viertel so groß war (2000 × 1125 Pixel), und um den Faktor 4 (1000 × 562 Pixel), sprich einem Sechszehntel des Originals, was historischen Abbildungen nahekommt. Das Hinzufügen eines Rauschens erfolgt durch das Addieren eines weißen Rauschens zu einem Bild, wodurch unterschiedlich helle Pixel in dem Bild platziert werden. Die Streuung erfolgt durch die Gauß-Verteilung, weshalb eine Standardabweichung als Parameter übergeben wird, der festlegt, wie stark das Rauschen in

Abb. 3 Übersicht über die Bilder inkl. Feature Detection; Original (oben links), Faktor 2 und SD 5 (oben rechts), Faktor 4 und SD 5 (unten links), Faktor 4 und SD 25 (unten rechts)

einem Bild auftritt. Für die Auswertung wurde ein Rauschen mit je einer Standardabweichung von 5 und 25 gewählt. Dem SR-Verfahren ist im weiteren Verlauf dieser Arbeit nicht bekannt, wie die Bilder künstlich reduziert wurden. Das SR-Verfahren arbeitet ausschließlich mit den Informationen aus den Abbildungen. Eine inverse Anwendung der Skalierung ist daher nicht möglich.

Die Auswertung erfolgt anhand eines A/B-Tests nach dem Structure-from-Motion-Prozess. Insgesamt entstanden 32 Sequenzen von HR-Bildern – jeweils für die vier Degenerationsvarianten multipliziert mit den acht Super-Resolution-Techniken. Für den Vergleich wurde ein Ausschnitt aus den 3D-Modellen gewählt, der einerseits durch feine Details besticht sowie eine größere gleichmäßige Fläche besitzt. Es handelt sich um einen Türbogen.

4 Ergebnisse

Nachdem die Bilder skaliert, in ein Graustufenbild umgewandelt und mit einem Rauschen versehen wurden, wurden zu Beginn alle Keypoints mit dem SIFT-Algorithmus ermittelt. Abb. 3 zeigt einen direkten Vergleich der ermittelten Keypoints zwischen dem Original sowie den HR-Varianten bei unterschiedlicher Skalierung und Rauschen (in Abb. 3 durch die Standardabweichung (SD) angegeben).

Insgesamt wurden die Keypoints für alle Interpolations- und SR-Techniken als Median aus den Bildsequenzen in Tab. 1 notiert.

Die Originale haben mit ca. 60.000 Keypoints im Vergleich zu den Degenerationsvarianten einen leicht höheren Wert. Auffällig sind die hohen Werte für die Bildsequenzen mit starker Verrauschung (SD = 25). Bei einem Rauschen im Bild extrahiert der SIFT-Algorithmus mehr Keypoints, was bei der Rekonstruktion bedacht werden muss. In Abb. 3 ist dies bereits unten rechts ersichtlich. Mit dieser sechsstelligen Anzahl an Keypoints sind die ermittelten Merkmale nicht bis wenig voneinander zu unterscheiden, was zu fehlerhaften Keypoint-Matches innerhalb der Bildsequenz führt.

Die Rekonstruktion von Gebäuden mittels Structure-from-Motion-Technik wurde für dieselben Degenerationsstufen, wie in Tab. 1 durchgeführt. Der gewählte Ausschnitt (Türbogen) wurde in Abb. 4 als Matrix zusammengefasst.

Die Ergebnisse fielen differenziert aus. Ausnahmslos alle Super-Resolution-Techniken funktionierten für eine Vervierfachung der Bildgröße mit geringem Rauschen (Faktor 2, SD = 5). Die Details, wie die eingemeißelte Schrift über der Tür sowie die Pflastersteine auf dem Boden, waren sehr gut erkenntlich.

Tab. 1 Übersicht der ermittelten Keypoints nach Grad der Degeneration

	Original	Fac 2, SD 5	Fac 2, SD 25	Fac 4, SD 5	Fac 4, SD 25
Keypoints	60.459	49.203	242.519	19.585	107.990

Abb. 4 Qualitätsunterschiede in den fertigen 3D-Modellen

Anders fiel das Ergebnis für die sechszehnfache Vergrößerung mit starkem Rauschen (Faktor 4, SD = 25) aus. Die Verrauschung war für diese Stufe dermaßen prägend, dass das Image Aligning nicht durchführbar war. In der letzten Reihe wurde stellvertretend für alle SR-Techniken mit manuell hinzugefügten Bildmarkern gearbeitet, weshalb ein Ergebnis zwar vorhanden, jedoch nicht für die Evaluation brauchbar war. Die Tür war gar nicht zu erkennen, die Pflastersteine auf dem Boden ebenso wenig, die Schrift wirkt verwaschen und nicht vollständig. Wenn keine SR-Technik angewendet wurde, konnte ein 3D-Modell ausschließlich mit den Standardparametern berechnet werden (siehe Reihe 1, Spalte 4 in Abb. 4), allerdings mit Fehlern und Löchern im 3D-Modell.

Ein ähnliches Bild zeichnete sich bei der starken Verrauschung mit der vierfachen Vergrößerung ab (Faktor 2, SD = 25). Die Ergebnisse sahen bei Nearest Neighbor, Bicubic und Lanczos deutlich schlechter aus als eine Rekonstruktion ohne Super Resolution. Einzig die bilineare Interpolation, ESPCN und LapSRN lieferten ähnliche Ergebnisse. Für das mit EDSR skalierte Bildmaterial konnte die Rekonstruktion keine brauchbaren Ergebnisse bereitstellen.

Bei einem Rauschen mit dem Wert SD = 5 und einer sechzehnfachen Vergrößerung hingegen liefern die SR-Techniken erneut HR-Bilder, mit denen sich vollständige 3D-Modelle automatisiert erstellen ließen. Lediglich die lineare Interpolation scheiterte hierbei – nur durch das manuelle Hinzufügen von Markern oder Anpassung der Aligning-Parameter wäre ein Ergebnis produzierbar. Abschließend wiesen die Methoden ESPCN und LapSRN im Vergleich zum ursprünglichen Modell eine signifikante Übereinstimmung hinsichtlich der geometrischen Konformität auf, insbesondere im Bereich der Kanten und Ecken an den Rändern des Gebäudemodells.

Die Bilddaten der bikubischen Interpolation führten während einer Rekonstruktion durch Structure-from-Motion zu Löchern im Modell. Dies galt für jeden Skalierungsschritt. Zusätzlich wurde das nicht texturierte Modell im Gebiet der Schrift über der Tür genauer betrachtet. In Abb. 5 ist oben links das Modell basierend auf den Originalaufnahmen zu sehen. Daneben erfolgt nur eine Auswahl der Modelle nach verschiedener SR-Technik von einer vierfachen Vergrößerung. Alle anderen HR-Bilder lieferten keine erkennbaren Schriftdetails.

5 Fazit & Ausblick

Zur Rekonstruktion von 3D-Modellen basierend auf historischen Bildmaterialien wurde eine Anwendung entwickelt, die es ermöglicht, Bildsequenzen automatisch hochzuskalieren. Diese Anwendung verwendet Interpolationsmethoden sowie Super-Resolution-Verfahren unter Einsatz von Deep Learning-Technologien. Eine Einschränkung dieser Untersuchung lag in der Nutzung vorab trainierter Modelle, da für diese standardisierte und etablierte Bilddatensätze für das Training verwendet werden. Abb. 4 veranschaulicht die mit dem Structure-from-Motion-Verfahren rekonstruierten Modelle, wobei speziell bei

Abb. 5 Nicht texturierte Modelle mit Schriftauszug (Auswahl) – Originalaufnahme (oben links), EDSR (oben rechts), ESPCN (mitte links), FSRCNN (mitte rechts) und Lanczos (unten)

detaillierter Betrachtung (z. B. eingemeißelte Inschriften über der Tür) deutliche Qualitätsunterschiede erkennbar sind (Abb. 5). Während die Interpolationstechniken einen Datensatz (173 Bilder) in etwa 8 bis 19 s verarbeiten können, benötigen Super-Resolution-Methoden mehr Rechenzeit für den Skalierungsschritt. Insbesondere der EDSR-Ansatz benötigte mit einem Standard-PC mindestens 3 h. Nicht alle Ergebnisse sind für eine Anwendung im Rahmen von Structure-from-Motion-Prozessen geeignet. Dies ist besonders relevant für darauf aufbauende Umweltanalyse-Anwendungen. Sie benötigen einen 1:1-Gebäudemaßstab sowie einen hohen Detailgrad, um z. B. Hochwasser oder Verschmutzungseinfluss zu untersuchen und eine dem entsprechende Umwelt- bzw. Stadtplanung zu erarbeiten. Die 3D-Modelle besitzen einen viel höheren Detailgrad als z. B. LOD2-Modelle. Dazu gehören beispielsweise kleine bauliche Vorsprünge und Fassadenelemente, die bspw. den Wasserverlauf beeinflussen können. Eben weil auch Simulationsverfahren weitere Fortschritte erzielen und präziser arbeiten, in dem sie ein Mehr an Daten verarbeiten.

Während sich mit den vortrainierten Modellen bereits brauchbare Ergebnisse erzielen ließen, sollten sich folgende Arbeiten dem Modell-Training von historischen Gebäuden widmen. Mit einem Bilddatensatz über historische Gebäude und den Einschränkungen, die alte Fotografien mit sich bringen, können Modelle trainiert werden, die für die Rekonstruktion detaillierterer 3D-Gebäudemodelle dienlich sind. Insbesondere gilt dies für das Rauschen, wie in diesem Artikel gezeigt, aber auch bei Kontrastarmut oder physischen Beschädigungen am Bild. Dennoch eignet sich dieser Ansatz, um alte Fotografien für photogrammetrische Verfahren unter Beachtung der Anforderungen zu präparieren.

Literatur

1. Bright, J. (2019, Dezember 20). *Eine kurze Geschichte der Farbfotografie*. The Independent Photographer. https://independent-photo.com/de/news/a-brief-history-of-color-photography/
2. Keil, J., Edler, D., Schmitt, T., & Dickmann, F. (2021). Creating Immersive Virtual Environments Based on Open Geospatial Data and Game Engines. *KN – Journal of Cartography and Geographic Information*, 71(1), 53–65. https://doi.org/10.1007/s42489-020-00069-6
3. Szeliski, R. (2022). *Computer Vision: Algorithms and Applications*. Springer International Publishing. https://doi.org/10.1007/978-3-030-34372-9
4. Burnes, A. (2020, März 23). *NVIDIA DLSS 2.0: A Big Leap In AI Rendering*. Nvidia. https://www.nvidia.com/en-us/geforce/news/nvidia-dlss-2-0-a-big-leap-in-ai-rendering/
5. Bashir, S. M. A., Wang, Y., Khan, M., & Niu, Y. (2021). A comprehensive review of deep learning-based single image super-resolution. *PeerJ Computer Science*, 7, e621. https://doi.org/10.7717/peerj-cs.621
6. Agustsson, E., & Timofte, R. (2017). NTIRE 2017 Challenge on Single Image Super-Resolution: Dataset and Study. *2017 IEEE Conference on Computer Vision and Pattern Recognition Workshops (CVPRW)*, 1122–1131. https://doi.org/10.1109/CVPRW.2017.150
7. Gunawan, A., Kim, S. Y., Sim, H., Lee, J.-H., & Kiml, M. (2023). Modernizing Old Photos Using Multiple References via Photorealistic Style Transfer. *2023 IEEE/CVF Conference on Computer Vision and Pattern Recognition (CVPR)*, 12460–12469. https://doi.org/10.1109/CVPR52729.2023.01199
8. Maiwald, F. (2019). Generation of a benchmark dataset using historical photographs for an automated evaluation of different feature matching methods. *The International Archives of the Photogrammetry, Remote Sensing and Spatial Information Sciences*, XLII-2/W13, 87–94. https://doi.org/10.5194/isprs-archives-XLII-2-W13-87-2019
9. Wan, Z., Zhang, B., Chen, D., Zhang, P., Chen, D., Liao, J., & Wen, F. (2020). Bringing Old Photos Back to Life. *2020 IEEE/CVF Conference on Computer Vision and Pattern Recognition (CVPR)*, 2744–2754. https://doi.org/10.1109/CVPR42600.2020.00282
10. Jones, C. A., & Church, E. (2020). Photogrammetry is for everyone: Structure-from-motion software user experiences in archaeology. *Journal of Archaeological Science: Reports*, 30, 102261. https://doi.org/10.1016/j.jasrep.2020.102261
11. Glasner, D., Bagon, S., & Irani, M. (2009). Super-resolution from a single image. *2009 IEEE 12th International Conference on Computer Vision*, 349–356. https://doi.org/10.1109/ICCV.2009.5459271
12. Bannore, V. (2009). Iterative-Interpolation Super-Resolution (IISR). In J. Kacprzyk (Hrsg.), *Iterative-Interpolation Super-Resolution Image Reconstruction* (Bd. 195, S. 19–50). Springer Berlin Heidelberg. https://doi.org/10.1007/978-3-642-00385-1_3
13. Rahim, A. N. A., Yaakob, S. N., Ngadiran, R., & Nasruddin, M. W. (2015). An analysis of interpolation methods for super resolution images. *2015 IEEE Student Conference on Research and Development (SCOReD)*, 72–77. https://doi.org/10.1109/SCORED.2015.7449432
14. Erdnüß, B., & Müller, T. (2020). *Leistungsstarke und effiziente Bildinterpolation*. https://doi.org/10.5445/IR/1000129208
15. Lim, B., Son, S., Kim, H., Nah, S., & Lee, K. M. (2017). *Enhanced Deep Residual Networks for Single Image Super-Resolution* (arXiv:1707.02921). arXiv. http://arxiv.org/abs/1707.02921
16. Shi, W., Caballero, J., Huszár, F., Totz, J., Aitken, A. P., Bishop, R., Rueckert, D., & Wang, Z. (2016). Real-Time Single Image and Video Super-Resolution Using an Efficient Sub-Pixel Convolutional Neural Network (arXiv:1609.05158). arXiv. http://arxiv.org/abs/1609.05158

17. Dong, C., Loy, C. C., & Tang, X. (2016). Accelerating the Super-Resolution Convolutional Neural Network (arXiv:1608.00367). arXiv. http://arxiv.org/abs/1608.00367
18. Lai, W.-S., Huang, J.-B., Ahuja, N., & Yang, M.-H. (2018). Fast and Accurate Image Super-Resolution with Deep Laplacian Pyramid Networks (arXiv:1710.01992). arXiv. http://arxiv.org/abs/1710.01992
19. OpenCV (2024). *Geometric Transformations of Images*. https://docs.opencv.org/4.9.0/da/d6e/tutorial_py_geometric_transformations.html
20. OpenCV (2024). *cv::dnn_superres::DnnSuperResImpl Class Reference*. https://docs.opencv.org/4.9.0/d8/d11/classcv_1_1dnn__superres_1_1DnnSuperResImpl.html
21. OpenCV (2024). *OpenCV-Python Tutorials*. https://docs.opencv.org/4.9.0/d6/d00/tutorial_py_root.html
22. Urbanek, S. (2024). *Rhintho/LP3D [Python]*. https://github.com/rhintho/LP3D (Original work published 2024)
23. OpenCV (2024). *contrib/modules/dnn_superres at master · opencv/opencv_contrib*. GitHub. https://github.com/opencv/opencv_contrib/tree/master/modules/dnn_superres
24. Möller, R. (2017). Alte Fleischhalle in Bamberg. https://commons.wikimedia.org/wiki/File:Bamberg_alte_Fleischhalle_9264481.jpg

Die InflateSAR Kampagne – Detektion von Fluchtbooten mit SAR

Wie die Nutzung von Fernerkundungsdaten die zivile Seenotrettung unterstützen kann

Peter Lanz

Zusammenfassung

Ziel der Forschung war es, mit MigrantInnen und Geflüchteten besetzte Schlauchboote mittels Fernerkundungsdaten zu detektieren. Die Forschung folgt der Vision, zivilen Rettungskräfte vor Ort Lagebilder zu liefern, um deren Suche nach Booten in Seenot zu unterstützen. Um eine tageszeit- und witterungsunabhängige Bestimmung für die maritime Seenotrettung zu ermöglichen, nutzten wir „Synthetic Aperture Radar" (SAR). Hierbei wird die Erdoberfläche mithilfe elektromagnetischer Wellen in sehr hoher Auflösung abgetastet. Wir führten zwei Messkampagnen mit einem 12 m langen Fluchtschlauchboot durch, um SAR-Bilder verschiedener Satelliten zu sammeln und werteten die Ergebnisse aus. Damit schufen wir ein umfassendes Verständnis der Radarmuster von Schlauchbooten in SAR-Daten und konnten zeigen, dass eine Detektion möglich ist. Im Rahmen der Arbeit wurden systematisch existierende Schiffsdetektoren untersucht und daraus neue, speziell auf das Testobjekt abgestimmte Detektoren entwickelt.

Schlüsselwörter

RADAR • Satellitenbasiertes SAR • Schiffsdetektion • Katastrophenschutz • Katastrophenfrühwarnung

P. Lanz (✉)
Carl v. Ossietzky Universität Oldenburg, Oldenburg, Deutschland
E-Mail: peterlanz@yahoo.com

F. Fuchs-Kittowski et al. (Hrsg.), *Umweltinformationssysteme - Digitalisierung für eine nachhaltige Planetare Zukunft,* https://doi.org/10.1007/978-3-658-46394-6_6

1 Einleitung zum Forschungsthema

Jüngste Forschungen im Bereich der Erkennung von maritimen Objekten mittels Synthetic Aperture Radar (SAR) konzentrierten sich zumeist auf große, hauptsächlich aus metallischen Komponenten bestehende Schiffe. Der Fokus dieser Arbeit liegt auf wesentlich herausfordernderen Zielen, nämlich der Detektion von kleinen, aus Holz und Kunststoff bestehenden Schlauchbooten. Für die maritime Seenotrettung an den südlichen maritimen Grenzregionen Europas sind diese Boote von großer Bedeutung, da sie in den letzten Jahren von MigrantInnen und Geflüchteten genutzt wurden, um Europa zu erreichen. Diese Boote, mit bis zu 200 Menschen belegt, sind in keiner Weise dazu geeignet das Mittelmeer oder andere große Gewässer zu überqueren und sind bereits bei der Abfahrt in Seenot. Der Aufbau einer satellitengestützten Infrastruktur für den maritimen Katastrophenschutz würde Such- und Rettungsmissionen im Mittelmeer erheblich dabei helfen, Fluchtboote in Seenot schneller zu finden und die Anzahl an Todesfällen an Europas südlicher maritimer Grenze zu reduzieren. Die Motivation dieser Forschung ist es damit, die anhaltende humanitäre Krise im Mittelmeer und in anderen europäischen Grenzgewässern zu lindern.

2 Synthetic Aperture Radar (SAR)

Mit SAR zu arbeiten, bedeutet die Möglichkeit zu haben, polarimetrische Informationen zu erforschen. Diese Technik wird SAR Polarimetrie[1] genannt und dient zur Ableitung von physikalischen Informationen von Objekten und Phänomenen im Radarbild. Die unterschiedlichen polarimetrischen Eigenschaften von Objekten ermöglichen den Aufbau eines leistungsfähigen Beobachtungsraums, der Rückschlüsse auf Form, Ausrichtung, Bewegung und auf die dielektrischen Materialeigenschaften der Objekte am Boden zulässt. Damit wird eine Vielzahl von Perspektiven auf dieselbe Radarbildszene erzeugt, was eine wertvolle zusätzliche Informationsebene für Anwendungen an Land, auf Schnee und Eis, in der maritimen Umgebung und im städtischen Raum darstellt. Dieser Ansatz führte zur Entwicklung einer Reihe von physikalischen Modellen für die Identifizierung und Trennung („Zerlegung") verschiedener Radarrückstreumechanismen, die innerhalb derselben Auflösungszelle des Radarbildes auftreten.

Die erfolgreiche Identifikation und Interpretation dieser Streuprozesse, die an den Fluchtschlauchbooten und um diese herum auftreten, sind ein wichtiger Schritt bei der Entwicklung eines speziell angepassten Detektors sowie bei der Interpretation seiner Ergebnisse.

[1] SAR-Polarimetrie (PolSAR) als bedeutende Erweiterungen der konventionellen Radarabbildung, in der das Radar mit mehreren Polarisationen statt nur einer Polarisation sendet und empfängt.

3 Vision

Unsere Forschungen verfolgen die Vision, ein Frühwarnsystem aufzubauen, um zivile Such- und Rettungsmissionen bei der Suche nach Menschen in Seenot zu unterstützen. Dieses System würde mit einem kontinuierlichen Strom von SAR Satellitenbildern der wichtigsten Such- und Rettungszonen im zentralen Mittelmeer gespeist. Das Herzstück der automatischen Datenverarbeitungskette ist die automatische Erkennung der Fluchtboote. Die Entwicklung eines solchen Detektionsalgorithmus bildete den Kern unserer Forschungen. Eine Webkartenanwendung kann die Erfassungsergebnisse kommunizieren und gleichzeitig als Dokumentationsinstrument dienen (Abb. 1). Dieser interaktive Webkartendienst sollte eine Karte der Such- und Rettungszone als Basisschicht bereitstellen, um die Detektionsergebnisse mit Zeitstempel und Zuverlässigkeitsgrad anzuzeigen. Außerdem sollte dieser Dienst als Revisionswerkzeug dienen, wo Experten Verdachtsfälle prüfen und verifizieren können, bevor sie endgültig dokumentiert und an die Such- und Rettungsdienste vor Ort weitergegeben werden.

Die Verteilungsmuster der wichtigsten Migrationsrouten im zentralen Mittelmeer sind hoch variabel, zum aktuellen Zeitpunkt erstreckt sich die primäre Such- und Rettungsregion im zentralen Mittelmeer auf über 450 (Nord-Süd) $\times$ 350 km^2 (Ost-West). Für das Monitoring solch großer Flächen ist ein satellitenbasiertes System gut geeignet; beispielsweise liefert der Stripmap-Modus, den die meisten aktuellen SAR-Sensoren anbieten, Bildstreifen von bis zu 30 km Breite bei einer ausreichend guten Auflösung von ca. 3–6 m Pixelgröße. Außerdem ist die jüngste Entwicklung weltraumgestützter SAR-Plattformen vielversprechend. Die Zahl der staatlichen SAR-Satelliten steigt beständig an, zudem

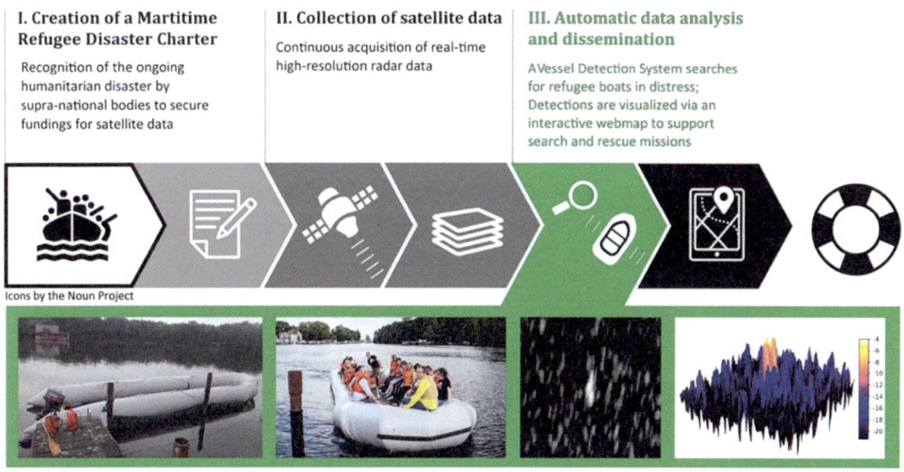

Abb. 1 Die Vision für ein Frühwarnsystem.

kamen in den vergangenen Jahren vermehrt kommerzielle Missionen hinzu. Ein kombinierter Einsatz von einigen dieser SAR-Satelliten verspricht eine gute zeitliche Auflösung von aktuell 12 h, was zwei Aufnahmen pro Tag des gleichen Ortes ermöglicht. Hinzu kommt, SAR wird durch Wolken oder Regen nicht gestört und benötigt keine Illumination durch die Sonne. Diese Allwetterfähigkeiten gewähren eine hohe Aufnahmeverlässlichkeit und machen SAR zum perfekten Werkzeug für zeitkritische Frühwarnsysteme und Anwendungen im Katastrophenfall.

Die Fernerkundung ist eine anerkannte Methode zur Umweltüberwachung, wobei sich SAR für spezielle Aufgaben etabliert hat. Insbesondere bei Nacht, bei Regen und für große Gebiete, wie auf offener See, werden Radardaten heute schon operationell analysiert, um beispielsweise Ölverschmutzungen zu detektieren und die Flächen zu quantifizieren. In diesem Beitrag wird eine andere Methode der Radarfernerkundung zur Umweltüberwachung vorgestellt, hier zur Detektion von Flüchtlingsbooten. Mit der Bereitstellung von Daten für das Katastrophen- und Krisenmanagement zur Bewältigung einer humanitären Krise erfüllt das hier geplante Frühwarnsystem eines der Ziele des Global Monitoring for Environment and Security (GMES), das eine Ergänzung zum künftigen gemeinsamen Umweltinformationssystem der EU (SEIS) darstellt.

4 Konzeptionierung der Forschung

Bei der Verwendung eines solchen großflächigen Erfassungsmodus muss ein Kompromiss zwischen der räumlichen Auflösung und der polarimetrischen Informationstiefe gefunden werden, zudem wird ein hochentwickelter Detektor benötigt, der speziell für die nur 12 m langen Gummischlauchboote ausgelegt ist. Das Ziel dieser Arbeit kann abstrahiert als die Erkennung von bestimmten Anomalien auf der Meeresoberfläche beschrieben werden. Um diese Aufgabe zu lösen, entwickelten wir spezielle Algorithmen, mit deren Hilfe die Detektion von kleinen, nicht-metallischen Schlauchbooten ermöglicht wird. Dazu müssen wir das Radarmuster des Schlauchbootes, das Radarmuster der Wasseroberfläche und deren Wechselwirkungen verstehen. Zu diesem Zweck wurden umfangreiche Analysen dieser Muster und der Faktoren, die sie beeinflussen, durchgeführt. Erschwerend kommt hierbei hinzu, dass sich diese beiden Muster ständig verändern und zwar in Abhängigkeit verschiedener Einflussfaktoren.

Bei der Entwicklung von Detektoren wurden die folgenden grundsätzlichen Ziele verfolgt:

- geringe Wahrscheinlichkeit, dass kleine maritime Objekte übersehen werden
- geringe Wahrscheinlichkeit von Fehlalarmen, die durch stark streuende Phänomene auf der Wasseroberfläche (in Hinblick auf Mikrowellen können das z. B. brechende Wellen oder Gischt sein) verursacht werden
- hohe Anpassungsfähigkeit an die sich ändernden Radarmuster des Bootes, der Wasseroberfläche und ihrer Wechselwirkungen

Zur Visualisierung und zum Vergleich von bestehenden Schiffsdetektoren wurden ROC (Receiver Operating Characteristic)-Kurven verwendet. Das Konzept der ROC-Kurven wurde ursprünglich für Betreiber von Radarempfängern entwickelt und macht Detektoren bei verschiedenen Schwellenwerten vergleichbar, wobei die Wahr-Positiv-Rate der Falsch-Positiv-Rate gegenübergestellt wird. Diese eignen sich hervorragend, die ersten beiden Punkte der obigen Liste zu visualisieren. Der letzte Punkt der Liste spiegelt die inhärenten Herausforderungen der Forschungsfrage wider. Das Radarrückstreumuster der Fluchtschlauchboote ist hochvariabel und von einer Vielzahl von Einflussfaktoren abhängig. Diese Einflussfaktoren umfassen einerseits die Einstellungen des Radarsensors und andererseits die lokalen Verhältnisse in der Szene. Das Gleiche gilt für die umgebende Wasseroberfläche. Außerdem sehen wir subtile Wechselwirkungen zwischen dem Schlauchboot und der Wasseroberfläche, die ihrerseits von den Einflussfaktoren abhängen und damit auch als Indikatoren für diese Faktoren dienen können.

Bei dem Versuch, einen geeigneten Detektor für diese Anwendung zu entwickeln, müssen diese Faktoren verstanden und einbezogen werden. Zudem soll der Detektor ein hohes Maß an Anpassungsfähigkeit, vor allem auf die jeweilige Wettersituation, aufweisen. Für die Konzeptualisierung unserer Forschungsarbeit arbeiteten wir die folgenden Schritte aus der einschlägigen Literatur ab:

- Spezifizierung eines Szenarios
- Suche nach archivierten SAR-Daten mit dem Zielobjekt in einer möglichst realistischen Umgebung oder
- Erhebung eigener Testdaten mit vorangehender Entscheidung über geeignete Radarparameter
- Durchführung von Benchmark-Tests auf Grundlage authentifizierter Felddaten
- nachvollziehbares Vergleichen verschiedener Erkennungsalgorithmen

Die anhaltende humanitäre Krise im zentralen Mittelmeerraum bestimmte das Szenario, Es war erwartbar, dass es sehr schwierig sein würde, existierende Radarsatellitenbilder von Fluchtbooten zu finden. Nach anfänglichen Recherchen stellte sich heraus, dass es für unser Projekt – als Teil des zivilen Sektors – keine praktikable Möglichkeit gibt, an solche Daten zu gelangen. Daher wurde die Sammlung von Testdaten, die eine Vielzahl von Sensor- und Szenenparametern abdecken, zu einem ersten Ziel. Da das Testobjekt sehr klein ist und keine metallischen Bauteile aufweist, wurde ein eher schwaches Radarrückstreumuster erwartet. Eine Reihe von anderen Szenenparametern, wie die Wellenhöhe und die Orientierung (relativ zur Radarsensor Blickrichtung), Geschwindigkeit und Besatzung des Bootes, kann dieses Signal noch zusätzlich abschwächen oder auch verstärken. Daraus folgt, dass die Qualität und Zusammenstellung der Testdaten in Hinblick auf diese Faktoren von entscheidender Bedeutung sind. Sie wurden mit dem Ziel erhoben, eine Vergleichsmatrix für möglichst viele möglichst viele der Einflussfaktoren zu erhalten. Mit den so gesammelten Testdatensätzen konnte eine Reihe bewährter, für Detektion im maritimen Bereich (große, metallische Schiffe, Ölverschmutzungen oder Eisberge), entwickelter Algorithmen getestet werden. Eine Auswahl dieser Detektoren wurde dann für unseren speziellen Anwendungsfall getestet, angepasst und in weiterer Folge auch miteinander kombiniert. Eine breite Abdeckung von verschiedenen Sensoreinstellungen (räumliche Auflösung, Polarisation, Radareinfallswinkel) macht die Ergebnisse aussagekräftiger und erhöht die Chance auf verbesserte Erkennungsleistung durch Identifizierung der günstigsten Parameter.

Wie schon erwähnt lässt die Beschaffenheit des Testobjektes eine schwache Radarrückstreuung erwarten. Eine Reihe von anderen Szenenparametern, wie zum Beispiel Wellenhöhe und Orientierung (relativ zur Radarsensor Blickrichtung) oder Geschwindigkeit und Besatzung des Bootes, kann dieses Signal noch zusätzlich abschwächen oder auch verstärken (Abb. 2).

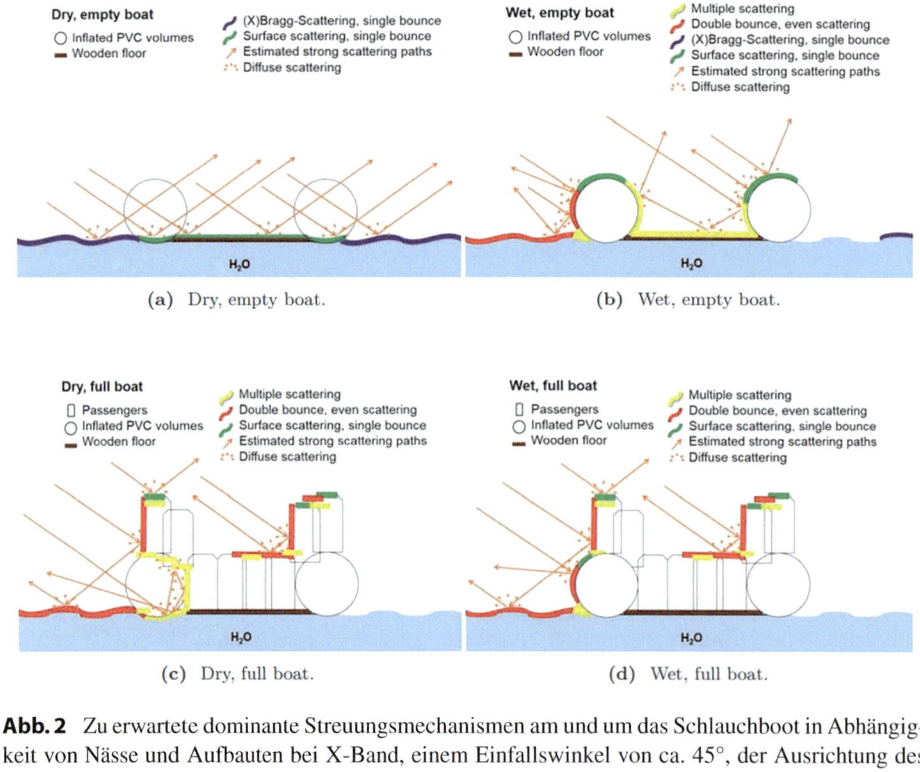

Abb. 2 Zu erwartete dominante Streuungsmechanismen am und um das Schlauchboot in Abhängigkeit von Nässe und Aufbauten bei X-Band, einem Einfallswinkel von ca. 45°, der Ausrichtung des Bootes von 90° zur Blickrichtung des Sensors und einer Wasserwellenhöhe von ca. 4 cm (Bragg-Wellen).

Daraus folgt, dass die Qualität und Zusammenstellung der Testdaten in Hinblick auf diese Faktoren von entscheidender Bedeutung sind. Die in die Testungen einbezogenen, etablierten, eine Vergleichsmatrix für möglichst viele der das Radarmuster beeinflussenden Faktoren zu erhalten.

Die in die Testungen einbe zogenen, etablierten Detektionsalgorithmen umfassten den intensitätsbasierten CA-CFAR Detektor, die polarimetrischen Detektoren Depolarization Ratio Anomaly Detector (iDPolRAD; [4]), Geometrical Perturbation-Polarimetric Notch Filter [5], Polarimetric Match Filter [6, 7], polarimetric symmetry filter [8], polarimetric entropy filter [7] und Polarimetric Whitening Filter [7]. Von den Sublook-basierten Detektoren wurde die Sublook-Koorelation Methode ausgewählt [9].

5 Die erste Datenkampagne

Aus diesem Bedarf entstand 2017 die erste InflateSAR Kampagne, in der über sechs Monate hinweg mithilfe verschiedener Satellitenmissionen SAR–Daten in Einfach- und Dual-Polarisation eines originalen Fluchtboots gesammelt werden konnten (Abb. 3). Das Testgebiet für diese erste Kampagne war ein See in der Nähe von Berlin mit wenig Wellengang und gut einzuschätzenden, schwachen Radarrückstreuintensitäten und einer meist gut einschätzbaren, schwachen Rückstreuung der Wasseroberfläche.

Die Aufnahmen umfassten eine Reihe von Experimenten, die Untersuchungen eines breiten Spektrums von Szenenparametern ermöglichen. Ihr Einfluss hinsichtlich der Detektierbarkeit des Schlauchbootes unter verschiedenen Sensorparametern wurden bewertet und untersucht.

Abb. 3 Bilder von der ersten Kampagne in 2017. Ein Fluchtboot auf dem Müggelsee nach der Instandsetzung und Reparatur (links) und gefüllt mit Freiwilligen auf dem Weg zu einer Datenaufnahme in der Mitte des Sees.

5.1 Zwischenergebnisse aus der ersten Kampagne

Die Ergebnisse zeigen, dass die Auflösung des Stripmap-Modus in den meisten Situationen, auch bei einem leeren Boot, ausreichend ist. Ein niedriger (steiler) Radar Einfallswinkel und die Cross–Polarisation verringern die Chance einer erfolgreichen Identifizierung, während ein mit Menschen besetztes Schlauchboot, das orthogonal zur Sichtlinie des Radarsensors ausgerichtet ist, am besten sichtbar zu sein scheint. Erste polarimetrische Analysen zeigen Unterschiede im polarimetrischen Verhalten des Bootes im Vergleich zur Wasseroberfläche des Sees. Schließlich wurden verschiedene Metriken verwendet, um zu diskutieren, ob und inwieweit die Ergebnisse auf Daten der realen Situation auf dem offenen Meer bei verschiedenen Wellengängen übertragbar sind [1].

In einem zweiten Schritt diente die Datensammlung, die Leistungsfähigkeit mehrerer etablierter automatischer Schiffsdetektoren zu vergleichen. Alle Detektoren werden mit einem beweglichen Suchfenster unter Verwendung der lokalen Statistiken der Radarrückstreuung der angrenzenden Wasseroberfläche implementiert. Weiters wurden neue, besser auf unser spezielles Objekt angepasste Versionen des iDPolRAD vorgestellt und zwei Ansätze zur Kombination von Detektoren verglichen. Dadurch entstehen zwei neue hochleistungsfähige Detektoren [2].

Bei dieser ersten Kampagne war das Boot während der meisten Akquisitionen leer; nur viermal war das Schlauchboot mit 30 Freiwilligen besetzt. Darauf aufbauend wurde eine zweite Datenerfassungskampagne mit dem Ziel geplant, herauszufinden, wie ein voll besetztes Boot unter verschiedenen Wetterbedingungen auf dem offenen Meer zu erkennen ist.

6 Die zweite Datenkampagne

Zu diesem Zweck wurde in 2022 ein Gummischlauchboot über fünf Monate hinweg auf einem See platziert und so präpariert, dass es in den SAR-Bildern mit 80 Personen voll besetzt erscheint (Abb. 4). Wie in der ersten Kampagne kam ein 12 m langes Schlauchboot zum Einsatz. Um ein realistischeres Szenario zu berücksichtigen, befüllten wir das Boot dieses Mal mit Material, das das Mikrowellen Rückstreumuster von 80 Menschen simulieren soll. Darüber hinaus wurde eine Sammlung von SAR–Archivbildern des offenen Meeres bei unterschiedlichen Seegangsbedingungen, kategorisiert nach Windrichtung (relativ zum Radar Blickrichtung), Einfallswinkel und Polarisation, zusammengestellt.

6.1 Ergebnisse aus der zweiten Kampagne

Die Kombination dieser beiden Datensätze ermöglichte es uns die Bedingungen für ein mit Passagieren voll besetztes Schlauchboot auf dem offenen Meer bei verschiedenen

Abb. 4 Bilder der zweiten Kampagne in 2022: Päckchen gefüllt mit angefeuchteten Lehmkügelchen sollen 80 Personen an Bord in den Radarbildern simulieren.

Wellengangszenarien zu simulieren. Hiermit wurde eine Auswahl verschiedener Schiffsdetektoren getestet, für das Testobjekt adaptiert, neue Detektionsalgorithmen entwickelt und verschiedene Kombinationen von Detektoren (Detektorfusion) unter verschiedenen Sensor– und Szeneparametern (Polarisation, Radareinfallswinkel, Windgeschwindigkeit, Windrichtung und Bootsausrichtung) verglichen. Diese Analyse führte zur Identifikation der jeweils besten Detektoren, speziell zugeschnitten auf verschiedene Situationen und Seegangsbedingungen. Die Arbeiten zeigten auch, dass eine automatische Detektion dieser Fluchtboote bis zu Seegangsbedingungen von Beaufort 5[2] (Wellenhöhen von 2–3 m) möglich ist. Die mit größeren Wellen einhergehende höheren Windgeschwindigkeiten erzeugen Phänomene wie brechende Wellen und weiße Schaumkämme, sowie Gischt auf den Wellenkronen, die die Detektion zunehmend erschweren und ab Beaufort 6 verunmöglichen [3].

7 Resümee

Gemäß der geplanten Frühwarnarchitektur sind erschwingliche und schnell zugängliche satellitengestützte SAR-Bilder mit möglichst kurzer Wiederholungszeit und ausreichender räumlicher Auflösung (z. B. StripMap-Modus) von wesentlicher Bedeutung. Die kombinierte Nutzung verschiedener SAR-Konstellationen bietet das Potenzial, die aktuelle humanitäre Krise im zentralen Mittelmeer zu lindern. Die enorme räumliche Ausdehnung der Such- und Rettungszone bedeutet, dass ein satellitengestützter Ansatz angemessen und zielführend ist. Die derzeitige Entwicklung gibt Anlass zur Hoffnung, dass die Zunahme satellitengestützter SAR-Missionen sowohl im behördlichen als auch im privaten Sektor dazu führen wird, dass SAR-Daten in naher Zukunft in größerem Umfang und kostengünstiger zur Verfügung stehen werden.

Die humanitäre Krise an den südeuropäischen Grenzen ist schwerwiegend und kostet fast jeden Tag Menschenleben. Die Bezeichnung „humanitäre Krise“ kann irreführend

[2] https://www.dwd.de/DE/service/lexikon/begriffe/B/Beaufort-Skala-See.html?view=renderHelp

sein; viele Hilfsorganisationen sprechen daher vielmehr von einer politischen Krise, da die Situation aufgrund von in Europa getroffenen politischen Entscheidungen entsteht. Die breite Öffentlichkeit in Europa wurde 2015 auf diese Situation aufmerksam, aber sie besteht nun schon seit mindestens 20 Jahren. In den letzten Jahren hat sie sich auf die Ägäis und später auf den Ärmelkanal ausgeweitet. Der anthropologisch bedingte Klimawandel und seine Folgen sind höchstwahrscheinlich eine starke Triebkraft für Migration, Vertreibung und die Flucht von Millionen Menschen in der nahen Zukunft. Vor allem in Regionen, in denen er sich am stärksten und unmittelbarsten auswirkt, wie in der Sahelzone, wo sich die Wüstenbildung beschleunigt. Diese Arbeit beschäftigt sich damit nur mit der Linderung eines Symptoms eines viel größeren und komplexeren Problems. Um zu verhindern, dass MigrantInnen und Geflüchtete in Seenot geraten und ertrinken, wurde in dieser Arbeit das Potenzial von SAR zur Aufspürung der kleinen Schlauchboote untersucht, die am häufigsten zur Überquerung des Mittelmeers benutzt werden. Sie ist ein Appell an die internationale Gemeinschaft, die Situation an den europäischen Seegrenzen als humanitäre Katastrophe anzuerkennen. Dies könnte den Weg für die Freigabe von Mitteln zur kontinuierlichen Erfassung satellitengestützter SAR-Daten und zur Erleichterung der Überwachung der wichtigsten Such- und Rettungsgebiete ebnen. Das vorgeschlagene System zur Erkennung von Fluchtbooten soll die Such- und Rettungskräfte vor Ort bei ihrer Suche nach Menschen in Seenot unterstützen. Darüber hinaus würde es als Überwachungsinstrument dienen, um sicherzustellen, dass andere (lokale) Akteure bereit und in der Lage sind, die Menschenrechte einzuhalten. Das Internationale Übereinkommen über den Such- und Rettungsdienst auf See, die UN-Charta, die Europäische Menschenrechtskonvention, die Genfer Flüchtlingskonvention, europäische Gesetze wie die Europäische Charta der Grundrechte und das nationale Recht des Flaggenstaates des Schiffes sollten auch an Europas Außengrenzen und darüber hinaus in Kraft sein. Sie bieten einen angemessenen Rechtsrahmen für die Rettung von Menschen in Seenot und ihre Überführung in einen sicheren Hafen.

Die Europäische Union hat es jahrelang versäumt, Such- und Rettungsmissionen zu organisieren und die grundlegenden Menschenrechte und Grundfreiheiten von MigrantInnen und Geflüchteten entlang ihrer südlichen Seegrenzen zu wahren, zu respektieren und einzuhalten. Diese katastrophale Situation gab den Anstoß zur Gründung der InflateSAR-Kampagne und ihrem Wunsch, NGOs vor Ort wie Sea-Watch, Mission Lifeline, ResQ, RESQSHIP, SOS Méditerranée, Médecins Sans Frontieres, ProActiva Open Arms, Humanitarian Maritime Rescue Association, Mare Liberum, Humanitarian Pilots Initiative, Association Pilotes Volontaires, Sea-Eye, Refugee Rescue, Mediterranea, M.V. Louise Michel und Jugend Rettet bei ihrer schwierigen Aufgabe zu unterstützen, kleine Fluchtboote in Seenot zu finden. Um diese Vision in die Tat umzusetzen sind augenscheinlich mehr Investitionen, eine Lobby und politischer Wille erforderlich.

Finanziert wurde die Arbeit durch das Promotionsprogramm „Safe Automation of Maritime Systems“ (SAMS), an dem das IAPG beteiligt war. Gutachter der Dissertation waren Prof Dr. F. Köster (DLR/Universität Oldenburg), Prof. Dr. T. Brinkhoff (Jade

Hochschule, Oldenburg) und Prof. Dr. M. Möller (BHT Berlin/Uni Bamberg). Die Arbeit hätte nicht ohne die freundliche Kooperation mit dem DLR und mit Prof. Dr. Armando von der Univ. of Stirling umgesetzt werden können.

Literatur

1. Lanz, P., Marino, A., Brinkhoff, T., Köster, F., & Möller, M. (2020). The InflateSAR Campaign: Evaluating SAR Identification Capabilities of Distressed Refugee Boats. *Remote Sensing* , 12(21), Artikel 3516. https://doi.org/10.3390/rs12213516
2. Lanz, P., Marino, A., Brinkhoff, T., Köster, F., & Möller, M. (2021). The InflateSAR Campaign: Testing SAR Vessel Detection Systems for Refugee Rubber Inflatables. *Remote Sensing,* 13(8), Artikel 1487. https://doi.org/10.3390/rs13081487
3. Lanz, P., Marino, A., Simpson, M. D., Brinkhoff, T., Köster, F., & Möller, M. (2023). The InflateSAR Campaign: Developing Refugee Vessel Detection Capabilities with Polarimetric SAR. *Remote Sensing,* 15(8), Artikel 2008. https://doi.org/10.3390/rs15082008
4. Marino, A., Dierking W., & Wesche C. (2016). A Depolarization Ratio Anomaly Detector to Identify Icebergs in Sea Ice Using Dual-Polarization SAR Images'. *IEEE Transactions on Geoscience and Remote Sensing,* 54(9), 5602–5615. https://doi.org/10.1109/TGRS.2016.2569450
5. Marino, A. (2013). A Notch Filter for Ship Detection with Polarimetric SAR Data. *IEEE Journal Of Selected Topics in Applied Earth Observations and Remote Sensing,* 6(3), 1219–1232. https://doi.org/10.1109/JSTARS.2013.2247741
6. Swartz, A.A., Yueh, H.A., Kong, J.A., Novak, L.M., & Shin, R.T. (1988). Optimal Polarizations for Achieving Maximum Contrast in Radar Images. *Journal of Geophysical Research: Solid Earth,* 93(B12), 15252–15260. https://doi.org/10.1029/JB093iB12p15252
7. Novak, L.M, Sechtin, M.B., & Burl, M.C. (1989). *Algorithms for Optimal Processing of Polarimetric Radar Data.* Project Report TT-73, Lexington (MA): Lincoln Lab – Massachusetts Inst. of Technology. https://apps.dtic.mil/sti/tr/pdf/ADA217330.pdf
8. Nunziata, F., Migliaccio, M., & Brown, C.E. (2012). Reflection Symmetry for Polarimetric Observation of Man-Made Metallic Targets at Sea. *IEEE Journal Of Oceanic Engineering,* 37(3), 384–94. https://doi.org/10.1109/JOE.2012.2198931
9. Marino, A., Sanjuan-Ferrer, M.J., Hajnsek, I., & Ouchi, K. (2015). Ship Detection with Spectral Analysis of Synthetic Aperture Radar: A Comparison of New and Well-Known Algorithms. *Remote Sensing,* 7(5), 5416–39. https://doi.org/10.3390/rs70505416

Prognose von Pegelständen mit Methoden des Maschinellen Lernens und frei verfügbaren Daten

Grit Behrens, Daniel Marten, Levent Koch und Marcel Gaj

Zusammenfassung

Der Artikel beschäftigt sich mit der datengetriebenen Prognose von Pegelständen am Fluss Werre unter Verwendung eines einfachen Zuflussmodells im Flussverlauf und basierend auf frei verfügbaren Daten von OpenGeodata.NRW und Open-Meteo. Die große Menge der frei verfügbaren Daten wurde auf Korrelationen mit dem Pegelstand untersucht und auf stündliche Werte ab 1998 für Niederschlag, Pegelstände, Bodenfeuchtigkeit, Temperatur und Bodentemperatur reduziert. Anhand des Zuflussmodells wurde der Merkmalsvektor dann mit den zeitlich nötigen vorhergehenden Werten der Zuflüsse als Zeitreihe modelliert. Mit einem rekurrenten neuronalen Netz, speziell LSTM, konnten die besten Prognosewerte erzielt werden mit einem MSE von 9,75 cm und einem RMSE von 3,12 cm für die prognostizierten Pegelstände.

Schlüsselwörter

Maschinelles Lernen • LSTM • Pegelstandprognose an Flüssen • Open Data

G. Behrens (✉) · D. Marten · L. Koch
Hochschule Bielefeld, Campus Minden, Minden, Deutschland
E-Mail: grit.behrens@hsbi.de

D. Marten
E-Mail: daniel.marten@hsbi.de

L. Koch
E-Mail: levent.koch@hsbi.de

M. Gaj
Landesamt für Natur, Umwelt und Verbraucherschutz NRW, Labor Minden, Minden, Deutschland
E-Mail: marcel.gaj@lanuv.nrw.de

F. Fuchs-Kittowski et al. (Hrsg.), *Umweltinformationssysteme - Digitalisierung für eine nachhaltige Planetare Zukunft,* https://doi.org/10.1007/978-3-658-46394-6_7

1 Einleitung

Extreme Wetterereignisse führen zu zahlreichen hydrologischen Problemen, die überall auf der Welt beobachtet werden. In diesem Zusammenhang stellen Hochwasserereignisse eine besondere Gefahr dar. Mehr als ein Fünftel der Menschen weltweit lebt in Bereichen, die direkt von einem ein- bis hundertjährigen Hochwasser betroffen sind [3]. Es ist zu erwarten, dass sich die Eintrittswahrscheinlichkeit von Hochwasserereignissen erhöht, beispielsweise durch häufigere und intensivere Niederschläge aufgrund des klimatischen Wandels [4]. Ein tragisches Beispiel aus Deutschland ist der Vorfall im Ahrtal im Sommer 2021 mit 134 Todesopfern. Es entstand ein Sachschaden in Milliardenhöhe. Dieser tragische Vorfall zeigt auch deutlich bis heute große Auswirkungen des Hochwassers auf die Stabilität der betroffenen Region. Dementsprechend besteht ein hohes allgemeines Interesse darin, Hochwasser rechtzeitig vorherzusagen, um durch präventive Maßnahmen mögliche Schäden und Verluste zu minimieren und zumindest Personenschäden zu verhindern.

Die Vorhersage von Hochwasserereignissen bleibt eine der anspruchsvollsten und schwierigsten Probleme in der Hydrologie. Es gibt unterschiedliche Ansätze, Hochwasservorhersagesysteme operationell zu betreiben. Im letzten Jahrzehnt haben vor allem Ensemble Vorhersagesysteme große Aufmerksamkeit erhalten [1]. In diesem Zusammenhang sind numerische Wettervorhersagen einer der wichtigsten Eingangsdatensätze. Vor allem die Verbesserung der räumlichen Auflösung dieser Wettermodelle hat Einfluss auf die Vorhersagequalität der hydrologischen Niederschlags-Abflussmodelle. Die Kommunikation und der Austausch zwischen wissenschaftlicher Forschung unterschiedlicher Disziplinen und den operationellen Anwendern im Hochwassermanagement ist ein weiterer wichtiger Faktor für einen effektiven Einsatz von Vorhersage- und Entscheidungsunterstützungssystemen [2]. Einen ersten wichtigen Schritt in der Hochwasserprognose stellt die Prognose der Pegelstände von Flüssen dar.

Hier sind in den letzten Jahren immer stärker KI-basierte Deep-Learning Modelle eingesetzt worden. Diese arbeiten stark datengetrieben und erzielen überall dort sehr gute Ergebnisse, wo lange historische Zeitreihen von Messdaten der Pegelstände, der Niederschläge und ggf. auch der Temperaturen und der Bodenfeuchte oder auch des Vegetationszustandes vorliegen [6]. Li & Jun [9] führten eine systematische Literaturanalyse zu Machine Learning Methoden für die Prognose von Hochwasser in Flüssen durch und kamen zu dem Schluss, dass Machine Learning Algorithmen als rein datengetriebene Modelle kaum Wissen über die zugrunde liegenden physikalischen Modelle benötigen und die komplexen nichtlinearen Abhängigkeiten anhand der Messdaten implizit lernen können. Die Machine Learning Methoden weisen im Vergleich zu hydrologischen Modellen eine höhere Performance, eine geringere Datenkomplexität sowie geringere Rechenzeiten auf und erzielen sehr hohe Genauigkeiten in der Pegelstandprognose.

Die besten Prognosen werden aktuell mit Rekurrenten Neuronalen Netzen erzielt. Punyanuch et al. [7] arbeiteten auf Basis hoch aufgelöster Messdaten (10 min Messintervalle) von der japanischen „River Disaster Prevention Information Webseite“, entwickelten ein kombiniertes LSTM+SVR-Modell (Long Short-Term Memory kombiniert mit einer Support Vector Regression) und konnten damit für die Prognose der Pegelstände 6 h im Voraus mit Genauigkeiten von MSE 17 ± 7 cm und RMSE 19 ± 7 cm erzielen (MSE ist der Mean Squared Error, RMSE – der Root Mean Squared Error). Mit einem reinen LSTM erzielten sie Genauigkeiten von 18 ± 5 cm für den MSE und 24 ± 5 für den RMSE.

Unter den rekurrenten Netzen sind die LSTM-Modelle oder die hybriden LSTM-Modelle fast immer die erfolgreichsten in der Pegelstandprognose. Trieu et al. [8] vergleichen die Anwendung von GRU- (Gated Recurrent Unit), LSTM- und Bi-LSTM- (Bidirectional Long-Short Term Memory) Modellen auf den stündlichen Messungen von Pegelstand und Niederschlag am vietnamesischen Kien-Giang-Fluss und erzielen mit dem LSTM Genauigkeiten von 3,6 cm für den RMSE und 2,6 cm für den MAE (Mean Absolut Error) bei einer Prognose für die nächste Stunde. Für die Prognose der nächsten 4 h beträgt der RMSE 8,3 cm und der MAE 5,0 cm. Vizi et al. [10] nutzten Messdaten der Pegelstände von 2006–2020 für den Fluss Tisza im ungarischen Flachland mit geringer Fließgeschwindigkeit. Sie erzielten auch mit dem LSTM-Modell die besten Genauigkeiten in der Pegelstandprognose mit Genauigkeiten für den MAE für die Prognose des Folgetages 4,2 cm, für den zweiten Tag 7,6 cm und für den 7. Tag im Voraus 34,7 cm.

Das hier vorgestellte Vorhaben konzentriert sich auf das rein datengetriebene Vorgehen und verwendet Messdaten und Methoden des Maschinellen Lernens zur Vorhersage von Wasser- bzw. Pegelständen am Fluss Werre, einen Fluss im Flachland mit geringer Fließgeschwindigkeit. Es entstand im Rahmen einer Studierendenarbeit der Hochschule Bielefeld in Kooperation mit dem Landesamt für Natur, Umwelt und Verbraucherschutz NRW (LANUV NRW) und setzt das in der Literatur als am erfolgreichsten beschriebenes RNN-Modell, ein LSTM-Modell, ein, um Pegelstände zu prognostizieren. Das Training erfolgte auf Basis frei verfügbarer Wetterdaten aus OpenGeodata.NRW (https://www.opengeodata.nrw.de) und Open-Meteo (https://open-meteo.com) und auf Basis der Pegelstände der betreffenden Messstation und der Pegelstände der Zufluss-Stationen.

2 Zielsetzung und Forschungsfragen

Es soll ein System entwickelt werden, das präzise Vorhersagen der Wasserpegelstände anhand von Mess- und Wetterdaten liefert. Im Projekt werden Daten vom Fluss Werre an der Messstelle in Löhne und an den Messstellen seiner Zufluss-Stationen verwendet. Das LSTM- Modell soll daraufhin untersucht werden, ob es die Vorhersage von Wasserpegelständen an den ausgewählten Messstellen verbessern und dabei eine hohe Genauigkeit aufweisen kann, die dem Stand der Wissenschaft, wie von Punyanuch et al. [7], Trieu et al. [8] und Vizi et al. [10] publiziert, entspricht. Die folgenden Forschungsfragen stehen im Mittelpunkt der Arbeiten:

1. Welche Merkmale sind für die Vorhersage der Wasserpegelstände relevant?
2. Können die Wasserstände der Werre unter Anwendung eines LSTM auf Basis frei verfügbarer Daten präzise genug vorhergesagt werden?

3 Vorgehensweise

Die Vorgehensweise folgt einem Prozess in vier Schritten, wie er in Abb. 1 dargestellt ist.

3.1 Vorbereitung

Zunächst werden alle relevanten Daten gesammelt und es wird untersucht, welche davon am hilfreichsten für das Machine Learning-Modell sind. Die ausgewählten Daten werden dann im Vorverarbeitungsschritt näher betrachtet und Ungereimtheiten, wie Lücken in den Daten oder Ausreißer entsprechend behandelt. Zudem sollten die Daten normalisiert werden. Durch eine Analyse der Daten durch Visualisierungen oder Korrelationsanalyse der Merkmale können die Daten gegebenenfalls noch besser vorbereitet werden oder eine bessere Auswahl der relevanten Features getroffen werden. Die präparierten Merkmale werden dann im Prozessschritt Machine Learning, in diesem Fall der Prognose des Wasserpegelstandes mithilfe eines LSTM, verwendet. Der gesamte Prozess ist kein „Einweg"-Prozess, was bedeutet, dass bei einem Experiment mit unzufriedenem Ergebnis erneut vorverarbeitet oder analysiert werden kann.

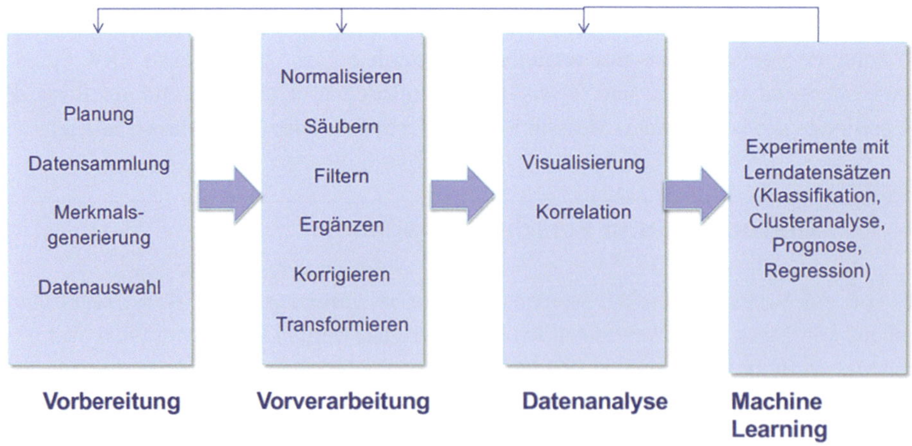

Abb. 1. Der Data Mining-Prozess mit den vier Schritten Vorbereitung, Vorverarbeitung, Datenanalyse und Machine Learning

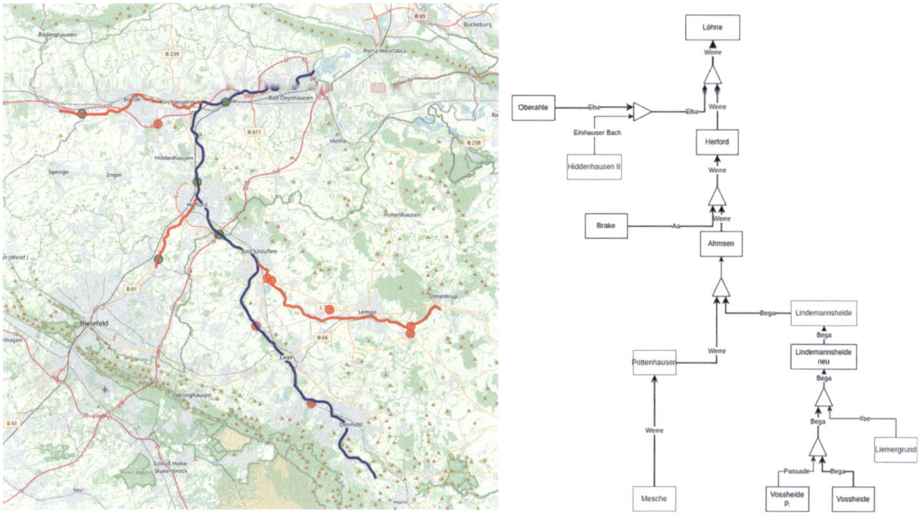

Abb. 2. Flussverlauf der Werre mit Zuflüssen und Messstationen im Untersuchungsgebiet für Prognosen in Löhne (links), Messstationen entlang des Flusslaufes der Werre (rechts).

In Abb. 2 links ist der für dieses Projekt relevante Flussverlauf der Werre mit seinen Zuflüssen eingezeichnet. Entlang der Flussverläufe sind Kreise zu erkennen, welche die Messstationen für Pegelstände kennzeichnen. Für die meisten Messstationen liegen alle Daten ab 1960 komplett vor, bei einige fehlen einige Messdaten zwischen 1960 und 1996. In Abb. 2 rechts ist der Flussverlauf als Diagramm dargestellt. Es werden sowohl die historischen Daten der Wasserpegelmessstellen ab dem Jahr 1960 und deren Position als auch Niederschlagsdaten der Messstationen Herford und Hiddenhausen über das LANUV NRW bereitgestellt (vgl. Abb. 3, beispielhaft die Pegelstände für die Messstelle Oberahle).

Für jede Messstelle des Wasserpegels werden außerdem stündliche historische Wetterdaten des Anbieters OpenMeteo bezogen, das betrifft 33 verschiedene Parameter wie zum Beispiel: die Temperatur, die relative Luftfeuchtigkeit, die Windgeschwindigkeit in 10 und 100 m Höhe, die Bodentemperaturen und Bodenfeuchte in drei unterschiedlichen Tiefenbereichen bis 255 cm Tiefe. Im weiteren Data Mining-Prozess werden die für die Prognose der Pegelstände relevanten Parameter daraus ermittelt.

3.2 Vorverarbeitung

Für die Ergebnisqualität der Vorhersagen von Machine Learning-Modellen ist die Qualität des Datensatzes besonders wichtig und muss überprüft sowie ggf. optimiert werden. Das Training des Modells soll bestenfalls nur auf Zeitreihen stattfinden, für welche die meisten Daten auch verfügbar sind. Nach Betrachtung der Verfügbarkeit der *Pegelstände* wurde

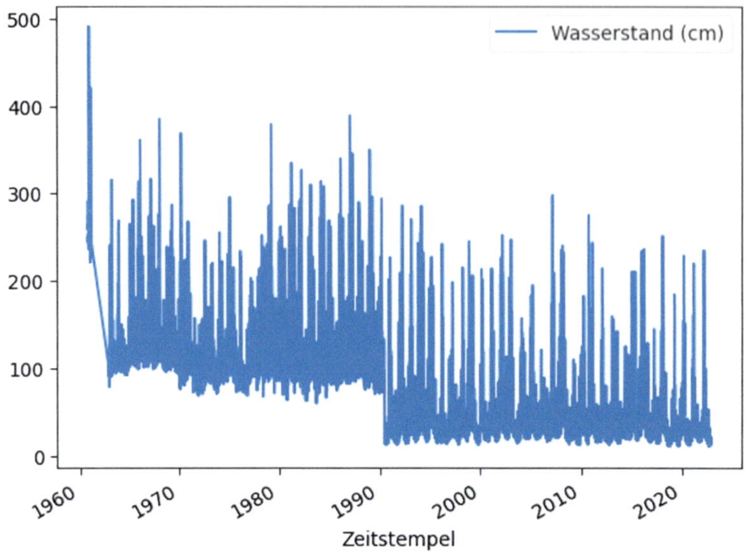

Abb. 3. Pegelstände für Messstation Oberahle

der Beginn des Datensatzes auf das Jahr 1996 festgelegt, da ab diesem Zeitraum viele Stationen überwiegend durchgängig Daten geliefert haben. Auffällig waren die Messstationen Brake und Oberahle (Abb. 3). In Oberahle gab es einen Sprung in den Daten ab 1990, der aber aufgrund der Datenauswahl ab 1996 irrelevant wurde. In Brake gab es sehr viele Zeiträume mit *fehlenden Daten,* darunter eine große Lücke von 241 Tagen im Jahr 2008 und eine weniger lange, aber dennoch beachtliche Lücke von 77 Tagen, im Jahr 2018. Die restlichen 8 Lücken haben eine Dauer von 17 Tagen oder weniger und verteilen sich über den Zeitraum von 2009 bis 2022. Andere Stationen hatten relativ wenige und kurze Zeiträume mit fehlenden Daten. Es wurden verschiedene Interpolationsmethoden ausprobiert, die aber keine sinnvollen Ergebnisse lieferten. Die Daten wurden letztendlich mit Nullen aufgefüllt und für die weitere Auswertung nicht berücksichtigt. Die *Wetterdaten* von OpenMeteo wiesen nach Überprüfung keine Lücken auf. Die *Niederschlagsdaten* vom LANUV wiesen nur sehr wenige kleine Lücken auf, die mit Nullen gefüllt wurden.

Datenkonsolidierung: Die aus den unterschiedlichen Quellen (LANUV, OpenMeteo) stammenden Daten haben verschiedene Messintervalle und müssen *konsolidiert* werden. Die Niederschlags- und Wasserstandsdaten wurden im 15-Minutentakt gemessen, während die Daten von Wetterdaten stündlich vorliegen. Daher wurden Wasserstand und Niederschlag auf eine Stunde mit dem Mittelwert resampled und mit den Wetterdaten über den Zeitstempel konsolidiert.

Transformation des Zeitstempels: Eine Fouriertransformation der meisten Datenbestandteile, siehe auch beispielhaft in Abb. 4 für jeweils den Wasserpegel und die Temperatur,

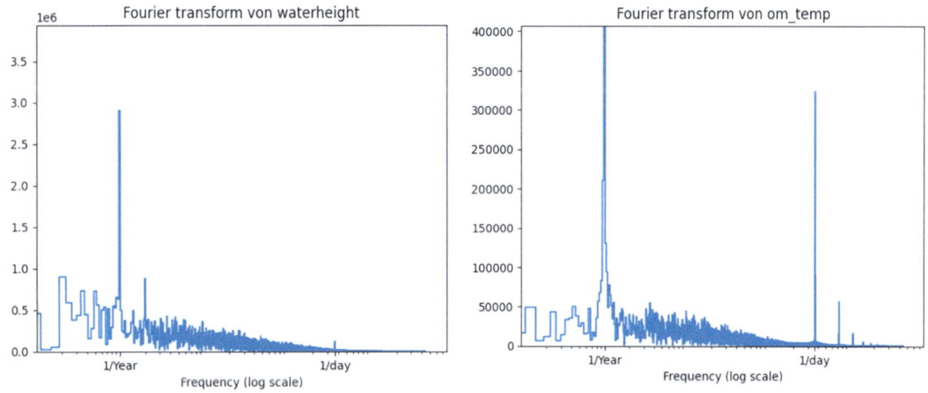

Abb. 4. Fast Fourier Transformation für Wasserpegel und Temperatur

ergab, dass die beiden Komponenten Jahr und Tag des *Zeitstempels* besonders wichtig sind für deren zeitlichen Verlauf. Daher werden jeweils der Sinus- und der Cosinus-Wert für Jahr und Tag in den Trainingsdatensatz anstatt des vollständigen Zeitstempels aufgenommen. Mithilfe der Umrechnung in Sinus und Cosinus wird der zyklische Charakter der Daten im Tages- und Jahresverlauf dem Machine Learning Algorithmus zugänglicher gemacht.

Zeitfenster für Daten: In unserem Modell sollen die *Geländebedingungen* wie z. B. Fließgeschwindigkeit und Neigung am Flussverlauf mit mehreren Messstationen *implizit datengetrieben gelernt werden.* In den Datenvisualisierungen kann beobachtet werden, dass ein leichtes Hochwasser an einer Station auftritt, wenn dieses Hochwasser an der vorherigen Station bereits vor einiger Zeit gemessen wurde. So benötigt ein Hochwasserereignis von den Messstellen Vossheide P. und Vossheide 7 bis 10 h, bis es an der Messstelle Ahmsen gemessen wird. Von den Messstellen Ahmsen und Brake nach Herford dauert es 2 bis 10 h zur Messstelle Herford. Von der Messstelle Oberale und Herford nach Löhne dauert es ungefähr 4 bis 7 h. Auf dieser Grundlage kann geschätzt werden, dass ein Hochwasserereignis, welches in Vossheide oder Vossheide P. auftritt, bis zu 30 h braucht, bis es an der letzten Messstation des Projekts in Löhne gemessen werden kann. Also werden die Wasserstände der anderen Messstationen dem aus einer *30-stündigen Historie jedem Featurevektor* im Trainingsdatensatz hinzugefügt. Ganz ähnlich sieht es auch beim Niederschlag aus. Durch Faktoren wie Bewuchs und Bodenbeschaffenheit dauert es an den Stationen unterschiedlich lange, bis der Niederschlag im Wasserstand zu erkennen ist. Die längste Zeit vom *Niederschlag zum Wasserstand sind ca. 6 h,* welche als zusätzliche Historie in das Modell eingefügt werden.

Dem Projekt standen nur historische Pegelstände zur Verfügung, aber keine historischen Wettervorhersagen. Im laufenden Betrieb würde aber eine Wettervorhersage für die

Pegelstandprognosen genutzt werden. Daher wurde für den „Echtbetrieb" des Prognosesystems eine Fuzzifizierung der Wetterdaten um ca. 3% Ungenauigkeit vorgenommen.

3.3 Datenanalyse

Zur Bestimmung der Relevanz der Features werden Korrelationen untereinander und hin zur Prognosegröße berechnet. Auf einem Data Frame, welcher alle zur Verfügung stehenden Daten von OpenMeteo und LANUV beinhaltete, wurden Heat Maps mit den drei verschiedenen Korrelationskoeffizienten (Pearson's-Korrelationskoeffizient, Spearman's Rangkorrelationskoeffizient, Kendall's Tau) erzeugt. In Abb. 5 kann man für die Werte des Spearman's Rangkorrelationskoeefizienten einige Beziehungen zwischen den Daten erkennen, wie etwa Bodenfeuchte mit Bodenwärme oder Temperatur mit gefühlter Temperatur. Für den Wasserstand (hier Pegelnullpunkt mNHN) werden allerdings nicht so viele starke Beziehungen aufgedeckt. Lediglich die Bodenfeuchte (soil_moistute_0_to_7 cm (m^3/m^3)) hat eine stärkere Beziehung (ca. 0,5) mit dem Wasserstand. Für die anderen beiden Korrelationskoeffizienten sehen die Heatmaps sehr ähnlich aus.

Da bei einer Heatmap über den gesamten Zeitraum nicht deutlich hervorgeht, welche Features am relevantesten sind, wurde der Zeitraum auf eine Anomalie (Hochwasserereignis) beschränkt. Dafür wurde der Analyse-Zeitraum auf Hochwasserereignisse in der Zeit vom 01.01.2019 bis 01.01.2020 begrenzt. Die mit Spearman's Rangkorrelationskoeffizient erstellte Heatmap in Abb. 6 zeigt nun schon deutlicher, welche Features eine starke Korrelation zum Wasserstand aufweisen. Besonders hervor gehen die Temperatur, relative Luftfeuchtigkeit, Taupunkt, gefühlte Temperatur, Wolkendecke, Windgeschwindigkeit, Windstöße, Bodentemperatur und Bodenfeuchte.

Featurereduktion Durch zusätzliche Überlegungen fallen weitere Daten für die Anwendung im LSTM-Modell weg. So kann etwa die *gefühlte Temperatur* komplett entfernt werden, wenn ohnehin schon die *Temperatur* im Datensatz enthalten ist. Des Weiteren kann auch die *Wolkendecke* herausgenommen werden, da sie laut Experten vom LANUV keinen direkten Einfluss auf den Wasserstand hat. Wichtiger und direkter ist hier der Einfluss über den Niederschlag, der ebenfalls laut Heatmap korreliert. Da der *Niederschlag* zeitlich verzögert einen starken Einfluss auf den Wasserstand hat, wird er in der Heatmap nicht deutlich hervorgehoben, ist jedoch essenziell für die Bestimmung des Wasserstandes und wird aufgrund dessen mit aufgenommen. Zusätzlich ist der *Taupunkt* relevant für den Wasserstand, da durch diesen bestimmt wird, wann das Wasser in der Luft kondensiert oder Verdunstung stattfindet. Die *Bodenfeuchte* und *Bodentemperatur* weisen beide eine hohe Korrelation zum Wasserstand auf und das nicht nur bei Anomalien. Dies erscheint plausibel, da ein stark gesättigter oder auch stark ausgetrockneter Boden kein Wasser mehr aufnehmen kann. Für die Bodenfeuchte und Bodentemperatur gibt es jedoch mehrere Unterteilungen für Abschnitte in der Bodentiefe in den Daten von OpenMeteo. So gibt es Features für 0–7 cm, 7–28 cm, 28–100 cm und 100–255 cm Bodentiefen. Da

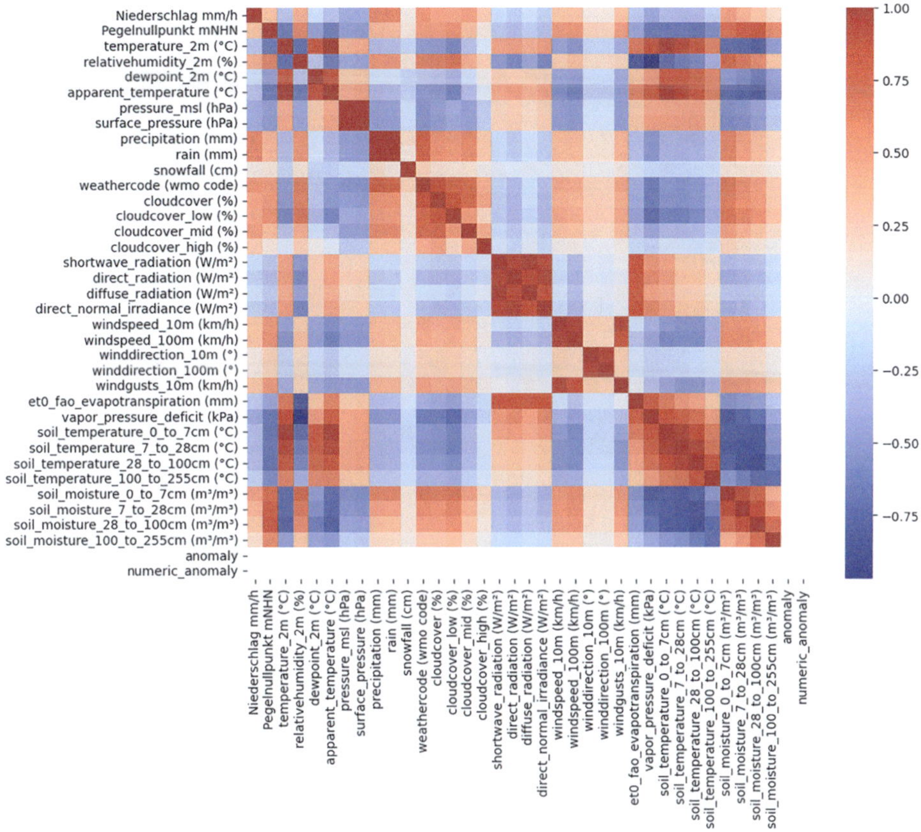

Abb. 5. Heatmap für Spearman's Rangkorrelationskoeffizient für Messstelle Herford für Zeitreihen 1996–2023 (Werte −1/1: starke Korrelation, Wert 0: schwache Korrelation)

nach Rücksprache mit dem Experten vom LANUV nur der erste Meter vom Boden relevant ist, was durch die Korrelations-Heatmap ebenfalls bestätigt wird, wurden die drei Datenpunkte bis zu einem Meter Bodentiefe mit dem Mittelwert zu einem Datenpunkt zusammengefasst.

3.4 Machine Learning

Im Projekt wurden Experimente mit verschiedenen Architekturen von Recurrent Neural Networks (RNN), wie GRU- oder LSTM-Modellen durchgeführt und die Trainingshyperparameter wurden variiert. Im Resultat erwies sich, wie auch in der Literatur beschrieben [8], ein einfaches LSTM-Modell als am besten geeignet für die Prognose der Pegelstände, wie es in Abb. 7 dargestellt ist. Der 164.621-dimensionale Featurevektor beinhaltet 206

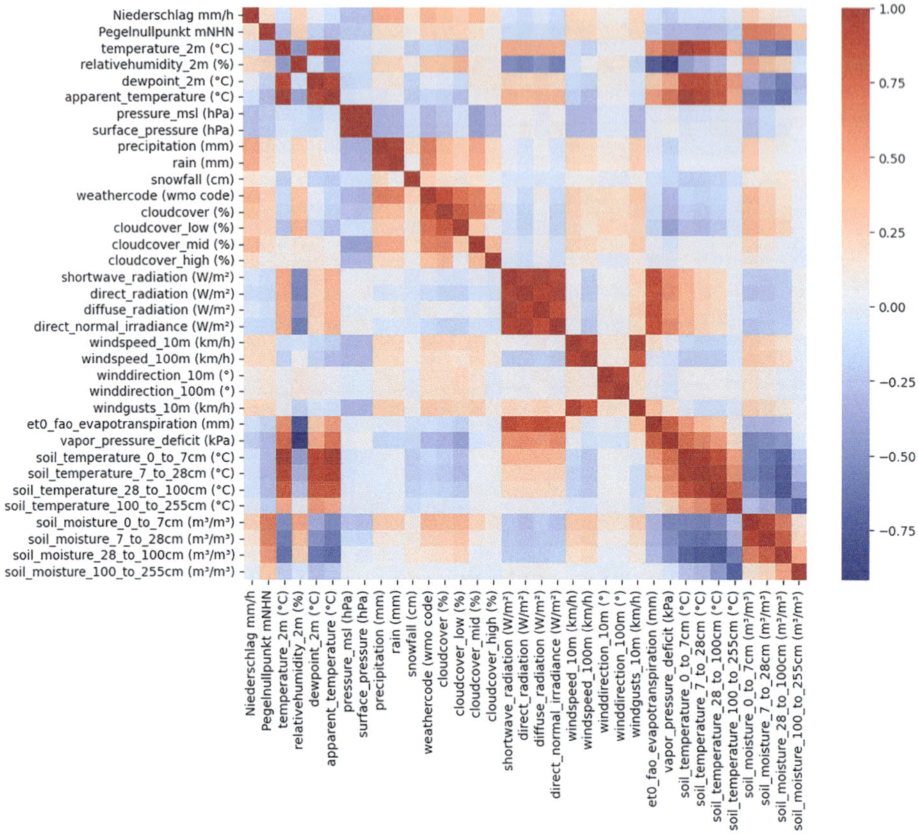

Abb. 6. Heatmap für Spearman's Rangkorrelationskoeffizient für Messstelle Herford für Hochwasserereignisse in 2019 (Werte -1/1: starke Korrelation, Wert 0: schwache Korrelation)

Features für die 24-stündige Historie der Wasserpegel einer Messstation, den 30-stündigen Lags der Wasserstände aus den jeweiligen Zuflüssen und der 6-stündigen Vorhersage von OpenMeteo für Temperatur, Luftfeuchtigkeit, Luftdruck, Niederschlag, Bodentemperatur und Bodenfeuchtigkeit.

4 Ergebnisse

Prognosen für die Pegelstände wurden jeweils für die nächsten 24 h erzeugt. Visuell stimmen die Werte (siehe Abb. 8) sehr gut überein, auch die drei Hochwasserereignisse mit Werten über 340 cm werden sehr gut vorhergesagt.

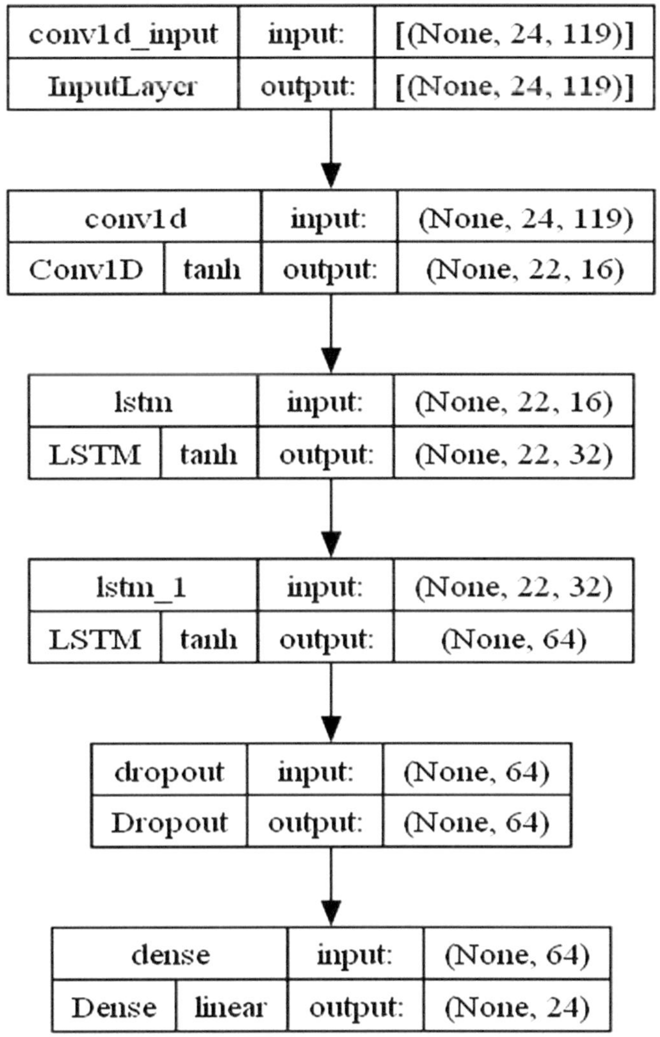

Abb. 7. Architektur des LSTM-Modells.

Es wurden die Fehlerwerte MSE (Mean Squared Error), RMSE (Root Mean Squared) Error und MAE (Mean Absolut Error) zwischen allen vorhersagten und tatsächlich gemessenen Werten berechnet und in Tab. 1 zusammengefasst.

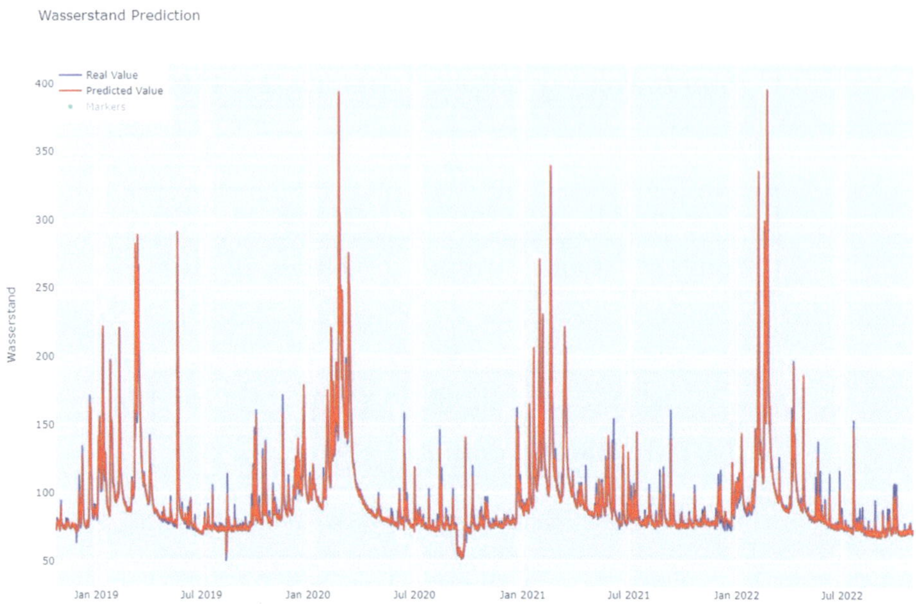

Abb. 8. Vorhersage des Pegelstandes mit dem LSTM-Modell (rote Linie) und tatsächlich gemessene Werte (blaue Linie) für die Messstation Löhne im (01/2019–12/2022).

Tab. 1. Fehler der Modellprognose immer für Prognose und tatsächlichen Wert als MSE (Mean Squared Error), RMSE (Root Mean Squared) Error und MAE (Mean Absolut Error)

	MSE	RMSE	MAE
Testdatensatz	9,75	3,12	1,98
Validierungsdatensatz	13,17	3,63	2,52

5 Diskussion und Fazit

In der Zusammenarbeit im Studentenprojekt mit dem Mitarbeiter der LANUV hat sich gezeigt, dass die klassische Herangehensweise der Hydrologie eine völlig andere ist, als die rein datengetriebene Lösung mit einem Neuronalen Netz aus dem Blickwinkel der Informatik. Beide Seiten haben häufig miteinander diskutiert und die aktuellen Arbeiten betrachtet und evaluiert sowie neue Ideen entwickelt und nächste Schritte besprochen. Diese Zusammenarbeit aus zwei unterschiedlichen Blickwinkeln hat dazu geführt, eine sehr effiziente Lösung für das Vorhersageproblem zu erhalten, die lediglich auf den Pegelmessungen sowie frei verfügbaren Daten basiert. Das Problem konnte im Vergleich zum hydrologischen Vorgehen mit sehr wenig Aufwand rein datengetrieben ohne die Hinzunahme physikalischer Abhängigkeiten gelöst werden; hydrologische Formeln oder Geländemodelle brauchten nicht einbezogen werden – diese komplexen Sachverhalte konnten anhand der sehr großen und gut aufgelösten Datenmenge implizit von den KI-Algorithmen gelernt werden, indem für die Eingabevektoren die Daten der Zuflüsse aus einem vorhergehenden Zeitfenster jeweils mit betrachtet wurden.

Die Beantwortung der 1. Forschungsfrage *(Welche Merkmale sind für die Vorhersage der Wasserpegelstände relevant)* führte zu einer Reduktion der Daten in den Zeitreihen auf die tatsächlich relevanten Bestandteile für eine Pegelstandvorhersage. Die Messdaten wurden jeweils an der Position der tatsächlichen Messstation sowie an den Positionen der Zuflüsse aus der jeweils relevanten Zeitspanne erhoben bzw. aus OpenData bezogen. Relevant waren die *Niederschlagsmengen, Temperaturen, Bodenfeuchtigkeiten und Bodentemperaturen.*

Die 2. Forschungsfrage (Können die Wasserstände der Werre unter Anwendung eines LSTM auf Basis frei verfügbarer Daten präzise genug vorhergesagt werden?) konnte positiv beantwortet werden. Nach Durchführung vieler Experimente zur Parametrisierung und mit veränderten Featurevektoren erwies sich ein einfaches dreischichtiges LSTM-Netz auf einem hochdimensionalen (DIM = 164.621) Featurevektor als am geeignetsten. Es konnte eine Prognosegenauigkeit für den nächsten Tag von 9,75 cm^2 für den MSE und 3,23 cm für den RMSE erzielt werden.

Von der Arbeitsgruppe der Hochschule Bielefeld und dem LANUV wird eine weitere Zusammenarbeit bei der KI-basierten Prognosen von Pegelständen angestrebt. Im Fokus stehen Fragestellungen zur Plausibilisierung von Pegelstandmessungen des LANUV durch KI-basierte Methoden und eine Nutzung der Pegelstandprognosen in Überflutungssimulationen für die im Flussgebiet der Werre betroffenen Kreise und Kommunen.

Literatur

1. Cloke H-L., & Pappenberger F. (2009). Ensemble flood forecasting: A review. *Journal of Hydrology*, 375(3–4), 613–626. https://doi.org/10.1016/j.jhydrol.2009.06.005
2. Wu, W., Emerton, R., Duan, Q., Wood, Andrew W., Wetterhall, F., & Robertson, D. E. (2020). Ensemble flood forecasting: Current status and future opportunities. *WIREs Water*, 7(3), 2049–1948. https://doi.org/10.1002/wat2.1432
3. McDermott, T.K.J. (2022). Global exposure to flood risk and poverty. *Nature Communications,* 13, Artikel 3529. https://doi.org/10.1038/s41467-022-30725-6
4. Intergovernmental Panel on Climate Change (IPCC). (2019). *The Ocean and Cryosphere in a Changing Climate – Special Report of the Intergovernmental Panel on Climate Change.* Cambridge: Cambridge University Press. https://doi.org/10.1017/9781009157964
5. Sharad, K.J., Pankaj, M., Sanjay, K.J., Pavithra, P., Vijay P.S., Tullos D., Sanjay K., Agarwal, S.P., & Dimri, A.P. (2018). A Brief review of flood forecasting techniques and their applications. *International Journal of River Basin Management*, 16(3), 329–344, https://doi.org/10.1080/15715124.2017.1411920
6. Chorong, K., & Chung-Soo, K. (2021). Analysis of AI-based Techniques for forecasting water level according to rainfall. *Tropical Cyclone Research and review,* 10(4), 223–228, https://doi.org/10.1016/j.tcrr.2021.12.002

7. Punyanuch, B., Jason H.H., & Worapan, K. (2022). Predicting river water hight using deep-learning based features. *ICT Express*. 8(4), 588–594. https://doi.org/10.1016/j.icte.2022.03.012
8. Trieu, T. H., Ta, Q.C., Dinh, N.Q., & Nguyen D.H. (2023). Water level prediction using deep learning models: A case study of the Kien Giang River, Quang Binh Province. *River*, 2(4), 468–479. https://doi.org/10.1002/rvr2.63
9. Li, L., & Jun, K.S. (2024). Review of Machine Learning Methods for River Flood Routing. *Water*, 16(2), 364–380, https://doi.org/10.3390/w16020364
10. Vizi, Z., Batki, B., Ratki, L., Szalanczi, S., Fehervary, I., Kozak, P., & Kiss, T. (2023). Water level prediction using long short-term memory neural network model for a lowland river: a case study on the Tisza River, Central Europe. *Environmental Sciences Europe*, 35, Artikel 92. https://doi.org/10.1186/s12302-023-00796-3

Herausforderungen und Ansätze zu einer Infrastruktur für die breite Nutzung von Machine-Learning-Verfahren in der Umweltverwaltung

Andreas Abecker, Matthias Budde, Frank Fuchs-Kittowski, Janik Großmann, Werner Koch, Jonas Lachowitzer, Erik Rodner, Heino Rudolf, Paul Schulze, Gerrit Tombrink und Moritz Zemann

Zusammenfassung

Einerseits liegen bei Umwelt- und anderen Behörden zu vielen umweltbezogenen Sachverhalten umfangreiche Datenbestände vor, die sich voraussichtlich in der Zukunft noch deutlich vergrößern dürften. Andererseits stehen diese Behörden vor wachsenden Aufgaben, um mit den drängenden umwelt- und nachhaltigkeitsbezogenen Themen unserer Zeit umzugehen. Schwierigkeiten beim Versuch, komplexe Umweltthemen

A. Abecker (✉) · M. Budde · J. Lachowitzer · G. Tombrink · M. Zemann
Disy Informationssysteme GmbH, Karlsruhe, Deutschland
E-Mail: andreas.abecker@disy.net

M. Budde
E-Mail: matthias.budde@disy.net

J. Lachowitzer
E-Mail: jonas.lachowitzer@disy.net

G. Tombrink
E-Mail: gerrit.tombrink@disy.net

M. Zemann
E-Mail: moritz.zemann@disy.net

F. Fuchs-Kittowski · E. Rodner · P. Schulze
Hochschule für Technik und Wirtschaft Berlin (HTW), Berlin, Deutschland
E-Mail: frank.fuchs-kittowski@htw-berlin.de

E. Rodner
E-Mail: erik.rodner@htw-berlin.de

F. Fuchs-Kittowski et al. (Hrsg.), *Umweltinformationssysteme - Digitalisierung für eine nachhaltige Planetare Zukunft,* https://doi.org/10.1007/978-3-658-46394-6_8

mit konventionellen Modellierungsansätzen zu erfassen, verschärft durch den Fachkräftemangel in der Verwaltung, führen zur Idee, durch Verfahren des maschinellen Lernens datenbasierte Entscheidungsunterstützung einzusetzen. Daher ist das Ziel des Simplex4Learning-Ansatzes, die großen und heterogenen Datenbestände der Umweltbehörden für intelligente Analysen mit Methoden des maschinellen Lernens besser zu erschließen und diese Verfahren für Domänenexperten aus dem Umweltbereich (ohne vertiefte ML-Kenntnisse) praktikabel anwendbar zu machen. Dazu werden Methoden der Datenintegration und des Data Warehousing mit Methoden aus AutoML, MLOps und Explainable ML kombiniert. Der vorliegende Beitrag skizziert Motivation und Zielsetzung des Vorhabens, den technischen Lösungsansatz und den vorgefundenen Stand der Technik sowie erste Ergebnisse.

Schlüsselwörters

Maschinelles Lernen • Umweltverwaltung • Umweltmonitoring • AutoML • MLOps • XAI • Explainable Machine Learning • Simplex4Data • Cadenza

1 Einleitung

Die öffentliche Verwaltung muss im Umweltbereich vielfältige ökologische Phänomene überwachen und möglichst gut verstehen, um die Politik bei Planungs- und Steuerungsvorhaben zu unterstützen, um die Öffentlichkeit zu informieren und in Notfällen auch zu warnen oder um der Wirtschaft gute Datengrundlagen für Investitionsentscheidungen und ähnliches zu geben. In Zeiten großer gesamtgesellschaftlicher Umbaunotwendigkeiten (wie Energiewende, Mobilitätswende usw.), aber auch wachsender Gefährdungen (durch Klimawandel, Wetterextreme, invasive Arten usw.) entstehen große Anforderungen an das Monitoring von Umweltaspekten, an Frühwarnung, Prognosen zu zukünftigen Entwicklungen, Szenarioanalysen für mögliche Entwicklungspfade und ähnliches mehr. Dabei gibt es in den öffentlichen Verwaltungen bereits umfangreiche Datenbestände, um solche Aufgaben datenbasiert anzugehen. Diese Datenbestände wachsen beständig,

P. Schulze
E-Mail: paul.schulze@htw-berlin.de

J. Großmann · W. Koch · H. Rudolf
Simplex4Data GmbH, Dresden, Deutschland
E-Mail: janik.grossmann@simplex4data.de

W. Koch
E-Mail: werner.koch@simplex4data.de

H. Rudolf
E-Mail: heino.rudolf@simplex4data.de

quantitativ und qualitativ, gefördert durch Entwicklungen wie immer leistungsfähigere Fernerkundungstechnologien, Online-Sensorik oder Citizen Science.

Verfahren des Maschinellen Lernens (Machine Learning, ML) finden in der Forschung und in der Industrie immer mehr Anwendungen zur datenbasierten Entscheidungsunterstützung. In der öffentlichen Verwaltung sind solche Anwendungen noch deutlich seltener zu finden als in der Privatwirtschaft. Dies hat sowohl organisatorische als auch fachliche Gründe. Aus fachlicher Sicht bewegen wir uns bei umweltbezogenen Fragestellungen häufig im Bereich höchster Komplexität, (i) weil die betrachteten ökologischen Prozesse teils gar nicht vollständig verstanden bzw. nur aufwendig modellierbar sind, (ii) weil für einen „klassischen" Modellierungsansatz Eingangsdaten nicht in der erforderlichen Menge, räumlich-zeitlichen Auflösung oder Qualität vorliegen oder (iii) weil die Ökosysteme mit weiteren komplexen oder gar chaotischen Systemen interagieren, wie dem Wetter oder der Wirtschaft. Dennoch gibt es im akademischen Bereich immer mehr vielversprechende Anwendungen des Maschinellen Lernens auf typischen Themenfeldern der Umweltverwaltung.

Deshalb wurde im Herbst 2023 das Forschungsvorhaben Simplex4Learning gestartet. Simplex4Learning hat das Ziel, die großen und heterogenen Datenbestände der Umweltbehörden für intelligente Analysen mit Methoden des maschinellen Lernens besser zu erschließen und ML-Verfahren für Domänenexperten aus dem Umweltbereich ohne vertiefte ML-Kenntnisse praktikabler anwendbar zu machen. Realisiert wird dies (1) durch die Weiterentwicklung der Simplex4Data-Datenintegrationsmethode für die Datenbereitstellung für ML-Algorithmen, ergänzt um (2) AutoML- und MLOps-Funktionalitäten, (3) Funktionalitäten zum Erklären von ML-Ergebnissen (Explainable AI, XAI), (4) ein ML-Pattern Repository zum Wiederverwenden generalisierter ML-Workflows, all das (5) exemplarisch angebunden an die Datenanalyseplattform Disy Cadenza und das Data Warehouse System Simplex4Data und (6) demonstriert und erprobt an konkreten Anwendungsbeispielen deutscher Landesbehörden im Bereich Umwelt bzw. Forst.

Im vorliegenden Beitrag skizzieren wir im nachfolgenden Abschn. 2 den Projektkontext und die übergeordnete Zielsetzung. Abschn. 3 diskutiert den Lösungsansatz und die involvierten Themen und Technologien etwas eingehender. In Abschn. 4 werden wichtige genutzte Technologien vorgestellt. Abschn. 5 beschreibt dann die Vorgehensweise und erste Ergebnisse zum Identifizieren von Anwendungsfällen. Abschn. 6 stellt erste Erkenntnisse zur Auswahl von zu verwendenden Basiswerkzeugen vor. Im Abschn. 7 folgen eine kurze Zusammenfassung und ein Ausblick.

2 Projektkontext und Gesamtzielsetzung

Übergeordnetes Projektziel des im Oktober 2023 gestarteten FuE-Vorhabens Simplex4Learning (Intelligente Umweltdatenanalyse durch automatisiertes maschinelles Lernen für Fachanwender) ist es: (1) die großen, aber komplexen und heterogenen Datenbestände der Umweltbehörden für intelligente Analysen mit Methoden des maschinellen Lernens besser zu erschließen und (2) die Verfahren des maschinellen Lernens für Fachanwender:innen aus dem Umweltbereich praktikabler anwendbar zu machen, die zwar Domänenexperten sind, aber nicht unbedingt vertiefte Kenntnisse in ML-Verfahren und -Werkzeugen besitzen.

Wesentliche Handlungsfelder im Projekt und zentrale Elemente der Lösungsarchitektur sind in Abb. 1 dargestellt.

Um die Zielsetzung einer *effizienten und effektiven Datenbereitstellung* für das Machine Learning zu adressieren, werden die vorhandenen Datenbestände aus dem Umweltbereich mit ihren vielfältigen zugrunde liegenden Basisdaten (wie Geodaten, Regionalpläne, Sensordaten aus Messnetzen usw.) sowie aufgabenspezifisch relevanten Zusatzdaten

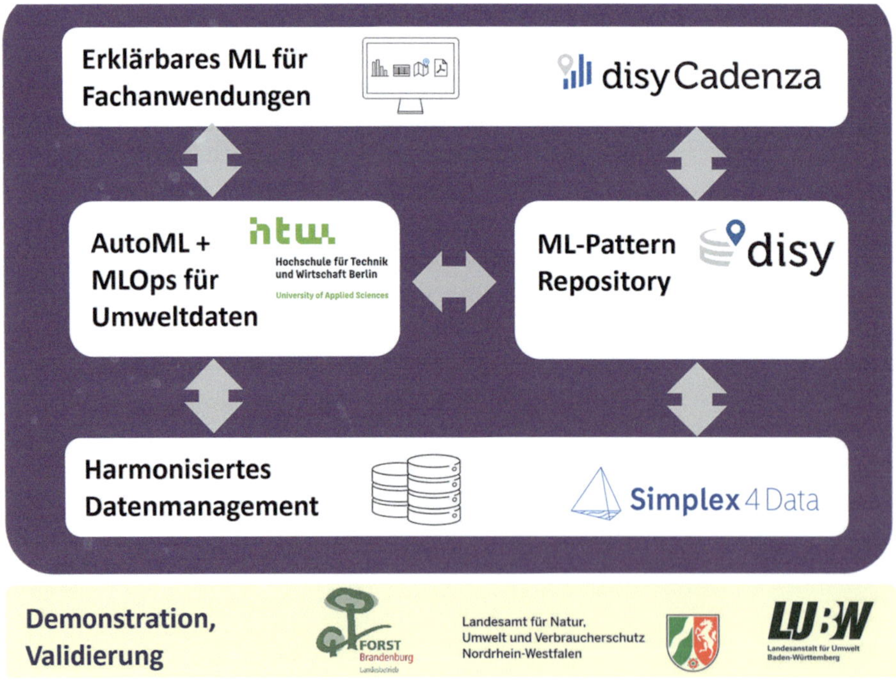

Abb. 1. Überblick zu den wesentlichen Handlungsfeldern und Lösungsbausteinen im Projekt Simplex4Learning. Die Logos zeigen die Projektpartner mit ihren Tätigkeitsschwerpunkten

(wie Verkehrsströme, Wetter etc.) in einem Data Warehouse harmonisiert zusammengeführt und dann mit standardisierten Diensten verfügbar gemacht. Dies nutzt die Data-Warehouse-Methoden und -Technologien der Simplex4Data GmbH.

Mit Bezug auf das zweite Ziel (die *fachanwendertaugliche Nutzbarkeit von ML-Verfahren*) existiert heutzutage zwar bereits eine große Breite mächtiger Softwarewerkzeuge, -plattformen und -bibliotheken für Datenanalyse, Data Science und Maschinelles Lernen. Diese sind jedoch häufig noch für IT-Fachleute gebaut und erfordern erhebliches Methodenwissen sowie komplexe Workflows bis zur Fertigstellung praxistauglicher Modelle. Mit den Paradigmen des automatisierten Maschinellen Lernens (Automated Machine Learning, **AutoML**) und der Machine Learning Operations **(MLOps)** gibt es neuere Ansätze, die die Prozesse der Erstellung, Verwendung und des Lifecycle-Management von ML-Modellen zumindest teilweise automatisieren können. Diese wollen wir, gezielt auf die Bedürfnisse der Umweltverwaltung hin zugeschnitten, kombinieren. Ein wichtiger Teil solcher Systeme ist ein Speicher für Ergebnisse und/oder Zwischenergebnisse der Trainingsläufe, z. B. fertig trainierte Modelle oder Workflows zur Datenvorverarbeitung. Wir wollen hierfür ein sog. **ML-Pattern Repository** aufbauen, das insbesondere wiederverwendbare Artefakte des Lernprozesses speichert, ggf. für die Wiederverwendung adäquat abstrahiert und indexiert. An diesen Themen der ML-Automatisierung und -Wiederverwendung für den Umweltbereich arbeitet im Projekt die Hochschule für Technik und Wirtschaft Berlin (HTW) zusammen mit der Disy Informationssysteme GmbH.

Um die Gebrauchstauglichkeit und die Akzeptanz der ML-Verfahren in der Praxis zu erhöhen, sollen die Simplex4Learning Ergebnisse über die in der Umweltverwaltung weit verbreitete Disy Cadenza „Plattform für Business & Location Intelligence" zugänglich gemacht werden. Auf dieser Ebene sollen weiterhin Methoden des **Erklärbaren Maschinellen Lernens** (Explainable ML, Explainable AI, XAI) zum Einsatz kommen, um Ergebnisse nachvollziehbarer zu machen.

Die Technologieentwicklungen im Vorhaben sollen beispielgetrieben anhand realer Fragestellungen und Datenbestände der assoziierten Projektpartner erfolgen. Dies sind das Landesamt für Natur, Umwelt- und Verbraucherschutz Nordrhein-Westfalen (LANUV), die Landesanstalt für Umwelt Baden-Württemberg (LUBW) und der Landesbetrieb Forst Brandenburg (LFB).

3 Lösungsansatz

Die Projektstruktur in Abb. 1 gibt eine erste Idee zur geplanten Simplex4Learning-Softwarearchitektur. Hier sind aber viele Fragen noch nicht abschließend geklärt. Dabei geht es nicht nur darum, welche konkreten Werkzeuge und Methoden genutzt und wie sie für den Projektkontext adaptiert werden. Es sind auch noch grundsätzlichere Fragen offen, nämlich welche Arten von Nutzer:innen mit welchen Aufgaben (ML-Prozess) und welchem erwarteten Vorwissen welche Werkzeuge nutzen, wie diese Werkzeuge interagieren und wie die Akteure kommunizieren und sich koordinieren.

Solche Fragen sollen im Projekt agil, anhand der konkreten Beispiele und mit den Vertreter:innen der assoziierten Anwendungs-Partner geklärt werden. Wir gehen jedoch zurzeit davon aus, dass in den Umweltbehörden, wie in den meisten großen Organisationen und bei anderen komplexeren Technologiethemen, auch hinsichtlich des ML- und KI-Einsatzes eine starke Arbeitsteilung entstehen wird, mit Mitarbeitenden, die als Fachleute in der Anwendungsdomäne die Ergebnisse der KI-Analysen primär konsumieren, anderen, die die Analysen umfassender verstehen müssen und ggf. auf neue Daten übertragen, bis zu den eigentlichen ML-Experten, die ein großes Methoden- und Werkzeugwissen besitzen, aber dafür die Fachlichkeit weniger durchdringen. Weiterhin gibt es jetzt schon Datenexperten, die sich stärker um Aufbau und Qualitätssicherung von Datenbeständen kümmern als um deren Nutzung. Zurzeit werden erste Beschreibungen solcher Simplex4Learning-Rollen erarbeitet. Mit diesen Überlegungen müssen Tooling und Arbeitsprozesse abgestimmt werden.

Eine erste Konkretisierung des Lösungsansatz wird in Abb. 2 vereinfachend illustriert und zeigt den (zurzeit) intendierten Arbeitsablauf: Auf der linken Seite stellt das Simplex4Data-Data-Warehouse für Umweltdaten einen harmonisierten Speicher für heterogene Umweltdaten zur Verfügung. Die Datenintegration, um aus den zurzeit verteilt vorliegenden Datenquellen einen harmonisierten Datenbestand zu erzeugen, erfolgt durch Datenexperten mit den Methoden und Werkzeugen von Simplex4Data. Die Datenhaltung ist grundsätzlich anwendungs-agnostisch. Die harmonisierten Datenbestände werden mittels standardisierter Dienstschnittstellen zugänglich gemacht, für ML-Verfahren wie auch für andere Verwendungen.

Nutzer:innen in der Breite der Organisation, mit wenig oder ohne ML-Fachkenntnisse verwenden wie bisher Fachanwendungen, Analyse- und Reporting-Lösungen über Disy

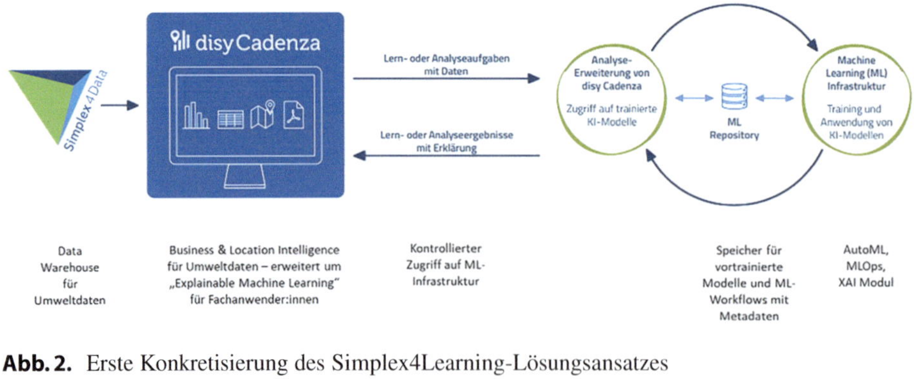

Abb. 2. Erste Konkretisierung des Simplex4Learning-Lösungsansatzes

Cadenza. Dort wird der Simplex4Data-Datenbestand als zusätzliche Datenquelle eingebunden. Aus Cadenza heraus können ML-Verfahren über die Analytics-Schnittstelle heraus angesprochen und auf in Cadenza identifizierte Datenauswahlen angewandt werden. Im einfachen Falle sind hierfür bereits existierende, trainierte Modelle oder andere generalisierte ML-Workflows aus dem ML-Repository aufzurufen. Zu klären ist die Frage, wie die Beschreibung und das Retrieval von Artefakten im ML-Repository erfolgt. Auf dieser Ebene sind auch die XAI-Methoden einzubringen, um weniger ML-erfahrenen Nutzer:innen die Ergebnisse auch erklären zu können.

Auf der rechten Bildseite sind die (noch näher zu spezifizierenden) Spezialwerkzeuge für die ML-Experten angedeutet, mit deren Hilfe ML-Modelle bzw. ganze Workflows inkl. Schritten zur Datenvorverarbeitung erzeugt und optimiert werden. Wenn sich erfolgversprechende Modelle finden lassen, werden diese dann ins ML-Repository eingepflegt. Auch hier, beim Erzeugen der ML-Modelle, müssen die XAI-Methoden als Werkzeuge natürlich ebenfalls genutzt werden können.

Aus Gründen der vereinfachten Darstellung ist hier in der Grafik nicht visualisiert, dass MLOps als ganzheitlicher (technischer und organisatorischer) Ansatz für das gesamte Lifecycle-Management von ML-Anwendungen im Grunde alle Bereiche rechts des Data Warehouse unterstützt. Ebenfalls wurden hier die Details der Datenhaltung und die Datenflüsse noch nicht dargestellt. Denn sowohl das Erzeugen als auch das Verwenden von ML-Modellen benötigt ja Datenzugriff und kann u. U. in der Datenvorverarbeitung auch Daten erzeugen und manipulieren (Ersetzen von Nullwerten, Umgang mit Ausreißern, Skalentransformationen etc.). Inwieweit diese Aspekte komplett eingekapselt werden oder auch auf die in Simplex4Data bzw. die in Cadenza verwalteten Daten Einfluss hat, ist ebenfalls noch zu klären.

Ebenfalls von großem Interesse ist die Frage der Kommunikationsprozesse und Kontrollflüsse zwischen Nutzer:innen und zwischen Werkzeugen. Wenn beispielsweise ein vortrainiertes Modell auf neuen Daten keine überzeugenden Ergebnisse liefert, fällt dies typischerweise bei Domänenfachleuten bei der Cadenza-Nutzung auf, müsste dann aber eine Feedbackschleife zu den ML-Fachleuten zum Neutrainieren anstoßen. Hier sind sowohl organisatorische Abläufe als auch technische Hilfsmittel erst noch zu gestalten. Um dieses Nachtrainieren (wie auch das initiale Erstellen von Modellen) optimal zu gestalten, ist ebenso in der Regel eine enge Zusammenarbeit von Domänen- und ML-Fachleuten erforderlich. Hier ist also die in Abb. 2 unterstellte Trennung von Anwenderrollen und Werkzeugen, die für die *Modell-Verwendung* gut funktioniert, für die *Modell-Erstellung* nicht mehr angebracht. Hier muss zumindest das Fachwissen beider Nutzerklassen zusammenwirken, wenn nicht sogar noch ein Rückgriff auf die Datenexperten erforderlich wird (wenn sich z. B. herausstellen würde, dass mit der gegebenen Datenlage die gewünschte Aufgabe gar nicht gelöst werden kann und man herausfinden muss, ob zusätzliche Datenquellen, -dichte oder -qualität möglich ist).

Die gezeigte Grobarchitektur weist also den Weg, wie man in den gegebenen Strukturen und mit existierenden Werkzeugen vorankommen kann, beantwortet aber noch nicht alle Fragen und wird für einen dauerhaften und optimierten Betrieb einer datenbasierten Verwaltung vermutlich noch deutlich auszubauen sein. Dennoch gehen wir auf Basis der Fachliteratur und erster eigener Experimente davon aus, dass schon mit bestehenden Technologien aufwendige Routineaufgaben wie Datenimport, Datenaufbereitung, Erstellen der ML-Pipelines und Modellexport zur Entlastung und Fehlervermeidung weitgehend automatisiert werden können. Mechanismen der Erklärungsgenerierung und Entscheidungsunterstützung dürften das Verständnis und die Akzeptanz von ML-Ergebnissen ebenfalls deutlich erhöhen.

Zusammenfassend sollen mit der vorgeschlagenen Lösung Domänenexperten bei den folgenden, aufeinander aufbauenden, Arbeitsschritten unterstützt werden:

1. Integration bestehender Datenbestände in eine harmonisierte Datenhaltung mit standardisierten Dienstschnittstellen,
2. Auswahl von als potenziell problemrelevant identifizierten Datensätzen für die Analyse,
3. effektive Sichtung der bestehenden Daten, die für ein Modelltraining mit Methoden des Maschinellen Lernens infrage kommen, sowie Feature Engineering,
4. Auswahl von passenden generischen Modellarchitekturen, Anpassung dieser Modelle an die Fragestellung und Trainieren einer Schar von Modellen,
5. Bewertung der Modellleistung einer trainierten Modellschar, um das passendste Modell zu bestimmen,
6. Ablage und Beschreibung generalisierter Datenanalyse-Pattern (trainierte Modelle, ggf. inkl. Vorverarbeitungsschritten) in ein ML-Repository, um anderen Fachanwender:innen die spätere Übertragung auf strukturgleiche Fragestellungen mit anderen Daten zu ermöglichen,
7. Suche und Auswahl potenziell geeigneter ML-Pattern für die Nutzung in anderen Kontexten,
8. Instanziierung und Anwendung der ML-Pattern auf neue Daten,
9. Unterstützung bei Erklärung und Interpretation der Ergebnisse.

4 Stand von Wissenschaft & Technik und verwendete Basistechnologien

4.1 Maschinelles Lernen in der Umweltverwaltung

Den Autoren ist zurzeit noch keine operative KI-Anwendung in der deutschen Umweltverwaltung bekannt. Jedoch wurden in der jüngeren Vergangenheit einige vielversprechende und interessante Anwendungen des Maschinellen Lernens auf typischen Themenfeldern der Umweltverwaltung in Forschungsprojekten vorgestellt, die häufig in Zusammenarbeit mit Behörden entstanden sind oder dort Aufmerksamkeit finden.

So werden beispielsweise Ansätze des Deep Learning für die Vorhersage von Grundwasserständen bzw. zum Verständnis der Verteilung von Nitrat im Grundwasser verwendet oder auch zum Online-Monitoring von Chlor und Chlordioxid im Wasser [1–3]. Behrens et al. erzielten gute Ergebnisse bei der ML-basierten Prognose von Pegelständen an Fließgewässern [4]. Ebenso befassen sich zurzeit viele aktuelle Arbeiten mit Prognosen für Wasserextremereignisse wie Starkregen.

Allgemein gibt es im Katastrophenschutz auch viele Arbeiten zur KI-basierten Echtzeit-Auswertung von Fernerkundungsdaten aus Satelliten und Drohnenbefliegungen, um z. B. Schäden und akute Bedrohungen im Falle von Naturkatastrophen wie Überschwemmungen, Waldbränden, Stürmen usw. zu identifizieren.

Auch zur Untersuchung und Prognose der Luftqualität gibt es zahlreiche Arbeiten, die vielfach bereits in kommerzielle Angebote eingeflossen sind und von vielen Kommunen unterstützt bzw. erprobt werden (siehe z. B. [5, 6]).

Viele andere Themen und Technologien werden zunehmend für Umweltverwaltungen interessanter. Es gibt eine sehr große Zahl von Anwendungsideen für Bilderkennung aus Luftbildern, Satellitendaten, Citizen-Science-Beiträgen oder aus Spezialsensorik für Zielobjekte oder -sachverhalte wie Seegrasbedeckung, den Röhrenbandwurm, Veränderungen der Küstenlinie oder von Küstenschutzbauwerken, Phänophasen von Pflanzen, spezifische Baumarten oder auch Waldzustand bis zu einzelnen Tieren u.v.m. (siehe z. B. [7–11]).

Weitere Arbeiten existieren bspw. zur Gefährdungsklassifikation mit Bezug auf Waldbrände oder Hangrutschungen, zur automatisierten Sensordatenüberwachung für die Erkennung von Anomalien und zur Frühwarnung etc. (siehe [12–14] für weitere Beispiele). Zurzeit befassen sich viele Forschende auch mit der Frage, wie sich das Konzept des Digitalen Zwillings auf Ökosysteme bzw. auf Städte, Freiflächen, Flussgebiete u. a. übertragen lässt, um dadurch umweltbezogene Fragen und Aufgabenstellungen besser handhaben zu können (siehe z. B. [15, 16]). ML-Verfahren können hierbei verschiedene Aufgaben erfüllen, z. B. bei der Datenerfassung, aber auch für Prognoseaufgaben u. a. m.

Im Vorhaben Simplex4Data wurden bereits Schritte unternommen – und dies wird auch fortgesetzt – um möglichst viele ML-Anwendungsfälle in der Umweltverwaltung zu finden, zu beschreiben, zu systematisieren und zu strukturieren. Die Ergebnisse werden zu gegebener Zeit noch veröffentlicht.

4.2 Simplex4Data

Wie oben bereits angesprochen, stützt sich die Simplex4Learning-Architektur auf ein Data-Warehouse, das gezielt für den Umgang mit Umweltdaten konzipiert wurde. In diesem Data-Warehouse sollen die Umweltdaten in harmonisierter Form zusammengeführt und mit standardisierten Diensten zugreifbar gemacht werden. Hier kommen die Methoden und Technologien der Simplex4Data GmbH zum Einsatz, auf die wir im vorliegenden Beitrag nicht vertieft eingehen, weil die zugrunde liegenden Ideen und Werkzeuge zur Datenmodellierung und -integration auf langjährigen Vorarbeiten beruhen, die gut dokumentiert sind. Wir verweisen hier beispielsweise auf [17–20].

Im Rahmen der Simplex4Learning-Architektur wird hier mit der **Simplex4Data-Plattform** eine einheitliche, harmonisierte Fachdatenstruktur mit flexiblen Datenschnittstellen für die ML-Operationen aufgebaut. Im Rahmen des Simplex4Data-Projekts werden dann nicht nur umfangreiche Datenbestände der assoziierten Partner als Input für die ML-Verfahren beispielhaft integriert. Die unterliegende Softwareplattform mit ihren Import- und Zugriffsschnittstellen muss auch um vorhabenspezifische Datentypen erweitert werden, insbesondere für das effiziente Messdatenmanagement aus der Umweltsensorik. Eventuell müssen auch noch spezielle Mechanismen zum Umgang mit Fernerkundungsdaten realisiert werden.

4.3 Disy Cadenza

Disy Cadenza ist eine Datenmanagement und -analyse-Plattform, mit deren Hilfe man aus vielfältigen (Geo-)Datenbanken, (Geo-)Datendiensten oder (Geo-)Dateien ein (virtuelles oder persistentes) (Geo-)Data Warehouse aufsetzen kann, auf einem harmonisierten Datenmodell die feinkörnige Definition von Rollen und Rechten ermöglicht und einfach bedienbare Möglichkeiten hat, um web-basiert Dashboards und Anwendungen zur Visualisierung, Analyse und zum Reporting von Sach- und Geodaten zu erstellen [21]. Zusätzliche GIS-Operationen und die Möglichkeit zur tiefen Integration von räumlichen und nicht-räumlichen Datenverarbeitungsfunktionen machen das Werkzeug zu einer Plattform für „Business & Location Intelligence". Cadenza ist bei zahlreichen deutschen Umweltbehörden im Einsatz und stellt daher das Bindeglied zwischen den in den Behörden bereits etablierten Geodateninfrastrukturen und den Erweiterungen durch das Simplex4Learning-Vorhaben dar.

In der Simplex4Learning-Architektur soll Cadenza insbesondere die Benutzungsschnittstelle für weniger ML-erfahrene Anwender:innen darstellen, aus der man Daten und Inhalte des ML-Repository selektieren kann, um ein ML-Modell bzw. einen ML-Workflow anzustoßen, die Ergebnisse darzustellen und durch einfache XAI-Methoden besser zu verstehen.

4.4 Automated Machine Learning (AutoML)

Unter Automatisiertem Maschinellem Lernen (Automated Machine Learning, **AutoML**) werden Methoden zur Automatisierung der Anwendung von Maschinellem Lernen auf reale Probleme verstanden. Es gibt umfangreiche Veröffentlichungen, in denen versucht wird, verschiedene Schritte des ML-Prozesses zu automatisieren [22–33]. Gerade eher mechanische Arbeitsschritte, die mit viel Trial-and-Error verbunden sind, lassen sich gut automatisieren, so zum Beispiel *Feature Inference* (Merkmalsextraktion aus Datensätzen), *Feature Validation* (Dimensionsreduktion oder auch Identifizieren eines möglichen Bias bei einem gewissen Merkmal), *Model Selection* (Auswahl des geeignetsten Modells) oder *Hyperparameter Optimization* (Tuning der Modellparameter für den Lernprozess, insbesondere beim Deep Learning). Auch bei der Datenvorverarbeitung sind Automatisierungen möglich, zum Beispiel beim Umgang mit Nullwerten oder Ausreißern oder bei der verfahrensspezifischen Skalentransformation u.ä. Insgesamt soll das AutoML die manuellen Aufwände im Lernprozess reduzieren und die Genauigkeit der erzeugten Modelle erhöhen.

In der Simplex4Learning-Lösung sollen AutoML-Verfahren eingesetzt werden, um solche Prozessunterstützung zu geben und damit sowohl den zeitlichen Aufwand als auch das erforderliche Ausmaß an Werkzeugwissen bei Anwender:innen zu reduzieren. Wir sehen die AutoML-Werkzeuge primär bei den Nutzenden mit der Rolle Data Scientist, die Modelle trainieren, um sie dann im ML-Repository zu veröffentlichen. Die erforderlichen Daten und Aufgabenspezifikationen müssen dann von den Fachanwender:innen aus dem Cadenza-Cockpit übergeben werden. Die Kommunikation zwischen Data Scientists, Domänenexperten und den entsprechenden Tools ist noch zu klären.

4.5 Machine Learning Operations (MLOps)

Teil der Simplex4Learning-Aufgabe wird es also sein, ganze oder partielle ML-Trainings- und Ausführungsprozesse zu dokumentieren, abzuspeichern, wiederzufinden und mit möglichst wenig Aufwand skalierbar anzuwenden, in der Organisation auszuspielen bzw. auch neu zu parametrieren. Mit dieser umfangreichen Zielsetzung bewegt man sich in den Bereich des Lifecyle-Managements von ML-Modellen, was Gegenstand des Gebietes **Machine Learning Operations (MLOps)** [34–38] ist. Dieses Feld ist noch recht jung und nicht ganz trennscharf definiert, umfasst aber mit dem Management und Deployment von ML-Modellen und ganzen ML-Workflows wesentliche Themen, die auch in Simplex4Learning bearbeitet werden müssen. Abb. 3 von Kreuzberger et al. [34] zeigt eine recht vollständige Sicht auf den MLOps-Kosmos, der insbesondere auch den AutoML-Teil umschließt.

Nach ml-ops.org umfasst das Thema MLOps die folgenden Aufgabenbereiche: (a) Data Engineering, (b) Version Control of Data, (c) ML Models and Code, (d) Continuous Integration and Continuous Delivery Pipelines, (e) Automating Deployments and Experiments, (f) Model Performance Assessment sowie (g) Model Monitoring in Production. Henrik Skogström hat eine Template-Darstellung für einen MLOps-Technologiestack gestaltet [38]. Grundsätzlich ist MLOps also eine Obermenge von AutoML, die bei vielen Autoren aber auch organisatorische Aspekte umfasst, nicht nur technologische.

[39] gibt eine Übersicht vieler aktueller MLOps-Lösungen, wie Algorithmia von DataRobot (Schwerpunkt auf Verwaltung, Ausrollen und skalierender Nutzung von

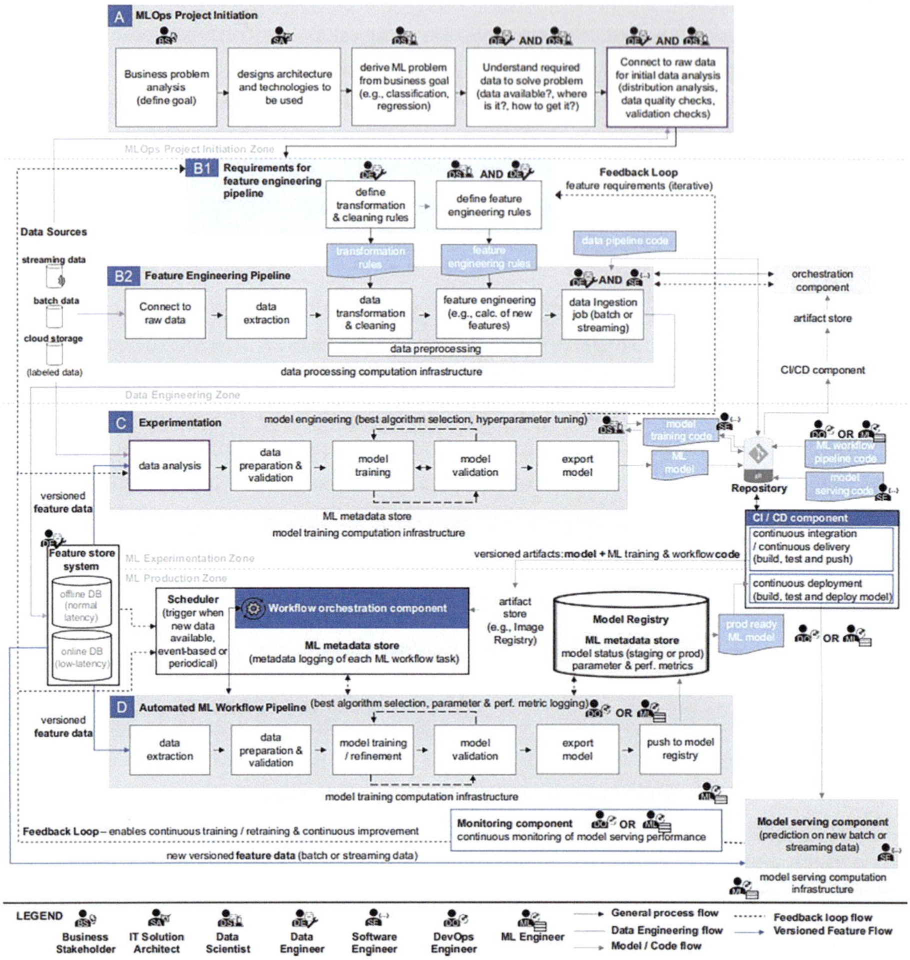

Abb. 3. End-to-end MLOps Architektur und Workflow. (Vgl. Kreuzberger et al. [34])

ML-Modellen inklusive Modell-Versionierung, Pipelining und verschlagworteter Modell-Bibliothek; weniger Fokus auf den frühen Phasen der Modellentwicklung), SageMaker von Amazon (vollintegrierte Umgebung für Machine und Deep Learning), Azure Machine Learning für die Microsoft Azure Cloud-Plattform, die Domino Data-Science-Plattform (automatisierte DevOps Funktionen für Data Science Aufgaben, standardmäßig mit AWS verknüpft), HPE Ezmeral ML Ops von Hewlett Packard (für durchgängigen Cloud-basierten ML-Lifeycycle Support, von der Experimentierphase bis zum Deployment, *on premise* und auf den gängigen Public Clouds), Metaflow (Open-Source Python-basiertes

Workflow-System für das ML-Lifecycle Management [40]), MLflow (Open-source ML-Lifecycle Management Plattform mit Model Repository [41]), Seldon Core (Open-source Plattform mit der Möglichkeit, ML-Modelle auf Kubernetes auszurollen) sowie Seldon Deploy (skalierbares Ausrollen in der Cloud und On-Premise für vielfältige Programmiersprachen und Frameworks Modelle) und Seldon Alibi (Open-Source Python-Bibliothek, für Black-Box Machine Learning, Modell-Inspektionen und -Interpretationen), Google's Cloud-AI-Plattform Vertex AI (Funktionen und Workflows für Data Engineering, AutoML und MLOps sowie Verfahren für unstrukturierte Datenquellen), ClearML (Python-basierte Open-Source Plattform für skalierbare und reproduzierbare Data Science Prozesse [42]).

In der Simplex4Learning-Architektur muss noch entschieden werden, ob man sich technisch auf eine vollständige MLOps-Lösung abstützen kann oder ob man einen pragmatischen eigenen Ansatz durch Zusammenführen verschiedener Komponenten mit eigenen Komponenten wählt.

4.6 Erklärbares Maschinelles Lernen

Unter dem Begriff **Explainable AI** bzw. **Explainable ML** oder auch **Interpretable ML** [43–46] befassen sich seit den 2000er Jahren viele Arbeiten mit Frage, wie man Black-Box-Machine-Learning-Verfahren auf Basis Neuronaler Netze symbolisch für menschliche Anwender:innen verständlich macht. Mit zunehmender Verbreitung von ML-Anwendungen auf der unterschiedlichsten technologischen Basis (auch symbolische Lernverfahren) und auch anderer KI-Methoden (wie Large Language Models) wird der Begriff ausgeweitet und adressiert inzwischen auch umfassendere Fragestellungen im Bereich der Erklärungsgenerierung und Transparenz von KI-Anwendungen – was übrigens im Bereich der wissensbasierten Systeme auch schon seit den 1980er Jahren ein etabliertes Forschungsgebiet ist.

Um das Vorhaben Simplex4Learning noch handhabbar zu belassen, fokussieren wir uns daher auf wenige spezifische Fragestellungen und konkrete Lösungsansätze aus diesem Bereich. Speziell zwei technische Ansätze sind im Bereich Explainable ML sehr weit verbreitet. LIME *(Local Interpretable Model-Agnostic Explanations)* ist eine Technik, die jedes Black-Box-Modell des maschinellen Lernens durch ein lokales, interpretierbares Modell ersetzt, um jede einzelne Vorhersage zu erklären [44]. SHAP *(Shapley Additive exPlanations)* ist ein spieltheoretischer Ansatz zur Erklärung des Outputs eines ML-Modells [45]. Dieser Ansatz verbindet die optimale Verteilung mit lokalen Erklärungen unter Verwendung der Shapley-Werte aus der Spieltheorie. Die SHAP-Methode wurde in das ExplainerDashboard [47] integriert und steht damit als „Ready-To-Use"-Anwendung zur Verfügung. In der Simplex4Learning-Lösung sollen solche Ansätze über die Cadenza-GUI den Anwender:innen im konkreten Aufgabenkontext nutzbar gemacht werden.

5 Anwendungsfragestellungen aus der Umweltverwaltung

Als Teil der Aufgabe im Vorhaben Simplex4Learning wird es verstanden, im Bereich Maschinelles Lernen für die Umweltverwaltung den Stand von Wissenschaft und Praxis aufzuarbeiten, möglichst umfassend und konkret Anforderungen aus der Praxis zu erheben und geeignete Anwendungsziele zu identifizieren. Ausgewählte Anwendungszielsetzungen, also konkrete ML-Probleme aus der Umweltverwaltung, sollen im Projekt beispielhaft bearbeitet werden.

Als wichtiger Schritt in diese Richtung wurden mehrere Workshops mit den assoziierten Partnern durchgeführt, inklusive einer Bestandserhebung verfügbarer Datenbestände. Für die Anwender-Workshops wurde eine themenspezifische Vorgehensweise auf der Basis von Brainwriting entwickelt und mit den assoziierten Partnern zusammen umgesetzt. Diese methodische Vorgehensweise ist in [48] detailliert beschrieben. Eine erste oberflächliche Zusammenfassung der erzeugten Anwendungsideen aus den ersten Workshops mit Anwender:innen, zeigte bereits verschiedene Cluster häufiger wiederkehrender Aufgabenstellungen:

- **Große Sprachmodelle** (Large Language Models) haben inzwischen in der allgemeinen Wahrnehmung bereits solche Bedeutung erlangt, dass Anwender:innen sofort mehrere mögliche Use Cases aus ihrem Arbeitsbereich einfallen, von der automatischen Generierung natürlichsprachlicher Beschreibungen von Grafiken und Kartendarstellungen im Sinne der Barrierefreiheit, über die Erzeugung einfacher Sprache aus Fachtexten bis hin zu einfachen Zusammenfassungen großer Antwortmengen oder Dokumentbestände bei Retrievalanfragen an UIS.
- Klassische Aufgaben der **Bilderkennung,** also der Identifikation semantischer Entitäten aus Luftbildern, Satelliten- oder Drohnen-Fernerkundungsdaten, könnte ebenfalls an vielen Stellen bestehende Arbeitsabläufe vereinfachen, beschleunigen oder günstiger machen sowie Informationslagen verdichten. Hier wurden Beispiele aus der Erkennung von Bauwerken oder Infrastrukturelementen genannt (z. B. als Input für die Betrachtung von Umgebungslärm), aus der Verkehrsstromanalyse (z. B. als Input für die Analyse der Luftqualität), bis zu sehr speziellen und auch kleinräumigen Anwendungen wie dem Erkennen einzelner Baumarten in Forstbeständen oder von Mikroorganismen im Wasser in Mikro-Fotografien. Ein bekannter kritischer Punkt ist hier häufig die Verfügbarkeit ausreichender Mengen von Trainingsdaten.
- Die **intelligente Sensordatenanalyse,** namentlich in Form der **Anomalieerkennung** auf Zeitreihen, kann in verschiedensten fachlichen Domänen Anwendung finden, insbesondere bei Luft- oder Wasserqualitätsdaten. Hier sind Ausreißer zunächst zu identifizieren, idealerweise auch vermutliche Ursachen zu finden (z. B. akuter Sensordefekt oder langsamer Sensorqualitätsabfall). Neben der Anomalieerkennung wären dann Prognosen (Trenderkennung) oder Frühwarnung (kurz-/mittelfristige Wertevorhersage,

z. B. bei Hochwasser) sinnvolle Fortführungen. Auch die Messnetzoptimierung taucht im Gespräch mit Umweltbehörden wiederholt als Fragestellung auf.
- **Ausbreitungsanalysen,** insbesondere für invasive Tier- oder Pflanzenarten, aber auch von Tier- oder Pflanzen-Schädlingen oder -Krankheiten, sind eine Thematik, die zunehmend an Bedeutung gewinnt. Solche Fragen sind gerade in der Forstwirtschaft angesichts der durch den Klimawandel bedingten Stressfaktoren für den Wald von großer Bedeutung.
- **Korrelations-** und im besten Fall auch **Kausalitätsanalysen** (beschreibende Mustererkennung mit erklärenden Analysen) des Auftretens bestimmter Phänomene und insbesondere von Umweltzuständen aus möglichen Umweltbelastungen stehen ebenfalls zentral im Aufgabenbereich aller mit Umweltthemen befassten Behörden. Hierzu zählt beispielsweise die Bewertung der Wirkung von Maßnahmen oder die Verursacheranalyse bei Vorfällen (wie Verunreinigungen von Gewässern), aber auch der Zusammenhang von Boden, Klima/Wetter usw. auf den Waldzustand.

Diese Zusammenfassung beschreibt Cluster häufig wiederkehrender und von den Anwendungspartnern mit großer Bedeutung versehener Aufgabenstellungen, die im Einzelfall noch konkretisiert werden müssen. Im weiteren Vorhabenverlauf werden einige dieser Frage- bzw. Aufgabenstellungen exemplarisch für konkrete Instanziierungen mit ML-Methoden bearbeitet, um anhand dieser Arbeiten parallel die Simplex4Learning-Werkzeugpalette zu gestalten und zu erproben. Aber auch die Sammlung der generischen Themen und passender Lösungsansätze verspricht einen eigenen Mehrwert für die Anwendenden. Zum aktuellen Zeitpunkt wurden aus den obigen Clustern verschiedene konkrete Aufgabenstellungen für die weitere Bearbeitung ausgewählt und mithilfe eines Machine-Learning-Use-Case-Canvas [48, 49] detaillierter ausformuliert. Die Datenerhebung für die ausgewählten Anwendungsfälle ist bereits in Arbeit. Die nächsten ML-Schritte folgen dann.

6 Werkzeugauswahl

Ein Überblick zu weitverbreiteten AutoML-Frameworks und eine initiale Bewertung ihrer Eignung für die betrachteten Zwecke wurde bereits vorgenommen. Die AutoML-Tools Autokeras, Auto-Pytorch, H2O, AutoML, NNI, PyCaret, EvalML, MLJAR, FLAML und AutoGluon sowie die MLOps-Tools Mlflow, TensorFlow Extended, ClearML und Kubeflow wurden untersucht. Bewertungs- bzw. Vergleichskriterien waren (a) Python Support/R Support, (b) Open-Source/kommerziell, (c) On Premise Nutzung, (d) GPU-Support, € verfügbare ML-Verfahren, (f) flexible Datenbanken, (g) Kubernetes-Support/Docker-Support, (h) Geodaten-Support (Raster, Vektor), (i) Bedienbarkeit, (j) Erweiterbarkeit, (k) Zugriffsrechte/Keycloak, (j) Monitoring, (k) Dokumentation, (l) Community und (m) die Bewertung durch Dritte (Github).

Die Untersuchung wurde überwiegend als Desk Research auf Basis frei verfügbarer Informationen durchgeführt. Einige Frameworks wurden testweise experimentell eingesetzt. Einzelne Bewertungen unterliegen naturgemäß einer gewissen Subjektivität und sind bei einer sich schnell entwickelnden Technologie auch immer nur eine Momentaufnahme.

Außerdem kann die Gewichtung der Bewertungskriterien für unterschiedliche Zwecke und Kontexte unterschiedlich ausfallen. So wurde für das vorliegende Forschungsprojekt mit dem Ziel einer einfachen späteren Verwertung durch die Simplex4Learning-KMU-Partner besonderer Wert auf Open Source-Lösungen mit verwertungsfreundlichen Lizenzen gelegt. Für eine innerbetriebliche Nutzung durch einen Akteur, der gewisse kommerzielle Frameworks bereits im Einsatz hat, könnten sich hier auch ganz andere Präferenzen ergeben.

Mit den im Simplex4Learning-Projekt gewählten Bewertungskriterien und -gewichtungen ergab sich zum Untersuchungszeitpunkt, dass (1) MLflow, (2) Kubeflow und (3) ClearML zu präferierende MLOps-Lösungen für das Vorhaben sind. Ferner wurde (1) NNI als hervorragendes AutoML-Framework sowie (2a) Autokeras bei der Nutzung von Deep Learning Tools bzw. (2b) PyCaret bei der Nutzung symbolischer ML-Algorithmen als empfehlenswert eingeschätzt. Als zu präferierende Gesamtlösung für das Vorhaben bot sich hieraus die Kombination von MLflow mit Autokeras und PyCaret an, mit der voraussichtlich die weiteren experimentellen Umsetzungen erfolgen werden.

Als Nebenbemerkung sei erwähnt, dass bei den ersten Experimenten mit Testdaten die untersuchten Frameworks für die IT-Fachleute im Projekt, die aber zuvor noch keine Erfahrungen mit AutoML gemacht hatten, zum Teil sehr gut bedienbar waren und tatsächlich erhebliche Arbeitserleichterungen für den ML-Prozess liefern konnten.

7 Zusammenfassung und Diskussion

Wir haben die Motivation und die zentrale Zielsetzung sowie den groben Lösungsansatz im Forschungsvorhaben Simplex4Learning beschrieben. Grundsätzlich geht es um die Konzeption, prototypische Entwicklung und intensive Demonstration und Erprobung einer „fachanwendertauglichen" Machine Learning-Plattform für Umweltdaten. Diese entsteht durch aufgabenspezifische Kombination und Zusammenführung von Ansätzen aus der Datenintegration/-harmonisierung, dem automatisierten Maschinellen Lernen und der erklärbaren KI. Die zu entwickelnde Plattform soll das Verständnis bereits existierender Datenbestände verbessern, eine effiziente, flexible und kostengünstige Analyse ermöglichen und somit die Potenziale des ML für die Verwaltung besser ausschöpfen. Die Einbindung in bestehende, in der Verwaltung verbreitete, Werkzeuge soll den Praxiseinsatz fördern. Bei der Gesamtarchitektur sollen auch organisatorische und institutionelle Aspekte berücksichtigt werden, die sich in der Frage widerspiegeln, welche Nutzerrollen mit welchem Tooling welche Aufgaben bearbeiten können/sollen. Im weitesten Sinne lässt sich die vorliegende Arbeit als pragmatischer, beispielgetriebener Beitrag in Richtung eines *Human Guided Machine Learning* verstehen [50].

Zum aktuellen Zeitpunkt wurden umfangreiche Anforderungserhebungen mit den drei assoziierten Partnern durchgeführt [48], initiale Tool-Bewertungen und Experimente zu AutoML und MLOps durchgeführt und eine erste Softwarearchitektur entworfen. Für disy Cadenza soll die neue Analytics-Schnittstelle zur Verwendung externer Advanced-Analytics-Algorithmen genutzt bzw. (weiter-)entwickelt werden. Simplex4Data wird bereits für den effizienten Umgang mit großen Zeitreihendaten ertüchtigt. Eine laufende Umfrage bei verschiedenen weiteren Behörden in Deutschland und Österreich im Rahmen einer studentischen Abschlussarbeit soll die Status-Quo-Erhebung und Anforderungsanalyse vervollständigen.

Danksagung Das Verbundprojekt Simplex4Learning („Intelligente Umweltdatenanalyse durch automatisiertes maschinelles Lernen für Fachanwender“) wird vom Bundesministerium für Bildung und Forschung (BMBF) im Rahmen der Fördermaßnahme „KMU-innovativ IKT“ unter den Förderkennzeichen 01IS23041A-C finanziell unterstützt. Das Projekt wird gemeinsam durchgeführt von der disy Informationssysteme GmbH in Karlsruhe, der simplex4data GmbH in Dresden und der Hochschule für Technik und Wirtschaft Berlin (HTW Berlin). Das Projekt wird ebenfalls unterstützt von den assoziierten Projektpartnern, dem Landesamt für Natur-, Umwelt- und Verbraucherschutz Nordrhein-Westfalen (LANUV), der Landesanstalt für Umwelt Baden-Württemberg (LUBW) und dem Landesbetrieb Forst Brandenburg (LFB). Die initiale Untersuchung und Bewertung existierender AutoML- und MLOps-Tools wurde von Herrn Gerrit Tombrink (https://geolinked.de/) im Rahmen einer freien Mitarbeit erstellt.

Literatur

1. Wunsch, A., Liesch, T., & Goldscheider, N. (2024). Towards Understanding the Influence of Seasons on Low-Groundwater Periods Based on Explainable Machine Learning. *Hydrology and Earth System Sciences,* 28(9), 2167–2178. https://doi.org/10.5194/hess-28-2167-2024.
2. Karimanzira, D., Weis, J., Wunsch, A., Ritzau, L., Liesch, T., & Ohmer, M. (2023). Application of Machine Learning and Deep Neural Networks for Spatial Prediction of Groundwater Nitrate Concentration to Improve Land Use Management Practices. *Frontiers in Water,* 5. https://doi.org/10.3389/frwa.2023.1193142.
3. Wagner, M., Fernandes, A., & Nüske, G. (2021). Online-Überwachung von Chlor und Chlordioxid mittels optischer Spektroskopie. In A. Abecker, J. Bruns, & S. Naumann (Hrsg.), INFORMATIK 2020, *1. Workshop Künstliche Intelligenz in der Umweltinformatik (KIU-2020),* (S. 1081–1093). Bonn: Gesellschaft für Informatik.
4. Behrens, G., Marten, D., Koch, L., & Gaj, M. (2025). Prognose von Pegelständen mit Methoden des Maschinellen Lernens und frei verfügbaren Daten. In F. Fuchs-Kittowski, A. Abecker, F. Hosenfeld, A. Reineke, M. Möller (Hrsg.), *Umweltinformationssyste–e – Digitalisierung für eine nachhaltige Planetare Zukunft (UIS 2024).* Wiesbaden: Springer Vieweg. In diesem Band.

5. Tremper, P., Riedel, T., & Budde, M. (2021). Spatial Interpolation of Air Quality Data with Multidimensional Gaussian Processes. In A. Abecker, J. Bruns, & S. Naumann (Hrsg.), *INFORMATIK 2021, 2. Workshop Künstliche Intelligenz in der Umweltinformatik (KIU-2021),* (S. 269–286). Bonn: Gesellschaft für Informatik.
6. Sokhi, R. et al (2022). Advances in Air Quality Research – Current and Emerging Challenges. *Atmospheric Chemistry and Physics,* 22(7), 4615–4703, European Geosciences Union (EGU). https://doi.org/10.5194/acp-22-4615-2022.
7. Galle, C. (2024). Aktuelle Ansätze zum Einsatz von Verfahren der automatisierten Bilderkennung mittels maschinellen Lernens im Bereich der Umweltforschung. In A. Abecker, G. Behrens, S. Naumann, & M. Willenbacher (Hrsg.), INFORMATIK 2024, *5. Workshop Künstliche Intelligenz in der Umweltinformatik (KIU-2024), (S.* 269–286). Bonn: Gesellschaft für Informatik.
8. Nowak, F., Kohlus, J., Böhm, H., Platzer, M., & Reis, I. (2023). Entwicklung von KI-Methoden zur Berechnung der Bedeckung des Meeresbodens mit Seegras. In F. Fuchs-Kittowski, A. Abecker, F. Hosenfeld, H. Ortleb, & M. Klafft (Hrsg.), *Umweltinformationssysteme – Vielfalt, Offenheit, Komplexität (UIS 2022),* (S. 15–29). Wiesbaden: Springer Vieweg. https://doi.org/10.1007/978-3-658-39796-8_2.
9. Breyer, G., Schückel, U., Martinez Arbizu, P., Ricklefs, K., & Pesch, R. (2023). Prädiktive Modellierung des Bäumchenröhrenwurms im Schleswig-Holsteinischen Wattenmeer auf Basis von einem Faltungsnetz und Seitensichtsonar-Mosaiken. In F. Fuchs-Kittowski, A. Abecker, F. Hosenfeld, H. Ortleb, & M. Klafft (Hrsg.), *Umweltinformationssysteme – Vielfalt, Offenheit, Komplexität (UIS 2022),* (S. 131–147). Wiesbaden: Springer Vieweg. https://doi.org/10.1007/978-3-658-39796-8_9.
10. Hahne, L. et al. (Hrsg.) (2022*). mFund Verbundprojekt: Neue Geodaten zur Verbesserung des Wassermanagements tidebeeinflusster Küstenbereiche (GeoWAM): Schlussbericht.* https://doi.org/10.2314/KXP:1880080079.
11. Seegert, T., Schulze, P.G., & Fuchs-Kittowski, F. (2024). Maschinelle Bilderkennung von Phänophasen bei Pflanzen. In A. Abecker, G. Behrens, S. Naumann, & M. Willenbacher (Hrsg.), *5. Workshop Künstliche Intelligenz in der Umweltinformatik (KIU-2024).* Bonn: Gesellschaft für Informatik.
12. Budde, M., Hilbring, D., Vogl, J., Dittmar, D., & Abecker, A. (2024). NiMo 4.0 – Enabling Advanced Data Analytics with AI for Environmental Governance in the Water Domain. *at – Automatisierungstechnik,* 72(6), 564–578. Berlin, Boston: Walter de Gruyter.
13. Gotsch, M. et al. (2022). *Der Beitrag von Big Data, KI und digitalen Plattformen auf dem Weg zu einer Green Econo–y – Einsatzbereiche und Transformationspotenziale.* UBA-Texte 85/2022. Dessau-Roßlau: Umweltbundesamt.
14. Klein, S. (2021). *Datenbasierte Anwendungsszenarien im grünen Sektor und im Umweltschutz.* Potsdam: DigitalAgentur Brandenburg (DABB).
15. Klüner, A., Manss, C., Schneider, J., & Zielinski, O. (2022). Maschinelle Lernverfahren zur Verarbeitung von Satellitendaten als Grundlage eines digitalen Zwillings der Nordsee. In: F. Fuchs-Kittowski, A. Abecker, F. Hosenfeld, H. Ortleb, & M. Klafft (Hrsg), *Umweltinformationssysteme – Vielfalt, Offenheit, Komplexität (UIS 2022),* (S. 3–14). Wiesbaden: Springer Vieweg. https://doi.org/10.1007/978-3-658-39796-8_1.

16. Zenner, C., Rudolf, H., Jeschek, J. (2024). Umweltdatenmanagement mit dem Twin Information System (TwIS) als Digitaler Zwilling des Ökosystems. In F. Fuchs-Kittowski, A. Abecker, F. Hosenfeld, A. Reineke, M. Möller (Hrsg.), *Umweltinformationssyste–e – Digitalisierung für eine nachhaltige Planetare Zukunft (UIS 2024).* Wiesbaden: Springer Vieweg. In diesem Band.
17. Rudolf, H. (2018). *Umweltdatenmanagement: Eine Geo-Inspiration.* Karlsruhe: Bernhard Harzer Verlag.
18. Großmann, J. (2022). envVisio Service – ein universeller Dienst für Umweltdaten. In: F. Fuchs-Kittowski, F., A. Abecker, & F. Hosenfeld (Hrsg.), *Umweltinformationssysteme – Wie trägt die Digitalisierung zur Nachhaltigkeit bei? (UIS 2021),* (S. 67–79). Wiesbaden: Springer Vieweg. https://doi.org/10.1007/978-3-658-35685-9_5.
19. Großmann, J., & Rudolf, H. (2024). Fachsysteme, Schemaevolution, Datenharmonisieru–g – Perspektiven für ein neuartiges und effektives Datenmanagement. In: F. Fuchs-Kittowski, A. Abecker, F. Hosenfeld, A. Reineke, & C. Jolk (Hrsg.), *Umweltinformationssysteme – Digitalisierung im Zeichen des Klimawandels und der Energiewende (UIS 2023),* (S. 263–278). Wiesbaden: Springer Vieweg. https://doi.org/10.1007/978-3-658-43735-0_18.
20. Rudolf, H. (2021). Umweltdaten-Intellige–z – envVisio mit neuen Ansätzen im Umweltdatenmanagement: modelltheoretisch hergeleitet, fachlich ausgearbeitet, praktisch umgesetzt. In U. Freitag, F. Fuchs-Kittowski, A. Abecker, F. Hosenfeld (Hrsg.), *Umweltinformationssysteme – Wie verändert die Digitalisierung unsere Gesellschaft? (UIS 2020),* (S. 29–49). Wiesbaden: Springer Vieweg. https://doi.org/10.1007/978-3-658-30889-6_3.
21. Disy Informationssysteme GmbH (2024). *Software für Datenanalyse, Business & Location Intelligence.* https://www.disy.net/de/produkte/cadenza/datenanalyse-software/.
22. Hutter, F., Kotthoff, L., & Vanschoren, J. (Hrsg.) (2019). *Automated Machine Learning: Methods, Systems, Challenges.* The Springer Series on Challenges in Machine Learning. Springer Nature.
23. Bie, T. de et al. (2022). Automating Data Science. *Communications of the ACM,* 65(3), 76–87. https://doi.org/10.1145/3495256.
24. Bizety Staff (2020): *Open Source AutoML Tools: AutoGluon, TransmogrifAI, Auto-sklearn, and NNI.* https://www.bizety.com/2020/06/16/open-source-automl-tools-autogluon-transmogrifai-auto-sklearn-and-nni/.
25. Ferreira, L., Pilastri, A., Martins, C.M., Pires, P.M., & Cortez, P. (2021). A Comparison of AutoML Tools for Machine Learning, Deep Learning and XGBoost. *2021 International Joint Conference on Neural Networks (IJCNN),* (S. 1–8). IEEE. https://doi.org/10.1109/IJCNN52387.2021.9534091.
26. Feurer, M., Klein, A., Eggensperger, K., Springenberg, J., Blum, M., & Hutter, F. (2015). Efficient and Robust Automated Machine Learning. *Advances in Neural Information Processing Systems,* 28, 2962–2970. http://papers.nips.cc/paper/5872-efficient-and-robust-automated-machine-learning.pdf.
27. He, X., Zhao, K., & Chu, X. (2021). AutoML: A Survey of the State-of-the-Art. *Knowledge-Based Systems,* 212, Artikel 106622. https://doi.org/10.1016/j.knosys.2020.106622.
28. Barbudo, R., Ventura, S., & Romero, J.R. (2023). Eight years of AutoML: Categorisation, Review and Trends. *Knowledge and Information Systems,* 65, 5097–5149. https://doi.org/10.1007/s10115-023-01935-1.
29. Katz, G., Shin, E.C.R., & Song, D. (2016). Explorekit: Automatic Feature Generation and Selection. *Proceedings of the 2016 IEEE 16th International Conference on Data Mining (ICDM'16),* (S. 979–984). IEEE. https://doi.ieeecomputersociety.org/10.1109/ICDM.2016.0123.

30. Kaul, A., Maheshwary, S., & Pudi, V. (2017). AutoLea–n – Automated Feature Generation and Selection. *Proceedings of the 2017 IEEE International Conference on Data Mining (ICDM'17)*, (S. 217–226). IEEE. https://doi.org/10.1109/ICDM.2017.31.
31. Kanter, J.M., & Veeramachaneni, K. (2015). Deep Feature Synthesis: Towards Automating Data Science Endeavors. *Proceedings of the IEEE International Conference on Data Science and Advanced Analytics (DSAA'15)*, (S. 1–10). IEEE. https://doi.org/10.1109/DSAA.2015.7344858.
32. Kotthoff, L. et al. (2017). Auto-WEKA 2.0: Automatic Model Selection and Hyperparameter Optimization in WEKA. *Journal of Machine Learning Research,* 18(1), 826–830. https://dl.acm.org/doi/10.5555/3122009.3122034.
33. Karmaker, S.K., Hassan, M.M., Smith, M.J., Xu, L., Zhai, C., & Veeramachaneni, K. (2021). AutoML to Date and Beyond: Challenges and Opportunities. *ACM Computing Surveys,* 54(8), Art. 175, 1–36. https://doi.org/10.1145/3470918.
34. Kreuzberger, D., Kühl, N., & Hirschl, S. (2023) Machine Learning Operations (MLOps): Overview, Definition, and Architecture. *IEEE Access*, 11, 31866-31879. https://doi.org/10.1109/ACCESS.2023.3262138.
35. Datasolut GmbH. (2024). *Was ist ML-Ops? (Machine Learning Operations).* https://datasolut.com/wiki/was-ist-mlops/.
36. Sculley, D., Holt, G., Golovin, D., Davydov, E., Phillips, T., Ebner, D., Chaudhary, V., Young, M., Crespo, J.-F., & Dennison, D. (2015). Hidden Technical Debt in Machine Learning Systems. *Proceedings of the 28th International Conference on Neural Information Processing Syste–s – Volume 2 (NIPS'15)*, (S. 2503–2511). https://dl.acm.org/doi/10.5555/2969442.2969519.
37. AI Business Newsletter (2024). *Why MLOps (and not just ML) Is Your Business' New Competitive Frontier*. https://aibusiness.com/verticals/why-mlops-and-not-just-ml-is-your-business-new-competitive-frontier.
38. Skogström, H. (2024). *The MLOps Stack.* henrikskogstrom.medium.com/the-mlops-stack-31db61ea1c5b.
39. Heller, M. (2020). *MLops-Plattformen im Überblick.* Computerwoche, Blog, 09/2020. https://www.computerwoche.de/a/mlops-plattformen-im-ueberblick,3549851.
40. Metaflow (2024*). Metaflow: A Framework for Real-life ML, AI, and Data Science.* https://metaflow.org/.
41. Mlflow Project (2024). *ML and GenAI made simple.* https://mlflow.org/.
42. Allegro AI (2024). *The End-to-End Platform for AI Builders.* https://clear.ml.
43. Molnar, C. (2022). *Interpretable Machine Learning: A Guide For Making Black Box Models Explainable* (2. Aufl.). https://christophmolnar.com/books/interpretable-machine-learning/.
44. Ribeiro, M.T., Singh, S., & Guestrin, C. (2016). Why Should I Trust You? Explaining the Predictions of Any Classifier. *Proceedings of the 22nd ACM SIGKDD International Conference on Knowledge Discovery and Data Mining (KDD'16)*, (S. 1135–1144). https://doi.org/10.1145/2939672.2939778.
45. Lundberg, S.M., & Lee, S.I. (2017). A Unified Approach to Interpreting Model Predictions. *Proceedings of the Advances in Neural Information Processing Systems (NIPS'17),* (S. 4768–4777). https://dl.acm.org/doi/10.5555/3295222.3295230.
46. Marcinkevičs, R., & Vogt, J. E. (2023). Interpretable and explainable machine learning: A methods-centric overview with concrete examples. *WIREs Data Mining and Knowledge Discovery,* 13(3), Artikel e1493. https://doi.org/10.1002/widm.1493.
47. Dijk, O. (2024). *Explainer Dashboard.* https://github.com/oegedijk/explainerdashboard.

48. Fuchs-Kittowski, F., Schulze, P., Abecker, A., Lachowitzer, J., Lossow, S., Rudolf, H., & Rodner, E. (2024). Eine Methode für die Potenzialanalyse zur Identifikation von Anwendungsszenarien für Maschinelles Lernen – Fallstudie in einem Landesumweltamt. In A. Abecker, G. Behrens, S. Naumann, & M. Willenbacher (Hrsg.), INFORMATIK 2024, *5. Workshop Künstliche Intelligenz in der Umweltinformatik (KIU-2024),* (S. 269–286). Bonn: Gesellschaft für Informatik.
49. Dorard, L (2016). *From Data to AI with the Machine Learning Canvas (Part I): A framework to connect the dots between data collection, machine learning, and value creation.* https://medium.com/louis-dorard/from-data-to-ai-with-the-machine-learning-canvas-part-i-d171b867b047.
50. Gil, Y., Honaker, J., Gupta, S., Ma, Y., D'Orazio, V., Garijo, D., Gadewar, S.P., Yang, Q., & Jahanshad, N. (2019). Towards human-guided machine learning. *Proceedings of the 24th International Conference on Intelligent User Interfaces (IUI'19),* (S. 614–624). https://doi.org/10.1145/3301275.3302324.

Innovative Methoden für UIS

Neueinstufung ausgewählter Gefahrstoffe hinsichtlich der für den Brandfall empfohlenen Löschschäume

Aktualisierung des Datenbestandes von *ChemInfo* (Informationssystem Chemikalien des Bundes und der Länder)

Julia Backhaus, Daniel Schmitz, Manja Wachsmuth und Roland Goertz

Zusammenfassung

Das Chemikalien-Informationssystem *ChemInfo* stellt stoffspezifische Informationen zu geeigneten Löschmitteln im Rahmen der Brandbekämpfung zur Verfügung. Historischen Quellen zufolge wurde für 550 Chemikalien der Einsatz von wasserfilmbildenden Löschschäumen (AFFF) empfohlen. Aufgrund des anstehenden Verbots der in den AFFF enthaltenen Fluorverbindungen war eine Neubewertung der betroffenen Einträge hinsichtlich der empfohlenen Löschschäume erforderlich. Auf Basis von experimentellen Untersuchungen und einer Literaturrecherche wurde ein Bewertungsschema für die Auswahl eines alternativen Schaummittels erarbeitet. Mithilfe einer Clusteranalyse konnte eine Klassifizierung der 550 Chemikalien anhand ihrer physikalisch-chemischen Eigenschaften vorgenommen werden, die eine Aussage über

J. Backhaus (✉) · D. Schmitz · R. Goertz
Lehrstuhl für Chemische Sicherheit und Abwehrenden Brandschutz, Bergische Universität Wuppertal, Wuppertal, Deutschland
E-Mail: backhaus@uni-wuppertal.de

D. Schmitz
E-Mail: daschmitz@uniwuppertal.de

R. Goertz
E-Mail: goertz@uni-wuppertal.de

M. Wachsmuth
Umweltbundesamt, Dessau-Roßlau, Deutschland
E-Mail: manja.wachsmuth@uba.de

F. Fuchs-Kittowski et al. (Hrsg.), *Umweltinformationssysteme - Digitalisierung für eine nachhaltige Planetare Zukunft,* https://doi.org/10.1007/978-3-658-46394-6_9

ein ähnliches Brand- und Löschverhalten der betrachteten Chemikalien erlaubt. Somit konnte die Zuordnung eines geeigneten, fluorfreien Schaummittels erfolgen. Entsprechend der neu erarbeiteten Löschmittelempfehlungen wurden die betroffenen Einträge in *ChemInfo* aktualisiert.

Schlüsselwörter

Chemikalien-Datenbank • ChemInfo • Löschschaum • AFFF • Clusteranalyse

1 Einleitung

Die Datenbank *ChemInfo* stellt Chemikalieninformationen in einem weit gefächerten Merkmalskatalog zur Verfügung [1]. Neben physikalisch-chemischen, ökotoxikologischen und toxikologischen Parametern von ca. 74.000 Rein- und Komponentenstoffen werden Inhalte bereitgestellt, die für die Belange des Umwelt-, Verbraucher-, Katastrophen- und Arbeitsschutzes von hoher Bedeutung sind. Hierzu zählen Angaben zu Gefahren, die von diesen Stoffen ausgehen, zu Schutz- und Einsatzmaßnahmen sowie die Wiedergabe der stoffrelevanten Inhalte aus rechtlichen Regelungen. Ein zentrales Produkt von *ChemInfo* ist die *Gefahrstoffschnellauskunft* (GSA) [2]. Sie bietet allen Einsatzkräften im Notfall speziell für ihre Bedürfnisse zugeschnittene, schnelle und übersichtliche Informationen. Hierzu zählt auch die Empfehlung von geeigneten Löschmitteln im Kontext der Brandbekämpfung.

Der Datenbank *ChemInfo* zufolge wurde in historischen Quellen für 550 Chemikalien die Verwendung von wasserfilmbildenden Löschschäumen (AFFF/A3F, *aqueous film forming foam*) bei der Brandbekämpfung empfohlen. Aufgrund der umweltpersistenten, bioakkumulativen und potenziell ökotoxischen Eigenschaften der in den AFFF enthaltenen per- und polyfluorierten Tenside (PFT) soll der Einsatz dieser Schaummittelklasse allerdings auf ein erforderliches Mindestmaß reduziert werden [3–5]. Das Herstellen und Inverkehrbringen perfluorierter Carbonsäuren ist seit dem 25. Februar 2023 aufgrund der Verordnung (EU) 2021/1297 der Kommission vom 04. August 2021 zur Änderung des Anhangs XVII der Verordnung (EG) Nr. 1907/2006 des Europäischen Parlaments und des Rates hinsichtlich perfluorierter Carbonsäuren mit 9 bis 14 Kohlenstoffatomen in der Kette (C9–C14-PFCA), ihrer Salze und C9–C14-PFCA-verwandter Stoffe verboten. Bereits befüllte Systeme mit Feuerlöschschäumen, die C9–C14-PFCA und deren Derivate beinhalten, dürfen unter strengen Auflagen noch bis zum 04. Juli 2025 genutzt werden. Die Anwendung dieser Löschschäume darf nur an Standorten erfolgen, an denen alle Freisetzungen aufgefangen werden können. Der Einsatz zu Ausbildungszwecken ist gänzlich untersagt. Gleiches gilt laut der Verordnung (EU) 2019/1021 des europäischen Parlaments und des Rates über persistente organische Schadstoffe (POP-Verordnung) für die Verwendung der Perfluoroctansäure (PFOA) und ihrer Derivate in Feuerlöschschäumen. Perfluorhexansulfonsäure (PFHxS), ihre Salze und PFHxS-verwandte Verbindungen

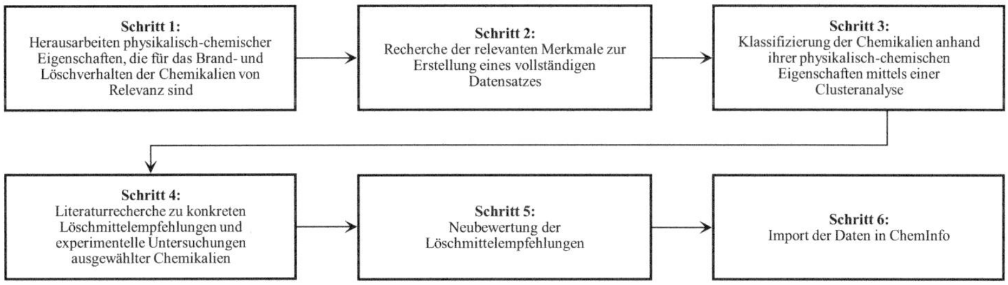

Abb. 1 Vorgehensweise für die Neubewertung der 550 Chemikalien hinsichtlich der für den Brandfall empfohlenen Löschschäume

werden ebenfalls in Schaummittelformulierungen eingesetzt. Nach der POP-Verordnung darf deren Massenanteil in Schaummittelkonzentraten höchstens 0,1 mg/kg betragen. Das EU-weite, ganzheitliche Verbot des Einsatzes von per- und polyfluorierten Alkylverbindungen (PFAS) in Löschschäumen ist bereits auf den Weg gebracht [6]. Das bedeutet, dass zukünftig nur noch PFAS-freie Schaummittel erhältlich sein werden. Aus diesem Grund sollte eine Neubewertung der zuvor erwähnten 550 Chemikalien erfolgen, in deren Rahmen geprüft wurde, ob das AFFF durch ein umweltfreundlicheres Schaummittel substituiert werden kann. Mögliche Alternativen stellen das zumeist auf anionischen Kohlenwasserstofftensiden basierende Mehrbereichsschaummittel (MBS) oder alkoholresistente, fluorfreie Polymerfilmbildner (AR-FFF/3F, *alcohol resistant fluorine-free foam*) auf Xanthan-Basis dar.

Grundlage für die Neubewertung der Löschmittelempfehlung bildete die Klassifizierung und Gruppierung der 550 Stoffe anhand physikalisch-chemischer Gesichtspunkte mithilfe einer Clusteranalyse (siehe Abb. 1). Neben einer Literaturrecherche zu den verschiedenen Schaummitteln und deren Löschwirksamkeit diente die Durchführung einzelner Experimente, darunter auch Brand- und Löschversuche im Labormaßstab, der Überprüfung der Löschwirksamkeit bei ausgewählten, charakteristischen Substanzen. Die neu erarbeiteten Löschmittelempfehlungen wurden in die Datenbank *ChemInfo* übertragen.

2 Klassifizierung der 550 Chemikalien

2.1 Erstellung eines vollständigen Datensatzes

Die Klassifizierung der 550 Chemikalien anhand physikalisch-chemischer Eigenschaften erfolgte mithilfe einer Clusteranalyse. Der hierfür notwendige Vorbereitungsschritt umfasste das Herausarbeiten physikalischer und chemischer Merkmale, die zum einen für das Brand- und Löschverhalten von Relevanz sind und bei denen zum anderen ausreichend Daten zu den betrachteten Chemikalien vorlagen. Die für die Clusteranalyse verwendeten Merkmale sind Tab. 1 zu entnehmen. Neben 11 physikalischen Merkmalen lieferte das Merkmal Stoffgruppe wichtige Rückschlüsse zur chemischen Reaktivität und zu Wechselwirkungen zwischen Wasser, Schaummittelbestandteilen und Chemikalie. Geprüft wurde das Vorhandensein bestimmter funktioneller Gruppen, die für eine Erhöhung der Polarität und damit der Wasserlöslichkeit verantwortlich sind, sowie eine gewisse Reaktivität gegenüber Wasser (Isocyanate) oder ionischen Tensiden (z. B. Carbonsäuren, Amine) aufweisen. Da nicht alle funktionellen Gruppen abgedeckt werden konnten, wurde zusätzlich nach übergeordneten Stoffgruppen gesucht. Somit wurde auf das Vorhandensein der Elemente Stickstoff, Phosphor, Sauerstoff und Schwefel sowie der Halogene geprüft. Daneben wurde zwischen gesättigten, ungesättigten und aromatischen Stoffen differenziert wie auch zwischen anorganischen und organischen Verbindungen. Die Zuordnung zu den 23 verschiedenen Stoffgruppen wurde anhand des SMILES-Codes *(Simplified Molecular Input Line Entry Specification)* vorgenommen. Die SMILES-Codes der Chemikalien wurden mithilfe der in *ChemInfo* hinterlegten InChI-Codes *(International Chemical Identifier)* ermittelt. Durch automatisierte Anfragen an die Datenbank *ChemSpider* (Royal Society of Chemistry) wurden, bei Übermittlung der InChI-Codes an den Server, die SMILES-Codes der Chemikalien zurückgegeben. Hierzu wurden das Paket *ChemSpiPy* und die Entwicklertools von *ChemSpider* genutzt. Mittels eines weiteren Python-Skripts konnte im SMILES-Code nach der für die jeweilige Stoffgruppe charakteristischen Zeichenfolge gesucht werden (z. B. Aldehyde: „C=O“, Alkohole: „CO“, „O“). Das (Nicht-) Vorhandensein der jeweiligen Zeichenfolge bzw. der Stoffgruppe wurde binär codiert.

Folgende Quellen wurden, sortiert nach Priorität, für die Vervollständigung des Datensatzes herangezogen. Bei der Recherche wurden lediglich experimentell bestimmte Daten übernommen.

1. Datenbank *ChemInfo*
2. Sicherheitsdatenblätter (bekannter Chemikalienhersteller und -händler)
3. Datenbank *GESTIS*
4. Datenbank *ChemIDplus* (United States National Library of Medicine)
5. Datenbank *PubChem* (United States National Library of Medicine)
6. Sonstige

Aufgrund der schlechten Datenlage sind 5 der 11 physikalischen Merkmale nicht mit in die Clusteranalyse eingegangen, wie aus der Tab. 1 hervorgeht. Die Datenbank *ChemInfo* lieferte jeweils bei unter 60 % der 550 Chemikalien Werte zu den Merkmalen Untere/Obere Explosionsgrenze, Verbrennungsenthalpie und Oberflächenspannung. Zum Merkmal Schmelztemperatur lagen bei nur 17 % der Chemikalien keine Werte vor. Allerdings waren bei diesen 17 % zu den übrigen Merkmalen Daten vorhanden, sodass die

Tab. 1 Vollständigkeit der Daten nach Merkmalen

		Vollständigkeit
Physikalische Merkmale (1013 hPa)		
Aggregatzustand		83 %
Schmelztemperatur*		83 %
Siedetemperatur		87 %
Dampfdruck (20–25 °C)		81 %
Flammpunkt		86 %
Untere Explosionsgrenze*		56 %
Obere Explosionsgrenze*		47 %
Verbrennungsenthalpie*		12 %
Wasserlöslichkeit (20–25 °C)		78 %
Dichte (20–25 °C)		83 %
Oberflächenspannung*		38 %
Chemisches Merkmal – Stoffgruppe		
InChI-Code/SMILES-Code		82 %
Aldehyde Ketone Alkohole Carbonsäuren Ester Ether Epoxide Amine Amide Nitrile Isocyanate Nitroverbindungen Hydrazine	Stickstoffverbindungen Phosphorverbindungen Sauerstoffverbindungen Schwefelverbindungen Halogenverbindungen ungesättigte Verbindungen Aromaten Heteroaromaten Kohlenwasserstoffe anorganische Verbindungen	

* Merkmal wurde aufgrund der schlechten Datenlage bei der Clusteranalyse nicht berücksichtigt

Schmelztemperatur als irrelevant eingestuft wurde, um mehr Chemikalien der Clusteranalyse zuführen zu können. *ChemInfo* lieferte bei 40 % der 550 Chemikalien Daten zu allen 7 verbliebenen, relevanten Merkmalen. Nach einer ergänzenden Recherche konnte der Wert auf 68 % erhöht werden. Es liegen somit zu 372 Stoffen und Stoffgemischen vollständige Daten vor.

2.2 Clusteranalyse

Der 372 Chemikalien umfassende Datensatz wurde mittels Clusteranalyse untersucht, um Stoffgruppen mit ähnlichen Eigenschaften aufzudecken und eine systematische Einteilung zu finden. Die Clusteranalyse diente somit explorativen wie auch deskriptiven Zwecken. Die Datenvorverarbeitungsschritte umfassten die Umwandlung der nominalskalierten Variablen in Dummy-Variablen und die Skalierung *(MinMaxScaler)* der metrischen Variablen. Zur Dimensionsreduzierung und Aufhebung von Korrelationen wurde eine Hauptkomponentenanalyse *(PCA)* durchgeführt. Im Rahmen der Clusteranalyse wurden ein partitionierendes *(KMeans)* und dichtebasiertes *(DBSCAN)* Verfahren sowie hierarchische Verfahren *(AgglomerativeClustering)* mit verschiedenen Fusionierungsalgorithmen ausgeführt. Für alle Schritte wurde die Programmbibliothek *Scikit-learn* (Version 1.4.2) genutzt [7].

Bei den für die Clusteranalyse verwendeten 7 Merkmalen liegen unterschiedliche Skalenniveaus vor. Bei den physikalischen Merkmalen handelt es sich überwiegend um metrische Variablen, die wiederum in verhältnis- und intervallskalierte Variablen unterteilt werden können. Die Werte für die Siedetemperatur und den Flammpunkt liegen in der Einheit Grad Celsius vor, womit die beiden Variablen intervallskaliert sind. Bei dem Merkmal der Wasserlöslichkeit handelt es sich strenggenommen um eine ordinalskalierte Variable, die bei der Erstellung des Datensatzes in eine verhältnisskalierte Variable umgewandelt wurde. Nach dem Europäischen Arzneibuch wird eine Substanz mit einer Wasserlöslichkeit von über 1000 g/L als sehr leicht löslich eingestuft [8]. Auf Basis dieser Einstufung wurde das Merkmal Wasserlöslichkeit in ein höheres Skalenniveau transformiert. So wurde für die Ausprägung *wasserunlöslich* der Wert 0 g/L und für *mit Wasser vollständig mischbar* der Wert 1000 g/L festgelegt. Ansonsten wurden nur konkrete Werte im Bereich von 0–1000 g/L aus den Datenbanken übernommen. Bei dem physikalischen Merkmal Aggregatzustand und dem chemischen Merkmal Stoffgruppe handelt es sich um nominalskalierte und damit kategoriale Variablen mit 3 bzw. 23 Ausprägungen. Die beiden Merkmale wurden in binäre Dummy-Variablen umgewandelt. Näheres zur Transformation des Merkmals Stoffgruppe ist dem Abschn. 2.1 zu entnehmen. Da gemischt-skalierte Merkmale, also metrische und binäre Variablen vorlagen, erfolgte eine Extremwertskalierung *(MinMaxScaler),* um für alle Variablen einen Wertebereich von Null bis Eins zu erhalten. Somit konnte für die Clusteranalyse eine Distanzmatrix erstellt werden, das heißt die metrischen und binären Variablen mussten nicht in einer Distanz- bzw. Ähnlichkeitsmatrix getrennt betrachtet werden. Die Skalierung hatte ebenfalls zum Zweck, dass die metrischen Variablen mit unterschiedlich großen Wertebereichen bei der Clusteranalyse gleich gewichtet wurden. Zudem wurde sich für eine simple Extremwertskalierung entschieden, um die Daten möglichst wenig zu manipulieren und keinen Wert fälschlicherweise als Ausreißer zu werten.

Sowohl die physikalischen Merkmale als auch die Stoffgruppen weisen untereinander Zusammenhänge auf, welche die Clusteranalyse negativ beeinflussen können. Wie in

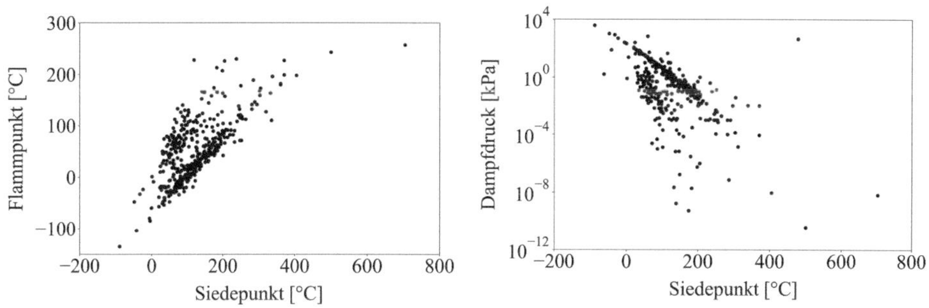

a) Auftragung von Flammpunkt gegen Siedepunkt

b) Logarithmische Auftragung von Dampfdruck gegen Siedepunkt

Abb. 2 Korrelationen zwischen den physikalischen Merkmalen

Abb. 2 zu sehen ist, liegt bei den Variablen Siedepunkt und Flammpunkt eine lineare Korrelation vor. Zwischen Siedepunkt und Dampfdruck und damit auch Flammpunkt ist ebenfalls ein monotoner Zusammenhang zu erkennen. Bei den chemischen Merkmalen ergeben sich ebenfalls Zusammenhänge aufgrund der Tatsache, dass zum einen nach konkreten Stoffgruppen (z. B. Amine) und zum anderen nach übergeordneten Verbindungsklassen (z. B. Stickstoffverbindungen) gesucht wurde. Die Korrelationen zwischen den Merkmalen bedeuten redundante Informationen im Datensatz, die bei der Clusteranalyse zu einer verfälschten Gewichtung führen. Nicht zuletzt aus diesem Grund wurde eine Hauptkomponentenanalyse *(PCA)* durchgeführt.

Ziel der Hauptkomponentenanalyse ist es, die Daten auf einen möglichst niedrigdimensionalen Raum zu projizieren und die Redundanz zu minimieren, ohne einen hohen Informationsverlust herbeizuführen. Letzteres lässt sich über die durch die jeweiligen Hauptkomponenten erklärbare Varianz darstellen. In Abb. 3 wird ersichtlich, dass durch die erste Hauptkomponente 21,4 % der Datenvarianz erklärt werden kann. Die ersten vier Hauptkomponenten sind bereits ausreichend, um knapp die Hälfte der Datenvarianz zu erklären. Bei der Festlegung der Anzahl an Hauptkomponenten, die schließlich in die Clusteranalyse eingeflossen sind, wurde konservativ vorgegangen, um einen möglichst geringen Informationsverlust zu haben. Beispielsweise ist in Abb. 2a eine Korrelation der physikalischen Merkmale zu sehen, allerdings kristallisieren sich auch zwei Cluster heraus. Diese Information würde bei der Reduzierung auf eine Hauptkomponente verloren gehen. Letztendlich wurden die 31 Variablen auf 22 Hauptkomponenten reduziert, womit immer noch 98,4 % der Datenvarianz zu erklären sind. Die 22. Hauptkomponente deckt rund 0,4 % der Varianz ab. Die Dimensionsreduzierung ist neben der Redundanzminimierung ebenfalls von Vorteil. Denn hochdimensionale Räume, die zudem redundante Variablen enthalten, führen dazu, dass die Clusteralgorithmen, die auf Distanzfunktionen basieren, weniger aussagekräftige Ergebnisse liefern (Fluch der Dimensionalitäten) [9, 10].

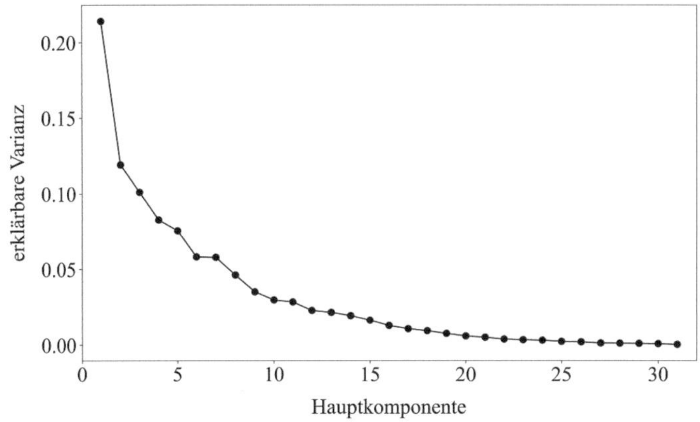

Abb. 3 Erklärbare Varianzen für die jeweiligen Hauptkomponenten

Der mittels Hauptkomponentenanalyse modifizierte Datensatz wurde mit drei verschiedenen Clusterverfahren untersucht, wobei als Proximitätsmaß stets das euklidische Distanzmaß genutzt wurde. Die hohe Anzahl an chemischen Dummy-Variablen, die Extremwertskalierung und die Wahl des Proximitätsmaßes beeinflussten die Clusteranalyse stark. Aufgrund der Tatsache, dass die Dummy-Variablen nur die Ausprägungen Null und Eins annehmen können und bei der Berechnung der euklidischen Distanz die Differenz der Variablenwerte der zwei betrachteten Objekte quadriert werden, ergab sich eine große Distanz (Unähnlichkeit) zwischen zwei Objekten bzw. Chemikalien, die sich strukturell stark voneinander unterscheiden. Die physikalischen Merkmale gewichteten hingegen nicht so stark. Denn die Extremwertskalierung führte dazu, dass die Wertedifferenz zwischen zwei Objekten relativiert wurde, insbesondere wenn im betrachteten Merkmal starke „Ausreißer“ vorhanden waren. Dieser Umstand wurde durch das Quadrieren der Wertedifferenz bei der Berechnung der euklidischen Distanz noch verstärkt. Dies hatte zur Folge, dass die meisten der verwendeten Clusteralgorithmen zu einer strengen Einteilung nach Stoffgruppen führten.

Als eines von drei Clusterverfahren wurde das partitionierende Verfahren *KMeans* genutzt. *KMeans* eignet sich insbesondere für Datensätze, bei denen gleich große, konvexe und isotropische Cluster vorliegen. Das Verfahren beruht auf einer vordefinierten Anzahl an Clusterzentren, die iterativ so lange im Datenraum verschoben werden, bis sich die Zuordnung der Objekte zu den jeweiligen Clusterzentren nicht mehr ändert. Jeder Iterationsschritt umfasst die Zuordnung der Objekte zu einem der Clusterzentren anhand der Minimierung der Trägheit, der aufsummierten quadrierten euklidischen Abstände zwischen den Clusterzentren und den dazugehörigen Objekten. Die neuen Clusterzentren bzw. -schwerpunkte werden durch Mittelwertbildung berechnet und der Iterationsschritt beginnt von vorne. Der Algorithmus wurde so ausgeführt, dass der Initialisierungsschritt, also die anfängliche Positionierung der Clusterzentren, rein zufällig erfolgte und maximal

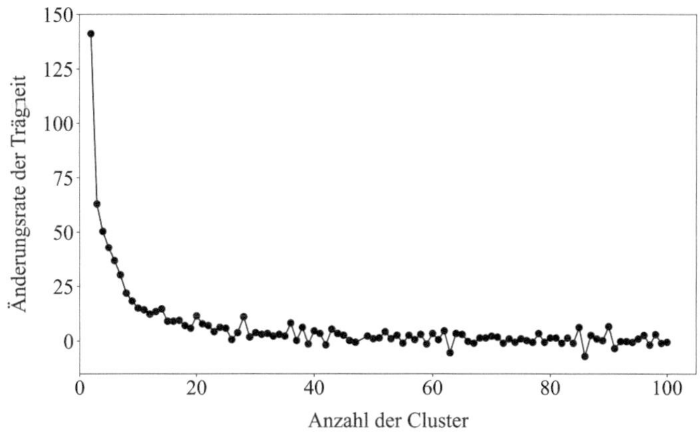

Abb. 4 Änderungsrate der Trägheit mit der Clusteranzahl

1000 Iterationsschritte ausgeführt wurden. Dies führte bei jedem Durchgang zu abweichenden Ergebnissen. Sowohl die Trägheit, die Clustergrößen als auch die Zuordnung der Chemikalien zu den Clustern variierten. Während viele Verbindungen zuverlässig zu bestimmten Clustern zusammengefasst wurden, erschien die Zuordnung von einigen Chemikalien willkürlich. Insbesondere bei hochdimensionalen Daten empfiehlt es sich, mehrere Durchläufe zu starten, um stabilere Ergebnisse zu erhalten. Daher wurde der *KMeans*-Algorithmus für verschiedene Clusteranzahlen jeweils 1000-mal ausgeführt und das Ergebnis mit der geringsten Trägheit ausgegeben. Abb. 4 zeigt die Änderungsrate der Trägheit mit zunehmender Clusteranzahl und gibt Aufschluss über eine sinnvolle Anzahl an Clustern. Bei 20 Clustern ist ein Ansprung des Graphen zu verzeichnen, bevor dieser sich dem Wert Null nähert. Das heißt mit einer Anzahl von 20 Clustern ist die Trägheit signifikant geringer als mit 19 Clustern. Eine weitere Erhöhung der Clusteranzahl würde in Bezug auf die Trägheitsminimierung keinen Mehrwert bringen.

Für die Analyse des 372 Chemikalien umfassenden Datensatzes wurde neben dem partitionierenden Verfahren ein hierarchisches Verfahren (HAC, *AgglomerativeClustering*) mit verschieden Fusionierungsalgorithmen angewandt. Beim agglomerativen Verfahren bildet zunächst jedes Objekt ein Cluster, welche dann schrittweise zu größeren Clustern zusammengeschlossen werden. Die Fusion der Cluster erfolgt anhand der geringsten Distanz (Unähnlichkeit) zwischen zwei Clustern, wobei diese Distanz nach verschiedenen Methoden berechnet werden kann. Getestet wurden die Fusionierungsmethoden *Ward-*, *Average-*, *Complete-* und *Single*-Linkage. Die agglomerativen Clusteralgorithmen neigen dazu, bereits großen Clustern weitere Objekte hinzuzufügen (Ketteneffekt) bzw. große Cluster zusammenzuschließen, während die kleinen Cluster nicht weiter anwachsen. Der Ketteneffekt tritt vor allem bei der Methode *Single*-Linkage auf und konnte auch beim vorliegenden Datensatz beobachtet werden. Wie Abb. 5 zu entnehmen ist, führte *Single*-Linkage zu ungleichmäßig großen Clustern, während *Ward*-Linkage und

KMeans eine gleichmäßige Clustergrößenverteilung lieferten. *Ward*-Linkage führt generell bei konvexen Clustern, auch bei Vorliegen von verrauschten Daten, zu guten Ergebnissen, wohingegen *Single*-Linkage bei nicht-konvexen, dichtebasierten Clustern vorteilhaft sein kann. Hierfür eignen sich ebenfalls dichtebasierte Verfahren wie *DBSCAN* (*Density-Based Spatial Clustering of Applications with Noise*). Das Verfahren beruht auf der Definition von Kern-, Rand- und Rauschobjekten [11]. Objekte, die in einem definierten Abstand ε eine definierte Mindestanzahl n an weiteren Objekten aufweisen, werden Kernobjekte genannt. Kernobjekte, die maximal den Abstand ε voneinander haben, werden zu Clustern zusammengefasst. Randobjekte sind Objekte, die im Abstand ε zu mindestens einem der Kernobjekte liegen und ebenfalls dem Cluster zugeordnet werden. Rauschobjekte erfüllen keine der obigen Bedingungen und liegen außerhalb der Cluster. Dies führt bei verrauschten Datensätzen zwangläufig zu ungleichmäßigen Clustergrößen und vielen Objekten, die als Ausreißer gewertet werden. Dieser Effekt ist auch beim analysierten Chemikalien-Datensatz in Abb. 5 zu sehen, wobei die Eingabeparameter so optimiert wurden, dass eine brauchbare Anzahl an Clustern ausgegeben wurde. Mit kleiner werdendem Abstand ($\varepsilon \leq 1$) und einer konstanten Mindestanzahl ($n = 5$), ergab sich eine zunehmend sehr strenge Einteilung nach Stoffgruppen, wobei sich die Anzahl an Rauschobjekten erhöhte. Durch Minimierung der Mindestanzahl n konnte die Anzahl an Rauschobjekten reduziert werden, was allerdings zur Bildung von teils sehr großen Clustern führte, bei denen die strenge Differenzierung nach Stoffgruppen aufgehoben wurde. Dadurch dass der Abstand ε und die Mindestanzahl n vordefiniert werden, ist *DBSCAN* nicht dazu in der Lage, Cluster mit unterschiedlicher Dichte zu erkennen.

Der Vergleich der Clusterverfahren und die Validierung der Ergebnisse wurden auf Basis der Trägheitsanalyse durchgeführt, mit der eine hinreichende Anzahl an Clustern ausgemacht wurde. So wurden *KMeans* und die agglomerativen Verfahren bei

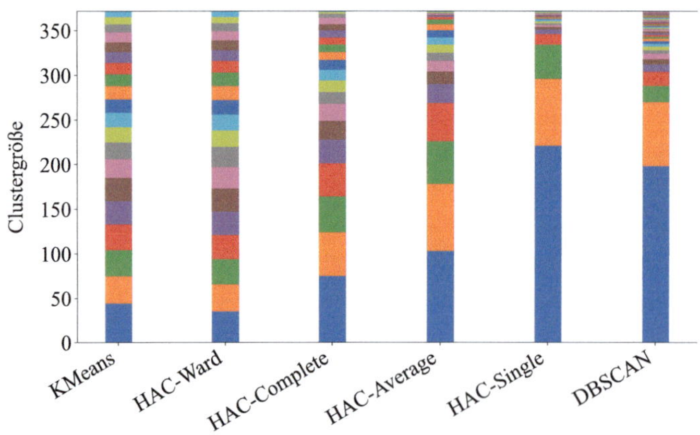

Abb. 5 Clustergrößenverteilung für verschiedene Clusterverfahren (Anzahl der Cluster: KMeans/HAC = 20, DBSCAN = 38)

einer Anzahl von 20 Clustern verglichen, während das Ergebnis von *DBSCAN* mit einer Anzahl von 38 Clustern für den Vergleich herangezogen wurde. Tab. 2 zeigt die nach verschiedenen, statistischen Validierungsmethoden berechneten Indizes. Die externen Validierungsindizes beziehen sich auf einen Vergleich mit dem Ergebnis von *Ward*-Linkage. Alle drei Indizes weisen auf eine gute Übereinstimmung zwischen den Ergebnissen von *KMeans* und *Ward*-Linkage hin. Werte nahe Eins bedeuten eine sehr hohe Übereinstimmung, wobei der Rand-Index zu überhöhten Werten neigt, insbesondere wenn sich die Clusteranzahl in der Größenordnung der Objektanzahl befindet. Der adjustierte Rand-Index berücksichtigt die Tatsache, dass es zufällig zu einer gewissen Übereinstimmung zwischen zwei Clustern kommen kann, weshalb dieser als Korrektur des Rand-Index zu verstehen ist. Werte für den adjustierten Rand-Index oberhalb von 0,7 sind laut Dreger als ausreichende Übereinstimmung zu interpretieren [12]. Der Jaccard- und der Rand-Index können minimal den Wert Null annehmen, während der adjustierte Rand-Index nach unten hin auf einen Wert von –0,5 begrenzt ist. Wie die Clustergrößenverteilung bereits vermuten lässt, ist die übereinstimmende Zuordnung bei *Ward*- und *Single*-Linkage bzw. *DBSCAN* äußerst gering. Dementsprechend fallen die Indizes sehr klein aus. Die dennoch vorhandenen Übereinstimmungen bei den Clusterergebnissen können als rein zufällig gewertet werden. Die Verfahren *Complete*- und *Average*-Linkage zeigen eine moderate bzw. schlechte Übereinstimmung mit *Ward*-Linkage.

Die internen Validierungsindizes bewerten die Ergebnisqualität der einzelnen Clusterverfahren für sich. Die drei berechneten Indizes beruhen auf der Quantifizierung der Unähnlichkeit zwischen den Objekten, zum Beispiel über die Berechnung der Intra- und Inter-Cluster-Varianzen. Damit liefern sie eine Aussage über die Homogenität und Separation der Cluster. Der Silhouette-Koeffizient kann Werte von –1 bis 1 annehmen. Stark negative Werte sind gleichbedeutend mit einem fehlgeschlagenen Clustering und Werte

Tab. 2 Validierung der Ergebnisse für verschiedene Clusterverfahren (Anzahl der Cluster: KMeans/HAC = 20, DBSCAN = 38)

	HAC-Ward	KMeans	HAC-Complete	HAC-Average	HAC-Single	DBSCAN
Externe Validierung						
Jaccard-Index	1	0,56	0,44	0,27	0,13	0,13
Rand-Index	1	0,97	0,94	0,88	0,64	0,71
Adjustierter Rand-Index	1	0,70	0,58	0,38	0,14	0,15
Interne Validierung						
Silhouette-Koeffizient	0,43	0,45	0,37	0,31	0,13	0,03
Calinski-Harabasz-Index	51	52	39	29	13	10
Davies-Bouldin-Index	1,19	1,25	1,21	1,00	0,88	0,82

nahe Eins stehen für dichte und gut separierte Cluster. Werte um Null weisen auf überlappende Cluster hin [13]. Für den Calinski-Harabasz-Index gilt ebenfalls, je höher der Wert, desto besser ist das Ergebnis hinsichtlich Homogenität und Separation der Cluster [14]. Der kleinste annehmbare Wert für den Davies-Bouldin-Index liegt bei Null und steht für ein gutes Clusterergebnis. Der Index kann als durchschnittliche Ähnlichkeit der Cluster interpretiert werden, wobei die Ähnlichkeit als Verhältnis von der Distanz zwischen zwei Clusterschwerpunkten und deren Clustergröße verstanden werden kann [15]. Alle drei internen Validierungsindizes haben gemeinsam, dass sie bei konvexen Clustern höhere Werte liefern als bei dichtebasierten Clustern. So fallen der Silhouette-Koeffizient und der Calinski-Harabasz-Index bei *KMeans* und *Ward*-Linkage am höchsten aus, während der Davies-Bouldin-Index bei *DBSCAN* den besten Wert annimmt, gefolgt von *Single*-Linkage. *Ward*-Linkage liefert mit einem Wert von 1,19 das viertbeste Ergebnis. Der Silhouette-Koeffizient von 0,43 spricht für eine moderate Homogenität und Separation der 20 Cluster. Das entsprechende Dendrogramm in der Abb. 6 zeigt, dass einige Cluster sehr kompakt und gut separiert sind (z. B. Cluster 2 und 3), während andere eine hohe Intra-Cluster-Varianz sowie eine vergleichsweise schlechte Separation voneinander aufweisen (z. B. Cluster 5–7).

Die abschließende Bewertung der Ergebnisse wurde nach chemischen Gesichtspunkten vorgenommen und deckt sich mit den Aussagen der statischen Validierungsmethoden. Alle Clusterverfahren zeigen eine starke Gewichtung nach den chemischen Merkmalen, wobei die sinnvollste Gruppierung der 372 Chemikalien in 20 Cluster die hierarchische Clusteranalyse mit der Fusionierungsmethode *Ward*-Linkage liefert. Das Clusterverfahren sorgt für eine konsequente Einteilung der betrachteten Chemikalien hinsichtlich der Stoffgruppen, was aus Tab. 3 hervorgeht. Innerhalb eines Clusters kann somit von einer

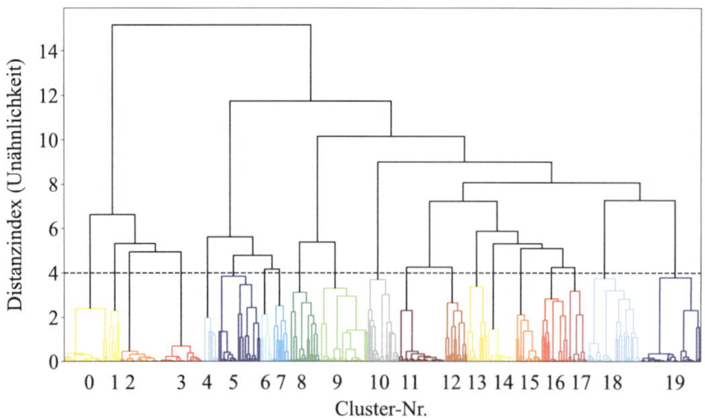

Abb. 6 Dendrogramm der Hierarchischen Clusteranalyse (Ward-Linkage) des 372 Chemikalien umfassenden Datensatzes mit vorangegangener Hauptkomponentenanalyse

ähnlichen Reaktivität bzw. Wechselwirkung der Chemikalie mit dem Löschschaum ausgegangen werden. Lediglich die Cluster 5, 6, 7 und 16 können als heterogen bezeichnet werden, da hier mehrere funktionelle Gruppen vertreten sind, die differenziert betrachtet werden müssen. Das Clusterverfahren liefert bei Betrachtung tieferer Knotenebenen auch hier eine sinnvolle, weitergehende Einteilung. Die große Distanz (Unähnlichkeit) zwischen den Knotenebenen der Cluster 0–3 und der Cluster 4–20 kann als deutlicher Unterschied bezüglich der chemischen Reaktivität interpretiert werden. So unterscheiden sich die Kohlenwasserstoffe (Cluster 0–3) in ihrem chemischen Verhalten eindeutig von den restlichen Verbindungen (Cluster 4–20). Neben den chemischen Merkmalen haben auch die physikalischen Merkmale einen Einfluss auf das Ergebnis der Clusteranalyse. Der Cluster 10 umfasst ausschließlich Feststoffe und berücksichtigt somit das Merkmal Aggregatzustand. Die Cluster 11 und 12 beinhalten beide überwiegend Alkohole, aber diese unterscheiden sich deutlich hinsichtlich der Wasserlöslichkeit. Zu erwähnen bleibt, dass die Klassifizierung der Chemikalien und die Aussagekraft der Clusteranalyse nur so genau sein können, wie es der Informationsgehalt der Daten zulässt. Dies ist wiederum stark abhängig von der Wahl der Variablen und der Qualität der Daten.

Die Eingruppierung der verbliebenen Chemikalien, bei denen unvollständige Daten vorlagen, wurde anhand chemischer Strukturmerkmale vorgenommen. Für 27 als Komponentenstoffe deklarierte Stoffe und Stoffgemische ist keine Zuordnung zu einem der 20 Cluster erfolgt, da die chemische Zusammensetzung unbekannt ist oder für die (im Stoff-/Isomerengemisch enthaltenen) Reinsubstanzen bereits Löschmittelempfehlungen ausgesprochen wurden. Einige Chemikalien wurden aufgrund ihrer Reaktivität gegenüber Wasser oder spezieller Strukturmerkmale gesondert betrachtet. Letztendlich konnten 523 der 550 Chemikalien anhand ihrer physikalisch-chemischen Eigenschaften in die in Tab. 3 aufgeführten Cluster unterteilt werden.

Tab. 3 Ergebnis der Clusteranalyse und Trends bezüglich der Empfehlung eines alternativen Schaummittels (MBS: Mehrbereichsschaummittel, AR: Polymerfilmbildner (alkoholresistentes Schaummittel))

Nr.	Cluster	Empfohlene Schaummittelklasse
Kohlenwasserstoffe		
0	Aromaten	MBS
1	Gase	/
2	Cycloalkane, Aliphaten	MBS
3	Alkene, Alkine	MBS

(Fortsetzung)

Tab. 3 (Fortsetzung)

Nr.	Cluster	Empfohlene Schaummittelklasse
Stickstoffverbindungen		
4	Pyridine	AR
5	Primäre Amine Sekundäre/Tertiäre Amine Aniline Nitrile Isocyanate Hydrazine Alkoholamine	AR (Reaktion mit Wasser) AR AR AR AR (Reaktion mit Wasser) AR AR
6	Nitroverbindungen, Oxime etc.	AR/MBS
7	Nitrile etc.	AR
Halogenverbindungen		
8	Halogenierte Sauerstoffverbindungen	AR/MBS (sanfte Schaumaufgabe)
9	Halogenkohlenwasserstoffe	MBS (sanfte Schaumaufgabe)
Feststoffe		
10	Feststoffe	MBS
Alkohole		
11	Alkohole (wenig wasserlöslich bis löslich)	AR/MBS (MBS: hohe Aufbringungsrate)
12	Alkohole, cyclische Ether (leicht bis sehr leicht wasserlöslich)	AR
Schwefelverbindungen		
13	Thiole, schwefelhaltige Wirkstoffe (Thiophosphate)	AR
Sauerstoff-/Phosphorverbindungen		
14	Ketone	AR/MBS
15	Ether	AR/MBS
16	Säuren, Epoxide, Phosphate, Phosphonate etc.	AR
17	Aldehyde	AR/MBS
18	Aromatische Sauerstoffverbindungen	AR/MBS
19	Ester	AR/MBS
Sonstige Verbindungen		
W	heftige Reaktion mit Wasser	Löschpulver/Inertgase
F	Per- und polyfluorierte Alkylverbindungen	MBS
X	Pyrethrin I und II, Tetraethylblei	individuelle Schaummittelempfehlung

3 Experimentelle Untersuchungen

Im nächsten Schritt sollten jedem der Cluster geeignete Löschmittel zugeordnet werden. Die Zuordnung erfolgte entweder nach erfolgreicher Literaturrecherche oder die geeigneten Löschmittel wurden experimentell ermittelt. Von besonderem Interesse für die experimentellen Untersuchungen waren Chemikalien, bei denen eine gewisse Reaktivität mit Wasser oder Schaummittelbestandteilen gegeben ist. Die Eignung von MBS oder Polymerfilmbildnern als Alternativen zu AFFF kann bei diesen Verbindungen nicht sicher vorhergesagt werden. Es wurden daher folgende vier Versuchsreihen mit ausgewählten, flüssigen Chemikalien durchgeführt, um eine individuelle Entscheidungsgrundlage zu schaffen.

1. Zeitaufgelöste Untersuchung der Dampfpermeabilität von MBS und AFFF mittels Gaschromatographie
2. Bestimmung des Spreitungskoeffizienten für MBS und AFFF
3. Kleinlöschprüfung in Anlehnung an DIN EN 1568–3:2018 zur Bestimmung der Löschzeit und Rückzündungshemmung von MBS und AFFF
4. Untersuchung der Schaumstabilität von AR-FFF und MBS durch Bestimmung der Drainagerate

Für die Versuchsreihen wurden drei verschiedene Schaummittel des Herstellers *Dr. Sthamer* verwendet. Ziel der Versuchsreihen war es, eine Aussage über die Löscheffizienz der Schaummittel gegenüber den Chemikalien treffen zu können. Diese ist maßgeblich abhängig von der dampfunterdrückenden, erstickenden Wirkung der Schaumdecke, welche wiederum mit der Schaumstabilität und damit der Chemikalienverträglichkeit zusammenhängt. Ein weiterer wichtiger Aspekt bei der Brandbekämpfung ist die Mobilität der Schaumdecke auf der brennenden Flüssigkeitsoberfläche, die über den Spreitungskoeffizienten abgeschätzt werden kann. Ist der Brand gelöscht, soll die metastabile Schaumschicht dafür sorgen, dass sich die Chemikaliendämpfe nicht erneut entzünden können. Somit wurde neben der Löschzeit auch die Rückzündungshemmung der Löschschäume untersucht. Getestet wurden Verbindungen aus jeder der in Tab. 3 aufgeführten, übergeordneten Stoffklassen mit Ausnahme der **Feststoffe**. Stellvertretend für die **Kohlenwasserstoffe** wurden Versuche mit *n*-Heptan durchgeführt. Der Kohlenwasserstoff wird neben Kraftstoffen häufig für die Eignungsprüfung von Schaummitteln herangezogen und kann sowohl mit MBS als auch mit AFFF erfolgreich gelöscht werden [16–18]. Da das Brand- und Löschverhalten der Verbindung bereits in der Literatur beschrieben ist, dienten die Versuche mit *n*-Heptan als Referenz. Der Cluster 5 umfasst unter anderem primäre, sekundäre und tertiäre Amine, wobei Letztere für ihre entschäumende Wirkung bekannt sind [19]. Die Aufbringung von Löschschaum auf diese Chemikalien und der Kontakt des Löschschaums mit deren heißen Dämpfen kann zur sofortigen Schaumzerstörung oder Verringerung der Schaumstabilität führen. Aus diesem Grund wurden das tertiäre Amin Tripropylamin und das primäre Amin Octylamin für die experimentellen Untersuchungen ausgewählt. Daneben wurden drei weitere Vertreter der **Stickstoffverbindungen** getestet. Ebenfalls von Interesse waren schlecht wasserlösliche Verbindungen, die einen sehr hohen Dampfdruck aufweisen. Die Verringerung der Schaumstabilität durch die aufsteigenden, hydrophoben Dämpfe und die damit einhergehende Erhöhung der Dampfpermeabilität ist im Kontext der Brandbekämpfung von besonderer Relevanz. Die **Schwefelverbindung** 1-Propanthiol mit einer geringen Wasserlöslichkeit von 2 g/L und einem hohen Dampfdruck von 16,5 kPa wurde stellvertretend für diese Verbindungen untersucht. Des Weiteren wurden die zwei **Halogenverbindungen** 1-Chlorbutan und 3-Chlor-2-methyl-1-propen getestet. Die strukturell sehr ähnlichen Verbindungen weisen eine sehr geringe Wasserlöslichkeit und einen hohen Dampfdruck in der Größenordnung von 1-Propanthiol auf. Weitere vier **sauerstoffhaltige Verbindungen**, darunter zwei **Alkohole**, und 95 %ige Schwefelsäure wurden im Rahmen der vierten Versuchsreihe untersucht. Aufgrund der in der Clusteranalyse festgestellten Ähnlichkeit wird davon ausgegangen, dass die Ergebnisse der experimentellen Untersuchungen auch auf andere Vertreter der jeweiligen Stoffgruppe bzw. des Clusters übertragbar sind. Die Erkenntnisse der Versuchsreihen flossen in das Bewertungsschema für die Auswahl eines geeigneten, alternativen Löschmittels ein.

4 Neubewertung der Löschmittelempfehlungen

Die Neueinstufung der 523 Chemikalien hinsichtlich der empfohlenen Löschschäume wurde anhand des Bewertungsschemas in Abb. 7 vorgenommen. Entscheidend war zunächst die Reaktionsfreudigkeit der betrachteten Chemikalie gegenüber Nucleophilen wie Wasser. Ist grundsätzlich mit einer stark exothermen Reaktion zu rechnen, ist im Rahmen der Brandbekämpfung sowohl Wasser als auch Löschschaum für die direkte Auftragung auf den Brandherd ungeeignet und es muss auf alternative Löschmittel wie (A)BC-Pulver oder erstickend wirkende Gase zurückgegriffen werden. Gegebenenfalls ist die Verwendung von Wassernebel möglich, um die Flammenfront herabzukühlen. Vertreter der stark hydrolyseempfindlichen Stoffe sind Säurechloride, Phosphite und anorganische Verbindungen wie Aluminiumtrichlorid oder Phosphortrichlorid. Für 20 der 523 Stoffe und Stoffgemische ist der Einsatz von Wasser oder Löschschaum aufgrund der zu erwartenden, stark exothermen Reaktion nicht empfehlenswert. Die ursprünglichen Eintragungen in *ChemInfo*, diese Chemikalienbrände mit AFFF zu löschen, wurden dahingehend korrigiert. Für die übrigen 503 Chemikalien konnte eine konkrete Empfehlung bezüglich eines geeigneten Schaummittels ausgesprochen werden.

Von hoher Relevanz war hierbei die Stoffeigenschaft der Wasserlöslichkeit. Bei leicht löslichen Chemikalien ist die Stabilität des Löschschaums nicht mehr gewährleistet. Um die sofortige Schaumzerstörung bei mit Wasser mischbaren oder leicht löslichen Stoffen zu verhindern, wird dem Schaummittel ein Verdickungsmittel wie Xanthan zugesetzt,

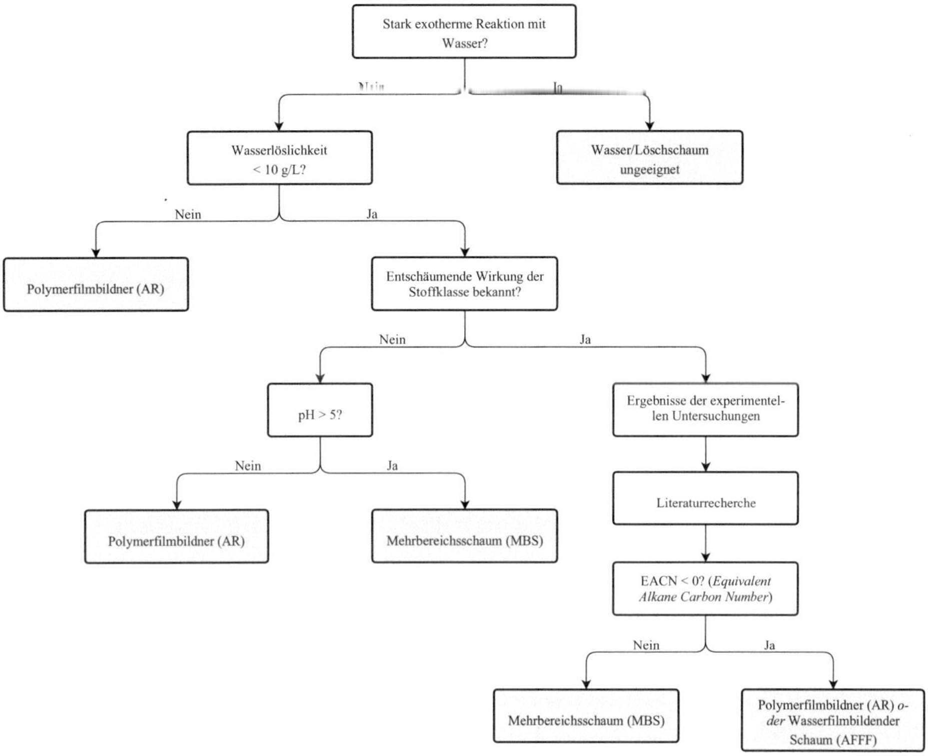

Abb. 7 Fließdiagramm für die Neubewertung der 523 Chemikalien hinsichtlich der Schaummittelempfehlung

sodass sich bei Kontakt des Löschschaums mit der Chemikalie eine mechanische Trennschicht in Form eines Polymerfilms ausbildet [20]. Hingegen kann bei moderat bis wenig löslichen Stoffen der Schaumzerstörung durch eine erhöhte Applikationsrate entgegengewirkt werden. Eigenen Erfahrungswerten und Empfehlungen von Schaummittelherstellern zufolge sollte für einen effizienten Löscherfolg ab einer Löslichkeit von etwa 10 g/L auf Polymerfilmbildner zurückgegriffen werden.

Neben der Wasserlöslichkeit ist die chemische Struktur einer Substanz ein entscheidendes Kriterium. Innerhalb einer Stoffklasse ergeben sich zwar Unterschiede bezüglich der physikalischen Eigenschaften und der Wechselwirkung von Chemikalie und Schaummittelbestandteilen, aber grundsätzlich ist mit einer ähnlichen Reaktivität zu rechnen. Innerhalb einer Stoffklasse kann das chemische Verhalten aufgrund der funktionellen Ähnlichkeit der Verbindungen sehr gut abgeschätzt werden. So ist eine schaumzerstörende Wirkung nicht nur bei polaren Niedrigsiedern wie Methanol und Aceton bekannt, sondern auch bei langkettigen Alkoholen wie 1-Octanol und 4-Methyl-2-pentanol. Daneben werden auch Alkylamine, Alkylphosphate wie Tributylphosphat, Fettsäuren und deren

Ester sowie Mineral- und Pflanzenöle gezielt als Antischaummittel und Entschäumer eingesetzt [19, 21]. Antischaummittel verhindern die Bildung von Schaum, sind aber nicht zwangsweise dazu in der Lage, bestehenden Schaum zu zerstören. Einige der Chemikalien, die diesen Stoffklassen zuzuordnen sind, wurden experimentell untersucht (Kap. 4). Dabei zeigte 1-Octanol bei der Auftragung von MBS keine schaumzerstörende Wirkung. Im Gegensatz dazu lieferten das wasserlösliche *n*-Butanol und die 95 %ige Schwefelsäure bezüglich der Drainagerate sehr hohe Werte. Die häufig im MBS zum Einsatz kommenden, anionischen Tenside verlieren im sauren Milieu zunehmend ihre oberflächenaktive Wirkung, was mit einer Verringerung der Schaumstabilität einhergeht. Laut Emami *et al.* ist die Schaumhalbwertszeit (bezogen auf die ursprüngliche Schaumhöhe) bei Verwendung von Natriumdodecylsulfat (SDS, *sodium dodecyl sulfate*) als Tensid unter einem pH-Wert von etwa 5 deutlich verringert [22]. Hingegen zeigte sich der Polymerfilmbildner in der eigens durchgeführten Versuchsreihe bei Auftragung auf die 95 %ige Schwefelsäure als stabil. Aus diesem Grund empfiehlt sich bei Bränden von organischen Säuren generell die Verwendung von xanthanhaltigem, alkoholresistentem Schaum.

Ebenfalls interessante Ergebnisse lieferten die Versuche mit Tripropylamin. Die Stoffgruppe der Alkylamine ist allgemein für eine schaumzerstörende Wirkung bekannt [19]. Während es bei Auftragung von MBS auf das tertiäre Amin zu einer vollständigen Schaumzerstörung kam, verhielt sich der AFFF stabil. Somit war der AFFF auch im Löschversuch gegenüber dem MBS im Vorteil und der Brand konnte fast dreimal so schnell gelöscht werden. Als Alternative zum fluorhaltigen Schaummittel eignet sich ein Polymerfilmbildner, welcher bei Aufgabe auf das Tripropylamin ebenfalls seine Stabilität behielt und somit auch für eine hohe Rückzündungshemmung im Brandversuch sorgte. Neben dem tertiären Amin gab es eine weitere Verbindung, bei der sich AFFF bezüglich der Dampfpermeabilität und der Löschzeit als effektiver gegenüber MBS erwies. Das 1-Propanthiol besitzt, wie andere Vertreter der Thiole, im Vergleich zum Homolog der Alkohole (1-Propanol) einen hohen Sättigungsdampfdruck. Für eine effektive Brandbekämpfung ist die dampfunterdrückende Wirkung des Löschschaums entscheidend, welche durch einen Polymerfilmbildner erzielt werden kann. Als Alternative zum AFFF sollte somit auf ein xanthanhaltiges Schaummittel zurückgegriffen werden. Bei den übrigen Chemikalien, die experimentell untersucht worden sind, ergab sich kein signifikanter Unterschied hinsichtlich der Dampfpermeabilität und Löscheffizienz von AFFF und MBS.

Aufgrund der Tatsache, dass das Clusterverfahren eine ausgeprägte Gruppierung nach chemischen Strukturmerkmalen vornimmt und dass diese maßgeblichen Einfluss auf die Wahl des geeigneten Schaummittels hat, ergeben sich nach Abarbeitung des Fließdiagramms für jede der 523 Chemikalien eindeutige Trends für die einzelnen Cluster. Diese sind Tabelle 3 zu entnehmen. Für alle Cluster konnte eine Alternative zu AFFF gefunden werden. Sind für einen Cluster sowohl AR als auch MBS aufgeführt, ist die Wahl des Schaummittels abhängig von der Wasserlöslichkeit der betrachteten Chemikalie. Für die Verbindungen, die eine heftige Reaktion mit Wasser eingehen, werden Löschpulver oder Inertgase als geeignete Löschmittel empfohlen. Bei 4 dieser 20 Verbindungen handelt es sich um anorganische Verbindungen, die nicht brennbar sind, womit sich die Löschmittelempfehlung erübrigt. MBS oder Polymerfilmbildner sind geeignet, um die Brände der übrigen betrachteten Chemikalien zu löschen, wobei die relative Effektivität der Brandbekämpfung im Vergleich zu AFFF nicht betrachtet wird. Für den Cluster 5 und 13, welche die sekundären und tertiären Amine sowie Thiole umfassen, ist davon auszugehen, dass MBS auch bei der Brandbekämpfung von nicht-wasserlöslichen Stoffen versagt, während die Verwendung von AFFF und Polymerfilmbildnern zu einem Löscherfolg führt. Als empfohlenes Löschmittel ist beim Cluster 5 und 13 somit generell der umweltverträglichere Polymerfilmbildner aufgeführt.

5 Fazit

Die Schaummittelklasse der AFFF wird aufgrund der darin enthaltenen per- und polyfluorierten Tenside in naher Zukunft verboten. Die ehemals in der Chemikaliendatenbank *ChemInfo* für 550 Stoffe hinterlegten Löschmittelempfehlungen mit dem Eintrag AFFF mussten daher überarbeitet werden. Auf Basis der Clusteranalyse, der Literaturrecherche und der durchgeführten Experimente konnte keine Substanz identifiziert werden, bei der AFFF im Rahmen der Brandbekämpfung zwingend benötigt wird. Die Zuordnung eines nach dem derzeitigen Stand der Erkenntnisse geeigneten, umweltfreundlicheren Schaummittels war damit möglich. Die betroffenen 550 Einträge in *ChemInfo* wurden entsprechend der erarbeiteten Löschmittelempfehlungen aktualisiert. Das Vorhaben zeigt beispielhaft, wie die Daten des Chemikalien-Informationssystems *ChemInfo* gepflegt und validiert werden. Neben der zeit- und kostenaufwendigen Durchführung von experimentellen Studien stellen die statistischen Methoden durch die Analyse von toxikologischen, physikalischen und chemischen (Struktur-)Daten eine weitere bzw. ergänzende Möglichkeit dar, das Verhalten von Chemikalien vorauszusagen. So ist es mithilfe der Clusteranalyse nicht nur möglich, das Brand- und Löschverhalten von Chemikalien abzuschätzen, sondern auch Aussagen über das Umweltverhalten, die Toxizität und die pharmakologische Wirkung von Stoffen zu treffen. Andererseits liefern Chemikaliendatenbanken wie *ChemInfo* breitgefächerte, einfach und teils öffentlich zugängliche Daten, um die entsprechenden Algorithmen anlernen zu können. Somit ergibt sich ein beidseitiger Nutzen sowohl für die statistische Methodenentwicklung als auch für die Datenpflege von Chemikalieninformationssystemen.

Literatur

1. Wachsmuth, M., & Knetsch, G. (2021). Vom chemischen Stoffdatenpool „GSBL“ zum anwendungsorientierten Chemikalieninformationssystem „ChemInfo“. In U. Freitag, F. Fuchs-Kittowski, A. Abecker, & F. Hosenfeld (Hrsg.), *Umweltinformationssysteme – Wie verändert die Digitalisierung unsere Gesellschaft?* (S. 229–239). Wiesbaden: Springer Fachmedien Wiesbaden. https://doi.org/10.1007/978-3-658-30889-6_14

2. Weber, B., Herzberg, M., & Wachsmuth, M. (2022). Gefahrstoffinformationen an Ort und Stelle. In F. Fuchs-Kittowski, A. Abecker, & F. Hosenfeld (Hrsg.), *Umweltinformationssysteme – Wie trägt die Digitalisierung zur Nachhaltigkeit bei?* (S. 43–49). Wiesbaden: Springer Fachmedien Wiesbaden. https://doi.org/10.1007/978-3-658-35685-9_3
3. Peshoria, S., Nandini, D., Tanwar, R. K., & Narang, R. (2020). Short-chain and long-chain fluorosurfactants in firefighting foam: a review. *Environmental Chemistry Letters,* 18(4), 1277–1300. https://doi.org/10.1007/s10311-020-01015-8
4. Wee, S. Y., & Aris, A. Z. (2023). Revisiting the "forever chemicals", PFOA and PFOS exposure in drinking water. *npj Clean Water,* 6(1), Artikel 57. https://doi.org/10.1038/s41545-023-00274-6
5. Bayerisches Staatsministerium für Umwelt und Verbraucherschutz, Bayerisches Staatsministerium des Innern und für Integration, & Bayerisches Landesamt für Umwelt. (2018). *Umweltschonender Einsatz von Feuerlöschschäumen.* https://www.sfsg.de/fileadmin/downloads/SFSG/Leitfaden.pdf
6. European Chemicals Agency (ECHA). (2022). *Annex XV restriction report – Per- and polyfluoroalkyl substances (PFASs) in firefighting foams.* https://echa.europa.eu/documents/10162/4524f49c-ae14-b01b-71d2-ac3fa916c4e9
7. Pedregosa, F., Varoquaux, G., Gramfort, A., Michel, V., Thirion, B., Grisel, O., Blondel, M., Prettenhofer, P., Weiss, R., Dubourg, V., Vanderplas, J., Passos, A., Cournapeau, D., Brucher, M., Perrot, M., & Duchesnay, E. (2011). Scikit-learn: Machine Learning in Python. *Journal of Machine Learning Research,* 12(85), 2825–2830.
8. Bundesinstitut für Arzneimittel und Medizinprodukte. (Hrsg.). (2016). *Europäisches Arzneibuch, Grundwerk 2014 (Ph. Eur. 8.0) inkl. 1. bis 8. Nachtrag (Ph. Eur. 8.1 bis 8.8): Amtliche deutsche Ausgabe.* Stuttgart: Deutscher Apotheker Verlag. ISBN: 9783769268959
9. Beyer, K., Goldstein, J., Ramakrishnan, R., & Shaft, U. (1999). When Is "Nearest Neighbor" Meaningful? In C. Beeri, & P. Buneman (Hrsg.), *Lecture Notes in Computer Science: Vol. 1540. Database Theory – ICDT'99* (S. 217–235). Berlin, Heidelberg: Springer. https://doi.org/10.1007/3-540-49257-7_15
10. Houle, M. E., Kriegel, H.-P., Kröger, P., Schubert, E., & Zimek, A. (2010). Can Shared-Neighbor Distances Defeat the Curse of Dimensionality? In M. Gertz, & B. Ludäscher (Hrsg.), *Lecture Notes in Computer Science: Vol. 6187. Scientific and Statistical Database Management* (S. 482–500). Berlin, Heidelberg: Springer. https://doi.org/10.1007/978-3-642-13818-8_34
11. Ester, M., Kriegel, H. P., Sander, J., & Xu, X. (1996). A Density-Based Algorithm for Discovering Clusters in Large Spatial Databases with Noise. In E. Simoudis, J. Han, & U. Fayyad (Hrsg.), *KDD'96: Proceedings of the Second International Conference on Knowledge Discovery and Data Mining* (S. 226–231). AAAI Press.
12. Dreger, R. M. (1986). Microcomputer Programs for the Rand Index of Cluster Similarity. *Educational and Psychological Measurement,* 46(3), 655–661. https://doi.org/10.1177/0013164486463021
13. Rousseeuw, P. J. (1987). Silhouettes: A graphical aid to the interpretation and validation of cluster analysis. *Journal of Computational and Applied Mathematics,* 20, 53–65. https://doi.org/10.1016/0377-0427(87)90125-7
14. Calinski, T., & Harabasz, J. (1974). A dendrite method for cluster analysis. *Communications in Statistics – Theory and Methods,* 3(1), 1–27. https://doi.org/10.1080/03610927408827101
15. Davies, D. L., & Bouldin, D. W. (1979). A Cluster Separation Measure. *IEEE Transactions on Pattern Analysis and Machine Intelligence,* PAMI-1(2), 224–227. https://doi.org/10.1109/TPAMI.1979.4766909
16. Back, G. G. (2023). An Evaluation of the Firefighting Effectiveness of Fluorine-Free Foams. *Fire Technology,* 59(6), 3107–3116. https://doi.org/10.1007/s10694-020-01051-4

17. Hinnant, K. M., Giles, S. L., Smith, E. P., Snow, A. W., & Ananth, R. (2020). Characterizing the Role of Fluorocarbon and Hydrocarbon Surfactants in Firefighting-Foam Formulations for Fire-Suppression. *Fire Technology,* 56(4), 1413–1441. https://doi.org/10.1007/s10694-019-00932-7
18. Yu, X., Jiang, N., Miao, X., Li, F., Wang, J., Zong, R., & Lu, S. (2020). Comparative studies on foam stability, oil-film interaction and fire extinguishing performance for fluorine-free and fluorinated foams. *Process Safety and Environmental Protection,* 133, 201–215. https://doi.org/10.1016/j.psep.2019.11.016
19. Exerowa, D. R., & Kruglyakov, P. M. (1998). *Foam and foam films: Theory, experiment, application.* Amsterdam: Elsevier. ISBN: 978-0-444-81922-2
20. Yu, X., Jiang, N., Miao, X., Zong, R., Sheng, Y., Li, C., & Lu, S. (2020). Formation of stable aqueous foams on the ethanol layer: Synergistic stabilization of fluorosurfactant and polymers. *Colloids and Surfaces A: Physicochemical and Engineering Aspects,* 591, Artikel 124545. https://doi.org/10.1016/j.colsurfa.2020.124545
21. Ross, S., & McBain, J. W. (1944). Inhibition of Foaming in Solvents Containing Known Foamers. *Industrial and Engineering Chemistry,* 36(6), 570–573.
22. Emami, H., Ayatizadeh Tanha, A., Khaksar Manshad, A., & Mohammadi, A. H. (2022). Experimental Investigation of Foam Flooding Using Anionic and Nonionic Surfactants: A Screening Scenario to Assess the Effects of Salinity and pH on Foam Stability and Foam Height. *ACS omega,* 7(17), 14832–14847. https://doi.org/10.1021/acsomega.2c00314

Nachhaltigkeit in der Webgestaltung

Eine Analyse von Content Management Systemen (CMS) und Webseiten-Buildern in Bezug auf Energieeffizienz

Michael Holzhüter, Per Ejsmont und Verena Majuntke

Zusammenfassung

Der wachsende Energiebedarf und die zunehmende Größe von Webseiten im Zuge der Digitalisierung stellen eine ökologische Herausforderung dar. Im Jahr 2023 erreichte der Energieverbrauch des Internets in Deutschland 13 TWh [1]. Die durchschnittliche Größe einer Webseite betrug im Jahr 2024 2505.3 Kilobyte (KB) im Vergleich zu 1502.3 KB im Jahr 2016 [2], eine Steigerung von 166 %. Diese Arbeit analysiert die Rolle von Content Management Systemen (CMS) und Webseiten-Buildern bei der Förderung von Nachhaltigkeit im Internet. Von 200 Mio. aktiven Webseiten waren im Jahr 2022 76 Mio. Webseiten von einem CMS abhängig [3]. Der Beitrag dieser Arbeit besteht in der Identifizierung und Bewertung von Nachhaltigkeitsaspekten in führenden CMS. Dafür wird relevante Literatur analysiert, um Aspekte von Webseiten zu identifizieren, die sich auf die Nachhaltigkeit auswirken. Anschließend werden Messungen von Webseiten, die mit verschiedenen CMS erstellt wurden, durchgeführt, um ihre Nachhaltigkeit zu evaluieren. Die Ergebnisse legen nahe, dass die Einbindung von Nachhaltigkeitsprinzipien in CMS die Ressourceneffizienz des Internets erheblich verbessern könnte.

M. Holzhüter (✉)
Fraunhofer FOKUS, Berlin, Deutschland
E-Mail: michael.holzhueter@fokus.fraunhofer.de

P. Ejsmont · V. Majuntke
HTW Berlin, Berlin, Deutschland
E-Mail: ejsmontper@gmail.com

V. Majuntke
E-Mail: verena.majuntke@htw-berlin.de

F. Fuchs-Kittowski et al. (Hrsg.), *Umweltinformationssysteme - Digitalisierung für eine nachhaltige Planetare Zukunft,* https://doi.org/10.1007/978-3-658-46394-6_10

Schlüsselwörters

Webseiten-Builder • Content Management System • Low-Tech • Energieverbrauch • LowEnergy

1 Einleitung

Die zunehmende Wahrnehmung der Umweltauswirkungen menschlicher Aktivitäten hat zu einem wachsenden Interesse an Nachhaltigkeitsaspekten in verschiedenen Sektoren geführt. Diese Entwicklung ist auch im Bereich der Informationstechnologie zu beobachten, wo die fortschreitende Digitalisierung zu einem erhöhten Energiebedarf führt. Das Internet, als ein zentraler Bestandteil der Digitalisierung, trägt wesentlich zu diesem Energieverbrauch bei. Im Jahr 2023 wurde der Energieverbrauch des Internets in Deutschland auf 13 Terawattstunden pro Jahr geschätzt [1]. Weitere Entwicklungen, wie die Einführung des Mobilfunkstandards 5G [4] ließ den Verbrauch weiter steigen. Die Median-Größe einer Desktop-Webseite betrug 2016 1502.3 KB und wuchs bis 2024 auf 2505,3 KB an [2]. Diese Zahlen unterstreichen die Notwendigkeit, die Auswirkungen der Digitalisierung auf die Umwelt genauer zu betrachten und gezielt Maßnahmen zu identifizieren, um die Ressourceneffizienz zu verbessern.

In den vergangenen Jahren wurde der Bedarf der Ressourcenreduzierung für das Internet zunehmend thematisiert. Laut einer bei Statista veröffentlichten Forbes-Studie [5] gab es im Jahr 2023 1,13 Mrd. Webseiten, von denen 200 Mio. aktiv waren. Ein Content Management System (CMS) ist eine Software, die es Benutzern ermöglicht, Inhalte zu erstellen, zu verwalten und zu modifizieren, ohne umfassende technische Kenntnisse zu benötigen. Bekannte Beispiele sind WordPress, Joomla und Drupal. Ein Website Builder ist ein Tool, das speziell darauf ausgerichtet ist, die Erstellung von Websites so einfach wie möglich zu gestalten. Beispiele sind Wix, Squarespace und Weebly. Statistiken zeigen, dass eine große Zahl von Webseiten mit CMS oder Webseiten-Buildern erstellt wurden. Unter den Marktführern der Webseiten-Builder zählen WordPress mit 43,3 % aller Webseiten online, Shopify mit etwa 4,4 % und Wix mit 2,7 % aktiven Webseiten [6]. Es existieren Leitfäden, wie man Webseiten ressourceneffizienter gestaltet kann. Würde dies bereits in die CMS und/oder Builder integriert, könnte das Internet deutlich ressourceneffizienter und damit nachhaltiger werden.

Der Beitrag dieser Arbeit liegt in der Analyse von Schlüsselfaktoren aus der bestehenden Literatur, die die Nachhaltigkeit von Webseiten beeinflussen. Darauf aufbauend evaluieren wir die Marktführer unter den CMS und Webseiten-Buildern im Hinblick auf diese Faktoren und diskutieren die erzielten Ergebnisse.

Der Beitrag ist wie folgt strukturiert: Abschn. 2 diskutiert verwandte Arbeiten. Die Identifikation relevanter Aspekte erfolgt in Abschn. 3. Die Durchführung der Messungen wird in Abschn. 4 beschrieben gefolgt von der Diskussion der Ergebnisse in Abschn. 5. Der Beitrag schließt mit einem Fazit und Ausblick in Abschn. 6.

2 Verwandte Arbeiten

Die bestehende Forschung zu diesem Thema konzentriert sich auf verschiedene Aspekte der Energieeffizienz von Webseiten, wie z. B. die Optimierung von Code, die Verwendung von energieeffizienten Technologien und die Berücksichtigung von Benutzerverhalten bei der Entwicklung von Webseiten [1, 7, 8]. Verschiedene Studien [9, 11, 12] weisen darauf hin, dass die Energieeffizienz von Webseiten eng mit anderen Aspekten der Nachhaltigkeit verbunden ist, wie z. B. der verantwortungsvollen Verwendung von Ressourcen und der Minderung von Treibhausgas-Emissionen. Daraus entsteht eine wachsende Notwendigkeit, die Energieeffizienz von Webseiten in den Vordergrund zu stellen, um eine nachhaltigere Webentwicklung zu fördern. Die Bewertung des Energieverbrauchs digitaler Dienstleistungen und Produkte, wie Webseiten, stellt aufgrund der Komplexität und mangelnden Transparenz der Lieferketten in diesem Sektor eine große Herausforderung dar. Angesichts dieser Herausforderungen ist es wichtig, sich möglicher Grenzen der Messbarkeit und Einschränkungen bewusst zu sein [13]. Unterschiedliche Arbeiten [1, 14, 15] zeigen, dass der durch Informations- und Kommunikationstechnologie (IKT) verursachte Energieverbrauch in erster Linie hinsichtlich drei Gesichtspunkten verursacht wird: Rechenzentren, Netzwerke und Verbrauchergeräte. Roussilhe [16] nutzt die Lebenszyklusanalyse (LCA) als Methode zur erweiterten Bewertung von Umweltauswirkungen im Bereich digitaler Produkte und Dienstleistungen. Die Methode eignet sich zur Untersuchung der ökologischen Nachhaltigkeit und umfasst alle Lebensphasen von der Rohstoffgewinnung bis zur Entsorgung am Ende des Lebenszyklus. Die „end of life" Phase befindet sich jedoch außerhalb des betrachteten Bereichs. Diese Phase ist allerdings besonders wichtig, da sie entscheidenden Einfluss auf die Gesamtnachhaltigkeit eines Produkts hat. Sie beinhaltet Prozesse wie das Recycling, die sichere Entsorgung und die Wiederverwertung, um den Ressourcenverbrauch und die Umweltbelastung zu minimieren. Trotz ihrer Bedeutung wird die „end of life"-Phase in vielen Studien zur LCA oft nicht vollständig berücksichtigt, was zu einer unvollständigen Bewertung der ökologischen Auswirkungen von IKT-Produkten führen kann. Das Hauptziel der in der Studie genutzten Methode nach ISO 14040-44 ist es, die mit einem Produkt oder einer Dienstleistung verbundenen Umweltbelastungen zu ermitteln und zu quantifizieren sowie Verbesserungsmöglichkeiten offenzulegen. Damit stellt sie eine umfassende Methode zur Untersuchung der Umweltauswirkungen dar, die in einzelne Schichten eingeteilt werden. Neben Emissionen, abiotischem Ressourcen- und Wasserverbrauch wird auch der Energieverbrauch als Schicht aufgeführt. Eine Studie von Lange et al. [17] unterstützt die Berücksichtigung dieser Faktoren und bezeichnet negative Einflüsse von Digitalisierung auf diese Bereiche als Rebound-effects (deutsch „Rückpralleffekte"). Van Capelleveen et al. [18] führen allerdings an, dass eine Lebenszyklusanalyse (LCA) eine komplexe und herausfordernde Aufgabe ist. Aufgrund der zahlreichen Stufen, die in die Produktion und den Vertrieb eines Produkts involviert sind, sowie der großen Menge an Daten, die gesammelt und analysiert werden müssen, ist der Prozess sehr komplex. Laut ihrer Studie tragen mehrere Faktoren dazu bei, dass die Durchführung einer LCA herausfordernd ist. Dazu gehören das Fehlen standardisierter Datenerhebungs- und Berichterstattungsmethoden, die begrenzte Verfügbarkeit von Daten zu bestimmten Phasen des Lebenszyklus und die Komplexität der Modellierung der Wechselwirkungen und Abhängigkeiten zwischen verschiedenen Lebenszyklusphasen. Ferner stellt die Studie fest, dass herkömmliche LCA-Methoden die Umweltauswirkungen neuer Technologien, wie etwa digitaler Produkte und Dienstleistungen, meist nicht vollständig erfassen können.

3 Aufbau von Webseiten

Im Allgemeinen umfasst der Aufbau einer Webseite HTML, CSS, JavaScript, Medien wie Videos und Bilder und Fonts. Der Energiebedarf einer Webseite steigt mit ihrer Komplexität und Funktionalität. Zakas führt dies auf eine zunehmende Anzahl an Anfragen und steigendes Seitengewicht zurück [19]. Mit Gewicht bzw. Seitengewicht ist in dieser Arbeit die Größe der übertragenen Daten bei Aufruf der Seite definiert. Dabei kann eine Zunahme des Umfangs in Bezug auf HTML, CSS, Javascript und Medien als auch der Anfragen festgestellt werden. Bloquel et al. empfiehlt die Erstellung leichtgewichtiger Webseiten als low-tech Maßnahme [20]. Der Begriff low-tech Webseite wird aktuell in der Forschung wenig genutzt. Im Bereich der Software-Entwicklung zeigen Arbeiten jedoch auf, dass leichtere Seiten weniger Energie verbrauchen [21–25]. Im Folgenden werden die Kriterien diskutiert, welche sich auf die Größe und damit die Energieeffizienz einer Webseite auswirken.

3.1 Bilder

Die Verwendung von Bildern auf Webseiten dient der Verbesserung der Benutzerfreundlichkeit als auch der allgemeinen Ästhetik einer Webseite. Bilder haben jedoch einen erheblichen Einfluss auf das Gewicht der Webseite. Dies wirkt sich negativ auf die Ladegeschwindigkeit und die Energieeffizienz aus [22, 27]. Saarinen und Manner zeigten in einer Studie, in welcher über 1.000 Webseiten analysiert wurden, dass Bilder den größten Teil des Seitengewichts, durch die Dateigröße, das Format und die Anzahl, ausmachen [24]. Nach Zahlen von HTTP-Archive [2] hat sich die Größe der Bilddateien in den letzten zehn Jahren für Desktop-Webseiten mehr als verdoppelt und für mobile-Webseiten sogar mehr als vervierfacht. Thiagarajan et al. zeigen, dass die Bildgröße mit dem Energieverbrauch für das Herunterladen und der Darstellung korreliert [22]. Je größer das Bild, desto größer der Energieverbrauch. Sie empfehlen daher die Bildgröße entsprechend dem Verbrauchergerät anzupassen.

3.2 Javascript

Javascript wird bei der Entwicklung moderner Webanwendungen für ansprechende und hochfunktionale Webdienste eingesetzt. JavaScript ist ein wesentlicher Bestandteil des AJAX-Paradigmas, bei dem durch Asynchronous Javascript and XML (AJAX) dynamische Inhalte auf Webseiten verwendet werden können. Dabei müssen nur Teile und nicht die gesamte Webseite neu geladen werden. Thiagarajan et al. zeigen, dass dadurch weniger Inhalte im Cache zwischengespeichert werden können und folgern, dass Javascript und dynamische Webseiten den Energieverbrauch aufgrund einer erhöhten Anzahl von Anfragen erhöht [22]. Darüber hinaus konnten Sie nachweisen, dass das Rendern von komplexem Javascript genauso energieintensiv ist, wie das von Bildern. Eine mögliche Schlussfolgerung könnte der sparsame Einsatz von Javascript zur Reduzierung des Energieverbrauchs sein. Darüber hinaus betrachten Thiagarajan et al. und Miettinen und Nurminen die Verwendung von Javascript-Bibliotheken und konnten zeigen, dass der Einsatz von Bibliotheken einen erheblichen Einfluss auf den Energieverbrauch hat und dass durch das Herauslösen verwendeter Funktionalitäten eine deutliche Einsparung erreicht werden konnte [22, 28]. Zu einem ähnlichen Ergebnis kamen auch Chaqfeh et al. [29]. Sie konnten belegen, dass auf komplexen Webseiten nur Teile des Javascript-Codes genutzt wurden und durch die Entfernung ungenutzten Codes das Gesamtgewicht der Seiten erheblich reduziert werden konnte. Dies führte zu verbesserten Ladezeiten und damit einhergehend zu einem besseren Nutzererlebnis.

3.3 HTML

HTML (Hypertext Markup Language) war die erste Sprache, um Webseiten zu erstellen. Die ersten Webseiten waren relativ einfach gestaltet. Sie waren textbasiert mit minimaler Verwendung von Bildern und Multimedia-Inhalten [30, 31]. Die Rolle von HTML nahm über die Zeit ab, da zunehmend zur Präsentation Cascading Style Sheets (CSS) und für die Funktionalität Javascript eingesetzt wurde, was das Seitengewicht kontinuierlich erhöhte [22]. Zhu und Reddi und Qian et al. konnten zeigen, dass die Vereinfachung von Webseiten mit HTML5 und CSS3 die Leistung von Webseiten und die Benutzerfreundlichkeit verbessern kann [26, 32]. Durch neue Strukturelemente wie Kopf-, Navigations-, Artikel- und Fußzeilen können diese effizienter analysiert werden. Durch die neuen Strukturelemente kann Mensch und Maschine die Seite leichter verstehen, durch die klare Struktur Analyse-Werkzeuge Inhalte besser erkennen und indizieren, die Ladezeiten reduziert werden sowie die Benutzererfahrung verbessert werden. Dies führt wiederum zu kürzeren Ladezeiten der Seite und zur schnelleren Ausführung von Javascript, da ein einfacheres Document Object Model (DOM) schneller zu navigieren ist. Darüber hinaus können HTML5. Eingabeelemente in Formularen unterstützen, Funktionalitäten, die bisher mit Javascript implementiert wurden, mit deklarativem HTML-Code zu realisieren.

3.4 CSS

CSS (Cascading Style Sheets) ist eine Stylesheet-Sprache, um die Präsentation der Inhalte eines HTML- oder XML-Dokuments zu beschreiben. CSS ermöglicht, die Präsentation der Webseite von ihrem Inhalt zu trennen, was die Wartung und Aktualisierung der Webseite erleichtert [24]. Durch die Verwendung können darüber hinaus responsive Design-Techniken realisiert werden, welche die Webseite auf unterschiedlichen Geräten ansprechend anzeigt [31]. Thiagarajan et al. konnten nachweisen, dass das Rendern von CSS-Dateien sehr ressourcenintensiv ist [22]. Mesbah und Mirshokraie zeigten, dass bei einer Auswahl von Seiten ca. 60 % des CSS-Skriptes nicht genutzt wurden [33], Mendoza et al. kamen sogar auf 78 % [34]. Dabei sind ungenutzte Teile des CSS-Skripts, die von keinem der Webseitenelemente oder -komponenten genutzt wird. Mesbah und Mirshokraie folgern, dass nicht verwendete Teile des CSS-Skripts entfernt werden sollten, um die Ressourceneffizienz zu steigern [33].

3.5 Fonts

Fonts werden in Webseiten eingesetzt, um ein visuell ansprechendes Nutzererlebnis zu realisieren. Für die Nutzung externer Fonts müssen zusätzliche Dateien vom Browser geladen werden. Mendoza et al. fanden heraus, dass oftmals Fonts für Webseiten vorliegen, die jedoch nicht verwendet werden [34]. Qian et al. kamen zum Ergebnis, dass die Font-Dateien im Allgemeinen zwar deutlich kleiner als Bild-, CSS- und Javascript-Dateien sind, Fonts jedoch das Seitengewicht einer Webseite dennoch erhöhen und zu zusätzlichen http-Anfragen für die Abfrage externer Ressourcen führen [32].

4 Untersuchung von Webseitenbaukästen und Low-Tech/LowEnergy Webseiten

Ziel der Untersuchung ist ein Vergleich der Nachhaltigkeit von Webseiten, die 1) mithilfe von Webseitenbaukästen/CMS erstellt wurden und 2) LowEnergy-Webseiten. Da keine eindeutige Definition für Webseiten existiert, welche in Bezug auf Ressourcenverbrauch optimiert wurden, wird nachfolgend der Begriff *LowEnergy-Webseite* für alle Webseiten genutzt, die den Ressourcenverbrauch optimieren, d. h. auch sogenannte LowCarbon- und LowTech-Webseiten. In LowEnergy-Webseiten werden insbesondere überflüssige Fragmente oder Funktionen aus dem Webseiten-Code entfernt und Bilder reduziert, dass sie nicht unnötig groß sind.

Analysiert wurden Webseiten, welche mit dem CMS bzw. Webseiten-Buildern 1) Shopify, 2) GoDaddy, 3) Ionos, 4) Wix, 5) WordPress und 6) Squarespace, erstellt wurden.

Für die Auswahl der Werkzeuge wurde nicht die Marktdurchdringung als Auswahlkriterium herangezogen, sondern die Marktanteile auf Basis des Unternehmensumsatzes. Ein großer Marktanteil impliziert, dass ein Unternehmen finanziell erfolgreich ist und in unsicheren Zeiten stabil und damit länger am Markt bestehen kann [35]. Für die Messungen wurden für jede der 6 Webseiten-Buildern 10 Webseiten von https://trends.builtwith.com/ ausgewählt. Bei der Auswahl wurde beachtet, dass die Webseiten aus verschiedenen Ländern stammten, um eine internationale Abdeckung zu erreichen und dass die Webseiten mit den ausgewählten Werkzeugen, welche in 4.1 bis 4.4 beschrieben sind, gemessen werden konnten. Auch wenn diese Anzahl für eine umfassende statistische Auswertung zu gering ist, geben die Ergebnisse eine Indikation hinsichtlich der Durchschnittsgröße und des Einsparpotenzials. Als Vergleichsobjekte wurden zusätzlich zehn Webseiten zufällig ausgewählt, welche nach den LowEnergy Prinzipien umgesetzt worden sind. Für die Messungen wurden die Werkzeuge Website Carbon, Beacon, CO_2 Rechner und Greenpages gewählt, welche frei verfügbar sind und die in Abschn. 3 identifizierten Aspekte messen können.

4.1 Ergebnisse mit dem Werkzeug Website Carbon

Das Messwerkzeug *Website Carbon* (https://websitecarbon.com) misst die Größe der übertragenen Daten beim Erstbesuch der Seite und präsentiert dem Nutzenden als Ergebnis den errechneten CO_2 Verbrauch und die Einstufung des Werts in einer Werteskala von Energieeffizienz A bis F. Zudem prüft das Werkzeug, ob die Webseite von einem nachhaltig gekennzeichneten Hosting-Anbieter, gelistet auf https://www.thegreenwebfoundation.org, gehostet wird. Die Anzeige, wie viel CO_2 die Seite verbraucht reicht in der Regel nicht, um Einsparpotenziale zu identifizieren, zeigt jedoch die Belastung durch den Aufruf der Webseite.

Abb. 1 zeigt die Messergebnisse der insgesamt 70 Webseiten, welche mit dem Werkzeug Website Carbon erfasst wurden. Die Ergebnisse dieses Werkzeugs legen nahe, dass die Nutzung eines Webseiten-Builders nicht ausschlaggebend für hohe Emissionen ist. Zwar zeigen Shopify- und Wordpress-Seiten im Vergleich zu den anderen Kategorien höhere Werte, jedoch gibt es auch Webseiten, welche mit Webseiten-Buildern wie Ionos erstellt wurden und einen ähnlich niedrigen Wert wie die ausgewählten LowEnergy-Webseiten haben.

4.2 Ergebnisse mit dem Werkzeug Beacon

Das Messwerkzeug *Beacon* (https://digitalbeacon.co) misst ähnlich zu Website Carbon die Größe der übertragenen Daten beim Erstbesuch der Seite, zusätzlich aber auch die

Abb. 1 Messergebnisse mit dem Werkzeug Website Carbon

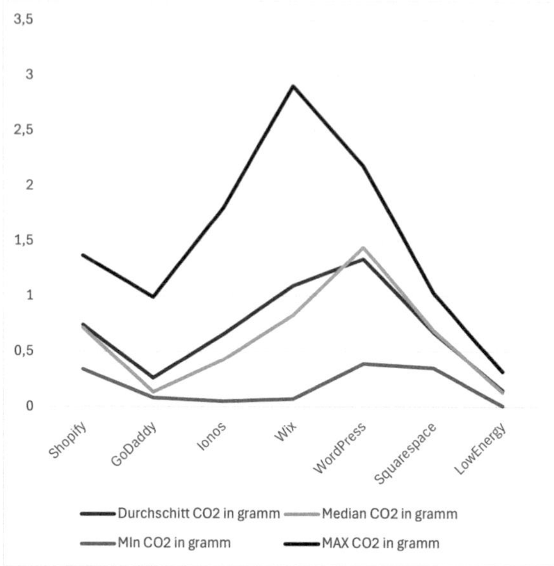

Größe der übertragenen Daten beim Zweitbesuch der Webseite. Das Werkzeug gibt darüber hinaus detaillierte Informationen über die übertragene Datenmenge. Abb. 2 zeigt die Messergebnisse des Werkzeugs Beacon. Auffällig ist, dass die Kurve ähnlich der Kurve des Erstbesuchs gemessen mit dem Werkzeug Website Carbon ist.

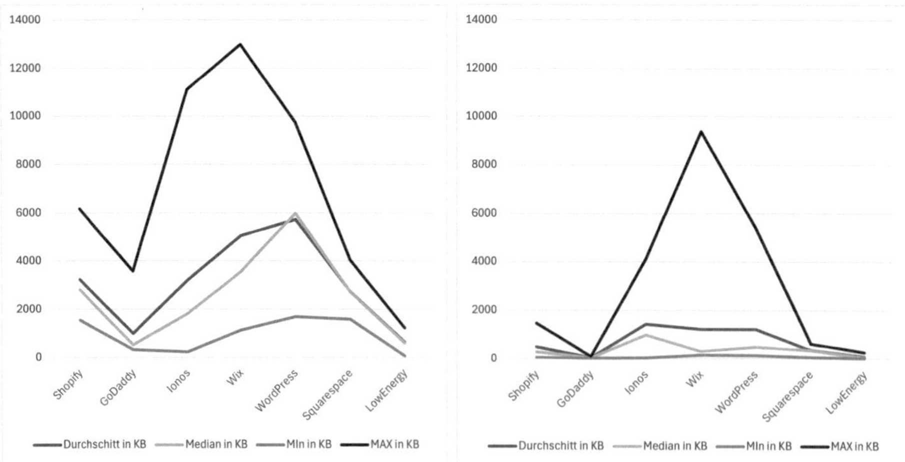

Abb. 2 Messergebnisse des Erstbesuchs (links) und des Zweitbesuchs (rechts) mit dem Werkzeug Beacon

Jedoch wird offensichtlich, dass beide Werkzeuge unterschiedliche CO_2-Emissionen für dieselben Webseiten berechnen. Aus diesem Grund ist die reine Ansicht der CO_2 Belastung aus unserer Sicht nicht aufschlussreich für den Nutzenden. Bei der Messung des Zweitbesuchs ist erkennbar, dass insgesamt – bis auf wenige Ausreißer – weniger Inhalte nachgeladen werden mussten. Ein Grund hierfür ist wahrscheinlich, dass sich Informationen bereits im Cache befinden. Bei der Durchführung der Messung fiel zusätzlich auf, dass das Werkzeug Beacon durchgeführte Messungen speichert. Dabei ist unklar, wie lange die Ergebnisse vorgehalten werden. Sämtlich Webseiten, welche nach den LowEnergy Prinzipien erstellt worden sind, wurden in der Vergangenheit bereits mehrfach mithilfe des Werkzeugs gemessen.

4.3 Ergebnisse mit dem Werkzeug CO_2 Rechner von Piko Solutions

Das Messwerkzeug von Piko Solutions (https://web-zero.de/) misst ebenfalls die Größe der übertragenen Daten beim Erstbesuch der Seite, jedoch nicht die Größe der übertragenen Daten beim Zweitbesuch. Es gibt – ähnlich zu Beacon – genauen Aufschluss darüber, welche Datenmenge übertragen wurde. Zusätzlich wertet das Werkzeug aus, wie die Messungen für die einzelnen Kriterien – welche in Abschn. 3 beschrieben wurden – sind und wie groß die übertragenen Daten der jeweiligen Webseite sind. Die Darstellung der Messergebnisse unterscheidet sich von der von Website Carbon und Beacon. Abb. 3 zeigt die Messergebnisse mit dem Werkzeug von Piko Solutions. Die Kurve verhält sich ähnlich den Kurven, welche durch die Messungen mithilfe von Website Carbon und Beacon entstanden ist sind. Beim Werkzeug von Pic Solutions wurden zusätzlich die einzelnen Kriterien evaluiert und somit die wesentlichen Verbraucher von Ressourcen identifiziert. Dafür wurde der Median der einzelnen Kriterien verwendet und zusätzlich der Mittelwert aus allen Webseitenbaukästen dargestellt.

Bei den Ergebnissen ist auffällig, dass nicht die Bilder bzw. Medien (544 KB) der ausgewählten Webseiten für die übertragene Datengröße verantwortlich sind, sondern vor allem Skripte (607 KB) sowie Bilder und Schriften (Fonts) zur Datenmenge beitragen.

4.4 Ergebnisse mit dem Werkzeug Greenpages

Das Werkzeug *Greenpages* (https://greenpages.aalto.fi/), entwickelt an der Aalto University in Finnland, ist von den vier verglichenen Werkzeugen das einzige, welches das Einsparpotenzial für eine analysierte Webseite darstellen kann. Das Werkzeug berechnet – analog zu Beacon und Piko Solutions – die übertragene Datenmenge beim Erstbesuch (siehe Abb. 4).

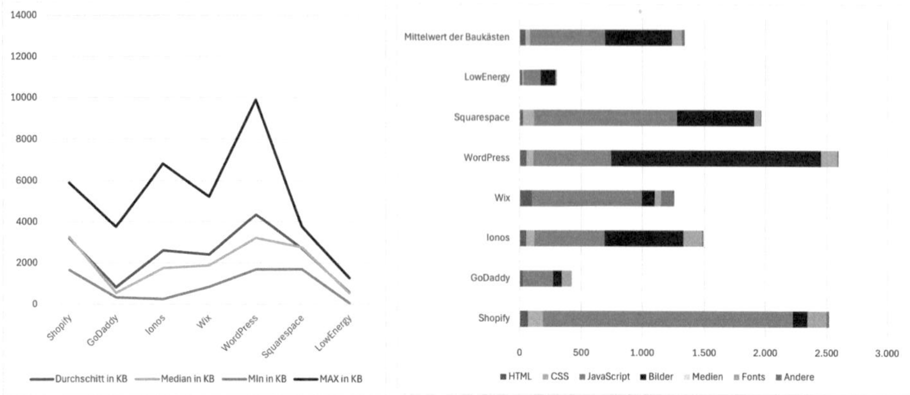

Abb. 3 Messergebnisse des Erstbesuchs (links) und Median der Zusammensetzung der Webseiten (rechts) mit dem Werkzeug von Piko Solutions

Abb. 4 Messergebnisse des Werkzeugs Greenpages zur übertragenen Datenmenge beim Erstbesuch

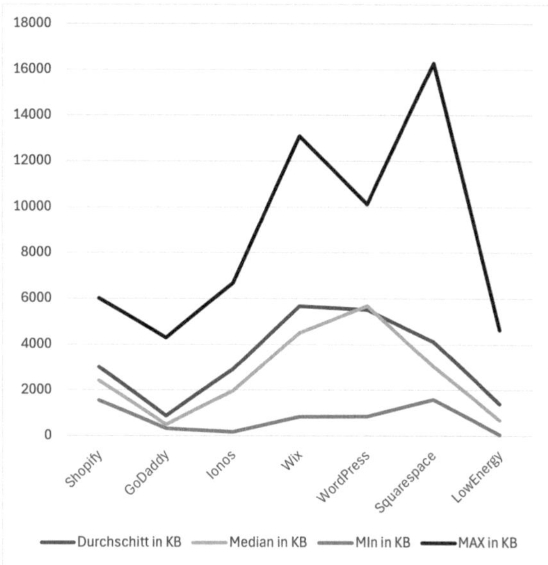

Zudem schlüsselt es ebenso die Größe der einzelnen gemessenen Kriterien auf, welche wir in Tab. 1 dargestellt haben. Im direkten Vergleich lassen sich die Unterschiede der Messergebnisse zwischen den unterschiedlichen Werkzeugen erkennen.

Tab. 1 Median-Zusammensetzung der Webseiten der übertragenen Datenmenge des Werkzeugs Greenpages in KB

Anbieter	Image	Scipt	Style-sheet	Font	Docu-ment	Media	xhr	Other	Thirdparty
LowEnergy	959	332	28	54	27	0	5	2	260
Squarespace	1279	1394	92	132	31	0	1176	16	3741
WordPress	3150	711	59	228	36	1035	257	33	2412
Wix	1470	687	32	148	109	3054	1	162	4522
Ionos	1345	944	217	171	69	0	23	142	1020
GoDaddy	148	307	2	79	19	0	312	10	852
Shopify	711	1082	149	116	4626	2	20	842	1990

5 Auswertung der durchgeführten Messung

Das Werkzeug Greenpages liefert nicht nur die Messergebnisse, sondern analysiert die Webseiten dahingehend, wie viel Einsparpotenzial die Webseiten haben.

Abb. 5 zeigt mögliche Optimierungspotenziale für Webseiten von jedem Baukastentyp bzw. der LowEnergy-Webseiten.

Tab. 2 zeigt die Einsparmöglichkeiten in KB, welche vom Werkzeug Greenpages dargestellt werden. Angezeigte Einsparmöglichkeiten sind Einsparungen durch ein modernes Bildformat, Bildkompression, Anpassung der Bildgröße, Verwendung des Grafikformats

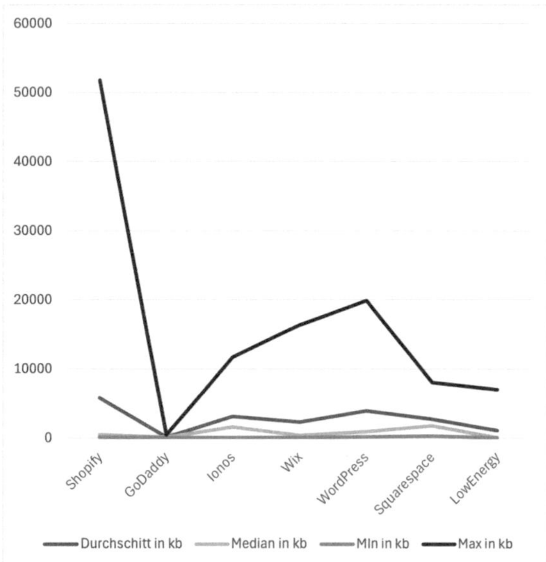

Abb. 5 Optimierungspotenzial der übertragenen Datenmenge Erstbesuchs

Tab. 2 Detaillierte Übersicht über Einsparmöglichkeiten des Werkzeugs Greenpages in KB

Anbieter	Bildformat	Bildkompression	Bildgröße	Video zu gif	Vererbtes JS	Doppeltes JS	Nicht genutztes JS	Textkompression	Cachefähig
Low-Energy	959	332	28	54	27	0	5	2	260
Squarespace	1279	1394	92	132	31	0	1176	16	3741
WordPress	3150	711	59	228	36	1035	257	33	2412
Wix	1470	687	32	148	109	3054	1	162	4522
Ionos	1345	944	217	171	69	0	23	142	1020
GoDaddy	148	307	2	79	19	0	312	10	852
Shopify	711	1082	149	116	4626	2	20	842	1990

gif statt Videos, Verwendung von vererbaren JavaScript, Vermeidung von doppelten JavaScript und nicht genutzten JavaScript, Textkompression und die Nutzung des lokalen Cache der Endgeräte.

Die höchsten Einsparpotenziale ergeben sich durch 1) optimierte Bildformate, 2) eine optimierte Größe, 3) Optimierung von Scripten durch die Entfernung von nicht genutzten Attributen, sowie durch 4) gezieltes Caching von Daten. Wenig bis keine Einsparpotenziale sind bei der Kompression von Grafiken oder bei der Umwandlung von Videoformaten in gif sowie bei ungenutzten CSS oder der Kompression von Texten aus den Daten abzulesen. Obwohl bei den Messungen besonders die Webseitenbaukästen von Shopify, Wordpress, Wix und Squarespace herausstachen, ist ein besonders hohes Einsparpotenzial bei Squarespace und IONOS Webseiten zu erkennen. Ebenso sind starke Ausreißer bei Messungen von Webseiten zu erkennen, welche beispielsweise auf der Webseite eine Vielzahl von unkomprimierten Bilder verwenden. IONOS könnte durch die Nutzung des Caches den Bandbreitenbedarf fast halbieren.

In Tab. 3 werden die Durchschnittswerte des Erstbesuchs und die Einsparungen gegenübergestellt. Werden insgesamt die Durchschnittswerte betrachtet, dann könnten Einsparungen zwischen rund 8 % bei Webseiten, die mit GoDaddy erstellt wurden und bis zu 79 % bei den betrachteten Webseiten vorgenommen werden.

Zu sehen ist auch, dass die Webseitengröße nicht mit der möglichen Einsparung korrelieren muss. Bei Squarespace sind die gemessenen Webseiten am größten, das Einsparpotenzial dieser liegt jedoch nur bei 34,4 %.

Tab. 3 Auswertung der durchschnittlichen Einsparungen

Anbieter	Übertragene Datenmenge bei Erstbesuch in KB	Einsparung in KB	Mögliche Einsparung in %
Squarespace	7860,5	2704,1	34,40 %
WordPress	7921,3	3907,2	49,33 %
Wix	10185,8	2282,9	22,41 %
Ionos	3932,1	3100,6	78,85 %
GoDaddy	1730,9	136,0	7,86 %
Shopify	9537,8	5800,0	60,81 %

6 Zusammenfassung und Fazit

Die Größe von Webseiten steigt seit Jahren kontinuierlich an. Gleichzeitig wird in allen Lebensbereichen über Energiesparmaßnahmen und den Einsatz regenerativer Energiequellen diskutiert. Betrachtet man das Internet, bieten Webseiten, die mit Webseitenbaukästen erstellt wurden, ein hohes Optimierungspotenzial in Bezug auf Ressourceneffizienz, da sie einen Anteil von 68 % aller erstellten Webseiten ausmachen. Optimierungsmaßnahmen wie angepasste Bildformate, Bildgrößen, Verzicht auf ungenutzte Skripte und effektives Caching können Energieeinsparungen ermöglichen, ohne die Qualität oder Benutzererfahrung zu beeinträchtigen. Zusätzliche Einsparmöglichkeiten könnten durch Lazy Loading erwirkt werden, bei welchem die Inhalte erst geladen werden, wenn die Nutzenden sie benötigen, was auch die Ladezeit der Webseite begünstigt. Zu den weiteren Möglichkeiten gehören zudem Single Page Applications, welche während der Nutzung nicht neu geladen werden müssen, oder Progressive Web Apps, welche den Cache besser ausnutzen, um Bandbreite zu sparen. Der Kriterienkatalog für nachhaltige Software [36] könnte auf Basis dieser Arbeit erweitert werden. Dort sollte auch wie in den verwandten Arbeiten auf den verursachten Energieverbrauch in der gesamten Lieferkette: Rechenzentren, Netzwerke und Verbrauchergeräte betrachtet werden. Im Rahmen dieser Arbeit wurden Webseiten untersucht, die mit sechs verschiedenen Webseitenbaukästen erstellt wurden. Basierend auf den jeweiligen Marktanteilen der sechs Anbieter ergibt sich bei diesen sechs Anbietern ein durchschnittliches Einsparpotenzial von 47,62 % beim Erstbesuch von Webseiten.

Aktuell erweitern wir unsere Analyse um weitere Webseitenbaukästen und eine Vielzahl von Webseiten, um unsere Erkenntnisse statistisch zu verifizieren. Zudem müssen bei einer Folgeuntersuchung mehr Webseiten der einzelnen Anbieter betrachtet werden, damit ausgeschlossen werden kann, dass beispielsweise zufällig Webseiten mit wenig oder vielen Bildern bei der Messung ausgewählt wurden. Auch sollte geprüft werden, wie das SEO (Search Engine Optimization) Einfluss auf den Energieverbrauch haben kann, in dem Nutzende bessere Suchergebnisse erhalten und unnötige Webseitenaufrufe vermieden werden können. Der Besuch von Webseiten ist dabei nur ein Anwendungsfall. Streaming oder der Verbrauch durch IoT (Internet of Things) sind weitere Anwendungsgebiete, auf welche die Untersuchung ausgeweitet werden sollten.

Literatur

1. Schmidt-Feneberg, P. (2023). *Statista: So viel verbraucht das Internet*. Verfügbar unter: https://de.statista.com/infografik/26873/co2-vergleich-dsl-und-glasfasernetz/
2. http-Archive. (2023). *Report: Page Weight*, https://archive.org/reports/page-weight
3. Beckman, J. (2023). *Essential CMS Market Share and Usage Statistics in 2023*, https://techreport.com/statistics/cms-statistics/
4. Höfer, T., Bierwirth, S., & Madlener, R. (2020). *Energie-Mehrverbrauch in Rechenzentren bei Einführung des 5G Standards*. FCN – Institute for Future Energy Consumer Needs and Behavior, RWTH Aachen.
5. Statista. (2023). *Webseiten – Anzahl weltweit 2023*, https://de.statista.com/statistik/daten/studie/290274/umfrage/anzahl-der-webseiten-weltweit
6. W3Techs. (2024). *Historical yearly trends in the usage statistics of content management systems*, https://w3techs.com/technologies/history_overview/content_management/all/y
7. Verdecchia, R., Lago, P., Ebert, C., & Vries, C. (2021). Green IT and Green Software. *IEEE Software,* 38 (6), 7–15. https://doi.org/10.1109/MS.2021.3102254
8. Pereira, R., Couto, M., Ribeiro, F., Rua, R., Cunha, J., Fernandes, J. P., & Saraiva, J. (2021). Ranking programming languages by energy efficiency. *Science of Computer Programming,* 205, 102609. https://doi.org/10.1016/j.scico.2021.102609.
9. García-Berná, J. A., Fernández-Alemán, J. L., Carrillo de Gea, J. M., Nicolás, J., Moros, B., Toval, A., et al. (2019). Green IT and sustainable technology development: Bibliometric overview. *Sustainable Development*, 27(4), 613–636. https://doi.org/10.1002/sd.1927
10. Beghoura, M. A., Boubetra, A., & Boukerram, A. (2017). Green software requirements and measurement: random decision forests-based software energy consumption profiling. *Requirements Engineering*, 22(1), 27–40. https://doi.org/10.1007/s00766-015-0234-2
11. Zhang, C., Hindle, A., & German, D. M. (2014). The Impact of User Choice on Energy Consumption. *IEEE Software*, 31(3), 69–75. https://doi.org/10.1109/MS.2014.27
12. Kocak, A. S. (2013). Green Software Development and Design for Environmental Sustainability. *ESEM-IDOISE Doctoral Symposium 2013.*
13. Freitag, C., Berners-Lee, M., Widdicks, K., Knowles, B., Blair, G. S., & Friday, A. (2021). The real climate and transformative impact of ICT: A critique of estimates, trends, and regulations. *Patterns (New York, N.Y.),* 2(9), 100340. https://doi.org/10.1016/j.patter.2021.100340
14. Hintemann, R., & Clausen, J. (2016). Green Cloud? The current and future development of energy consumption by data centers, networks and end-user devices. *Proceedings of ICT for Sustainability 2016.* Paris, France: Atlantis Press.
15. Van Heddeghem, W., Lambert, S., Lannoo, B., Colle, D., Pickavet, M. & Demeester, P. (2014). Trends in worldwide ICT electricity consumption from 2007 to 2012. *Computer Communications*, 50, 64–76. https://doi.org/10.1016/j.comcom.2014.02.008
16. Roussilhe, G. (2021). *Towards a Fossil-Free Internet: The Fog of Enactment. Priority areas for research in digital sustainability.* Report. Berlin: Green Web Foundation, https://www.thegreenwebfoundation.org/publications/report-fog-of-enactment/

17. Lange, S., Pohl, J., & Santarius, T. (2020). Digitalization and energy consumption. Does ICT reduce energy demand? *Ecological Economics*, *176*, 106760. https://doi.org/10.1016/j.ecolecon.2020.106760
18. Van Capelleveen, G., Pohl, J., Fritsch, A., & Schien, D. (2018). The Footprint of Things: A hybrid approach towards the collection, storage and distribution of life cycle inventory data. *5th International Conference on Information and Communication Technology for Sustainability.*
19. Zakas, N. C. (2013). The Evolution of Web Development for Mobile Devices. *Queue*, 11(2), 30–39. https://doi.org/10.1145/2436696.2441756
20. Bloquel, M., Bonjean, A., Fangeat, E., & Marry, S. (2022). *État des lieux et perspectives des démarches « low-tech »,* Low-tech Lab. 2022. https://librairie.ADEME.fr/
21. Sivakumar, A., Puzhavakath Narayanan, S., Gopalakrishnan, V., Lee, S., Rao, S., & Sen, S. (2014). PARCEL. In A. Seneviratne, C. Diot, J. Kurose, A. Chaintreau & L. Rizzo (Hrsg.), *Proceedings of the 10th ACM International on Conference on emerging Networking Experiments and Technologies* (S. 325–336). New York, NY, USA: ACM.
22. Thiagarajan, N., Aggarwal, G., Nicoara, A., Boneh, D., & Singh, J. P. (2012). Who killed my battery? In A. Mille, F. Gandon, J. Misselis, M. Rabinovich & S. Staab (Hrsg.), *Proceedings of the 21st international conference on World Wide Web* (S. 41–50). New York, NY, USA: ACM.
23. Schien, D., Shabajee, P., Yearworth, M., & Preist, C. (2013). Modeling and Assessing Variability in Energy Consumption During the Use Stage of Online Multimedia Services. *Journal of Industrial Ecology*, 17(6), 800–813. https://doi.org/10.1111/jiec.12065
24. Saarinen, A., & Manner, J. (2022). *Analyysi suosituista Suomessa käytetyistä verkkosivuista.* Aalto University, https://aaltodoc.aalto.fi/items/f11b5200-6a09-4f9b-b5af-7c0f40c80077
25. Ünlü, H., & Yesilada, Y. (2022). Transcoding web pages via stylesheets and scripts for saving energy on the client. *Software: Practice and Experience*, 52(4), 984–1003. https://doi.org/10.1002/spe.3046
26. Zhu, Y., & Reddi, V. J. (2016). GreenWeb: language extensions for energy-efficient mobile web computing. In C. Krintz & E. Berger (Hrsg.), *Proceedings of the 37th ACM SIGPLAN Conference on Programming Language Design and Implementation* (S. 145–160). New York, NY, USA: ACM.
27. Preist, C., Schien, D., & Blevis, E. (2016). Understanding and Mitigating the Effects of Device and Cloud Service Design Decisions on the Environmental Footprint of Digital Infrastructure. In J. Kaye, A. Druin, C. Lampe, D. Morris & J. P. Hourcade (Hrsg.), *Proceedings of the 2016 CHI Conference on Human Factors in Computing Systems* (S. 1324–1337). New York, NY, USA: ACM.
28. Miettinen, A. P., & Nurminen, J. K. (2010). Analysis of the Energy Consumption of JavaScript Based Mobile Web Applications. In P. Chatzimisios, C. Verikoukis, I. Santamaría, M. Laddomada & O. Hoffmann (Hrsg.), *Mobile Lightweight Wireless Systems* (Lecture Notes of the Institute for Computer Sciences, Social Informatics and Telecommunications Engineering, Bd. 45, S. 124–135). Berlin, Heidelberg: Springer Berlin Heidelberg. https://doi.org/10.1007/978-3-642-16644-0_12
29. Chaqfeh, M., Zaki, Y., Hu, J., & Subramanian, L. (2020). JSCleaner: De-Cluttering Mobile Webpages Through JavaScript Cleanup. In Y. Huang, I. King, T.-Y. Liu & M. van Steen (Hrsg.), *Proceedings of The Web Conference 2020* (S. 763–773). New York, NY, USA: ACM.
30. Berners-Lee, T. (1996). WWW: past, present, and future. *Computer*, 29(10), 69–77. https://doi.org/10.1109/2.539724
31. Duckett, J. (2014). *HTML and CSS: Design and Build Websites.* Wiley Publishing.

32. Qian, F., Sen, S., & Spatscheck, O. (2014). Characterizing resource usage for mobile web browsing. In A. Campbell, D. Kotz, L. Cox & Z. M. Mao (Hrsg.), *Proceedings of the 12th annual international conference on Mobile systems, applications, and services* (S. 218–231). New York, NY, USA: ACM.
33. Mesbah, A., & Mirshokraie, S. (2012). Automated analysis of CSS rules to support style maintenance. *2012 34th International Conference on Software Engineering (ICSE)* (S. 408–418). IEEE.
34. Mendoza, A., Singh, K., & Gu, G. (2015). What is wrecking your data plan? A measurement study of mobile web overhead. *2015 IEEE Conference on Computer Communications (INFOCOM)* (S. 2740–2748). IEEE.
35. Renouard, J. (2023). *Website Builders Market Share Findings*, https://www.websitebuilderexpert.com/website-builders/website-builders-market-share/#
36. Hilty, L., Naumann, S., Maksimov, Y., Kern, E., Filler, A. & Guldner, A. (2017). *Kriterienkatalog für nachhaltige Software.* Öko-Institut, Hochschule Trier, Universität Zürich. https://www.umwelt-campus.de/fileadmin/Umwelt-Campus/Greensoft/Kriterienkatalog_nachhaltige_Software_v01_2017-05-31.pdf

Umweltdatenmanagement mit dem Twin Information System (TwIS) als Digitaler Zwilling des Ökosystems

Praktischer Einsatz mit Umweltdaten in Leipzig

Heino Rudolf, Constance Zenner und Joshua Jeschek

Zusammenfassung

Der „Digitale Zwilling“ ist eine verbreitete Technologie aus dem Kontext „Industrie 4.0“. Für Objekte werden digitale Zwillinge aufgebaut, die die Funktionsweise des Originals systemanalytisch nachbilden, seine Systemzustände erfassen und das Verhalten nachbilden und steuern. In der Praxis werden seit vielen Jahren Umweltinformationssysteme entwickelt, bei denen konsequent Objekte, Prozesse und Wirkbeziehungen der Realität abgebildet werden (z. B. [1]). Durch die Anbindung von Echtzeitdaten, Mess- und Berechnungswerten werden diese Umweltinformationssysteme zu einem „Digitalen Zwilling“ qualifiziert, der im Weiteren „Twin Information System (TwIS) genannt wird. In diesem Beitrag werden der TwIS-Ansatz sowie Ergebnisse der Nutzung des TwIS für das Leipziger Umweltinformationssystem am Anwendungsfall Lärm vorgestellt.

H. Rudolf (✉)
hrd.consulting, Dresden, Deutschland
E-Mail: heino.rudolf@hrd-consulting.eu

C. Zenner
Stadt Leipzig, Amt für Umweltschutz, Leipzig, Deutschland
E-Mail: constance.zenner@leipzig.de

J. Jeschek
Simplex4Data GmbH, Dresden, Deutschland
E-Mail: joshua.jeschek@simplex4data.de

F. Fuchs-Kittowski et al. (Hrsg.), *Umweltinformationssysteme - Digitalisierung für eine nachhaltige Planetare Zukunft,* https://doi.org/10.1007/978-3-658-46394-6_11

Schlüsselwörters

Umweltdatenmanagement • Digitaler Zwilling • Ökosystem • Lärmkartierung • Digitalisierung • Stadtentwicklung • Stadtökologie • Echtzeitdaten • Low Code

1 Einleitung

Aktuell wird viel über „Digitale Zwillinge" diskutiert. Der Begriff kommt aus dem Umfeld von Industrie 4.0 und bezeichnet klassisch einen digitalen Repräsentanten eines realen (technischen) Objekts, das die wesentlichen Eigenschaften seines Originals abbildet, die mit ihm und um ihn herum stattfindenden Prozesse aufnimmt und das Original steuern kann.

Dieser Ansatz wird aktuell auch auf die Stadtentwicklung übertragen. Viele Städte bauen sich ihren Digitalen Zwilling auf. Im Kern geht es zumeist um ein hochaufgelöstes 3D-Stadtmodell. Einig sind sich aber alle Protagonisten, dass ein Digitaler Zwilling darüber hinaus die ablaufenden Prozesse und Zustände erfassen muss. Ein Digitaler Zwilling einer Stadt ist ein dynamisches Abbild der Stadt, um den aktuellen und zukünftigen Zustand der Stadt zu erkennen und vom Zwilling aus Einfluss auf die Prozesse und auf die weitere Stadtentwicklung zu nehmen.

Das Twin Information System (TwIS) als Zwilling des Ökosystems definiert die Kernstrukturen mit systemanalytischen Ansätzen. Ein TwIS als systemZwilling sollte ein vertieftes Verständnis der natürlichen Prozesse unserer Umwelt voraussetzen, sodass die Daten neben den Objekten auch Prozessketten beschreiben, Ursache-Wirk-Beziehungen in der Umwelt abbilden und somit für die Gestaltung der Prozesse und der weiteren städtischen Entwicklung aufbereitet sind (vgl. [3]). Die Objektbildung orientiert sich konsequent an der Realität (vgl. [1]). Durch den Fokus auf die Realität sind bereits im Konzept wesentliche Voraussetzungen für einen Zwilling gegeben; aber erst die Anbindung von Echtzeitdaten, Mess- und Berechnungswerten an das digitale Ökosystemabbild qualifiziert das System zu einem „Digitalen Zwilling". Das führt zu einem neuartigen Ansatz für das Management von Umweltdaten. Die Daten können im TwIS für weiterführende Analysen, Prognosen und Auswertungen mit Methoden der Künstlichen Intelligenz bereitgestellt werden. Die Ergebnisse werden dann wiederum im TwIS integriert.

Der Beitrag ist wie folgt strukturiert: im folgenden Abschnitt wird das Konzept eines „Twin Information System (TwIS)" (Digitaler Zwilling des Ökosystems) vorgestellt. Danach wird in Abschn. 3 das Konzept zur Anbindung von Echtzeitdaten sowie Mess- und Berechnungswerten im TwIS beschrieben. Anschließend wird in Abschn. 4 der Einsatz von TwIS in der Stadt Leipzig erläutert. In Abschn. 5 wird dann die Applikation Simplex4TwIS vorgestellt, mit der der TwIS-Ansatz umgesetzt wird. Der Beitrag endet mit einem Ausblick in Abschn. 6.

2 Twin Information System (TwIS)

2.1 Was ist ein Digitaler Zwilling?

Dem Begriff „Digitaler Zwilling" begegnete der Autor bereits in den 90er Jahren bei seinen Ökosystemansätzen durch die Zusammenarbeit mit Konstrukteuren:innen von Werkzeugmaschinen. Sie nutzten Simulationsmodelle, um das dynamische Verhalten ihrer entworfenen Maschinen digital nachzustellen. So sparten sie das bis dahin übliche und aufwendige analoge Testmodell. Sie nannten das digitale Simulationsmodell einen Zwilling.

In Industrie 4.0 hat sich diese Idee weiterentwickelt. Entscheidende Ansätze stammen bereits 2002 von Michael Grieves [2]. Er definiert drei Komponenten eines Digitalen Zwillings:

- das physische Objekt in der realen Welt,
- seinen digitalen Doppelgänger in einer virtuellen Welt,
- die Informationen, die beide miteinander verbinden.

Ein aktuelles Beispiel für einen Digitalen Zwilling aus der Autoindustrie nach [12]: *„Jeder verkaufte Tesla hat seinen eigenen digitalen Zwilling. Nicht nur jedes Modell. […] Jeder digitale Tesla-Zwilling sammelt und verarbeitet Echtzeitdaten aus seinem entsprechenden Fahrzeug, einschließlich Leistungsmetriken, Sensormesswerte, Betriebsbedingungen und mehr. […] Von dort aus ziehen komplexe Algorithmen und Modelle des maschinellen Lernens aussagekräftige Erkenntnisse. […] Tesla verwendet diese Echtzeitdaten, um die Fahrzeugleistung kontinuierlich zu verbessern, Wartungsbedürfnisse vorherzusagen und Over-the-Air-Software-Updates anzubieten. Mit Teslas digitaler Zwillingsstrategie wird jedes Fahrzeug effektiv zu einer Quelle für Echtzeit-Betriebsdaten."*

Es existieren aktuell verschiedene Definitionen zum Digitalen Zwilling. Drei sehr schlüssige Definitionen sind:

- „Ein digitaler Zwilling nimmt Daten auf und repliziert Prozesse, sodass Sie mögliche Leistungsergebnisse und Probleme vorhersagen können, die beim realen Produkt auftreten könnten." [22]
- „Urbane Digitale Zwillinge bündeln vielfältige Daten zu einem realitätsnahen, digitalen Abbild der Stadt. Es dient nicht nur der Visualisierung, sondern ermöglicht auch die Simulation von Was-Wäre-Wenn-Szenarien." [4]
- „Ein digitaler Zwilling einer Stadt ist ein dynamisches digitales Abbild. […] Der digitale Zwilling ist eine visuelle Darstellung der Stadt, der sie bildenden Objekte, Infrastrukturen und Prozesse sowie ihrer aktuellen Zustände. Dabei handelt es sich nicht um ein einfaches Abbild, sondern um die Erfassung und Verarbeitung von Daten aus der physischen und der virtuellen Welt sowie die Darstellung ihrer Verbindung." [7]

Die beiden letzten Definitionen fokussieren bereits auf urbane Digitale Zwillinge, übertragen die Ansätze aus Industrie 4.0 somit auf die Stadtentwicklung und damit auch auf den (städtischen) Umweltschutz. Für einen urbanen Digitalen Zwilling können drei Eigenschaften abgeleitet werden:

- Kommunikation zwischen realem und virtuellem Objekt,
- Widerspiegelung der Prozesse, Wirkbeziehungen und Zustände der realen Welt,
- digitale Echtzeitdarstellung, inkl. Verarbeitung von Mess- und Berechnungswerten.

Digitale Zwillinge haben heute für Bereitsteller von Geobasisdaten eine große Brisanz. Immer wieder werden Projekte zu Digitalen Zwillingen vorgestellt. Dabei handelt es sich zunächst um die Erstellung eines hochaufgelösten 3D-Stadtmodells – zumeist umgesetzt mit CityGML [11].

Auf der Tagung „Umweltinformationssysteme 2024", die diesem Buch zugrunde liegt, wurde von Kollegen:innen der Stadt Wien ein solcher Digitaler Zwilling vorgestellt. Diese nennen ihn „geoZwilling" und fragen provokativ „Was macht geo mit dem Zwilling?" [9]. Der Begriff „geoZwilling" wird im Folgenden zur Beschreibung des digitalen 3D-Stadtmodell-Zwillings weiterverwendet.

Wird der geoZwilling auf den oben beschriebenen Tesla-Ansatz übertragen, dann wäre er ein digitales hochaufgelöstes 3D-Modell des Autos. Natürlich kann da die Form, das Aussehen (z. B. des Cockpits) gestaltet werden; auch Messungen, Platzoptimierungen sind denkbar (ohne dafür in ein reales Auto steigen zu müssen). Aber es wird schwierig, Echtzeitdaten anzubinden. Und Tesla geht es wirklich nicht um das 3D-Abbild.

Das wissen natürlich auch die Entwickler:innen des geoZwillings. Also werden die Konzepte um die Anbindung von Messwerten erweitert. Dort wird dann im Allgemeinen auf OGC-Standards zurückgegriffen – konkret auf die Anbindung des Sensor Observation Service SOS [14], neuerdings zunehmend auf die OGC SensorThings-API [19]. Das ist sehr anschaulich am Projekt Smart District Data Infrastructure (SDDI) der Technischen Universität München zu erkennen (vgl. mit [15]). Auf Basis dieses Ansatzes wird auch ein weiteres Zwillingsprojekt mit höchster Relevanz realisiert: Connected Urban Twins (CUT) mit den Partnerstädten Hamburg, Leipzig, München [13].

Der oben genannte Tesla-Zwilling ist kein darstellbares Abbild eines Autos, sondern ein aufeinander abgestimmtes Paket von Datenhaltungs- und Berechnungsprogrammen – zunächst einmal ohne eine Visualisierung – aber mit der Möglichkeit, mit dem Original zu kommunizieren.

2.2 Der systemZwilling

Von Industrie 4.0 werden für den systemZwilling nicht nur die Begriffe übernommen, sondern auch die Methoden zur Beschreibung von Systemen, Prozessen und Zuständen (die mathematische Systemanalyse). Durch [1] zieht sich wie ein roter Faden die Ausarbeitung eines Ansatzes zur Beschreibung des Ökosystems unter Nutzung der Systemanalyse. Die Wirkbeziehungen im Ökosystem sind i. W. durch Stoffe und Energien geprägt: Speicherung, Umwandlung, Transport. Sie beschreiben die Prozesse. Diese finden in den anthropogenen und natürlichen Objekten und Lebewesen statt.

Den Ansatz ist in [1, Caput XIII] ausführlich hergeleitet, und daraus ist das Realitätsmodell in Form eines Doppeltetraeders abgeleitet. (vgl. mit [3]). Egal, wie detailliert das System betrachtet bzw. abstrahiert wird, das Datenmodell zu einem Ökosystem ist immer ein Doppeltetraeder. Bei einer entsprechenden Anordnung der Objektklassen entsteht in jeder Hierarchiestufe der Modellierung wieder ein Doppeltetraeder. Das wird an vielen Anwendungsbeispielen deutlich (vgl. mit [1, Caput XV…XXIII] und [3, Kapitel 5]).

Aktuell ist ein weiterer Effekt im TwIS des systemZwillings zu beobachten: Im Ökosystemansatz gibt es nur Objektklassen und Verbindungen. Das bedeutet, dass zur Datenverwaltung lediglich zwei Strukturelemente im TwIS betrachtet und angelegt werden: Objekte und Verbindungen.

Es wird kein fachliches Datenmodell mehr benötigt, das dann einen sogenannten „Datenraum“ darstellt und in einem „Datensilo“ abgelegt wird. Es müssen lediglich die Objekte identifiziert und die Wirkbeziehungen zwischen ihnen benannt werden. Dann wird das System über Metadaten konfiguriert. Es müssen auch keine Layer oder Features mit speziellen Dateninhalten mehr definiert werden (wie im GIS). Im TwIS sind nur noch Objektklassen mit beliebigen generischen Attributen und Verknüpfungen zwischen ihnen bekannt. Ein Datenmodell entsteht nach der Konfiguration des Systems von ganz alleine. „Wir können uns das Modell wie ein Spinnennetz vorstellen, es kann jederzeit verdichtet oder vergrößert werden. Welche Inhalte sich hinter den einzelnen Netzknoten bzw. Netzverbindungen verbergen, wird über beschreibende Metadaten hinterlegt.“ [3].

3 Echtzeitdaten, Mess- und Berechnungswerte im TwIS

3.1 Statistical Data and Metadata eXchange (SDMX)

Die Ansätze für geoZwillinge setzen auf SOS [13] bzw. SensorThings API [19] zur Anbindung der Werte an die 3D-Objekte. Die Anbindungen über diese Standards sind kompliziert. Für einfach strukturierte Werteverarbeitungen funktioniert dies, völlig ungeeignet sind diese Ansätze für komplexe und dynamische Echtzeitdaten – sowohl strukturell als auch performant, insbesondere bzgl. der Selektionszeiten.

Ein interessanter Modellansatz wird von der Statistik verwendet: SDMX [17]. Hinter dem SDMX-Standard (ISO 17369) steht als Methode das Online Analytical Processing (OLAP). OLAP ist eine bereits in den 90er Jahren entwickelte Technologie zur Verwaltung und Verarbeitung von Werten, optimiert für Abfragen, Analysen und Berichte [18]. Die eigentliche Datenhaltung zu den Mess- und Berechnungsdaten wird zweistufig

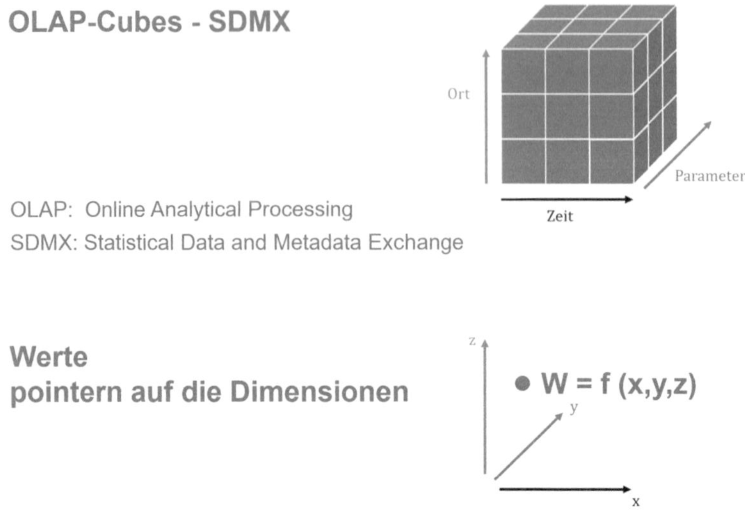

Abb. 1 Datenverwaltung mit Dimensionen an einem Beispiel

organisieren (Abb. 1): Zum einen eine übergeordnete Verwaltung des Koordinatensystems („Cubes") mit der Einordnung der Werteobjekte und ihrem Verweis f(x,y,z) auf die konkreten Dimensionen und zum anderen die Mess- und Berechnungswerte selber.

3.2 Strukturelle Einbindung des Cube in das Realitätsmodell

Die Anbindung an das Ökosystemmodell und damit die Einbindung in den Doppeltetraeder ist einfach: Im Fuß des Doppeltetraeder werden die „Cubes" abgelegt, und die Werte „pointern" auf ihre Dimensionen im darüber liegenden Dreieck, das das Ökosystem mit den Elementen und Prozessen abbildet (Abb. 2).

Es schließt sich der Kreis: Die Dimensionen sind nichts anderes als Objektklassen des Ökosystems. Da diese bereits als System mit allen Wirkbeziehungen verwaltet werden, kommen jetzt einfach die Werte hinzu.

3.3 Anwendungsfall Lärm

Diese Objektstruktur liegt den Ausführungen im Abschn. 4 zugrunde. Es geht dabei um die Verwaltung der Lärmimmissionen, die zur Erfüllung der EU-Umgebungslärmrichtlinie berechnet werden (Abb. 3).

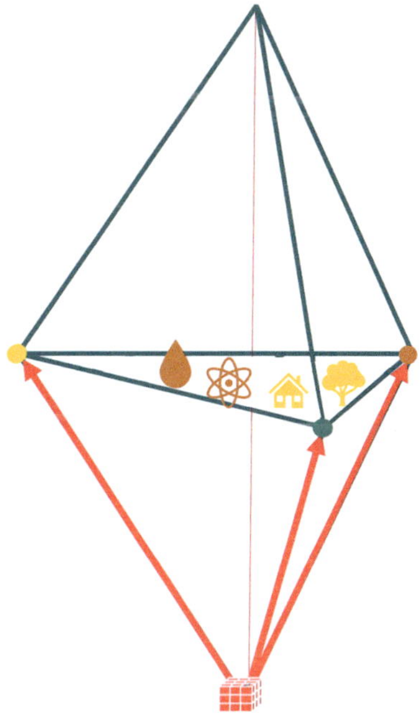

Abb. 2 Werteverwaltung im Doppeltetraeder

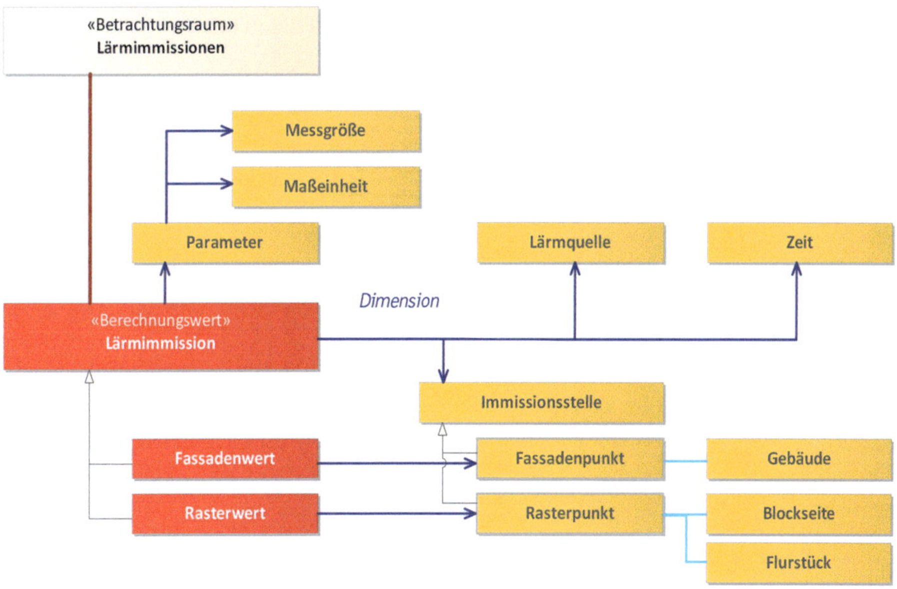

Abb. 3 Wertemodell am Beispiel Lärmimmissionen

- In den Metadaten wird ein Datensatz für die Beschreibung des "Cubes" eingetragen, unter dem Namen „Lärmimmissionen".
- Dem Betrachtungsraum werden die einzelnen Berechnungswerte "Lärmimmission" zugeordnet. Wir unterscheiden zwei Ergebnisse der Berechnung:
  - Fassadenwerte entlang der Gebäudekanten im Abstand von 5m
  - Rasterwerte über ganz Leipzig mit einer Auflösung von 10m×10m.
- Die Lärmimmissionen verweisen auf die Dimension Immissionsstelle:
  - Fassadenwerte auf Fassadenpunkte entlang der Gebäudekanten
  - Rasterwerte auf die Rasterpunkte. (Für Analysen sind die Rasterpunkte mit weiteren Objektklassen verknüpft.)

  Es gibt in Leipzig ca. 600.000 Fassadenpunkte und 3 Mio. Rasterpunkte sowie ca. 7 Mio. Fassadenwerte und 30 Mio. Rasterwerte.
- Weitere Dimensionen, denen die Lärmimmissionen zugeordnet werden, sind Parameter, Lärmquelle, Zeit.

3.4 Einordnung des TwIS

TwIS versus FIS. Es gilt der Leitsatz: „Wir fassen die Fachinformationssysteme (FIS) nicht an. Wir lassen sie so, wie sie sind. Einerseits erfüllen die Systeme die Aufgaben der Fachkolleg:innen; und diese werden es uns danken, wenn wir sie weiter so arbeiten lassen, wie sie es möchten. Andererseits können wir diese Systeme doch nicht mit Verknüpfungen u. ä. überlasten." [3].

Die Daten verschiedener FIS können in das TwIS eingespielt werden, es wird zwangsläufig zu themenübergreifenden Verknüpfungen der Objekte führen. Damit wird der Inhalt des TwIS bei Integration mehrerer FIS eine neue, FIS-übergreifende Qualität bekommen.

TwIS versus ETL. Das TwIS ist grundsätzlich erstmal nicht für ETL-Prozesse vorgesehen (ETL = Extract, Transform, Load). Es entsteht aber der interessante Effekt, dass im TwIS die Daten in allgemeingültigen, themenübergreifenden und sehr einfachen Strukturen abgelegt werden. Das TwIS verfügt über Importkomponenten, die auf recht simple Weise die Fachdaten in diese Strukturen überführen.

Im Abschn. 5 werden der Szenario- und Attribut-Editor beschrieben. Auf beeindruckende und einfache Weise können die Daten im TwIS zu Szenarien zusammengestellt werden. Durch die Kombination von Import und Szenario Editor können Datenmanipulation und -zusammenstellungen leicht umgesetzt werden. In oftmals recht einfacher Art und Weise sind ETL-Prozesse im TwIS integriert.

In vielen Anwendungsfällen könnte es einfacher werden, Datenmanipulationen und Migrationen unter Nutzung eines TwIS umzusetzen. Komplizierte ETL-Prozesse sollten weiterhin mit den klassischen ETL-Tools ausgeführt werden.

TwIS versus GIS. Auf den ersten Blick scheint es sehr sinnvoll, ein Geographisches Informationssystem (GIS) für einen Digitalen Zwilling zu verwenden – denn im Ökosystem haben alle Elemente einen räumlichen Bezug. Wo gibt es Grenzen?

- Ein GIS verwaltet i. Allg. ausschließlich Geoobjekte. Die Erfassung von Objekten ohne Geometrie, wie das für die Abbildung des Ökosystems notwendig ist, ist aufwendig oder nicht vorgesehen.
- Die Objektdefinition ist an die Geometrie gekoppelt. Sollte ein Objekt mehrere Geometrien haben (z. B. eine Straße als Linie bzw. Fläche oder ein Schutzgebiet mit abweichenden Geometrien in verschiedenen Maßstäben), so wird dieses Objekt auch mehrfach verwaltet. Das widerspricht dem Grundsatz, dass 1 reales Objekt auch durch genau 1 Instanz abgebildet wird. Problematisch wird es dann, wenn Wirkbeziehungen zu erfassen sind oder Echtzeitdaten zugeordnet werden sollen (z. B. Messdaten zu den Straßen): Welcher dieser Instanzen des Objekts sind sie zuzuordnen?
- Ein GIS ist nur rudimentär in der Lage, Verknüpfungen und damit Wirkbeziehungen zu verwalten. Es gibt in einem GIS erstmal nur Layer (Feature), Verknüpfungen zwischen Layern sind nicht verfügbar. Dieses Manko ist z. B. der Firma ESRI bewusst: Sie entwickelt ArcGIS Knowledge [16], um Geodaten in einer Graphendatenbank verknüpfen zu können. Ob dieses Konzept letztendlich auch Wirkbeziehungen im Ökosystem themenübergreifend und unabhängig von der Existenz einer Geometrie verwalten kann, ist offen.
- Ein GIS ist statisch. Die Verwaltung von dynamischen Daten ist nur sehr eingeschränkt umgesetzt. Die Anbindung von Echtzeitdaten ist problematisch.
- Im GIS können Layer (Feature) um weitere Daten angereichert werden, die dann hierarchisch den Layer-Objekten zugeordnet werden. Wie in diesem Artikel bereits gezeigt, ist diese Art der Echtzeitdatenverwaltung für einen Digitalen Zwilling praktisch ungeeignet.

TwIS ist optimiert für das Datenmanagement, die Abbildung von Systemen mit ihren Wirkbeziehungen, die Anbindung von Echtzeitdaten, Mess- bzw. Berechnungswerten. Ein GIS ist prädestiniert für geografische Abbildungen, Visualisierungen und Auswertungen.

systemZwilling versus geoZwilling. Der geoZwilling ist im Kernansatz ein hochaufgelöstes 3D-Abbild der Realität und damit eine erweiterte Nutzung eines GIS – mit Modellansätzen für eine Ankopplung von Echtzeitdaten. Der systemZwilling ist eine neue Technologie, basierend auf systemanalytische Methoden. Als optimale Lösung wird ein Zusammenspiel beider Ansätze gesehen:

- Einerseits ist es sehr sinnvoll, einen geoZwilling als hochaufgelöstes 3D-Stadtmodell aufzubauen. Es gibt aktuell bereits riesige Anstrengungen, entsprechende Modelle zu entwickeln.

- Andererseits ist die Abbildung der Prozesse, Wirkbeziehungen und Zustände effektiv nur mit einem systemZwilling umsetzbar. Alles ist für eine Konfiguration eines Systems im TwIS vorbereitet, die Anbindung von Echtzeitdaten, Mess- und Berechnungswerten ist implementiert. Das Datenmanagement lässt sich deutlich besser mit einem TwIS organisieren.

Sowohl TwIS als auch GIS stellen standardisierte Dienste bereit, die problemlos im anderen System verarbeitet werden können. Ein TwIS lebt von der Verwaltung von Verbindungen – so ist es ein Leichtes, auch Verbindung auf die 3D-GIS-Objekte im TwIS zu hinterlegen. Im GIS sind Verknüpfungsmöglichkeiten implementiert, sodass auch sie Zugänge zu den Objektklassen im TwIS verwalten können.

TwIS und GIS können miteinander kommunizieren.

4 Einsatz von TwIS in der Stadt Leipzig

4.1 Das Projekt Envir-Data

Urbane Umweltdaten liefern wichtige Informationen über den Zustand der Umwelt in unseren Städten. Sie ermöglichen somit auch Einflüsse auf die Gesundheit und die Lebensqualität der Menschen darzustellen.

Mit der digitalen Transformation und der Verbreitung neuer digitaler Technologien steigt seit Jahren die Menge an verfügbaren Umweltdaten, u. a. durch Sensordaten und Fernerkundungsdaten. Mit der zunehmenden Verfügbarkeit von Umweltdaten nehmen auch die Anforderungen an diese Daten zu. Sie müssen niederschwellig zugänglich, frei verfügbar und transparent sein. Dies erfordert neuartige Technologien zum effizienten Management des gestiegenen Datenvolumens und den genannten Anforderungen. Damit ergeben sich aber auch Chancen für die Erzeugung neuer Wertschöpfungen. Der Einsatz innovativer Methoden kann dazu beitragen beispielsweise Prozesse zu optimieren, Dashboards zu erzeugen oder Künstliche Intelligenz einzusetzen.

Derzeit ist die Aufbereitung, Analyse und Bereitstellung von Umweltdaten sehr komplex und zeitaufwendig. Defizite in den Daten liegen u. a. in der uneinheitlich vorliegenden Struktur, der Fortführung und unzureichenden digitalen Nachnutzung. Dies führt zu einem sehr aufwendigen personellen und kostenintensiven Daten- und Informationsaufbereitungsprozess. Die eigentliche Datenanalyse als Grundlage für die fachliche Auswertung kommt oft zu kurz. Mit den traditionellen Methoden und Technologien wird der Umgang mit dem immer größer werdenden Datenvolumen, das ausgewertet und verständlich bereitgestellt werden muss, zur zusätzlichen Herausforderung.

Im Rahmen des Projekts Envir-Data der Stadt Leipzig wird ein intelligentes Managementsystem für Umweltdaten aufgebaut. Ziel ist es, eine gemeinsame Datengrundlage zu schaffen und das gemeinsame Verständnis über den Umweltzustand und dessen Entwicklung zu verbessern. Darüber hinaus ist es die Grundlage für die Erzeugung neuer digitaler Wertschöpfungen (wissenschaftlich-umweltfachliche Berichterstattung, Umweltatlas, Anwendungsprozesse). Die Koordinierung erfolgt im Amt für Umweltschutz, welches für eine Vielzahl an Umweltdaten unterschiedlicher Themenbereiche (Luft, Lärm, Klima, Natur, Wasser, Boden, Altlasten, Störfall) verantwortlich ist.

Profiteur des Projekts ist primär das Amt für Umweltschutz selbst, das damit neue Wege geht und sich effizienter den oben genannten gestiegenen Anforderungen und kommunalen gesetzlichen Verpflichtungen aufstellt. Weitere Zielgruppen sind Akteure der Stadtgesellschaft aber auch übergeordneten Behörden sowie die Wirtschaft, Wissenschaft und Öffentlichkeit.

Das Projekt mit einer geplanten Laufzeit von 2023 bis 2027 umfasst verschiedene Komponenten (Abb. 4). Mit der Datenqualifizierung wird eine wichtige Grundlage für die Verbesserung der Daten hinsichtlich Aktualität, Vollständigkeit, aber auch dessen Nutzungsregeln geschaffen. Dadurch werden Handlungsfelder der Datengovernance umgesetzt und somit die Digitalisierungsstrategie der Stadt Leipzig unterstützt.

Das Umweltdatenmanagement dient als Wissensdatenbank, in der die Daten strukturiert und harmonisiert vorliegen und die Basis für neue Wertschöpfungen bilden. Dazu gehören die Erstellung neuer Anwendungsprozesse (digitale Prozessworkflows), die Etablierung eines Monitorings, die Erstellung eines digitalen Umweltatlas zur Veröffentlichung der Daten sowie ein smartes Reporting, das einen datenbankbasierten Umweltbericht on-the-fly ermöglicht.

Diese Wissensdatenbank bietet eine vernetzte und umweltthemenübergreifende Sicht auf die Daten, um konkrete Analysen durchführen zu können und Erkenntnisse über die gegenwärtige und zukünftige Entwicklung zu erhalten. Mit einer Vernetzung der urbanen Umweltdaten und einer ganzheitlichen Betrachtung können Daten besser erschlossen, ausgewertet und interpretiert werden, um somit auch die fachplanerischen Entscheidungen für die Ableitung von Maßnahmen für eine lebenswertere und nachhaltigere Stadt besser abzustimmen.

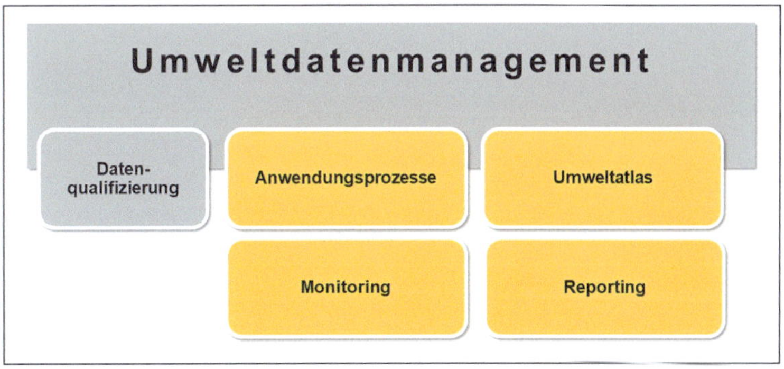

Abb. 4 Komponenten des Projekts Envir-Data

4.2 Anwendungsfall Lärm

Als ersten Schritt zum Aufbau dieses intelligenten, themenübergreifenden Datenmanagements wurde eine Machbarkeitsstudie anhand des Umweltthemas Lärm durchgeführt. Die Stadt Leipzig hat als Ballungsraum mit mehr als 100.000 Einwohnern, gemäß der EU-Umgebungslärmrichtlinie strategische Lärmkarten nach einheitlichen Berechnungsverfahren zu erstellen und alle fünf Jahre zu aktualisieren. Die Lärmkarten sind Grundlage für die Aufstellung der Lärmaktionspläne.

Im Rahmen der Machbarkeitsstudie wurde die TwIS-Technologie für das Umweltmanagement verwendet. Umweltdaten werden dabei ganzheitlich als Ökosystem betrachtet. Die Technologie verfolgt einen systemanalytischen Ansatz. Sie definiert Systemelemente, deren Verknüpfung und stattfindende Prozesse. Somit wird das Datenmanagement weitergedacht – hin zu einem Digitalen Zwilling.

Für die Erfassung der Lärmbelastung durch strategische Lärmkarten werden eine Vielzahl heterogener Fach- und Geobasisdaten benötigt (Abb. 5a).

Die Eingangsdaten für die Berechnung der Lärmsituation liegen oft nicht in der benötigten Qualität vor. Sie weisen unterschiedliche qualitative Ausprägungen hinsichtlich der Verfügbarkeit, Vollständigkeit, Aktualität und Genauigkeit auf (Abb. 5b). Dies führt zu einem aufwendigen Datenaufbereitungsprozess.

Allein die Gebäudedaten liegen weder als vollständiger Datensatz vor, noch haben diese einen eindeutigen Schlüssel, welcher die Verbindung mit anderen Daten, wie Adressdaten, Einwohnern und Nutzungen erleichtert.

Die relevanten Daten für den Anwendungsfall setzen sich beispielsweise zusammen aus den Rasterwerten und den Fassadenpunkten mit den Lärmwerten für Kfz-Verkehr,

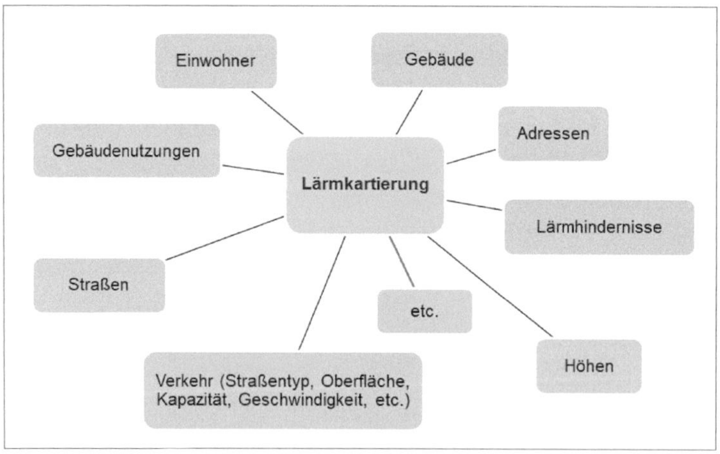

Abb. 5a Exemplarische Darstellung der Eingangsdaten für die Berechnung der Lärmsituation

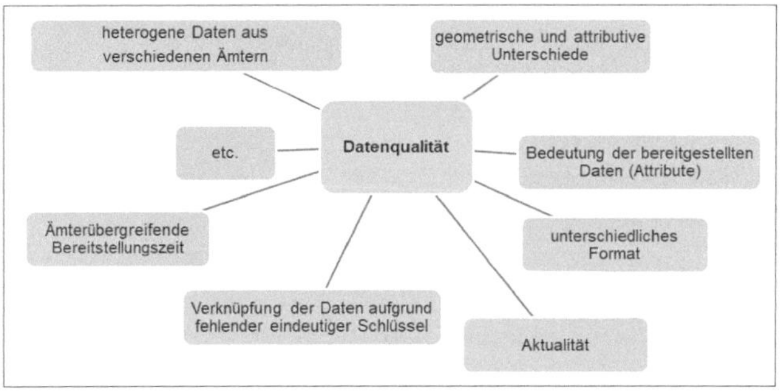

Abb. 5b Exemplarische Hindernisse bei Datenaufbereitung der Eingangsdaten

Gewerbe, Straßenbahn, den Gebäuden der Stadtgrundkarte, dem 3D-Gebäudemodell (LOD1), den Flurstücken sowie den Flächennutzungen.

Nach der Integration und dem Datenmapping liegen die Daten strukturiert und harmonisiert in der Datenbank. Die Prozesse der Datenaufbereitung und Bereitstellung werden im TwIS vereinfacht. Die eingespielten Daten können untereinander verschnitten werden. Auch alle Sachdaten zu den Objekten werden aufgenommen und stehen zur Erstellung von Verknüpfungen bereit. Die relevanten Lärmdaten können somit effizienter verwaltet und weiterverarbeitet werden.

4.3 Beispiel Abfrage des Gesamtlärmpegels

Im Rahmen von Baugenehmigungsverfahren (Bauanträge, Bauvorbescheide) wird neben zahlreichen anderen Sachverhalten auch die Lärmsituation analysiert und den Bauherr:innen oder Käufer:innen mitgeteilt. Mit den aktuellen Methoden ist der Aufwand für eine Bearbeitung der Anfragen zeitaufwendig. Für die Abfrage werden verschiedene Programme genutzt. Ein Auskunftsprogramm ermöglicht die manuelle Suche des jeweiligen Flurstücks und dessen entsprechende Flächennutzung. In einem weiteren Berechnungsprogramm wird die Lärmbelastung für das jeweilige Flurstück ermittelt. Diese Informationen werden manuell zusammengeführt und den Antragsteller:innen mitgeteilt. Einen Prozessworkflow, der die Suche nach dem Gesamtlärmpegel für alle Flurstücke der Stadt bündelt, gibt es bisher nicht.

Durch die Integration in das TwIS liegen die Daten aus den verschiedenen Quellen harmonisiert nach einem einheitlichen Datenmodell, vor (vgl. mit dem Wertemodell im Abschn. 3.3). Mehre Mio. Immissionswerte für Lärm können abgefragt werden. Auf dieser Basis kann ein neuer digitaler Prozessworkflow erzeugt werden, der den Gesamtlärmpegel an der Flurstückgrenze abfragt. Zudem kann die Abfrage gleichzeitig weitere Themen berücksichtigen, beispielsweise die Nutzung gemäß Flächennutzungsplan.

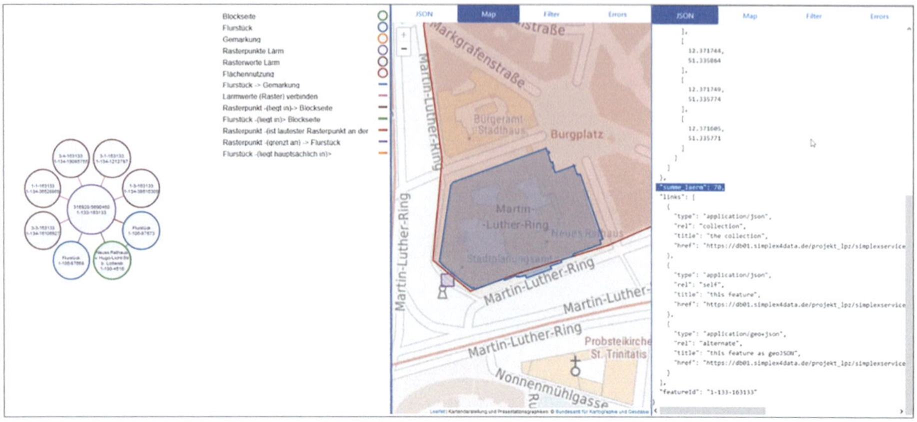

Abb. 6 Abfrage des Gesamtlärmpegels am Flurstück

Der neue Prozessworkflow bietet nun die Möglichkeit, mittels einer Abfrage die Informationen Flurstück, Nutzung der Fläche sowie den Gesamtlärmwert gebündelt zu liefern. Das Ergebnis kann durch das TwIS als Services standardkonform exportiert werden. So kann die Abfrage beispielsweise als ein OGC-Service ausgegeben, in einer interaktiven Karte öffentlich als eine Selbstauskunft der Antragssteller:innen bereitgestellt oder in ein GIS integriert werden (Abb. 6).

Mit der digitalen Lösung ergeben sich erweitere Möglichkeiten der Datenanalyse und Abfragen. Somit ist eine Übertragung der Abfrage des Gesamtlärmpegels beispielsweise leicht auf weitere Objekte wie Baublöcke oder Gebäude umsetzbar (Abschn. 5.).

5 Praktische Umsetzung mit der Applikation Simplex4TwIS

Simplex4TwIS ist die Applikation, die den TwIS-Ansatz umsetzt und damit die Basis für einen systemZwilling bereitstellt. Im Folgenden soll aufgezeigt werden, wie einfach und zielführend Auswertungen zusammengestellt und Attribute „gemappt" werden können.

5.1 Der Szenario Editor

Die Daten werden im TwIS in generischen, komplexen und abstrakten Klassen abgelegt. Aber alles wird in einfachen, immer wieder verwendeten Strukturen und in wenigen Tabellen verwaltet. Damit kann das Zusammenstellen von Abfragen (Szenarien) über eine innovative und einfach bedienbare Oberfläche erfolgen.

Der Szenario Editor greift auf die im Kopf des Doppeltetraeders verwalteten Metadaten zu. Er zeigt zunächst nur die Klassen und deren Verbindungen an. An der bereits im Abschn. 4.3 vorgestellten Beispielabfrage des Gesamtlärmpegels soll das im Folgenden mit Abbildungen veranschaulicht werden.

Der Szenario Editor fasst Objektklassen zu gemeinsamen Sichten zusammen. Er verändert die Datenhaltung selbst nicht, sondern bedient sich aus ihr und erstellt Datenbank-Sichten (Szenarien). Eine Sicht wird im Szenario Editor als ein eigener Graph visualisiert.

Die Funktionalität soll anhand des Beispiels aus Abschn. 4.3 erläutert werden. Ausgangslage ist die in Abb. 3 dargestellte Datenstruktur des Wertemodells. Im Beispielszenario wird eine Sicht zur Selektion von Flurstücken mit Lärmrasterwerten entlang ihrer Grenzen zusammengestellt. Abb. 7 zeigt die Datenstrukturen des Anwendungsfalls Lärm. Im Zentrum stehen „Rasterpunkte Lärm“, um sie herum die von ihr ausgehenden Verbindungsklassen (orange) und Nachbarobjektklassen (blau).

Abb. 7 Szenario Editor mit den Objektklassen

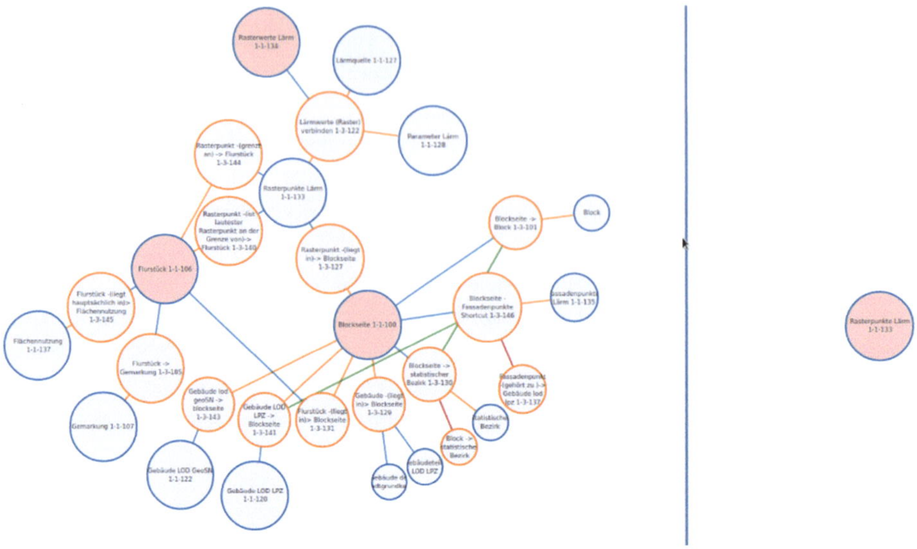

Abb. 8 Szenario Editor mit den ausgewählten Objektklassen des Szenarios (rechts) und allen ihr zugeordneten Objektklassen (links)

In Abb. 8 werden dazu Objektklassen angeklickt und in das Szenario-Fenster (rechts) gezogen. Im Szenario-Fenster (rechts) wird die Objektklasse ausgewählt, von der im Szenario weiter selektiert werden soll. Sie wird rot hinterlegt. In der linken Hälfte sind jetzt alle mit dieser ausgewählten Objektklasse verbundenen Klassen ebenfalls rot markiert, weil sie als Nachbarn über Joins angekoppelt werden können. Aus den links rot markierten Objektklassen kann jetzt eine in das rechte Szenario-Fenster gezogen werden. Dieser Vorgang kann beliebig oft wiederholt werden. Es können Filter ergänzt werden. Als Ergebnis wird aus dem so zusammengestellten Analyse-Graphen eine View (ein Szenario) kreiert.

Die folgende Abb. 9 zeigt beispielhaft den Szenario-Graphen zur Abfrage aus Abschn. 4.3 (Objektklassen werden in blau dargestellt, Attribute in grün.).

Schnell und einfach können Szenarien definiert werden. Jedes Szenario wird gespeichert und automatisch als OGC API Features Service bereitgestellt.

5.2 Der Attribut Editor

Im TwIS werden Datensätze in einer harmonisierten Datenbank gespeichert. Für den Import sowie für den Export über den Szenario Editor werden Datentransformationen benötigt, welche beschrieben werden müssen. Der hier vorgestellte Attribut Editor möchte diesen Prozess vereinfachen und weniger fehleranfällig gestalten. Daten durchlaufen im TwIS typischer Weise drei Schritte. Diese sind in Abb. 10 dargestellt.

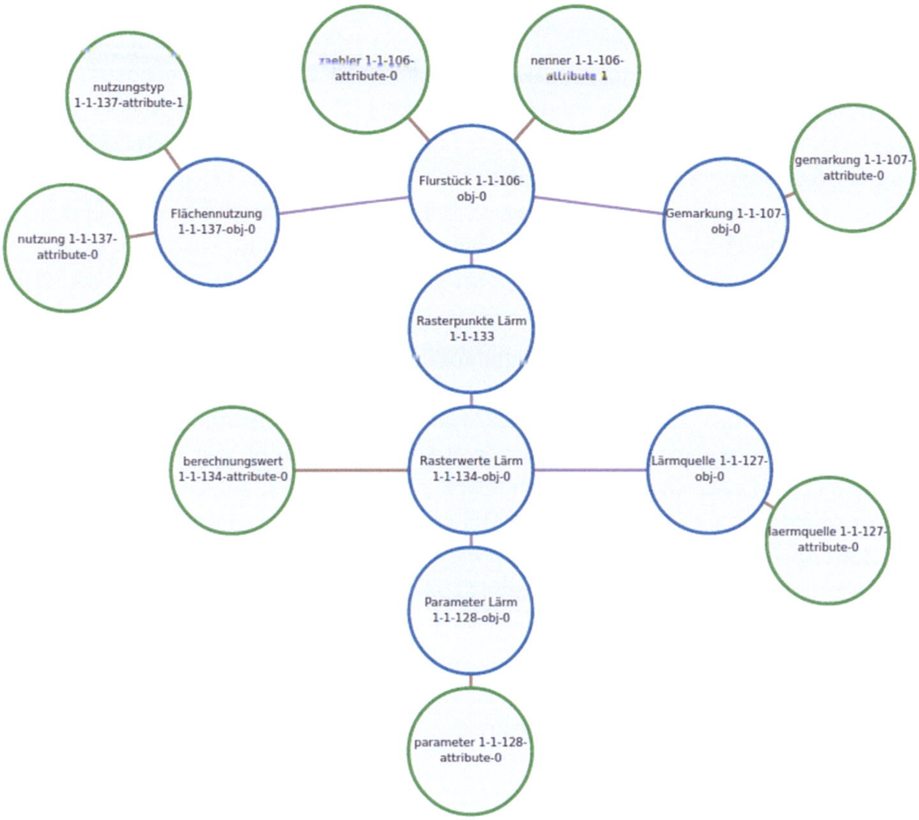

Abb. 9 Beispiel-Szenario zur Abfrage des Gesamtlärmpegels entlang der Flurstückgrenzen, inkl. der berechneten Lärmpegelwerte

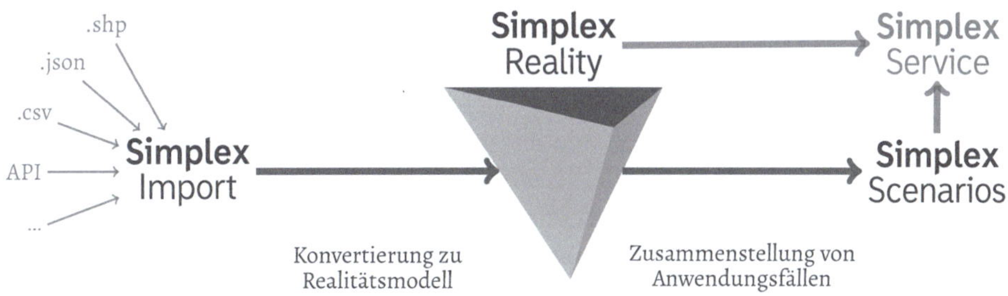

Abb. 10 Datenverarbeitung in Simplex4TwIS

Zuerst werden die Daten aus Fachsystemen importiert (SimplexImport), wobei verschiedene Dateiformate (Shape, JSON, CSV…) oder APIs unterstützt werden. Nach dem Import sind die Daten im sogenannten Realitätsmodell des Doppeltetraeders abgelegt, welches reale, atomare Objekte abbildet und miteinander verknüpft (SimplexReality). Das Realitätsmodell wird bereits per API ausgeliefert, kann aber auch weiterverwendet werden, um Szenarien zu erstellen (SimplexScenarios). Die im Realitätsmodell abgelegten Objekte können mithilfe von Szenarien verarbeitet und miteinander kombiniert werden, um anwendungsfallspezifische Sichten auf die Daten zu erstellen.

In Simplex4TwIS muss grundsätzlich an zwei Stellen festgelegt werden, wie Daten aus einem Format in ein anderes konvertiert werden. Nach dem Import der Dateien bzw. Dienste liegen die Daten in Datenbanktabellen vor, welche in das Realitätsmodell überführt werden müssen. Dieser Prozess wird als Konvertierung bezeichnet. Dabei handelt es sich meist um simple Zuweisungen von Datenbankspalten zu Attributen der Objektklassen, aber auch komplexere Transformationen können nötig sein, wie z. B. das Erstellen von Geometrien oder eindeutigen Schlüsseln. Auch um Daten aus dem Realitätsmodell als Szenarien aufzubereiten, muss eine Bildungsvorschrift festgelegt werden, bestehend aus Zuweisungen von Attributen und Berechnungen mit diesen.

Die Erstellung von Konvertierungen und Szenarien haben folgende Gemeinsamkeiten:

- Die Ausgangsdaten liegen in einem bekannten Format vor, als einzelne Attribute oder Datenbankspalten.
- Die Ausgangsdaten sollen in ein bestimmtes Format überführt werden, in Attribute von Realitätsobjekten oder Szenarien.
- Zur Datentransformation können Funktionen benutzt werden.
- Filter können auf die Ausgangsdaten angewendet werden.

Es bietet sich also an, eine gemeinsame Oberfläche zu gestalten, welche die Datenverarbeitung im TwIS vereinheitlicht und vereinfacht.

Eine Möglichkeit, um die beiden Aufgaben zu absolvieren, stellen Formulare mit Textfeldern dar, in denen Bildungsvorschriften mit SQL für jedes Zielattribut geschrieben werden. Dies bringt eine hohe Flexibilität mit sich, birgt jedoch einige Probleme. Zum einen müssen Nutzer:innen wissen, wie die Ausgangsdaten strukturiert sind, und in der Lage sein, die Attribut- oder Spaltennamen ohne Tippfehler aufzuschreiben. Des Weiteren ist den Wenigsten der gesamte Katalog an SQL-Funktionen geläufig, insbesondere unter der Benutzung von Erweiterungen wie PostGIS um Geo-Funktionen zu unterstützen. Diese zwei Hürden führen zum häufigen Nachschlagen und Tippfehlern. Außerdem kann nicht garantiert werden, dass die eingegebenen Befehle korrekt sind. Ziel des hier vorgestellten Attribut Editors ist es, diese Probleme zu beheben und eine Oberfläche darzustellen, in der Datentransformationen einfach beschrieben werden können.

Einfache Zuordnungen sind mit dem Attribut Editor ohne Nachschlagen und Tippfehler zu bewältigen, indem in der Liste der Ausgangsdaten (links) das passende Element

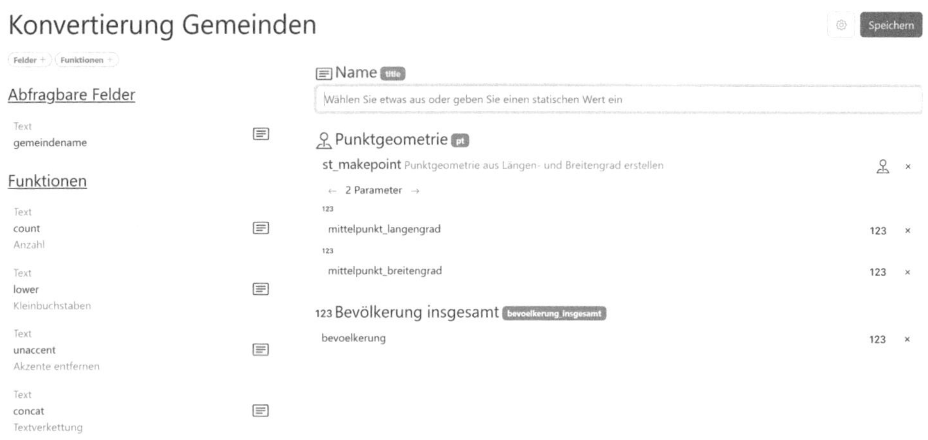

Abb. 11 Der Attribut Editor beim Konvertieren der Objektklasse „Gemeinde“

ausgewählt und per Mausklick in die Liste der Zielattribute (rechts) eingetragen wird. In Abb. 11 ist dies bereits für das Attribut „Bevölkerung insgesamt” passiert, und wird gerade analog für das Attribut „Name” ausgeführt. Dabei ist auch zu beachten, dass beim Betätigen einer Auswahl die Liste auf der linken Seite automatisch auf Einträge mit passenden Datentypen reduziert wird – so wird die Auswahl übersichtlicher, und es wird sichergestellt, dass die Bildungsvorschrift am Ende inhaltlich korrekt ist.

Funktionen können analog aus der linken Liste ausgewählt und rechts eingefügt werden. Dabei entstehen dann, abhängig von den Funktionsparametern, weitere Felder, in denen Daten eingetragen werden können. Dies ist für das Attribut „Punktgeometrie” in Abb. 11 zu sehen (Ausgewählt ist das Attribut „Name“, wodurch links auf die passenden Ausgangsdaten und Funktionen gefiltert wird). Die Ausgangsdaten enthielten nur den Längen- und Breitengrad, weshalb die Funktion „st_makepoint” zu Hilfe gezogen werden musste. Das Eintragen der Parameter funktioniert analog zu den bereits betrachteten Attributen.

Der Attribut Editor wurde auf Basis des Entwurfs des OGC-Standards „OGC API – Features – Part 3“ [21] entwickelt. In diesem Entwurf werden die Endpunkte „functions“ und „queryables“ definiert. Diese werden durch den Attribut Editor abgefragt und liefern somit die Metadaten für die Quelldaten und Funktionen, welche für Konvertierungen und Szenarien benutzt werden können. Außerdem sieht der Entwurf vor, dass mit der dort definierten Common Query Language (CQL) Filterbedingungen für den API-Service erstellt werden. Der Attribut Editor generiert CQL, weshalb es möglich ist, beliebige OGC APIs anzufragen und die dort definierten Attribute und Funktionen zu verwenden, um Filterbedingungen zusammenzustellen. Im SimplexService wird diese Funktionalität erweitert, um auch Ausgabefelder mittels CQL zu beschreiben – wodurch die benötigten Datentransformationen im TwIS per Low-Code-Oberfläche definiert werden können.

Mit dem Attribut Editor entfällt die Notwendigkeit, die Struktur der Ausgangsdaten, sowie die möglichen Transformationsfunktionen nachzuschlagen. Durch das Auswahlmenü auf der linken Seite werden Tippfehler vermieden, und durch Überprüfung der Datentypen wird ein weiterer Kontrollmechanismus hinzugefügt, der zur Korrektheit der generierten Befehle beiträgt. Somit sollte der Attribut Editor auch Nutzer:innen mit weniger technischer Expertise dabei helfen, Daten in das Realitätsmodell zu übertragen und Szenarien für spezifische Anwendungsfälle zu erstellen.

5.3 Anwendungsfall Lärm

Im Rahmen der Lärmkartierung in Leipzig ist festzustellen, an welchen Orten bestimmte Lärmwerte überschritten werden. Dazu gibt es im Realitätsmodell zwei Klassen: Blockseiten und Fassadenpunkte. Die Fassadenpunkte sind mit den zugehörigen Blockseiten verbunden. Es sollen die Blockseiten ausgegeben werden, bei denen der L-DEN-Wert (Day–Evening–Night Noise Level) 65 dB überschreitet.

Um ein Szenario zu erstellen, werden zuerst mit dem in Abschn. 5.1 vorgestellten Szenario-Editor die betroffenen Objektklassen ausgewählt. Die nächsten Schritte finden im Attribut Editor statt.

Da am Ende das Ergebnis visualisiert werden soll, werden sowohl Felder für die Flächengeometrie der Blockseite als auch für den maximalen Lärmwert erstellt. Dies zeigt Abb. 12. Die Benennung der Felder kann angepasst werden, diese taucht später in API-Abfragen des Szenarios auf. Der maximale Lärmwert wird durch die Funktion „max" ausgewählt.

Außerdem müssen noch entsprechende Filter gesetzt werden, damit nur die den Grenzwert überschreitenden Blockseiten im Szenario enthalten sind. Abb. 13 zeigt, wie mit einem logischen UND die zwei Bedingungen verknüpft werden. Ausgewählt werden somit nur Blockseiten, bei denen der maximale Wert des Lärmparameters „L-DEN" 65 dB überschreitet. Zu sehen ist, dass Funktionen ineinander geschachtelt werden können, um komplexe Abfragen zu realisieren.

Abb. 12 Für das Szenario benötigten Attribute

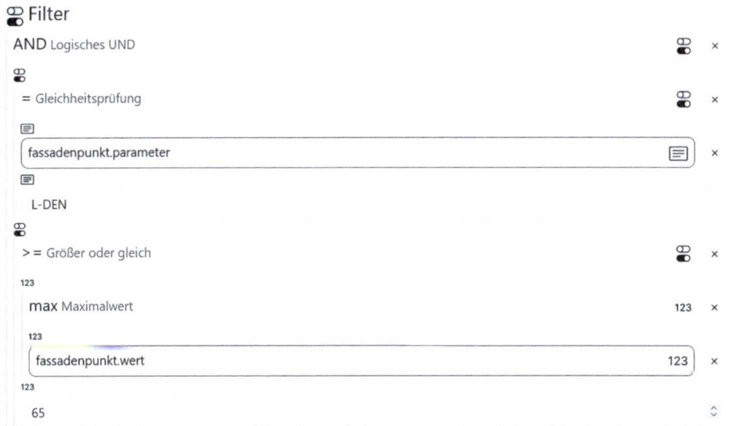

Abb. 13 Filter für Szenario der maximalen Lärmwerte

Nach Abspeichern des Szenarios kann dieses über den API-Service abgefragt werden. Abb. 14 zeigt die selektierten Objekte mit ihren Parametern, der Flächengeometrie und dem maximalen Lärmwert (es wurden nur Blockseiten ausgewählt, deren L-DEN-Wert 65 dB überschreitet.). Somit wurde aus den zuvor existierenden Fassadenpunkten und Blockseiten ein gemeinsames Objekt errechnet, welches die für weitere Auswertungen interessanten Werte enthält.

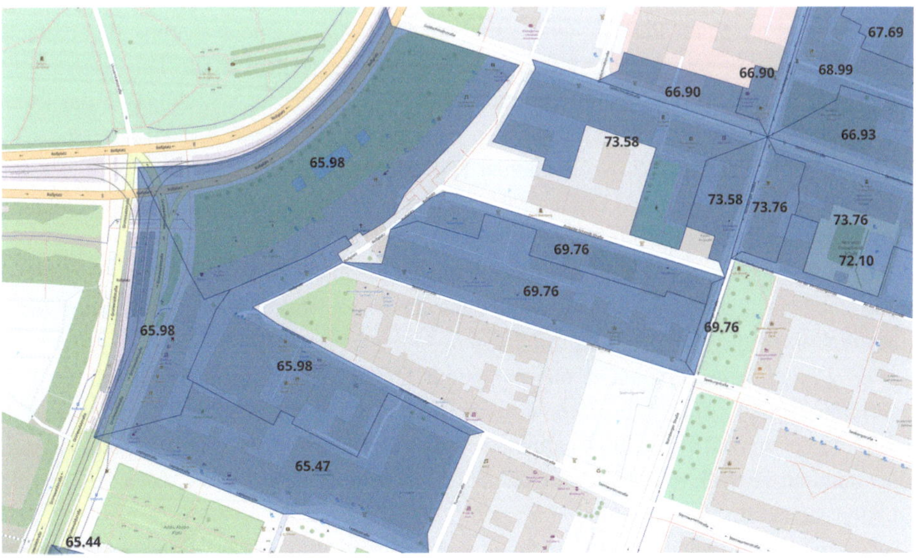

Abb. 14 Das resultierende Szenario als Karte dargestellt

6 Zusammenfassung und Ausblick

Das TwIS ist bereits in mehreren Umweltbehörden im Einsatz. An Beispielen der Stadt Leipzig wurde gezeigt, wie neue Wertschöpfungen der Umweltdaten generiert werden. Der Fokus liegt auf praxisorientierten Ansätzen aus dem Bereich Lärm. In einem einzigen System werden die Daten fachübergreifend aufbereitet, harmonisiert und miteinander verknüpft. Berechnungsdaten werden ergänzt und den Objekten zugeordnet. Ganz einfach können Abfragen generiert werden. Das TwIS erspart komplizierte ETL-Prozesse, sowohl für die Datenaufbereitung und -harmonisierung als auch für die Datenbereitstellung. Die Datenhaltung wird deutlich einfacher als in herkömmlichen Systemen, da das konkrete Datenmodell für die Verwaltung eines Ökosystems bereits ausgearbeitet vorliegt. Die Objektklassen des konkreten Anwendungsfalls Lärmkartierung, Objektverknüpfungen, Historien, Verwaltung und Anbindung der berechneten Lärmdaten werden im TwIS ganz einfach konfiguriert. Automatisch werden die Fachdaten, Metadaten und alle zusammengestellten Szenarien als standardisierte Services bereitgestellt. Sie können im GIS visualisiert, aber auch in allen Programmen, die diesen Standard verstehen, weiterverarbeitet werden.

Mit Simplex4TwIS ist ein TwIS verfügbar, das auch in der Stadt Leipzig eingesetzt wird. Auf einfache Art und Weise können Auswertungen (Szenarien) zusammengestellt und die Attribute „gemappt" werden. Das TwIS, in der hier vorgestellten Ausprägung als systemZwilling, ist eine neue Technologie. Sie ersetzt keine IT-Systeme, sondern ergänzt sie. Der Einsatz eines TwIS eröffnet im Zusammenspiel mit den heute genutzten DV-Lösungen völlig neue Möglichkeiten im Datenmanagement und für die Auswertungen der Daten.

TwIS wird zu einen Paradigmenwechsel im Datenmanagement führen. Auf einfache Art und Weise können Daten interoperabel zusammengestellt werden. Die Datenbereitstellungen werden nachhaltig, die Digitalisierung wird durch die Verfügbarkeit der Daten in einfach verarbeitbaren Strukturen einen riesigen Schub erfahren. TwIS ist eine neue Technologie. Sie ergänzt die vorhandenen IT-Systeme und ordnet sich mit dem Schwerpunkt Datenmanagement und Datenauswertungen in die IT-Landschaft ein. Im Folgenden werden zu erwartende Effekte vorgestellt (vgl. mit [6]):

Für *Nutzer:innen* des Systems ergibt sich die Möglichkeit, Daten aus den Fachsystemen herauszuheben und mit Daten anderer Fachsysteme zu verknüpfen. Sie erhalten einen Überblick über alle Daten und Verbindungen.

Die *Datenbereitsteller:innen* müssen keine ETL-Prozesse mehr erstellen; sie konfigurieren einfach. Das Aufsetzen von Diensten für die Geo- und Metadaten entfällt komplett, da im TwIS die API-Features Services automatisch generiert werden. Es wird alles deutlich überschau- und beherrschbarer, mit weitaus effektiveren Möglichkeiten der Qualitätssicherung.

Programmierer:innen müssen nicht erst die Bereitstellungsstrukturen studieren, auf immer gleiche Art und Weise werden die Daten geliefert. Damit wird die Einbindung der Dienste sehr einfach, und sie können sich voll auf die Programmieraufgabe konzentrieren. Das führt sicher zu neuen Wertschöpfungen (z. B. neue Berechnungsalgorithmen, Prozessunterstützungen oder Anwendungen mit Künstlicher Intelligenz).

Planer:innen, Ingenieure:innen, Datenbearbeiter:innen können die aktuell noch heterogen angebotenen Daten im TwIS importieren. Die Prozesse der Datenaufbereitung werden sich deutlich vereinfachen. Sie gewinnen wieder Zeit für ihre eigentlichen Fachaufgaben.

Und für alle *Anwender:innen* gibt es noch den Szenario und den Attribut Editor, mit dem schnell und einfach gewünschte Sichten auf die Daten zusammengestellt oder (besser gesagt) grafisch zusammengeklickt werden können, ohne dafür etwas programmieren zu müssen. So können in wenigen Minuten neue Datenzusammenstellung via API-Features Service konfiguriert werden, die dann jeder wieder für seine Aufgaben nutzen kann.

TwIS ist als Basistool für einen Digitalen Zwilling einsetzbar. Da es themenunabhängig die Daten generalisiert, via Metadaten beliebige fachliche Strukturen bearbeiten kann und die Metadatenerfassung im System integriert ist, sind für den Einsatz von TwIS keine Konzeptionen oder Spezifikationen notwendig. TwIS konfiguriert das System, das dem Zwilling entspricht, und kann (so wie es ist) einfach ausprobiert und sofort eingesetzt werden.

Literatur

1. Rudolf, H. (2018). *Umweltdatenmanagement: Eine Geo-Inspiration.* Karlsruhe: Bernhard Harzer Verlag.
2. Grieves, M. (2019). Virtually Intelligent Product Systems: Digital and Physical Twins. In: S. Flumerfelt, K.G. Schwartz, D. Mavris & S. Briceno (Hrsg.): *Complex Systems Engineering: Theory and Practice* (S. 175–200), American Institute of Aeronautics and Astronautics. https://doi.org/10.2514/5.9781624105654.0175.0200
3. Rudolf, H. (2021). Umweltdaten-Intelligenz. In: U. Freitag, F. Fuchs-Kittowski, A. Abecker, & F. Hosenfeld (Hrsg.). *Umweltinformationssysteme – Wie verändert die Digitalisierung unsere Gesellschaft?* (S. 29–49). Wiesbaden: Springer Vieweg. https://doi.org/10.1007/978-3-658-30889-6_3
4. Bundesregierung. (2022). *Digitalstrategie – Gemeinsam digitale Werte schöpfen*, https://digitalstrategie-deutschland.de/static/fcf23bbf9736d543d02b79ccad34b729/Digitalstrategie_Aktualisierung_25.04.2023.pdf
5. Großmann, J. (2022). envVisio Service – ein universeller Dienst für Umweltdaten. In F. Fuchs-Kittowski, A. Abecker, & H. Hosenfeld (Hrsg.): *Umweltinformationssysteme – Wie trägt die Digitalisierung zur Nachhaltigkeit bei?* (S. 67–79). Wiesbaden: Springer Vieweg. https://doi.org/10.1007/978-3-658-35685-9_5
6. Rudolf, H. (2023). Unsere Daten neu denken. In Harzer, C. (Hrsg.): *GIS-Report 2023/24.* Karlsruhe: Bernhard Harzer Verlag.
7. Brandt, S., Henningsen, J., Hess, S., Jedlitschka, A., & Hellmuth, R. (2023). *Digitale Zwillinge – Potenziale in der Stadtentwicklung.* Bonn: Bundesinstitut für Bau-, Stadt- und Raumforschung im Bundesamt für Bauwesen und Raumordnung.
8. Großmann, J., & Rudolf, H. (2024). Fachsysteme, Schemaevolution, Datenharmonisierung – Perspektiven für ein neuartiges und effektives Datenmanagement. In F. Fuchs-Kittowski, A.

Abecker, F. Hosenfeld, & C. Jolk (Hrsg.): *Digitalisierung im Zeichen des Klimawandels und der Energiewende* (S. 263–278). Wiesbaden: Springer Vieweg. https://doi.org/10.1007/978-3-658-43735-0_18
9. Kordasch, S.L., & Lehner, H. (2025). Digitaler geoZwilling – Was macht geo mit dem Zwilling? Vortrag auf dem 31. Workshop „*Umweltinformationssysteme – Digitalisierung für eine nachhaltige Planetare Zukunft*" am 10.-12.04.2024 in Bamberg.
10. Abecker, A. (2025). Überlegungen zu einer Infrastruktur für die breite Nutzung von Machine Learning-Verfahren in der Umweltverwaltung. In F. Fuchs-Kittowski, A. Abecker, F. Hosenfeld, & M. Möller (Hrsg.): *Umweltinformationssysteme – Digitalisierung für eine nachhaltige Planetare Zukunft.* Wiesbaden: Springer Vieweg (im Erscheinen). [in diesem Buch]
11. OGC (2024). *CityGML.* http://www.citygml.org/
12. Kalil, M. (2024). *Teslas Digital Twins.* https://mikekalil.com/blog/tesla-digital-twins/
13. Connected Urban Twins (2024). *Urbane Digitale Zwillinge für die Stadtentwicklung der Zukunft – Förderprojekt des Bundesministeriums für Wohnen, Stadtentwicklung und Bauwesen, in Partnerschaft mit den Städten Hamburg, Leipzig, München.* https://www.connectedurbantwins.de/
14. OGC (2024). *SOS – Sensor Observation Service.* https://www.ogc.org/standard/sos/
15. TU München (2024). *Smart District Data Infrastructure (SDDI).* Technische Universität München, Lehrstuhl für Geoinformatik. https://www.asg.ed.tum.de/gis/projekte/sddi/
16. ESRI. (2024). *ArcGIS Knowledge.* https://www.esri.com/de-de/arcgis/products/arcgis-knowledge/overview
17. SDMX (2024). *Statistical Data and Metadata eXchange – Summary Report of the 10th Expert Group Meeting on Statistical Data and Metadata Exchange (SDMX).* https://sdmx.org/?sdmx_news=summary-report-of-the-10th-expert-group-meeting-on-statistical-data-and-metadata-exchange-sdmx
18. Pendse, N., & Creeth, R. (1995). *The OLAP Report.* London: Business Intelligence.
19. OGC (2024). *SensorThings API.* https://www.ogc.org/standard/sensorthings/
20. OGC (2024). *API-Features Service.* https://ogcapi.ogc.org/features/
21. OGC (2024). *API-Features – Part 3: Filtering and the Common Query Language (CQL).* https://portal.ogc.org/files/96288
22. Unity. (2024). Was ist der Digitale Zwilling, https://unity.com/de/solutions/digital-twin-definition

Moderne UIS-Anwendungen für Verwaltung und Bevölkerung

Neuentwicklung des Abfallentsorgungsanlagenkatasters in Sachsen ABENSA

Friedhelm Hosenfeld, Johannes Tiffert, Axel Zentner, Ines Thamke und Johanna Guth

Zusammenfassung

Vorgestellt wird die Neuentwicklung des Abfallentsorgungsanlagenkatasters in Sachsen ABENSA. Die Web-Anwendung stellt vielfältige Informationen über Entsorgungsanlagen für die Öffentlichkeit bereit und bildet damit einen ersten Baustein für ein Online-Portal zur Abfallwirtschaft in Sachsen. Verschiedene Zugänge ermöglichen eine Kriterien- und Karten-basierte Recherche nach Entsorgungs- und Abfallbehandlungsanlagen, deren Ergebnisse visualisiert, kombiniert und exportiert werden können. Ergänzt wird der öffentliche Zugang um eine Administrationsanwendung für die fachlich zuständigen Mitarbeitenden des LfULG, die damit die Datenübernahme in die ABENSA-Datenbank steuern, die Datenqualität kontrollieren sowie Korrekturen und

F. Hosenfeld (✉) · J. Tiffert
Institut für Digitale Systemanalyse & Landschaftsdiagnose (DigSyLand), Husby, Deutschland
E-Mail: hosenfeld@digsyland.de

J. Tiffert
E-Mail: tiffert@digsyland.de

A. Zentner · I. Thamke
Sächsisches Landesamt für Umwelt, Landwirtschaft und Geologie, Referat 41,,
Dresden-Klotzsche, Deutschland
E-Mail: Axel.Zentner@smekul.sachsen.de

I. Thamke
E-Mail: Ines.Thamke@smekul.sachsen.de

J. Guth
Disy Informationssysteme GmbH, Karlsruhe, Deutschland
E-Mail: Johanna.Guth@disy.net

F. Fuchs-Kittowski et al. (Hrsg.), *Umweltinformationssysteme - Digitalisierung für eine nachhaltige Planetare Zukunft,* https://doi.org/10.1007/978-3-658-46394-6_12

Ergänzungen vornehmen. Die in ABENSA verwalteten Daten werden aus operativen Drittsystemen wie dem Länderinformationssystem für Anlagen LIS-A für das Portal zusammengestellt. Die Umsetzung der Web-Anwendung ABENSA erfolgte auf Basis der Auswertungs- und GIS-Plattform disy Cadenza, in die das Administrationstool als PHP-Anwendung integriert wurde. Zu den Herausforderungen der Umsetzung gehörte die Entwicklung eines gemeinsamen Datenmodells, das die relevanten Angaben der Quellsysteme geeignet berücksichtigt und die gewünschten Auswertungen, sowohl der Öffentlichkeit als auch für behördeninterne Zwecke sowie auch eine Datenhistorisierung, ermöglicht. Die Daten werden mit der Software Cadenza Workbooks anschaulich in interaktiven Dashboards ausgewertet.

Schlüsselwörters

Abfall- und Kreislaufwirtschaft • Abfallanlagenkataster • Cadenza Workbooks • Dashboards • ETL-Prozesse • Historisierung • Datenqualitätssicherung

1 Einleitung

Der Umgang mit Abfällen hat einen erheblichen Einfluss auf den Zustand der Umwelt. Diesem Umstand trägt unter anderem das Kreislaufwirtschaftsgesetz [1] Rechnung, das in der Rangfolge die Vermeidung von Abfällen und die Vorbereitung zur Wiederverwendung klar vor der Beseitigung als letzter Möglichkeit vorsieht, um den Schutz von Mensch und Umwelt unter Berücksichtigung des Vorsorge- und Nachhaltigkeitsprinzips am besten zu gewährleisten. Weitere gesetzliche Grundlagen (wie Umweltinformationsgesetze und Kreislaufwirtschaftsgesetze: [2–4]) verpflichten Bundes- und Landesbehörden, die notwendige Transparenz zu Maßnahmen im Umgang mit Abfällen herzustellen. Dazu zählen die aktive Information über Abfallentsorgungsanlagen, aber auch die Aufstellung und Veröffentlichung eines Abfallwirtschaftsplans [5].

Zur Unterrichtung der Öffentlichkeit betreibt das Landesamt für Umwelt, Landwirtschaft und Geologie Sachsen (LfULG) bereits seit 2002 das Abfallentsorgungsanlagenkataster Sachsen – bereits unter dem Namen ABENSA – als webbasierte Anwendung, die eine Recherche nach und die Ausgabe von Detailinformationen zu Abfallentsorgungsanlagen in Sachsen ermöglichte.

2018 zeigte sich, dass das damals vorhandene System die gestiegenen Anforderungen an Funktionalität und Aktualität nicht mehr erfüllen konnte, die Datenaktualisierung und -pflege zu aufwendig wurde und eine Anpassung nicht möglich war, sodass die Entscheidung für eine Neuentwicklung getroffen wurde. Neben der Beseitigung der erkannten Schwächen und der Sicherstellung der gewünschten Datenaktualität für die Information der Öffentlichkeit sollte perspektivisch auch die fachliche Arbeit der Zuständigen im LfULG durch die Neuentwicklung geeignet unterstützt werden, z. B. bei der Aufstellung des Abfallwirtschaftsplans.

In diesem Beitrag wird die Entwicklung des neuen Abfallentsorgungsanlagenkatasters Sachsen beschrieben. Der nachfolgende Abschn. 2 widmet sich der Ausgangslage, der Motivation für die Neuentwicklung sowie der Konzeption der Lösung. Abschn. 3 beschreibt die Datenmodellierung und die Datenflüsse, gefolgt von der Erläuterung der technischen Umsetzung der Anwendung in Abschn. 4. Abschn. 5 behandelt die Bereitstellung der Abfallanlageninformationen für die Öffentlichkeit, während in Abschn. 6 auf die Administrationsanwendung für die Fachzuständigen des LfULG und die fachlichen Auswertungsfunktionalitäten eingegangen wird. Den Abschluss bildet Abschn. 7 mit einer Zusammenfassung und einem Ausblick.

2 Ausgangslage, Motivation und Konzeption der Neuentwicklung

2.1 Ausgangslage

Rechtliche Vorgaben wie Umweltinformationsgesetze und Kreislaufwirtschaftsgesetze [1–4] fordern die Unterrichtung der Öffentlichkeit über den Umgang mit Abfällen. In Sachsen wurde daher 2002 das Abfallentsorgungsanlagenkataster Sachsen (ABENSA) als webbasierte Anwendung entwickelt. Diese ermöglichte eine Suche nach Abfallentsorgungsanlagen mit verschiedenen Kriterien wie Anlagentypen, Abfallarten und Adressangaben, listete die Suchergebnisse auf und präsentierte entsprechende Details zu den gefundenen Anlagen (wie z. B. zur Altfahrzeugeverwertung), ergänzt durch Kontaktangaben. Eine kartenbasierte Suche war mit dieser Anwendung nicht möglich; die Darstellung der Suchergebnisse auf einer Karte wurde lediglich durch eine mit der Adresse verlinkte Google Maps-Darstellung realisiert. Über ein spezielles Behörden-Login konnten weitere Informationen zu den Anlagen recherchiert sowie Export- und Importfunktionen genutzt werden. Zudem war das manuelle Anlegen neuer Anlagendatensätze möglich.

Die Datenhaltung des Altsystems fand in einer Microsoft SQL-Server-Datenbank statt, die ebenso wie die Web-Anwendung bei einem externen Anbieter in der Schweiz betrieben wurde.

Die dem Anlagenkataster zugrunde liegenden Daten entstammen zum größten Teil dem in Deutschland verbreiteten Länderinformationssystem für Anlagen (LIS-A: https://www.luft.sachsen.de/landerinformationssystem-anlagen-lis-a-14516.html), das als operatives System im LfULG dazu dient, die Angaben aller genehmigungsbedürftigen und nicht genehmigungsbedürftigen Anlagen des Freistaates Sachsen nach Bundesimmissionsschutzgesetz (BImSchG: [6]) zu verwalten. Die LIS-A-Daten werden in einer im LfULG gehosteten Oracle-Datenbank gehalten. Diese Konstellation erforderte einen hohen manuellen Aufwand für die Aktualisierung des ABENSA-Datenbestandes, die daher nur in mehrjährigen Abständen durchgeführt werden konnte.

2.2 Motivation für die Neuentwicklung

Vor allem Datenschutzgründe und der Wunsch nach besseren Aktualisierungsmöglichkeiten der Daten ergaben die Anforderung, dass die neue ABENSA-Datenbank ebenso wie die Web-Anwendung direkt beim LfULG gehostet werden sollte. Zu den weiteren Anforderungen zählten unter anderem die Integration von Daten aus weiteren Quellsystemen, die bessere Unterstützung räumlicher Aspekte sowohl bei der Suche nach Anlagen als auch bei der Präsentation der Ergebnisse, die Auswertung der Zugriffe und umfassende Historisierungsmöglichkeiten unterschiedlicher Datenbestände. Eine entsprechende Anpassung der bestehenden Anwendung war mit der Bestandsanwendung nicht möglich.

2.3 Ziele und Konzeption

Mit der neuen Web-Anwendung, die ebenfalls den prägnanten Namen ABENSA trägt, sollte ein hilfreiches Werkzeug für die Fortschreibung des Abfallwirtschaftsplanes für den Freistaat Sachsen geschaffen werden. Die Informationen der neuen ABENSA-Datenbank sollten über diverse Such- und Filtermechanismen sinnvoll für die Anwendenden aufbereitet und nutzbar gemacht werden.

Ziel war insbesondere, eine verbesserte Datenlage im Vergleich zum Altsystem zu haben, um exaktere Suchergebnisse zu erhalten. Die stärkere Automatisierung sollte den manuellen Arbeitsaufwand deutlich reduzieren und durch bessere Abgleichzyklen mit den Quelldatenbanken eine höhere Aktualität der ABENSA-Datenbank sicherstellen. Ein übergeordnetes Ziel bestand zudem darin, mit dem neuen ABENSA die Basis für ein übergreifendes Portal zu schaffen, in dem weitere abfallrelevante Themen in ähnlicher Weise recherchiert, ausgewertet und kartenbasiert präsentiert sowie miteinander kombiniert werden können.

Die Ziele und Anforderungen wurden vom LfULG in einem Fachkonzept dokumentiert, auf dessen Basis die Unternehmen Disy und DigSyLand 2019 mit der Erstellung einer Softwarespezifikation (SWS) beauftragt wurden. Die SWS wurde gemeinsam mit dem LfULG erarbeitet. Dort wurden alle Fachprozesse und Anwendungsfälle einschließlich der benötigten Geschäftsklassen und der Schnittstellen zu den Quellsystemen definiert.

Neben dem Quellsystem LIS-A sollte auch das Bergbauinformationssystem BIS.SAX in Verantwortung des Oberbergamtes (OBA) angebunden werden, aus dem Abbauvorhaben mit Verfüllung nach ABENSA übernommen werden, da diese ebenfalls für die Abfallentsorgung relevant sind. Zudem sollte eine Einbindung weiterer Quellsysteme prinzipiell möglich sein, sodass im technischen Systementwurf, der im Rahmen der Umsetzung 2022/2023 erstellt wurde, Deponiedaten als zusätzliches Quellsystem vorgesehen wurden.

Die in SWS und technischem Systementwurf erarbeitete Konzeption orientiert sich an den technischen Rahmenbedingungen des LfULG, die unter anderem die Datenhaltung in der LfULG-Oracle-Datenbank und die Nutzung der Auswertungs- und GIS-Plattform disy Cadenza vorsehen. In die Konzeption flossen Erfahrungen ein, die DigSyLand in Schleswig-Holstein sowohl mit der Entwicklung von Internetportalen für die Abfallwirtschaft [10] als auch eines vergleichbaren Abfallanlagenkatasters (https://www.schleswig-holstein.de/entsorgungsanlagen) und eines Energieatlas [11] jeweils auf der Basis von Daten aus LIS-A und der Auswertungsplattform disy Cadenza aufgebaut hatte.

3 Datenmodellierung und Datenflüsse

3.1 Datenmodellierung

Für die Datenmodellierung existierten vier Hauptanforderungen, deren Kombination die wesentliche Herausforderung darstellte:

1. Die relevanten Angaben der Quellsysteme, insbesondere von LIS-A, sollten geeignet abgebildet werden.
2. Zudem sollten abgeleitete und ergänzende Angaben zu einzelnen Anlagen verwaltet werden.
3. Diese zusätzlichen Informationen sollten bei der Aktualisierung aus den Quellsystemen erhalten bleiben.
4. Alle geänderten Datensätze sollten automatisch historisiert werden, mit der Möglichkeit, historisierte mit aktuellen Daten zu vergleichen und sowohl gesamte Datenbestände als auch einzelne Datensätze wieder aus den Historisierungen einzuspielen.

Da der größte Teil der Informationen aus dem Quellsystem LIS-A übernommen wird und dessen Stammdatenmodul die Angaben bereits in einer Form strukturiert, die auch für ABENSA geeignet ist, orientiert sich das ABENSA-Datenmodell stark an dem LIS-A-Datenmodell. Diese Designentscheidung verringert außerdem den Aufwand für die Datenübernahme und die Gefahr von Informationsverlusten oder Ungenauigkeiten. Dies spiegelt die Übernahme der grundsätzlichen Aufteilung in drei Geschäftsklassen aus LIS-A wider (Abb. 1):

- Betreiber
- Betriebsstätten
- Anlagen

Die *Betreiberdatensätze* enthalten die Angaben zu den Unternehmen, einschließlich Kontakt- und Adressangaben, die für den Betrieb von Entsorgungsanlagen verantwortlich sind. Ein Betreiber kann für eine oder mehrere *Betriebsstätten* verantwortlich sein.

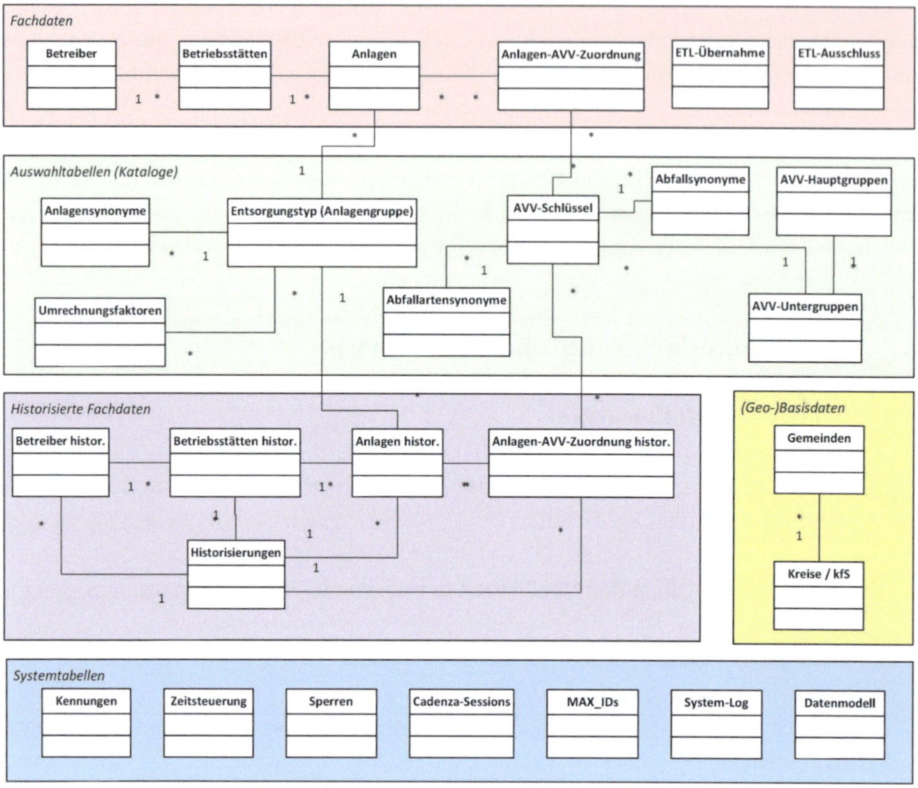

Abb. 1 Überblick über die ABENSA-Datenbanktabellen

Bei diesen handelt es sich um die Standorte, an denen sich wiederum eine oder mehrere *Anlagen* befinden können. Alle Standortangaben sind mit der Betriebsstätte verbunden, während die fachlichen Angaben mit der jeweiligen Anlage assoziiert sind.

Zu den relevanten Eigenschaften einer Anlage gehören einerseits der Anlagentyp und andererseits die Art der Abfälle, die eine Anlage entgegennimmt.

Zu den in LIS-A verwalteten Genehmigungsdaten gehört der Abfallannahmekatalog der Anlagen, der mit einer festgelegten Schlüsselliste der Abfallverzeichnis-Verordnung (AVV: [9]) angegeben wird. Für jede Abfallart ist damit in der EU ein eindeutiger 6-stelliger numerischer Schlüssel festgelegt. Diese Zuordnung der AVV-Schlüssel kann in gleicher Weise für Anlagen aus dem Bergbauinformationssystem BIS.SAX übernommen werden, während für Deponien keine Abfallarten festgelegt werden und daher diese Zuordnung entfällt.

Für die Charakterisierung der Anlagentypen wurde bereits im ABENSA-Altsystem ein hierarchischer Katalog aus Anlagengruppen und –obergruppen verwendet, deren Klassifizierung nicht direkt aus dem Quellsystem LIS-A übernommen werden kann. Anlagen in LIS-A sind allerdings mit einem Nummerncode nach der Vierten Verordnung zur Durchführung des Bundes-Immissionsschutzgesetzes (BImSchV [8]), der sogenannten BImSchV-Nr. eindeutig klassifiziert. Daher wurde gemeinsam mit dem LfULG ein Regelmechanismus entwickelt, der aus der BImSchV-Nr. sowie der Anlagenbezeichnung und weiteren Angaben die Anlagengruppe in ABENSA herleitet. Mit Hilfe dieser Zuordnungsregeln und ergänzenden Ausschlussbedingungen wird zudem gesteuert, welche Anlagen aus LIS-A überhaupt übernommen werden.

Für Anlagen aus BIS.SAX und für Deponien ist die Zuordnung der Anlagengruppen eindeutig festgelegt, sodass für diese Quellsysteme auf komplexe Regeln verzichtet werden kann.

Katalogtabellen, die in der Administrationsanwendung gepflegt werden, definieren Synonyme für Abfallarten und Anlagengruppen, da die in den offiziellen Fachkatalogen definierten Begriffe nicht immer im allgemeinen Sprachgebrauch üblich sind. Mithilfe dieser Synonymlisten können unterschiedliche Begrifflichkeiten repräsentiert werden (Abb. 1).

3.2 ETL-Prozesse zur Datenübernahme

Ein wesentliches Ziel der Neuentwicklung bestand darin, Daten aus LIS-A automatisiert zu übernehmen, sodass entsprechende ETL-Prozesse (Extract – Transform – Load) entwickelt wurden, die die benötigten Daten aus der internen LIS-A-Oracle-Datenbank entnehmen, geeignete Umformungen vornehmen und die transformierten Daten in die im Internet erreichbare ABENSA-Oracle-Datenbank übertragen. Die ETL-Prozesse setzen dabei folgende Schritte um:

- Protokollierung des Transferprozesses.
- Erzeugung eines neuen Historisierungsstandes und Historisierung aller in ABENSA vorhandenen Datensätze mit dem Quellsystem LIS-A.
- Abfrage aller Datensätze aus LIS-A, die gemäß den definierten Regeln nach ABENSA übernommen werden sollen, und Aktualisierung des ABENSA-Datenbestandes.
- Zuordnung der Anlagengruppen gemäß den Regeln, wobei bei speziell gekennzeichneten Anlagen manuell in ABENSA zugeordnete Anlagengruppen beibehalten werden, wenn eine regelbasierte Zuordnung nicht funktioniert.
- Löschen aller Datensätze aus ABENSA, die nicht mehr in LIS-A vorhanden sind bzw. nicht mehr übernommen werden sollen, z. B. aufgrund von Stilllegungen.
- Aktualisierung des Übertragungsprotokolls und des geplanten nächsten Ausführungszeitpunktes.

Während der Datenübernahme finden zudem Umrechnungen der Entsorgungskapazität in die einheitliche Größe t/a statt, sofern dies möglich ist. Die Umrechnung wird auf der

Basis einer im Administrationsbereich anpassbaren Umrechnungstabelle durchgeführt, in denen die Faktoren für unterschiedliche Größen und Anlagentypen festgelegt werden. Mit dieser Vereinheitlichung sollen Auswertungen für den Abfallwirtschaftsplan unterstützt werden.

3.3 Importschnittstelle für weitere Quellsysteme

Die Konzeption von ABENSA sah die Anbindung weiterer Quellsysteme per Importschnittstelle vor. Umgesetzt wurde eine Excel-Import-Schnittstelle zur Übernahme von Daten aus dem Bergbauinformationssystem BIS.SAX, da eine direkte Anbindung dieses Systems nicht möglich war.

Anlassbezogen wird seitens des zuständigen Oberbergamtes ein Datenauszug aus BIS.SAX erzeugt und als Excel-Datei an das LfULG gesendet. Vom LfULG wird die Excel-Datei nach ABENSA importiert, wobei wie bei den ETL-Prozessen die Datenübernahme protokolliert wird, eine Historisierung aller BIS.SAX-Daten erstellt wird und nicht mehr aktuelle Datensätze aus ABENSA entfernt werden.

In ähnlicher Weise wurde eine Excel-Importschnittstelle für Deponien entwickelt, da für Deponien kein eigenes Informationssystem existiert, aus dem die Daten übernommen werden könnten. Mit der Importfunktion können die Daten, die von dem zuständigen Fachreferat im LfULG bereitgestellt werden, anlassbezogen nach ABENSA übernommen werden.

4 Technische Umsetzung

Das neue ABENSA bildet die erste Anwendung innerhalb eines neuen Datenportals „Abfallwirtschaft". ABENSA wurde als Pilotanwendung in das Datenportal integriert und kombiniert die Software disy Cadenza mit einer Fachanwendung zur Administration von ABENSA.

4.1 Cadenza Workbooks

Im LfULG wurde für verschiedene Aufgaben bereits die Plattform disy Cadenza [7] eingesetzt. Hierzu gehören Fachinformationssysteme sowie das zentrale Berichts- und Auswertesystem iDA (interdisziplinäre Daten und Auswertungen). Mit Cadenza können die unterschiedlichen Anforderungen an Fach- und Auswertesysteme auf Basis einer gemeinsamen Plattform realisiert werden. Cadenza vereint als Auswertesystem Data Analytics, Reporting und GIS in einer Softwareplattform und unterstützt darin, sämtliche heterogen verteilte Daten flexibel zu filtern, zu visualisieren und zu analysieren sowie organisationsübergreifend bereitzustellen. Cadenza erlaubt die kombinierte Abfrage von Sachdaten und Geodaten nach allen erforderlichen Kriterien. Es ermöglicht die Präsentation der Ergebnisse in exportierbaren Tabellen, aber auch als Reports und interaktive Karten.

Darüber hinaus bietet Cadenza Web eine Embedded API, den sogenannten Fachanwendungsrahmen (FAR). Damit angebundene Web-Anwendungen nutzen die Funktionalität der Cadenza Plattform als Basis und erweitern diese mit den jeweiligen spezifischen fachlichen Anwendungsanforderungen, insbesondere zur Bearbeitung von Daten. Aufbauend auf den von Cadenza bereitgestellten Grundfunktionen können individuelle fachliche Anwendungsfälle und Workflows programmiert und in die Cadenza Plattform integriert werden. Für den Aufbau des Onlineportals „Abfallwirtschaft" kam die neue Web-Plattform disy Cadenza *Workbooks* in einer neuen Instanz zum Einsatz, parallel zu dem bereits existierenden Portal iDA, das noch auf der Vorgängerversion Cadenza *Classic* basiert.

Die neue Produktgeneration Cadenza Workbooks setzt im Unterschied zum bisherigen Cadenza Classic konsequent auf Web-Technik mit datenbank-basierter Konfiguration. Cadenza Workbooks kombiniert Business und Location Intelligence und ermöglicht damit flexible und intelligente Datenauswertung. Eine große Innovation stellen Dashboards dar, in denen verschiedene miteinander verknüpfte Informationselemente auf einen Blick dargestellt sowie interaktiv und individualisierbar bedient werden können. Insbesondere kommen für ABENSA die Möglichkeiten der Cadenza-Workbooks mit fachlichen Dashboards zum Einsatz. Die Benutzerführung kann so adäquat an die fachlichen Anforderungen angepasst und mit anderen web-basierten Elementen zusammengeführt werden.

4.2 Zusammenspiel mit Administrations-Fachanwendung

Zur Umsetzung der Administrationsfunktionen, die die Datenaktualisierung und -erfassung sowie die Konfiguration der ABENSA-Anwendung umfassen, wurde eine spezielle Fachanwendung mit der Skriptsprache PHP (https://www.php.net/) entwickelt. Die PHP-Fachanwendung wurde in Cadenza Web eingebunden und kommuniziert per Session-Handshake über den Web-Fachanwendungsrahmen mit Cadenza. Damit wird ein gemeinsamer Zugriff auf Sitzungsdaten umgesetzt (Abb. 2). Angaben zu der in Cadenza angemeldeten Nutzerkennung mit den Zugriffsrechten können so in der Fachanwendung berücksichtigt werden.

Im LfULG wurden bereits erfolgreich einige weitere PHP-Fachanwendungen mit Integration in die Cadenza-basierte Auswertungsplattform iDA umgesetzt (Web-Informationssystem zu Hochwassergefahren für Gebäude FLOOD.Bi, Natura 2000-Gebietsbetreuung, WRRL-Maßnahmenmanagement [12]). Auch in Projekten außerhalb

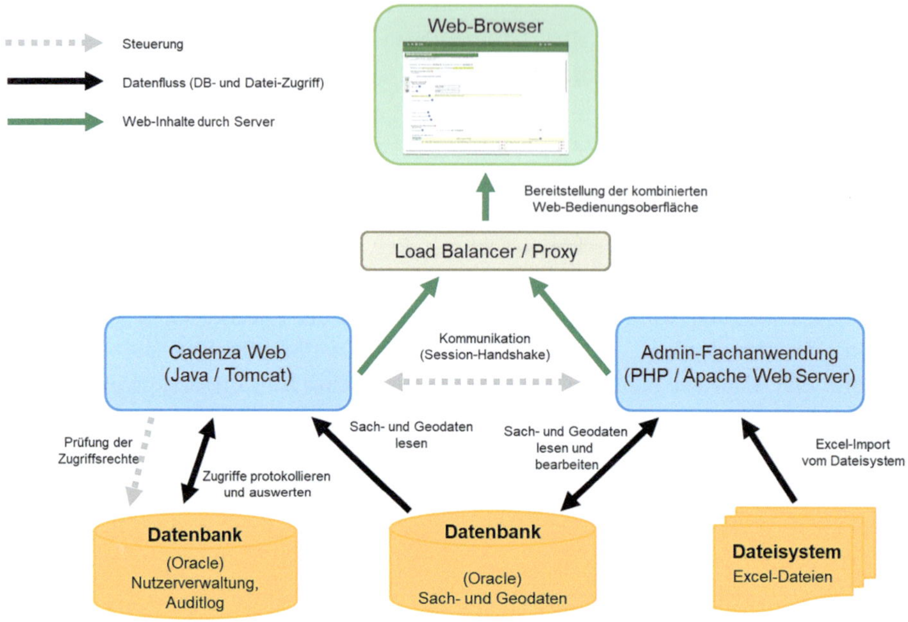

Abb. 2 Skizze der Integration der PHP-Fachanwendung in Cadenza Web

Sachsens hat sich diese Konstellation seit vielen Jahren für behördliche Informationssysteme mit Datenerfassungskomponenten bewährt.

Über konfigurierbare Eingabeformulare können sowohl die Konfigurationsparameter als auch die Anlageneigenschaften bearbeitet werden. Zudem bietet der Administrationsbereich der Anwendung die Steuerung der Datenübernahme (aus LIS-A) und den Import von Daten (BIS.SAX und Deponiedaten) sowie die Historisierungsverwaltung (siehe Abschn. 6).

Such- und Recherchefunktionen werden als Kernfunktionalitäten mit Cadenza Workbooks realisiert. Die Protokollierung der Suchanfragen wird in Cadenza mithilfe des Audit-Logging durchgeführt, um die Auswertungen nach Suchpräferenzen für die Fach-Administration in Cadenza Workbooks zu ermöglichen.

Die PHP-Fachanwendung wurde auf Basis eines von DigSyLand entwickelten Frameworks entwickelt, das Grundfunktionalitäten in Hinblick auf Datensicherheit, Katalogbearbeitung, Eingabevalidierung und konfigurierbare Erfassungsmasken bereitstellt. Diese wurden im Rahmen des Projekts durch für ABENSA und die Anwendungsfälle erforderlichen Funktionen ergänzt und angepasst.

4.3 Umsetzung der ETL-Prozesse mit Talend

Die ETL-Prozesse zur Übernahme der Daten aus dem Quellsystem LIS-A (siehe Abschn. 3.2) wurden mit der Open Source Software Talend Open Studio (https://www.talend.com/products/talend-open-studio/) umgesetzt.

Zur Implementierung der zeitlichen Steuerung über die Administrationsanwendung schreibt diese in eine Datenbanktabelle den nächsten Ausführungszeitpunkt der ETL-Prozesse. Die Talend-Funktionen wiederum werden automatisch einmal am Tag gestartet und prüfen durch eine Datenbank-Abfrage, ob der geplante Datenübernahme-Zeitpunkt erreicht wurde. Wenn dies nicht der Fall ist, beendet sich Talend wieder. Im anderen Fall werden die ETL-Prozesse ausgeführt und der nächste Ausführungszeitpunkt eingetragen.

5 Bereitstellung von Anlageninformationen für die Öffentlichkeit

Unter der Adresse https://www.luis.sachsen.de/abensa/ steht ABENSA für die Öffentlichkeit zur Verfügung. Neben der eigentlichen Suche nach Entsorgungsanlagen werden im Navigatorbaum sogenannte Arbeitsmappen mit Hintergrundinformationen zum Abfallentsorgungsanlagenkataster angeboten (Abb. 3).

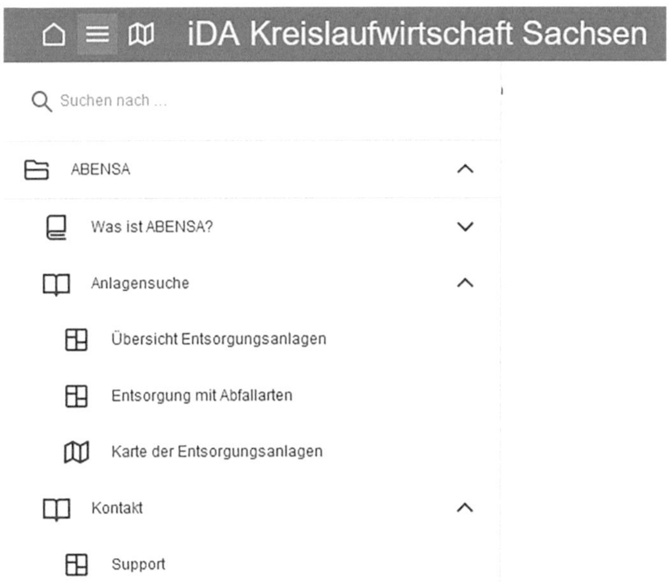

Abb. 3 Für die Öffentlichkeit verfügbare Arbeitsmappen in ABENSA

5.1 Überblick über den Datenbestand

In einem Dashboard wird ein Überblick über den öffentlich verfügbaren Datenbestand der Abfallentsorgungsanlagen in ABENSA gegeben (Abb. 4).

Die Datengrundlage dieses Dashboards ebenso wie die der eigentlichen Anlagensuche bilden Datenbank-Views, die aus dem Gesamtdatenbestand diejenigen Datensätze ausblenden, die nur behördenintern genutzt werden sollen oder aus Datenschutzgründen nicht angezeigt werden sollen. Personenbezogene Daten werden auf diese Weise ausgeblendet oder anonymisiert.

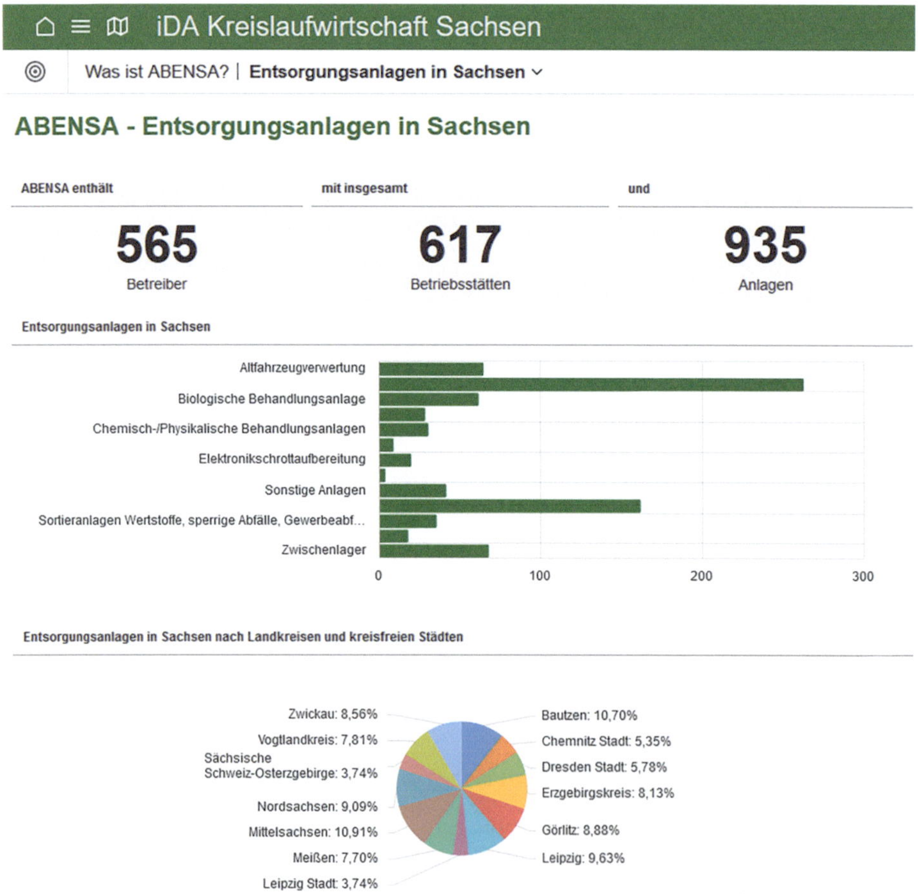

Abb. 4 Dashboard mit einem Überblick über die Abfallentsorgungsanlagen in ABENSA

5.2 Suche nach Anlagen

Die Arbeitsmappe zur Anlagensuche besteht aus drei Arbeitsblättern:

- *Übersicht Entsorgungsanlagen:* Das Arbeitsblatt enthält zwei Tabellensichten, die eine Übersicht der Betreiber und Betriebsstätten sowie zu den Entsorgungsanlagen geben. Außerdem sind mehrere Bild- und Textsichten mit Hinweisen zur Bedienung der Suchfunktionen Teil des Arbeitsblatts (Abb. 5).
- *Entsorgung mit Abfallarten:* Das Arbeitsblatt enthält zwei Tabellensichten mit Informationen zum Entsorger sowie den Abfallarten der Entsorgungsanlage.
- *Karte der Entsorgungsanlagen:* Das Arbeitsblatt bietet mittels einer zentralen Kartensicht die Möglichkeit zur kartenbasierten Suche nach Entsorgungsanlagen. Für die Interaktionen mit der Karte, z. B. das Auswählen von Objekten oder Zoomen, stehen in der Funktionsleiste der Karte die gängige GIS-Funktionen zur Verfügung. Durch Anklicken einer Anlage auf der Karte können Detailinformationen zu der Anlage aufgerufen werden.

Zur Filterung nach bestimmten Anlagen können sowohl freie Stichworte als auch strukturierte Kriterien wie Abfallarten und Anlagentypen verwendet, aber auch Adress- und Lage-bezogene Angaben definiert werden. Zudem kann auf der Karte ein Raumbezug

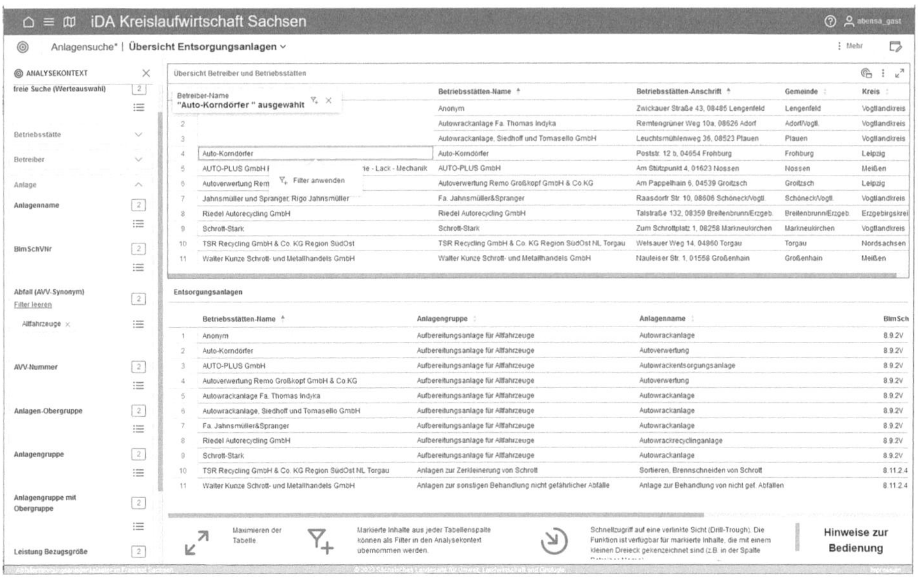

Abb. 5 Suche nach Entsorgungsanlagen in ABENSA

zur Suche eingezeichnet werden (z. B. zur Umkreissuche). In den Ergebnismengen sind weitere Filterungen möglich.

Alle Tabellensichten der Arbeitsmappe können als Excel- sowie als CSV-Datei exportiert werden. Der Export von Karten erfolgt als – wahlweise georeferenzierte – Bilddatei.

6 Fachanwendung und Auswertungen zur Administration

Zur fachlichen Administration von ABENSA wurde eine Administrationsanwendung integriert, die nur mit einer personenbezogenen Anmeldung für die fachlich Zuständigen nutzbar ist. Ergänzt wird diese Fachanwendung durch einige Cadenza Arbeitsmappen, die ebenfalls nur mit der entsprechenden Berechtigung für die Behördenmitarbeitenden zugänglich sind

6.1 Überblick über die Funktionen der Administrationsanwendung

Auf der Startseite der Administrationsanwendung werden die wesentlichen Funktionen zur Auswahl angeboten (Abb. 6):

- Auflistung, Anzeige und Bearbeitung der Datensätze,
- Steuerung der Datenübernahme aus LIS-A,
- Datenimport aus BIS.SAX und von Deponiedaten,
- Katalogverwaltung der Schlüssellisten einschließlich der Konfiguration der ETL-Datenübernahmeregeln aus LIS-A,
- Auswertung der Datenhistorisierungen und Rückspielen von historisierten Ständen.

6.2 Auflistung, Anzeige und Bearbeitung der Datensätze

Alle Datensätze der Informationsebenen Betreiber, Betriebsstätten und Anlagen (vgl. Abschn. 3) können aufgelistet und in speziellen Eingabeformularen bearbeitet werden. Dies ist insbesondere wichtig für Zusatzinformationen, die nicht aus den Quellsystemen abgeleitet werden können, wie z. B. Angaben zur Berücksichtigung für den Abfallwirtschaftsplan, zu gefährlichen Abfällen oder zur Relevanz nach dem Elektro- und Elektronikgerätegesetz (Abb. 7). In der Listenanzeige der Datensätze können Sammeländerungen für mehrere Datensätze gleichzeitig durchgeführt werden, um den Eingabeaufwand zu reduzieren.

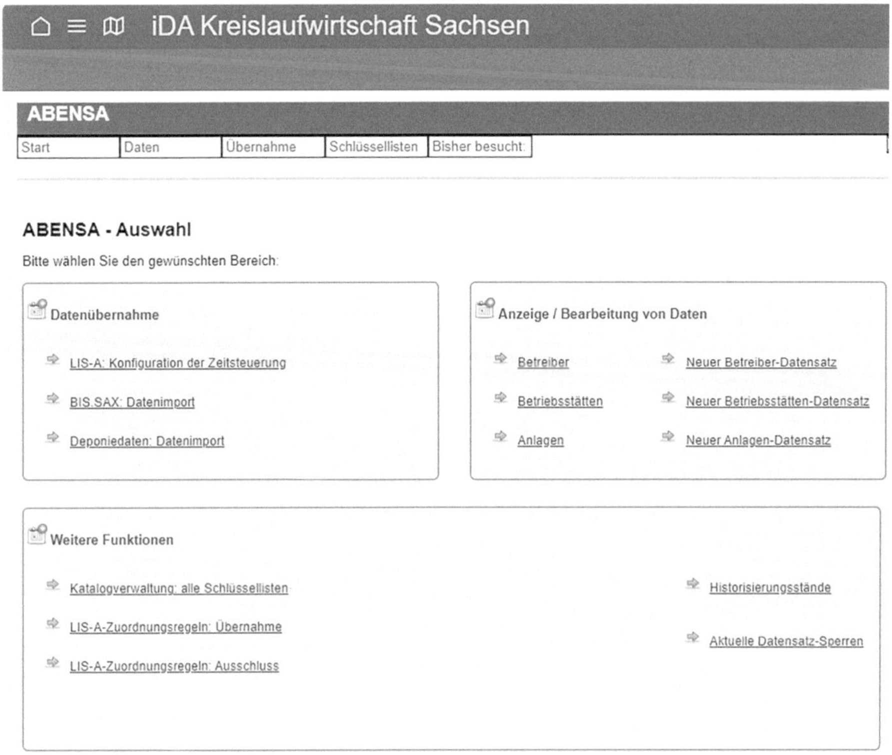

Abb. 6 Startseite der ABENSA-Administrationsanwendung

Wenn ein Datensatz geändert wird, wird automatisch eine historisierte Version des Datensatzes angelegt. Dazu muss bei jeder Änderung eine Beschreibung zur Historisierung angegeben werden, sonst kann die Speicherung nicht durchgeführt werden (Abb. 7). Wenn für einen Datensatz historisierte Vorgängerversionen vorliegen, werden diese in einer Auswahlliste angeboten, sodass sie in einer Vergleichsansicht dem aktuellen Datensatz gegenübergestellt werden können.

6.3 Steuerung der Datenübernahme und Datenimport

Für die Steuerung der Datenübernahme aus LIS-A per ETL-Prozess werden zwei Optionen angeboten:

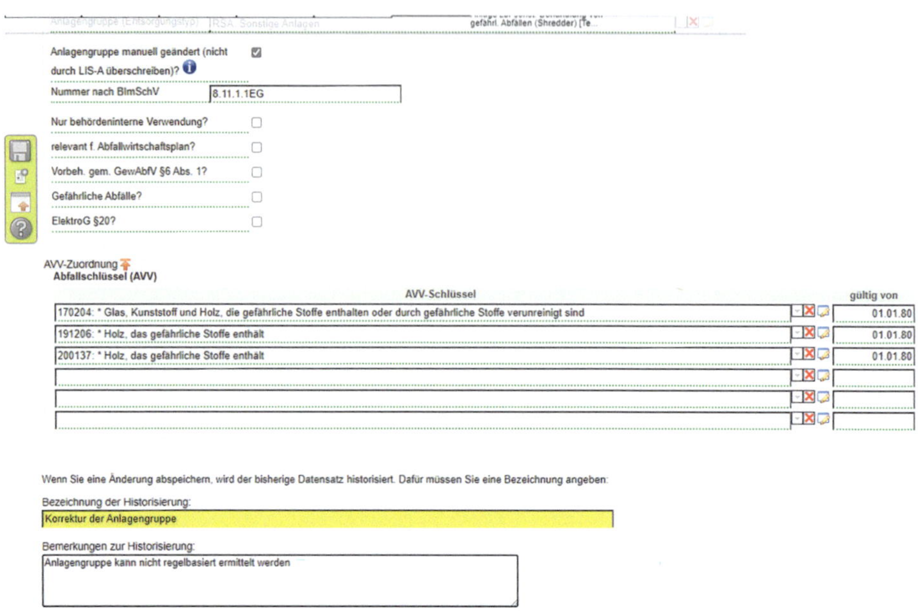

Abb. 7 Bei jeder Änderung muss eine Bezeichnung zur Historisierung angegeben werden (fiktives Beispiel)

- *Automatische Datenübernahme in einem regelmäßigen Zeitintervall:* Für diesen Fall wird ein Intervall in Tagen angegeben, in dem die Datenübernahme automatisch ausgeführt wird. Nach jeder erfolgreichen regelmäßigen Ausführung wird der nächste Zeitpunkt durch Addition des Intervalls festgelegt.
- *Einmalige außerplanmäßige Ausführung:* Für eine außerplanmäßige Ausführung kann ein fester Zeitpunkt angegeben werden, an dem einmalig eine zusätzliche Datenübernahme unabhängig vom Regelintervall durchgeführt wird.

In dem Dialog zur Steuerung der LIS-A-Datenübernahme werden jeweils der Zeitpunkt der letzten erfolgreichen regelmäßigen und außerplanmäßigen Ausführung sowie der errechnete nächste Zeitpunkt ausgegeben.

Zwei Importfunktionen ermöglichen den Import von Daten aus dem Quellsystem BIS.SAX sowie von Deponiedaten. Für beide zusätzliche Quellsysteme wurde ein Importschema im Excel-Format festgelegt, aus dem die Daten in das Ziel-Datenmodell überführt werden. Vor jedem Import wird automatisch eine Historisierung der Datensätze des betroffenen Quellsystems in ABENSA durchgeführt. Zudem wird jeder Importvorgang in einem ausführlichen Importprotokoll dokumentiert, das heruntergeladen werden kann und im Falle von Importfehlern zur Korrektur der Importdatei genutzt werden kann.

6.4 Katalogverwaltung und Konfiguration der Datenübernahmeregeln

Die Administrationsanwendung verfügt über ein Modul zur Verwaltung der Kataloge, die unter anderem die Abfallartensynonyme, die Anlagengruppen und –obergruppen, Anlagensynonyme, Abfallschlüssel (AVV-Schlüssel) sowie die zugehörigen AVV-Haupt- und Untergruppen und auch die Umrechnungsfaktoren zur Berechnung der Anlagenkapazität in Tonnen pro Jahr für einzelne Anlagengruppen konfigurieren lassen (vgl. Abb. 1).

Zwei spezielle Kataloge beschreiben die Regeln, welche Anlagen aus dem Quellsystem LIS-A übernommen werden beziehungsweise von der Übernahme ausgeschlossen werden und welche Anlagen welchen Anlagengruppen in ABENSA zugeordnet werden.

6.5 Auswertung der Datenhistorisierungen und Rückspielen von historisierten Ständen

In einer filter- und sortierbaren Liste werden alle Historisierungsstände mit Angabe des Quellsystems, der Anzahl der in der Historisierung enthaltenen Datensätze mit Historisierungsdatum, Bezeichnung und Beschreibung angezeigt. Wahlweise können für einen Historisierungsstand wiederum alle enthaltenen Betreiber-, Betriebsstätten- und Anlagendatensätze aufgelistet und auch einzeln in einem Anzeigeformular dargestellt und dem jeweils aktuellen Datensatz gegenübergestellt werden, sodass geänderte Angaben leicht nachvollzogen werden können.

Einerseits können aus der Liste der Historisierungsstände komplette Historisierungsstände wieder als aktueller Datenstand zurückgespielt werden, während andererseits aus der Einzelansicht auch einzelne Datensätze gezielt wieder hergestellt werden können, falls beispielsweise ein Fehler im aktuellen Datensatz entdeckt wird. Konsequenterweise werden Datensätze, die durch eine Wiederherstellung betroffen sind, vor dem Vorgang ebenfalls historisiert, sodass auch dieser Vorgang nachvollziehbar dokumentiert wird und ebenfalls wieder rückgängig gemacht werden kann.

6.6 Cadenza Arbeitsmappen für die Fachadministration

Die Cadenza Arbeitsmappen für die Fachadministration stellen die Basis für behördeninterne Auswertungen sowohl der ABENSA-Nutzungsdaten als auch der Informationen zu den Entsorgungsanlagen bereit. Die Arbeitsmappen können von den (behördenintern) Nutzenden noch nach eigenen Anforderungen bearbeitet, ergänzt und als neue Arbeitsmappen abgespeichert und für Kollegen und Kolleginnen freigegeben werden.

Arbeitsmappe zum Export: Die Arbeitsmappe zum Export ist für die Fachadministration ausgelegt und nicht für die Öffentlichkeit freigeschaltet. Sie bietet Nutzenden die

Möglichkeit, sachdaten- und kartenbasiert nach Anlagen zu suchen und dabei auf alle in ABENSA hinterlegten Daten zuzugreifen (auch auf die mit Personenbezug). Die zugrunde liegenden Cadenza-Objekttypen enthalten entsprechend die ungefilterten Datensätze.

Auswertung des Datenlogging: In der Arbeitsmappe zur Auswertung des Datenlogging kann das (anonymisierte) Nutzungsverhalten statistisch untersucht werden. So kann festgestellt werden, nach welchen Inhalten und Begrifflichkeiten gesucht wird und welche Arbeitsmappen wie häufig in welchem Kontext aufgerufen werden. Das soll die Fachadministration dabei unterstützen, ABENSA bedarfsgerecht weiterzuentwickeln.

Arbeitsmappe zu den Historisierungsständen: Diese Arbeitsmappe bietet die Möglichkeit, unterschiedliche Historisierungsstände der Datengrundlage von ABENSA einzusehen und zu vergleichen. Für alle drei Quellsysteme LIS-A, BIS.SAX und Deponien kann jeder vorhandene Historisierungsstand mit dem aktuellen Datenstand verglichen werden. Abweichende Angaben werden auf Wunsch in einem Dashboard ausgegeben und können weiter gefiltert werden.

7 Zusammenfassung und Ausblick

Mit der Neuentwicklung von ABENSA wurde der Grundstein für ein Online-Portal zur Abfall- und Kreislaufwirtschaft in Sachsen gelegt. Über eine zeitgemäße und bedienungsfreundliche Web-Oberfläche, die sich leicht an zukünftige Anforderungen anpassen lässt, kann die Öffentlichkeit nach Abfallentsorgungsanlagen recherchieren, Details zu den Anlagen abrufen und diese räumlich visualisieren.

Weitergehende Auswertungsmöglichkeiten stehen für die Fachzuständigen des LfULG zur Verfügung. Mithilfe von Dashboard-basierten Darstellungsoptionen von Cadenza Workbooks können eigene Zusammenstellungen in der Weboberfläche erzeugt werden, die die fachliche Aufgabenerfüllung zur Abfallplanung unterstützen. Die Administrationsanwendung bietet alle erforderlichen Funktionen zur Steuerung der Datenübernahme aus den Quellsystemen, zur Kontrolle und Bearbeitung der Daten und der Schlüssellisten sowie zur Anreicherung um weitere Angaben für interne Zwecke.

Mit diesen Steuerungsfunktionen sowie der optimierten Datenmodellierung und der Realisierung der Datenflüsse, insbesondere der automatisierten Datenübernahme aus dem Quellsystem LIS-A, wurde das Hauptziel der Neuentwicklung erreicht, eine deutlich bessere Aktualität und Datenqualität bei verringertem Arbeitsaufwand sicherzustellen.

Der in Sachsen umgesetzte Ansatz, einen qualitätsgesicherten Datenpool aller relevanten Entsorgungsanlagenangaben zu schaffen, der mit einer gemeinsamen Plattform sowohl zur Informationsbereitstellung für die Öffentlichkeit als auch intern zur Aufgabenerfüllung der Fachbehörde genutzt werden kann, stellt bisher eine Besonderheit dar. Die ebenfalls auf Daten aus LIS-A mit disy Cadenza aufgebaute Lösung in Schleswig-Holstein dient aktuell nur zur Recherche und Information für die Öffentlichkeit (vgl. Abschn. 2.3). Hingegen legt das ebenfalls öffentliche bundesweite Fachbetriebsregister für Entsorgungsfachbetriebe (https://fachbetrieberegister.zks-abfall.de/fachbetriebe register/Entsorgungsfachbetriebe), betrieben von der Länderarbeitsgruppe Gemeinsame Abfall-DV-Systeme (LAG GADSYS), den Schwerpunkt auf zertifizierte Entsorgungsfachbetriebe, was sich in der entsprechend eingeschränkten und auf Zertifizierungen fokussierte Suche und Ergebnispräsentation widerspiegelt. Das neue ABENSA wurde Ende 2023 in den Produktivbetrieb übernommen, sodass eine abschließende Bewertung des Regelbetriebs derzeit noch nicht vorgenommen werden kann.

Aktuell werden geringfügige Erweiterungen konzipiert, die eine weitere Optimierung der Datenschutzsteuerung umfassen sowie Verbesserungen im Bedienungskomfort und zusätzliche Auswertungen. Zudem gibt es Überlegungen, die Erstellung des Kreislaufwirtschaftsplans stärker zu unterstützen. Im Laufe des Jahres 2024 findet die Migration auf eine aktuellere Version von Cadenza Workbooks statt, die weitergehende Funktionalitäten bietet.

Da die Open Source-Version Talend Open Studio des verwendeten ETL-Tools nicht mehr weiterentwickelt wird, wird zudem mittelfristig eine Migration der ETL-Prozesse unter Beibehaltung der Funktionalität geplant. Perspektivisch könnten weitere Anpassungen der ETL-Prozesse mit der zukünftig geplanten Aktualisierung des Quellsystems LIS-A erforderlich werden.

Literatur

1. KrWG (2023). Kreislaufwirtschaftsgesetz vom 24. Februar 2012 (BGBl. I S. 212), das zuletzt durch Artikel 5 des Gesetzes vom 2. März 2023 (BGBl. 2023 I Nr. 56) geändert worden ist. https://www.gesetze-im-internet.de/krwg/
2. UIG (2021). Umweltinformationsgesetz in der Fassung der Bekanntmachung vom 27. Oktober 2014 (BGBl. I S. 1643), das zuletzt durch Artikel 2 des Gesetzes vom 25. Februar 2021 (BGBl. I S. 306) geändert worden ist. https://www.gesetze-im-internet.de/uig_2005/
3. Sächsisches Umweltinformationsgesetz (2022). Sächsisches Umweltinformationsgesetz vom 1. Juni 2006 (SächsGVBl. S. 146), das zuletzt durch Artikel 2 Absatz 10 des Gesetzes vom 19. August 2022 (SächsGVBl. S. 486) geändert worden ist. https://www.revosax.sachsen.de/vorschrift/1471-Saechsisches-Umweltinformationsgesetz
4. Sächsisches Kreislaufwirtschafts- und Bodenschutzgesetz (2019). Sächsisches Kreislaufwirtschafts- und Bodenschutzgesetz vom 22. Februar 2019 (SächsGVBl. S. 187). https://www.revosax.sachsen.de/vorschrift/18058-Saechsisches-Kreislaufwirtschafts-und-Bodenschutzgesetz
5. Sächsisches Staatsministerium für Energie, Klimaschutz, Umwelt und Landwirtschaft (2023). Kreislaufwirtschaftsplan für den Freistaat Sachsen Abfallwirtschaftsplan nach § 30 Kreislaufwirtschaftsgesetz Fortschreibung 2023. https://publikationen.sachsen.de/bdb/artikel/43440/documents/66020
6. Bundes-Immissionsschutzgesetz – BImSchG (2023). Bundes-Immissionsschutzgesetz in der Fassung der Bekanntmachung vom 17. Mai 2013 (BGBl. I S. 1274; 2021 I S. 123), das zuletzt durch Artikel 11 Absatz 3 des Gesetzes vom 26. Juli 2023 (BGBl. 2023 I Nr. 202) geändert worden ist. https://www.gesetze-im-internet.de/bimschg/

7. Disy Informationssysteme GmbH. (2024). *Software für Datenanalyse und Business Intelligence.* https://www.disy.net/de/produkte/cadenza/datenanalyse-software/
8. Verordnung über genehmigungsbedürftige Anlagen – 4. BImSchV (2022). Verordnung über genehmigungsbedürftige Anlagen in der Fassung der Bekanntmachung vom 31. Mai 2017 (BGBl. I S. 1440), die zuletzt durch Artikel 1 der Verordnung vom 12. Oktober 2022 (BGBl. I S. 1799) geändert worden ist. https://www.gesetze-im-internet.de/bimschv_4_2013/index.html
9. Abfallverzeichnis-Verordnung – AVV (2020). Abfallverzeichnis-Verordnung vom 10. Dezember 2001 (BGBl. I S. 3379), die zuletzt durch Artikel 1 der Verordnung vom 30. Juni 2020 (BGBl. I S. 1533) geändert worden ist. https://www.gesetze-im-internet.de/avv/AVV.pdf
10. Hosenfeld, F., Thiel, W., & Bublitz, J. (2010). Internetportale der Abfallwirtschaft in Schleswig-Holstein. Jahresübersichten der Abfallentsorgungsanlagenbetreiber und Abfallbilanzen der öffentlich-rechtlichen Entsorgungsträger. In *Umweltinformationssysteme: Integratives Datenmanagement – Beispiele aus der Umweltbeobachtung.* Workshop des Arbeitskreises „Umweltdatenbanken / Umweltinformationssysteme“, UBA Texte 01/2010, (S. 39–47), Dessau-Roßlau: Umweltbundesamt. https://www.umweltbundesamt.de/sites/default/files/medien/461/publikationen/3901.pdf
11. Hosenfeld, F., & Albrecht, M. (2015). Energieatlas Schleswig-Holstein. In Umweltbundesamt (Hrsg.), *Umweltinformationssysteme – Big Data – Open Data – Data Variety und Datenaufbereitung für maritime Informationssysteme*, Ergebnisse des 21. und 22. Workshops des Arbeitskreises „Umweltinformationssysteme“ der Fachgruppe „Informatik im Umweltschutz“, DOKUMENTATIONEN 58/2015 (S. 140–153).
12. Hosenfeld, F., Dimmer, R., & Mattes, C. (2022). Web-Anwendung zum Datenmanagement von WRRL-Maßnahmen in Sachsen. In F. Fuchs-Kittowski, A. Abecker, F. Hosenfeld, H. Ortleb, & M. Klafft (Hrsg.), *Umweltinformationssysteme – Vielfalt, Offenheit, Komplexität. UIS 2022* (S. 187–200). Springer Vieweg, Wiesbaden. https://doi.org/10.1007/978-3-658-39796-8_12

Innovationsprojekte in der Umweltverwaltung

Möglichkeiten und Grenzen

Lisa Hahn-Woernle, Wolfgang Schillinger, Nicolas Doms, Thorsten Schlachter, Mathias Trefzger, Thomas Schlegel, Waldemar Titov, Matthias Mühl, Andreas Wolf und Anja Preiß

Zusammenfassung

Im Rahmen der Digitalisierungsstrategie des Landes Baden-Württemberg (digital.LÄND) hat die Landesanstalt für Umwelt Baden-Württemberg (LUBW) die Möglichkeit und den Auftrag gemeinsam mit Partnern aus der Forschung innovative Lösungen für den Einsatz in der Umweltinformatik zu analysieren bzw. neue Lösungen zu entwickeln. Dieses Kapitel bietet Einblicke in drei Teilprojekte: die Analyse des Onlinedienstes „Umweltdaten und -Karten online" mit Eye-Tracking, Lasttests mit dem

L. Hahn-Woernle (✉) · W. Schillinger
Kompetenzzentrum Umweltinformatik – Referat 53, Landesanstalt für Umwelt Baden-Württemberg (LUBW), Karlsruhe, Deutschland
E-Mail: lisa.hahn-woernle@lubw.bwl.de

W. Schillinger
E-Mail: wolfgang.schillinger@lubw.bwl.de

N. Doms · T. Schlachter
Institut für Automation und angewandte Informatik (IAI), Karlsruher Institut für Technologie (KIT), Eggenstein-Leopoldshafen, Deutschland
E-Mail: nicolas.doms@kit.edu

T. Schlachter
E-Mail: thorsten.schlachter@kit.edu

M. Trefzger
Institut für Verkehr und Infrastruktur, Hochschule Karlsruhe (HKA), Karlsruhe, Deutschland
E-Mail: mathias.trefzger@h-ka.de

F. Fuchs-Kittowski et al. (Hrsg.), *Umweltinformationssysteme - Digitalisierung für eine nachhaltige Planetare Zukunft,* https://doi.org/10.1007/978-3-658-46394-6_13

Fraunhofer Open Source SensorThings API Server (FROST®) und potenzielle Einsatzbereiche von künstlicher Intelligenz für die Umweltsuche. Das Kapitel endet mit einer kurzen Reflexion zu Innovationsprojekten und deren Bedeutung für den Arbeitsalltag.

Schlüsselwörters

SensorThings API • Digitalisierungsprojekt • Suchmaschine • Künstliche Intelligenz • Eye-Tracking • Datendashboard • Lasttest • Innovation

1 Einleitung

Im Rahmen der Digitalisierungsstrategie des Landes Baden-Württemberg digital.LÄND (https://digital-laend.de/digitalisierungsstrategie/) werden seit November 2020 die drei Forschungsprojekte „Umweltdaten 4.0“ [1], „Umweltsuche 4.0“ [2] und „Umwelt digital 4.0“ [3] federführend von der Landesanstalt für Umwelt Baden-Württemberg (LUBW) in Kooperation mit dem Karlsruher Institut für Technologie (KIT), der Hochschule Karlsruhe (HKA), der Hochschule Furtwangen (HFU) und dem Naturschutzzentrum Karlsruhe-Rappenwört (NAZKA) umgesetzt [4]. Ziel der drei Projekte ist es, mithilfe von innovativen Lösungen den Schatz an Umweltdaten und -informationen des Landes Baden-Württemberg (BW) effizienter und intuitiver zum Einsatz zu bringen. Zielgruppen sind zum einen öffentliche Personen unterschiedlicher Altersgruppen und zum anderen Personen aus dem Fachbereich Umwelt. So wurde für die Öffentlichkeit u. a. an einer Augmented Reality-App für den Auenerlebnispfad des Naturschutzzentrums Karlsruhe Rappenwört (siehe auch Beitrag von Bohout & Schlegel in diesem Band), an einem Auenchatbot (siehe auch Beitrag von Doms et al. in diesem Band), an erweiterten „intelligenten“ Suchfunktionen für die Landesumweltportale (siehe auch [5]) und an interaktiven Visualisierungen für den digitalen Umweltdatenbericht 2024 BW gearbeitet. Für die Fachseite wurden verschiedene Methoden der Datenhaltung analysiert, wie z. B. die hier

T. Schlegel · W. Titov · M. Mühl
Institut für Intelligente Interaktive Ubiquitäre Systeme (IIIUS), Hochschule Furtwangen (HFU), Furtwangen, Deutschland
E-Mail: thomas.schlegel@hs-furtwangen.de

W. Titov
E-Mail: Waldemar.Titov@hs-furtwangen.de

M. Mühl
E-Mail: matthias.nuehl@hs-furtwangen.de

A. Wolf · A. Preiß
Naturschutzzentrum Karlsruhe-Rappenwört (NAZKA), Karlsruhe, Deutschland
E-Mail: info@nazke.de

evaluierte Fraunhofer Open SensorThings API Implementierung FROST (Abschn. 3), Prozessketten der Datenbereitstellung analysiert und Unterstützung zur Klärung rechtlicher Fragen bezüglich Open Data geleistet.

Der Begriff „Innovation“ wurde bereits 1939 von Joseph Schumpeter in die Wirtschaftswissenschaften eingeführt: „Eine Innovation ist die erfolgreiche Durchsetzung einer technischen oder organisatorischen Neuerung, nicht allein ihre Erfindung.“ [6]. Vierjährige Forschungsprojekte sind zu kurz, um neue Lösungen zu entwickeln und deren Durchsetzung am Markt zu erreichen. Daher werden nicht nur potenzielle Innovationen entwickelt, sondern auch bestehende „innovative Marktlösungen“ in Bezug auf deren Potenziale und Schwächen für den Einsatz in der Umweltverwaltung analysiert. Für den Fall, dass eine Lösung den Anforderungen aus der Praxis nicht gerecht wird, wird das nicht als Misserfolg gewertet, sondern als Erkenntnisgewinn gesehen, der in weitere Analysen oder Entwicklungen einfließen sollte. Das entspricht auch der neuzeitlichen Interpretation von „Innovationen“, die wesentlich durch Personen wie Elon Musk geprägt werden: „Wenn gewisse Dinge nicht scheitern, bist Du nicht innovativ genug.“ [7].

In diesem Beitrag werden Einblicke in drei dieser Analysen aus den Teilprojekten „Umweltdaten 4.0“ und „Umweltsuche 4.0“ vorgestellt: eine Eye-Tracking Analyse des „Umweltdaten und -karten Online“-Katalogs (UDO) der LUBW (Abschn. 2), die Analyse der Fraunhofer Open SensorThings API Implementierung FROST [8, 9] (Abschn. 3) und die Analyse eines „intelligenten“ Suchdienstes sowie die daraus abgeleiteten neuen Ansätze, die aktuell noch untersucht werden (Abschn. 4). Das Kapitel schließt mit einer Zwischenbilanz zu drei Jahren Projektarbeit sowie Empfehlungen für künftige Innovationsvorhaben.

2 Moderne Methoden für die Bedarfsanalyse – Eye-Tracking

Die LUBW stellt der Öffentlichkeit mit verschiedenen Webangeboten Daten und Informationen über den Umweltzustand in Baden-Württemberg zur Verfügung. Eines dieser Webangebote ist der Onlinedienst „Umweltdaten und -karten online“ (UDO, https://udo.lubw.baden-wuerttemberg.de/). Das Portal ermöglicht es, Karten und Tabellen zu verschiedenen Fachthemen zu selektieren, zu filtern, darzustellen, zu erkunden und Inhalte herunterzuladen.

Diese Webanwendung basiert auf der Software Cadenza der Firma disy (https://www.disy.net/). Die neue Produktgeneration von Cadenza bietet nicht mehr die klassische Darstellung in Karten oder Tabellen, sondern ist ein multifunktionales Datendashboard. Das bedeutet, dass alle Inhalte aus UDO sukzessive in die neue Darstellungsform migriert werden müssen.

Eine solche Migration birgt neben vielen Herausforderungen auch Chancen. Dashboards bieten ganz neue Darstellungsmöglichkeiten für Daten und laden zur Interaktion ein. Um dieses Potenzial bewusst zu nutzen, wurde eine Eye-Tracking Analyse des aktuellen UDO durchgeführt. Die Ergebnisse der Analyse sollen Einblicke in die aktuelle Nutzung und Interaktion mit dem Webangebot liefern, die dann bei der Neugestaltung von UDO berücksichtigt werden können.

2.1 Versuchsaufbau

Für die Analyse wurden 16 Probanden unterschiedlicher Expertise (Anfänger, Erfahrene und Experten) eingeladen, zehn Aufgaben mit zunehmender Schwierigkeit zu lösen, um dabei deren Blickverlauf mit einem stationären Eye-Tracking-System festzuhalten. Die Aufgaben reichten vom Öffnen und Lesen der Hilfe (Aufgabe 1), über das Öffnen der Karte und das Zoomen auf den eigenen Wohnort (Aufgabe 3) bis hin zu komplexeren Fragestellungen wie „Finden Sie geschützte Biotope im Stadtgebiet von Karlsruhe, die bei einem Hochwasser mit HQ100 (Jahrhunderthochwasser) betroffen wären. Drucken Sie den entsprechenden Bildausschnitt aus.“ (Aufgabe 9). Von den 16 Eye-Tracking-Aufnahmen waren 15 zur Auswertung geeignet. Diese stammen von 2 Anfängern, 9 Erfahrenen und 4 Experten.

Zwei wesentliche Fragestellungen für die Analyse waren:

- Gibt es Bereiche, die keine Aufmerksamkeit erhalten (Blindspots)?
- Wie zugänglich ist das Angebot?

2.2 Ergebnisse

In Abb. 1 ist die Aufmerksamkeitsverteilung aller Probanden über alle Aufgaben in Form einer Heatmap dargestellt. Rote Bereiche haben viel Aufmerksamkeit erhalten, gelbe etwas weniger und grüne normale Aufmerksamkeit. Relativ farblose Bereiche, wie im roten Kasten unten rechts, haben fast keine Aufmerksamkeit erhalten. Als Hintergrund wird hier beispielhaft die Startseite von UDO dargestellt, im Laufe der Aufgaben wurden jedoch auch Karten und Tabellen dargestellt. Dabei werden Filter- und Auswahlmöglichkeiten immer in der linken Spalte geboten und die Daten werden mittig und rechts dargestellt. Die Heatmap zeigt einen starken Fokus auf die linke Spalte sowie eine relativ gleichmäßige Blickverteilung in der Bildschirmmitte. Bereiche am unteren und rechten Rand des Bildschirms erhalten wenig Aufmerksamkeit.

Die Zugänglichkeit des Produkts wurde aus der Dauer der Aufgabenlösung abgeleitet. Wie in Abb. 2 zu sehen, wurden die Aufgaben innerhalb von wenigen Minuten gelöst und die einzelnen Untergruppen zeigen keine einheitliche Diskrepanz auf. Selbst die komplexere Aufgabe 9 (von HQ100 betroffene geschützte Biotope) konnte von den meisten Probanden innerhalb von gut 5 min gelöst werden.

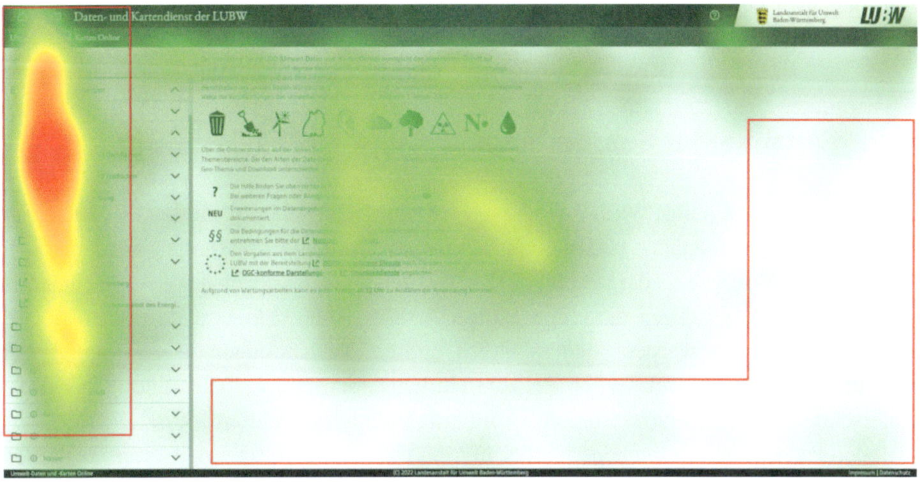

Abb. 1. Aufmerksamkeitsverteilung gemittelt über alle Probanden und Aufgaben

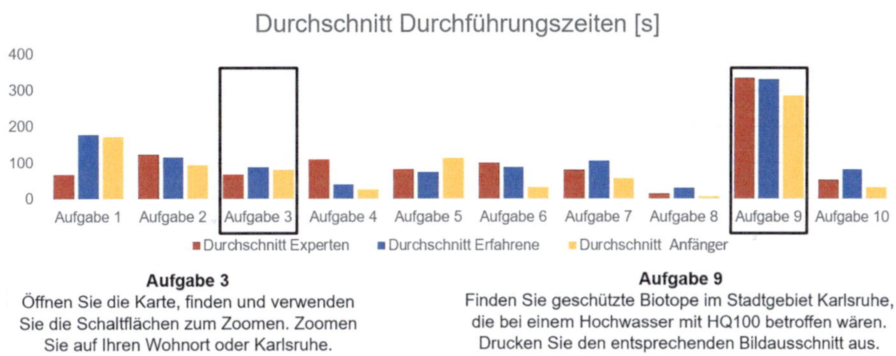

Abb. 2. Durchschnittliche Durchführungszeiten pro Aufgabe und Probandengruppe

Durch die geringe Probandenanzahl und die kleinen Untergruppen können die Ergebnisse nur begrenzt Aussagen über einzelne Untergruppen geben. Für die qualitativen Zwecke dieser Analyse waren die Ergebnisse jedoch bereits sehr hilfreich. In den Bereichen, in denen beim aktuellen UDO „Blindspots" identifiziert wurden, werden zukünftig durch den anderen Aufbau der neuen Dashboards mehr Inhalte zu finden sein. Dies könnte anfangs zu Verwirrungen führen. Die schnelle Einarbeitungszeit und intuitive Handhabung des Tools suggerieren jedoch, dass sich die Nutzenden der zukünftigen Dashboards schnell mit der neuen Informationsverteilung zurechtfinden werden. Somit besteht Grund zur Annahme, dass die Dashboards die Bildfläche effizienter nutzen als das aktuelle Angebot.

Um dies auch tatsächlich zu belegen, wird empfohlen mit den Dashboards eine weitere Eye-Tracking-Analyse durchzuführen.

3 Analyse der SensorThings API und FROST

Die LUBW erfasst selbst Messdaten und verwaltet Messreihen Dritter, z. B. Luftqualitätsindikatoren, Pegelstände und Verkehrszählungen. Aktuelle Messreihen werden i. d. R. auf der LUBW-Webseite dargestellt [10], z. B. zeigt die Karte in Abb. 3 die Standorte der Messstellen und deren aktuellen Luftqualitätsindex an. Längere Zeitreihen können aus UDO exportiert werden. Zudem bieten mobile Anwendungen wie „Meine Pegel" [11] und „Meine Umwelt" [12] Benachrichtigungsdienste im Falle einer Über- bzw. Unterschreitung von Grenzwerten an vom Nutzenden ausgewählten Messstellen.

Jeder Fachbereich verwendet hierbei eigene Datenformate, die z. T. von Herstellern der Messinstrumente vorgegeben werden und z. T. Eigenentwicklungen sind. Für die einheitliche interne Verarbeitung wurde gemeinsam mit dem KIT (nicht im Rahmen dieses Projektes) ein Dienst für Zeitreihen entwickelt, mit dem einheitliche Datenintegrationsprozesse aufgesetzt wurden. Für die Bereitstellung von Messreihen gibt es jedoch aktuell weder einen einheitlichen Weg noch eine maschinenlesbare Schnittstelle, die den Anforderungen von Open Data gerecht werden würde. Daher besteht ein hohes Interesse an der Verwendung eines bereits etablierten Standards, beispielsweise der SensorThings API [13] des Open Geospatial Consortium (OGC, https://www.ogc.org/).

Abb. 3. Immissionsdaten in Baden-Württemberg auf der LUBW-Webseite

3.1 Evaluation des FROST®-Servers

Der Fraunhofer Open Source SensorThings API (FROST®) Server ist eine offene Implementierung dieses Standards und mittels einer REST-Schnittstelle können Daten zum und vom Server übertragen werden. Der zusätzliche MQTT-Dienst ermöglicht es Interessenten eine Art Datenabonnement einzurichten. Der Server wird auf einer Kubernetes-Plattform in vier Containern betrieben und wird mit einer hohen Leistungsfähigkeit bei wenig Ressourcenverbrauch beworben (https://www.iosb.fraunhofer.de/de/projekte-produkte/frostserver.html).

Für die Analyse des FROST® Servers waren folgende Punkte von Interesse:

- Wie einfach oder aufwendig ist das Aufsetzen und der Betrieb des Servers?
- Wie kompatibel ist die SensorThings API mit unseren Daten und Diensten?
- Wie performant und resistent ist der Server bei einer hohen Anfragenbelastung?

Die Arbeiten mit dem FROST®-Server fingen im Jahr 2021 an. Damals war die Helm-Chart (Bündelung der Dateien für den Betrieb in Kubernetes, https://helm.sh/) noch in Entwicklung, und die ersten Implementierungsversuche mit viel Arbeit und Rückfragen an das Fraunhofer Institut verbunden. Mittlerweile wurde jedoch eine stabile Version entwickelt, die mit etwas Konfigurationsaufwand aufgesetzt werden kann. Die betriebliche Dokumentation muss noch weiter ausgearbeitet werden, der grobe Aufbau der Software ist jedoch gut beschrieben. Im Betrieb werden regelmäßige Updates von Fraunhofer zur Verfügung gestellt. Zum Zeitpunkt der Analyse gab es aber noch keine Helm-Chart, die Authentifizierung und Autorisierung unterstützte. Für den sicheren Betrieb mit mehreren Nutzenden wäre eine Authentifizierung, z. B. gegen eine Software zum Identitätsmanagement wie Keycloak (https://www.keycloak.org/), sehr wichtig.

Die SensorThings API basiert auf einem gut dokumentierten und flexibel einsatzbaren Datenmodell, das Anforderungen der bestehenden Daten und Dienste einer Umweltverwaltung generell abdeckt. Einmalig müssen jedoch die Daten auf das neue Modell migriert und Schnittstellendefinitionen (JSON-Objekte) angepasst werden. Dies war bei der testweisen Anbindung an den LUBW-Webauftritt für Messreihen mit mittlerem Aufwand realisierbar (ca. 2 Personentage für das gesamte Setup einer neuen Messreihe). Sind die Daten im neuen Format, können der Datenupload und die Datenabfrage von der Fachseite, nach einem kurzen Einlernen, administriert werden.

3.2 Durchführung von Lasttests

Um die Performanz und Resistenz des Servers zu evaluieren, haben auf Basis der Software Apache JMeter (https://jmeter.apache.org) mehrere Ausführungsprozesse, sogenannte Threads, parallel Anfragen an den Server geschickt. Dabei wurden unterschiedliche

Informationen wie alle Messstationen, Koordinaten zur Darstellung auf einer Karte und einzelne Zeitreihen angefragt. Jeder Thread bestand aus 100 aufeinander folgende Anfragen. Um die Belastungsgrenze des Servers zu determinieren, wurde die Anzahl der parallelen Threads sukzessive von 15 auf 100 gesteigert (s. Tab. 1). Ein identischer Lasttest wurde auch mit dem bestehenden Messreihendienst durchgeführt.

Selbst bei 100 parallelen Threads kam es zu keinen Störungen bei den Anfragen an den FROST®-Server. Die Antwortzeiten haben sich jedoch deutlich verlängert (s. Tab. 1, Spalten 3 bis 5). Zum Beispiel hat der Abruf einer Zeitreihe bei 15 parallelen Threads im Mittel 189,27 ms gedauert, bei 100 parallelen Threads waren es 4221,96 ms. Die Abfragen zu den Stationen und den Koordinaten waren schneller, deren Dauer stieg aber bei steigender Belastung ebenfalls an. Generell kann gesagt werden, dass rund 20 Transaktionen pro Sekunde und Endpunkt von FROST® immer erreicht wurden (s. Tab. 1, letzte Spalte). Im Vergleich hierzu hat der bestehende Messreihendienst der LUBW bei gleicher Hardware-Ausstattung (Google Compute Engine E2) bereits bei 30 parallelen Threads zu Fehlern und dem Ende der Lasttests geführt (Daten nicht dargestellt).

Tab. 1. Auszug aus den Ergebnissen der FROST Lasttests

Art des Datenabrufs	**# paralleler Threads**	**Antwortzeiten (ms)**			**Transaktionen (1/s)**
		Mittel	*Minimum*	*Maximum*	
Alle Stationen	15	34,61	20	564	15,97
	20	35,08	20	360	20,72
	30	97,96	20	655	27,91
	50	1409,88	21	4659	17,17
	75	2306,27	21	6088	19,94
	100	3632,57	27	7929	19,08
Koordinaten	15	36.65	20	582	15,78
	20	33,90	21	363	20,72
	30	99,45	21	592	27,73
	50	1451,67	21	5089	17,31
	75	2338,47	25	6386	19,54
	100	3697,39	36	8265	19,12
Zeitreihen	15	189.27	93	681	14,23
	20	116,74	61	703	19,60
	30	384,80	60	1044	24,88
	50	2089,73	126	5336	16,27
	75	2939,20	319	6661	18,92
	100	4221,96	346	8125	18,66

FROST® wurde mit realen Daten und Anwendungsfällen der LUBW analysiert und hat sich als kompatibel und sehr performant erwiesen. Die Server wurden als Open Source ohne Supportvertrag mit Fraunhofer verwendet. Sollte der Einsatz von FROST® bei einer Umweltverwaltung in den Produktivbetrieb kommen, wird der Abschluss eines Servicevertrags empfohlen. Dies, sowie der breitere Einsatz in der Umweltverwaltung, würde auch zu der Zukunftssicherheit des Produkts beitragen.

4 Intelligenter Suchdienst

Im Rahmen der Bund-Länder-Kooperation „Landesumweltportale" (LUPO) wird seit vielen Jahren ein Framework für Landesumweltportale entwickelt [14], auf denen Umweltinformationen für die Öffentlichkeit dargestellt und beschrieben werden können. Eine zentrale Funktion der Umweltportale ist die „Umweltsuche", bei der nur Webseiten mit Umweltbezug sowie Umweltdatenbanken nach Treffern durchsucht werden. Das heißt, es wird z. B. nicht die gesamte Webseite eines Regierungspräsidiums durchsucht, sondern nur Unterseiten zu Umweltthemen. Die Auswahl der relevanten Webinhalte (aktuell über 1000 Quellen), die technische Anbindung der Webseiten (Crawler-Setup, s. u.) und die Hervorhebung einzelner, populärer Webangebote wird aktuell größtenteils „händisch" bzw. redaktionell umgesetzt. Da Webinhalte und Seitenstrukturen sich fortlaufend verändern, bedeutet das einem hohen und kontinuierlichen Personenaufwand.

Im Rahmen des Forschungsprojekts „Umweltsuche 4.0" wurde analysiert, ob und wie der Einsatz von künstlicher Intelligenz (KI) zur Qualitätssteigerung und einer Reduktion der redaktionellen Arbeit beitragen könnte. Ein gewünschtes Ziel wäre die (teilweise) Automatisierung des Administrations- und Pflegeaufwands, um u. A. die Aktualität und Performanz des Angebots zu steigern.

Abb. 4 skizziert den Aufbau einer klassischen Suchmaschine und zwei potenzielle Einsatzmöglichkeiten für KI, auf die weiter unten eingegangen wird. Die gestrichelten Kästen und Pfeile deuten die zwei hier besprochenen potenziellen Einsatzmöglichkeiten für künstliche Intelligenz an. Die durchgezogenen Pfeile skizzieren die Informationsflüsse von den Webseiten (unten), über den zentralen Datenspeicher (Index) und den zwei Suchdiensten zu der Suchfunktion auf der Webseite (oben). In einer klassischen Suchmaschine müssen Webseiten mit Konnektoren bzw. Crawlern erschlossen werden, um die Webseitenstruktur und -inhalte richtig zu erfassen. Diese Crawler werden abhängig vom technischen Aufbau der Webseite und der gewünschten Seiteninhalte individuell konfiguriert. Sind die Seiten erschlossen, werden die Textinhalte von der Suchmaschine verarbeitet und in den Suchindex übertragen (Abb. 4, Mitte). Dieser Index bildet die Grundlage für die eigentliche Suche. Wird eine Suchanfrage gestellt, durchforstet der Suchdienst den Index nach passenden Treffern und ermittelt deren Relevanz bezüglich unterschiedlicher Kriterien. Für die Interpretation der Suchanfrage gibt es verschiedene

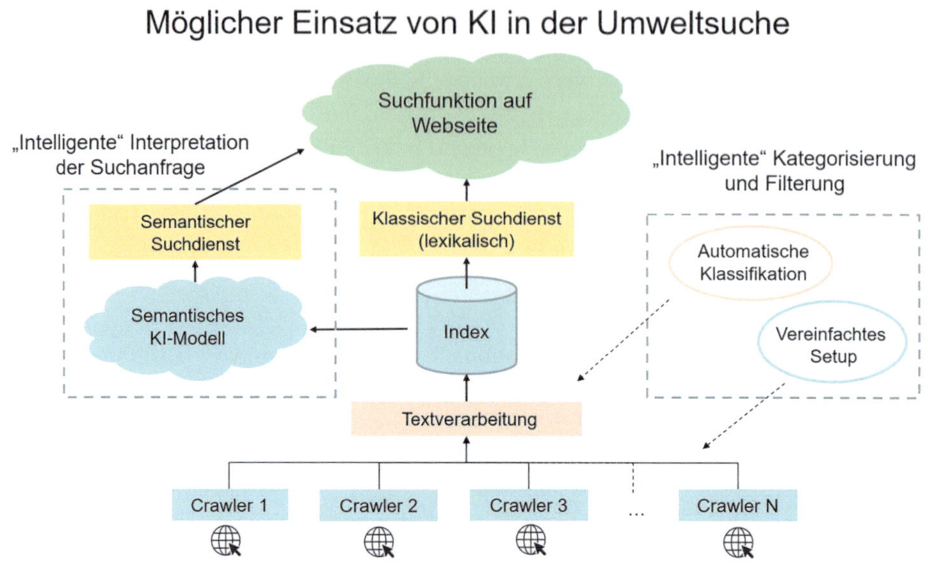

Abb. 4. Aufbau einer klassischen Suchmaschine

Methoden: Bei der lexikalischen Suche wird genau nach den eingegebenen Suchbegriffen im Index gesucht und die Relevanz i. d. R. nach deren Vorkommnis in relevanten Textteilen (z. B. im Titel) oder nach deren Häufigkeit gewertet. Bei der Synonymsuche werden zudem auch Synonyme bei der Suche im Index berücksichtigt. Diese stammen in der Regel von redaktionell gepflegten Thesauri, beispielsweise dem UMTHES des Umweltbundesamtes [15–17].

4.1 „Intelligente" Interpretation der Suchanfrage

Bei der „intelligenten" Interpretation der Suchanfrage handelt es sich in diesem Fall um einen Lösungsansatz eines kommerziellen Suchdienstanbieters, der im Rahmen des Forschungsprojekts analysiert wurde. Hierfür wurde zusätzlich zu der Synonymsuche ein semantisches KI-Modell, das für die Analyse des Suchdienstes mit Umwelttexten trainiert wurde, berücksichtigt (linke Seite in Abb. 4). Mithilfe eines neuronalen Netzes wird die „Nähe" unterschiedlicher Begriffe zueinander basierend auf deren Verwendung in den Umwelttexten bestimmt. Im Gegensatz zu klassischen Synonymen werden mit dieser Methode Begriffe, die häufig miteinander verwendet werden, aber nicht unbedingt die gleiche Bedeutung haben in Verbindung gebracht. Das resultierende Modell hängt stark von der Wahl des Trainingsmaterials ab. Daher müssen die zum Training verwendeten Texte zum einen die gewünschten Suchtreffer enthalten bzw. sprachlich repräsentieren und zum anderen auch Umgangs- und Amtssprache in Verbindung setzen. Für letzteres wurde zusätzlich zu den Umwelttexten auch das gesamte deutschsprachige Wikipedia für das Training verwendet. So werden Begriffe wie z. B. „Müll“ automatisch in Relation gestellt mit Begriffen wie z. B. „Abfall“, „Hundekot“ oder „achtlos“.

Bei der „intelligenten“ Suche werden die „nächsten“ Begriffe auch bei der Suche im Index berücksichtigt und Inhalte mit einem hohen Vorkommen der gesuchten Begriffe werden höher in der Trefferliste platziert. Besonders bei fachlichen Angeboten für die breite Öffentlichkeit, wie Landesumweltportalen, könnte mit dieser Methode die Zugänglichkeit zu Umweltinformationen erheblich gesteigert werden, da bei der Suche nicht unbedingt der genaue Wortlaut zu einem Thema bekannt sein muss.

Die Analyse des „intelligenten“ Suchdienstes fokussierte daher auf folgende Fragen:

- Steigert der „intelligente“ Dienst tatsächlich die Qualität der Treffer?
- Kann dadurch die redaktionelle Arbeit reduziert werden (z. B. gesamte Webseite eines Regierungspräsidiums crawlen und umweltrelevante Unterseiten automatisch erkennen)?

Für die Beantwortung der Fragen wurden die Ergebnisse der lexikalischen Suche mit den der „intelligenten“ Suche anhand von üblichen Suchanfragen im Landesumweltportal verglichen. Dabei wurde zwischen zwei Anwendungsfällen unterschieden: der Suche nach Inhalten mit bestimmten Fachbegriffen und der Suche nach Inhalten zu einem Thema ohne die Kenntnis des präzisen Wortlauts. Im ersten Anwendungsfall wissen die Nutzenden meist, wonach sie suchen und die „intelligente“ Suche verwässert in der Regel die Trefferliste durch die zusätzlichen Begriffe. Im zweiten Anwendungsfall wird stattdessen nach einem Thema gesucht, bei dem der zu findende Wortlaut noch nicht bekannt ist (z. B. Sonnenstrom). Hier fördert die „intelligente“ Suche Treffer, die zwar nicht den Suchbegriff beinhalten, aber thematisch relevant sind (z. B. Photovoltaik). Als erstes Fazit kann daher gezogen werden, dass die „intelligente“ Suche nur bei einem Teil der Anfragen zu einer höheren Qualität führt.

Die Frage bezüglich der Reduktion der redaktionellen Arbeit konnte im Rahmen der Teststellung nur bedingt beantwortet werden. Die Suche nach umweltrelevanten Begriffen, hat in der Regel umweltrelevante Seiten zurückgegeben auch wenn gesamte Webseiten gecrawlt wurden. Andere Seiten konnten mit der verwendeten Methode jedoch nicht automatisch aus der Suche ausgeschlossen werden. Deshalb müsste man auch hier die Crawler entsprechend (redaktionell) konfigurieren. Was sich beim Setup der Testinfrastruktur als sehr aufwendig herausstellte, da die Struktur einer Webseite individuell für den Crawler beschrieben werden musste. Damit wäre der Wechsel der aktuell fast eintausend Webseiten zu dem neuen Suchdienstes mit einem hohen Migrationsaufwand verbunden, der durch den teilweise entstehenden Mehrwert nicht zu rechtfertigen war. Generell sollte bei der Wahl eines (neuen) Suchdienstes darauf geachtet werden, dass die Anbindung von (neuen) Webinhalten und deren Pflege mit möglichst geringem Aufwand verbunden ist.

4.2 „Intelligente" Kategorisierung und Filterung

Dies führte zu einer zweiten Teststellung, die sich auf die „intelligente" Kategorisierung und Filterung beim Erstellen des Suchindexes fokussiert (Abb. 4, rechts). Die Arbeiten zu dieser Analyse laufen aktuell noch, daher wird im Folgenden nur der Aufbau und der erwartete Mehrwert dieser Teststellung beschrieben.

Hypothese dieser Teststellung ist es, dass ein Algorithmus Textinhalte in bestimmte, vortrainierte Themen, wie „Naturschutz", „Erneuerbare Energie" oder „Wasser", kategorisieren kann. Dies könnte zu zwei Mehrwerten führen: Einerseits könnten gesamte Webseiten gecrawlt und Inhalte ohne Umweltbezug automatisch aus dem Index ausgeschlossen werden. Hierdurch würde ein erheblicher Teil des Redaktions- bzw. Konfigurationsaufwands entfallen. Andererseits könnten die Indexe zusätzlich mit den Klassifizierungen angereichert werden. Diese können auf der Suchoberfläche den Nutzenden als Facetten angeboten werden und somit eine individuelle und effiziente Filterung der Suchergebnisse bieten. Diese thematischen Facetten könnte die Suche nutzerfreundlicher gestalten und die Qualität steigern.

Die ersten Trainings- und Validierungsergebnisse sehen vielversprechend aus, zeigen aber auch, dass die Qualität der Klassifizierung deutlich von der Wahl der Trainingsdaten abhängt. Da „Umwelt" ein sehr breites Themenfeld umfasst, bedeutet die Sammlung der Trainingsdaten keinen unerheblichen, initialen Aufwand. Ist das Training erstmal mit einer zufriedenstellenden Qualität der Klassifikationen abgeschlossen, könnte das Modell bzw. die Methodik für alle Umweltportale und auch für andere Einsatzbereiche in der Umweltinformatik wiederverwendet werden.

5 Erkenntnisse aus 3,5 Jahren „Innovationsvorhaben"

Die Forschungsprojekte ermöglichen, durch Personal und Mittel neue Ansätze und Lösungen für Herausforderungen der Umweltinformatik zu analysieren und zu entwickeln. So konnten Fragestellungen aufgegriffen werden, die sonst keinen oder nicht genug Raum im Alltagsbetrieb hätten. Die enge Zusammenarbeit zwischen Forschungseinrichtungen und Fachseite verbindet innovative Denkstrukturen mit praxisnahen Anwendungsszenarien. Die Zusammenarbeit mit unterschiedlichen Disziplinen und Altersgruppen erweitert den Blickwinkel und führt häufig zu umfänglicheren Lösungen. Unabhängig vom Erfolg eines Prototyps oder der positiven Ergebnisse einer Analyse sollte die Übernahme einer Lösung in den Produktivbetrieb jedoch als eigenes Projekt gesehen werden, dessen Umsetzung in der Regel eher von pragmatischen und weniger von fachlichen Rahmenbedingungen abhängt, denn eine Neuerung birgt häufig Migrations- und/oder Integrationsaufwand, die über die Kapazitäten und Aufgaben eines Forschungsprojekts hinausreichen.

Da auch kleine Pilotprojekte oder Teststellungen den gleichen Gesetzen und Regelungen zur Vergabe oder Auftragsverarbeitung unterliegen, entsteht für jeden Piloten ein relativ hoher organisatorischer Aufwand. Recherchen, Organisation, Beauftragungen und Abwicklungen sind nur durch ausreichend Personalkapazitäten möglich und binden auch Ressourcen bei Kollegen zur technischen, fachlichen und organisatorischen Beratung. Daher wären vereinfachte Verfahren für zeitlich begrenzte Pilotprojekte begrüßenswert.

Innovationsbedarf, das heißt Bedarf an zeitgemäßen und wirtschaftlichen Lösungen für den produktiven Einsatz, besteht auch außerhalb von Digitalisierungs- und Leuchtturmprojekten wie diesem. An Ideen und Interesse der Mitarbeitenden mangelt es in der Regel nicht. Der Blick über den Tellerrand, die Neugierde einen neuen Lösungsansatz zu testen und auch die organisatorischen Hürden anzugehen, das alles braucht jedoch Raum und Kapazitäten, die der Alltagsbetrieb in der Verwaltung oft nicht hergibt.

Sich frühzeitig mit alternativen Ansätzen zu befassen, anstatt erst bei hohem Leidensdruck zu handeln, fördert die Resilienz. Deshalb sollte es einerseits in der (Umwelt-) Verwaltung mehr Raum für Innovation geben, andererseits sollten auch Synergien stärker genutzt werden. Dort, wo öffentliche Einrichtungen vor ähnlichen Herausforderungen stehen, kann eine stärkere Vernetzung unter Institutionen und Akteuren zu nachhaltigeren Lösungen bei effizienterem Einsatz von Zeit und Mitteln führen. Im Rahmen von „Umweltinformationen digital 4.0“ waren Austauschformate wie die Fachgruppe Umweltinformationssysteme (FG UIS, https://fg-uis.de/) und das NExT-Netzwerk (https://next-netz.de/) sehr wertvoll und können nur weiterempfohlen werden.

Literatur

1. Hahn-Woernle, L. (2023, 16. Februar). *Projekt: Umweltdaten 4.0.* Stuttgart: Ministerium für Umwelt, Klima und Energiewirtschaft Baden-Württemberg. https://um.baden-wuerttemberg.de/de/umwelt-natur/nachhaltigkeit/nachhaltige-digitalisierung/projekte/umweltdaten-40/
2. Hahn-Woernle, L. (2023, 22. März). *Projekt: Umweltsuche 4.0.* Stuttgart: Ministerium für Umwelt, Klima und Energiewirtschaft Baden-Württemberg. https://um.baden-wuerttemberg.de/de/umwelt-natur/nachhaltigkeit/nachhaltige-digitalisierung/projekte/umweltsuche-40/
3. Trefzger, M. (2023, 20. Februar). *Projekt: Umwelt digital 4.0.* Stuttgart: Ministerium für Umwelt, Klima und Energiewirtschaft Baden-Württemberg. https://um.baden-wuerttemberg.de/de/umwelt-natur/nachhaltigkeit/nachhaltige-digitalisierung/projekte/umwelt-digital-40/
4. Hahn-Woernle, L., Schillinger, W., Schlachter, T., Doms, N., Trefzger, M., Schlegel, T., Wolf, A., & Preiß, A. (2023). Umweltinformationen digital 4.0. In Fuchs-Kittowski, F., Abecker, A., Hosenfeld, F., Ortleb, H. & Klafft, M. (Hrsg.), *Umweltinformationssysteme – Vielfalt, Offenheit, Komplexität* (S. 201–225). Wiesbaden: Springer. https://doi.org/10.1007/978-3-658-39796-8
5. Doms, N., Schlachter, T., & Hahn-Woernle, L. (2024). Erste Konzepte zur automatisierten semantischen, geographischen und zeitlichen Verschlagwortung umweltbezogener Textdokumente. In F. Fuchs-Kittowski, A. Abecker, F. Hosenfeld, A. Reineke & C. Jolk (Hrsg.), *Umweltinformationssysteme – Digitalisierung im Zeichen des Klimawandels und der Energiewende* (S. 251–262). Wiesbaden: Springer. https://doi.org/10.1007/978-3-658-43735-0
6. Schumpeter, J. A. (1961). *Konjunkturzyklen. Eine theoretische, historische und statistische Analyse des kapitalistischen Prozesses.* 1. Band. Göttingen: Vandenhoeck & Ruprecht.

7. Carrie, J. (2022). *If Things Are Not Failing You Are Not Innovating Enough.* Independently published. ISBN 979-8406322390
8. Hertweck, P., Hellmund, T., van der Schaaf, H., Moßgraber, J., & Blume, J. W. (2019). Management of Sensor Data with Open Standards. In Z. Franco, J. González & J. Canós (Hrsg.), *Proceedings of the 16th ISCRAM Conference*, S. 1126–1139, https://idl.iscram.org/files/philipphertweck/2019/1859_PhilippHertweck_etal2019.pdf
9. Grellet, S., & van der Schaaf, H. (2024). Integrating new OGC Standards – SensorThings API and WaterML2.0 – Water Quality Interoperability experiment. *Concept Note for Capacity Building on Hydrological Data Exchange, standardization, and Interoperability in Region VI.* WMO, Zagreb, France. https://brgm.hal.science/hal-04456540
10. Landesanstalt für Umwelt Baden-Württemberg. (2024, 23. Mai). *Immissionsdaten Baden-Württemberg.* https://www.lubw.baden-wuerttemberg.de/luft/messwerte-immissionswerte
11. Hochwasserzentralen. (n. d.). *Meine Pegel.* https://www.hochwasserzentralen.info/meinepegel/
12. Umweltportal Baden-Württemberg. (n. d.). *Meine Umwelt-App.* https://umweltportal.baden-wuerttemberg.de/meine-umwelt-app
13. OGC. (2024, 24. Juli). SensorThings API, https://www.ogc.org/standard/sensorthings/
14. Bund/Länder-Arbeitsgemeinschaft Umwelt und Digitalisierung. (n. d.). *Projekt 19 LUPO – Landesumweltportale zu behördlichen Umweltinformationen für Baden-Württemberg, Bayern, Brandenburg, Nordrhein-Westfalen, Sachsen-Anhalt, Schleswig-Holstein und Thüringen.* https://www.blag-udig.de/KoopUIS-Projektuebersicht.html
15. Umweltbundesamt. (2024). *Umweltthesaurus UMTHES.* Dessau-Roßlau: Umweltbundesamt. https://sns.uba.de/umthes/de.html
16. Fock, J. (2019). 40 Jahre Umweltterminologie im Umweltbundesamt – Der Umweltthesaurus UMTHES. In P. Drewer & D. Politano (Hrsg.) *Terminologie: Epochen–Schwerpunkte–Umsetzungen: Zum 25-jährigen Bestehen des Rats für Deutschsprachige Terminologie* (S. 211–223), Berlin: Springer Vieweg. https://doi.org/10.1007/978-3-662-58949-6_15
17. Rüther, M., Fock, J., Hübener, J., Bandholtz, T., & Schulte-Coerne, T. (2010). Linked Environment Data. In K. Grewe & A. Cremers (Hrsg.): *EnviroInfo 2010 – Integration of Environmental Information in Europe* (S. 470–479), Shaker Verlag. http://enviroinfo.eu/sites/default/files/pdfs/vol6516/0470.pdf

Das WasserBLIcK-System als Basis für effiziente Datenflüsse

Das Beispiel der Wasserrahmenrichtlinie (WRRL)

Stephan Hofmann

Zusammenfassung

Für die europäische Wasserrahmenrichtlinie werden über die Berichtsplattform WasserBLIcK wasserbezogene Meldedaten verschiedener Verwaltungsebenen gesammelt und an die Europäische Umweltagentur gemeldet. Worin bestehen die Herausforderungen bei der Berichterstattung auf nationaler Ebene? Wie kann ein effizienter Datenfluss organisiert werden, der die Daten von der Entstehung bis zur endgültigen Verwendung in Produkten weitergibt? Die IT-Lösung, die Meilensteine der Entwicklung des wasserbezogenen Daten- und Informationsmanagements im Internet zusammen mit Integrationsmöglichkeiten neuer Technologien und Datenquellen in das bestehende System werden ebenso vorgestellt wie Produkthighlights, die zur Nachnutzung anregen sollen.

Schlüsselwörters

WasserBLIcK • Electronic Reporting • Wasserrahmenrichtlinie • Datenmanagement • OpenData • INSPIRE-RL

1 Einleitung

Die Flüsse als Lebensadern Deutschlands aber auch andere Gewässer wie Seen und Küstengewässer werden heutzutage im Kontext der Digitalisierung als Umweltinformation sowohl in internen fachlichen als auch in öffentlich freigeschalteten Anwendungen

S. Hofmann (✉)
Bundesanstalt für Gewässerkunde, Referat M4 – Geodatenzentrum, Koblenz, Deutschland
E-Mail: hofmann@bafg.de

F. Fuchs-Kittowski et al. (Hrsg.), *Umweltinformationssysteme - Digitalisierung für eine nachhaltige Planetare Zukunft,* https://doi.org/10.1007/978-3-658-46394-6_14

abgebildet. Die Gewässer unterliegen dabei ständigen natürlichen und anthropogenen Veränderungen.

Vor diesem Hintergrund erleichtern Portalanwendungen den direkten Zugang zu stetig wachsenden Informationsbeständen und deren Verarbeitung in automatisierten Prozessen, die durch ein breites Spektrum von Angebotsformen für Anwendergruppen von fachlichen oder IT-Experten bis hin zur interessierten Öffentlichkeit auf unterschiedlichsten Niveaus abgedeckt werden. Das Angebotsspektrum reicht daher vom niederschwelligen Zugang zu statischen digitalen Karten bis hin zu feingranularen Web-Diensten mit vereinheitlichten Programmierschnittstellen.

Mit koordinierten nationalen Datensätzen, klar ausgerichteten Berichtsströmen und begleitenden Dokumenten können zentrale Stellen den mitwirkenden Institutionen helfen, komplexe Abläufe zu straffen und die begrenzten Ressourcen möglichst effizient zur erfolgreichen Aufgabenerledigung und für neue Anwendungsfälle einzusetzen. So können länderübergreifende Zusammenhänge leichter dargestellt und analysiert werden. Dabei ist es wichtig, bestehende Lösungsansätze an neuen Herausforderungen der Zusammenarbeit in wasserbezogenen Umweltfragestellungen auszurichten, ggf. zu erweitern oder auch zu vereinfachen.

Die Bundesanstalt für Gewässerkunde (BfG) in Koblenz verwaltet zum Zweck der nationalen Berichterstattung im Kontext der wasserbezogenen Richtlinien (RL) der Europäischen Union (EU) wie zum Beispiel der Wasserrahmenrichtlinie [9] umfangreiche nationale Datensätze. Die Daten stammen von den zuständigen Behörden der Wasserwirtschaftsverwaltungen.

2 Umsetzung der nationale Berichterstattung

2.1 Anforderungen

Im Rahmen der föderalen Strukturen der Bundesrepublik Deutschland ist ein konsolidiertes elektronisches Datenmanagement sicherzustellen, d. h. länderspezifische Informationen sind zu bundeseinheitlichen Berichtsdaten zu formen. Ein gemeinsames Datenmodell und belastbare Qualitätsmerkmale sind festzulegen. Für den konkreten Datenaustausch wird schließlich eine elektronische Plattform benötigt, in der auch die Einhaltung der vereinbarten Kriterien geprüft werden kann

2.2 Lösung

Die nationale Antwort auf die genannten Anforderungen ist das WasserBLIcK-System. Die Abkürzung BLIcK steht dabei für Bund-Länder-Informations- und Kommunikationsplattform (www.wasserblick.net). Das zuletzt 2016 neu gestaltete Portal ist seit mehr als 20 Jahren in Betrieb und gliedert sich in zwei große Bereiche:

- Zum einen bietet das sogenannte *Fachportal* eine Informations- und Kommunikationsplattform in einem organisationsübergreifenden, verwaltungseigenen Intranet bzw. Extranet der Wasserwirtschaftsverwaltungen, deren oberste Landesbehörden auf dem Gebiet der Wasserwirtschaft gemeinsame Fragen im Rahmen der Bund/Länder-Arbeitsgemeinschaft Wasser (LAWA) abstimmen.
- Zum anderen unterstützt mit dem Bereich *Berichtsportal* die BfG, eine Bundesoberbehörde im Bundesministeriums für Digitales und Verkehr (BMDV), das Bundesministerium für Umwelt, Naturschutz, nukleare Sicherheit und Verbraucherschutz (BMUV) im Rahmen seiner elektronischen Berichtspflichten gegenüber der Europäischen Kommission im Kontext wasserbezogener Richtlinien.

2.3 Vorteile des WasserBLIcK-Systems

Das System selbst ist eintrags- und dienstebasiert organisiert, d. h. es setzt sich aus einer Vielzahl unabhängiger Bausteine zur flexiblen Kommunikation von Informationen und den darauf einwirkenden bzw. steuernden Funktionen zusammen. Diese können je nach Bedarf passend zusammengesetzt und mittels Low Code-Ansatz zu ganzen Workflows zusammengebaut werden.

Das System ist vielen Akteuren der Wasserwirtschaft bekannt und wird von diesen aktiv für Informations- und Kommunikationszwecke genutzt. Dazu stehen ihnen kurze Handlungsanleitungen und Schulungsangebote, insbesondere in Phasen von Zuständigkeitsübergaben, zur Verfügung, die den nahtlosen Übergang gewährleisten sollen.

Die Anwender können den WasserBLIcK bequem zur Zusammenarbeit nach eigenen Anforderungen verwenden, indem sie konsolidierte Ergebnisse per Drag & Drop ihren zugeordneten Arbeitsgruppen bereitstellen. Sie werden ihrerseits über erfolgte Änderungen an bestehenden Einträgen durch zeitlich variierbare Abonnements informiert. Motivierte Experten und Expertinnen müssen einen dynamischen Informationsaustausch also nicht mehr mühselig über E-Mail erledigen und erhalten wichtige Neuigkeiten aus der vielfältigen Gremienarbeit transparent über eine zugangsgeschützte Verteilerfunktion zugestellt. So können schrittweise auch neue Kollegen und Kolleginnen für eine selbstständige Mitarbeit leicht erreicht und aktiviert werden.

Auch für externe Dienstleister können geleitete Zugänge zu spezifischen Informationsquellen eingerichtet werden. Dazu ist lediglich die eigenständige Beantragung einer persönlichen Kennung nötig. Die späteren Zugriffe können dann von den autorisierten Mitgliedern der Wasserwirtschaftsverwaltung zweckgebunden auf bestimmte Untergruppen beschränkt werden.

Das WasserBLIcK-System kann außerdem zum kooperativen Bearbeiten von gemeinsamen Dokumenten verwendet werden, wenn die Bearbeitung nach gemeinsamer Absprache nacheinander oder aufgeteilt (z. B. kapitelweise) erfolgt. Für ein gleichzeitiges Zusammenarbeiten können externe, frei verfügbare Werkzeuge verwendet und das erreichte Ergebnis im WasserBLIcK gesichert oder zur weiteren Verbreitung (z. B. zur Kenntnis) bereitgestellt werden.

Ein zeitlich unabhängiges Arbeiten auf den eingelagerten Daten ist ebenfalls Bestandteil des Systems. Einfache Schnittstellen für Datenbankabfragen erlauben die schrittweise Übersetzung von fachlichen Anforderungen in konkrete technische Ausdrücke nach den eigenen Vorstellungen, die dann wiederum in die Gremienarbeit eingespeist werden können.

2.4 Meilensteine der Entwicklung des LAWA Daten- und Informationsmanagements im Internet

Vor der detaillierten Beschreibung des Berichtsportals werden im Folgenden kurz die Meilensteine der Entwicklung des LAWA Daten- und Informationsmanagements im Internet erläutert. Damit soll nachvollziehbar werden, wie es zu dem System WasserBLIcK und dem Mandat der „GDI-Wasser" der BfG kam.

Die Idee eines Systems für die Bund/Länder-Arbeitsgemeinschaft Wasser (LAWA) geht bereits auf die Jahre 1999 bzw. 2000 zurück. Zu dieser Zeit wurde die Idee eines LAWA-Nets im damaligen LAWA-Ausschuss „Daten" besprochen. Nachdem ein Verfahrensvorschlag beschlossen und ein Name gefunden war, wurde ein einjähriger Testbetrieb vereinbart. Im Jahr 2002 wurde der Testbetrieb erfolgreich abgenommen und der Regelbetrieb aufgenommen. Die erste elektronische Berichterstattung zur Wasserrahmenrichtlinie (WRRL) wurde 2004 erfolgreich für Deutschland über das WasserBLIcK-System umgesetzt. Die LAWA bat daher die BfG, das System WasserBLIcK langfristig operativ zu betreiben.

Ab diesem Zeitpunkt setzten auch internationale Kommissionen des Gewässerschutzes, wie die Internationale Kommission zum Schutz der Elbe (IKSE) und die Internationale Kommission zum Schutz des Rheins (IKSR), auf das System WasserBLIcK, um das Datenmanagement rund um die Erstellung der Produkte der internationalen Flussgebietsgemeinschaften zu unterstützen. In den Jahren nach 2005 nutzten auch die Geschäftsstellen der Flussgebietsgemeinschaften (u. a. Elbe, Ems, Weser, Rhein) jeweils zeitweise die Infrastruktur und die Möglichkeiten zur Erstellung von Produkten im System WasserBLIcK. Darüber hinaus wurde das Konzept WasserBLIcK auch auf internationaler

Bühne, u. a. dem World Water Forum, der Europäischen Kommission, der Europäischen Umweltagentur, den internationalen Flussgebietsgemeinschaften der Donau und der Oder sowie auf unzähligen nationalen Veranstaltungen wie der Geodateninfrastruktur Deutschland (GDI-DE), der Fachmesse INTERGEO und des Deutschen Geoforums präsentiert.

Im Jahr 2008 stellt der zweite Geofortschrittsbericht der Bundesregierung, welcher durch das Bundeskabinett und alle Bundesressorts bestätigt wurde, fest: „Auf nationaler Ebene wurde das Datenzentrum und Berichtsportal Wasser in der Bundesanstalt für Gewässerkunde (BfG) eingerichtet. Über die Internetplattform ‚WasserBLIcK' steht den Wasserwirtschaftsverwaltungen in Deutschland eine operative Geodateninfrastruktur (GDI) zur Verfügung" [5]. Im gleichen Jahr wurden neben der WRRL weitere wasserbezogene EU-Richtlinien, wie HWRM-RL, MSRL, Badegewässer-RL und Trinkwasser-RL, in den WasserBLIcK aufgenommen, um die Infrastruktur auch für diese Themen zu nutzen, welche über die gleichen technischen Herangehensweisen bewirtschaftet werden.

Zum Berichtsportal WasserBLIcK gab es 2017 den Abschluss einer BMUV-BMDV-Vereinbarung und einer BfG-Länder-Kooperationsvereinbarung zum Fachportal WasserBLIcK. Damit ist die langfristige Finanzierung von Sach- und Personalmitteln zum Betrieb von WasserBLIcK abgesichert.

Wasser-DE (https://www.wasser-de.de/) geht schließlich 2019 als öffentliches Informationsangebot der LAWA in Ergänzung zum Intranet der Wasserwirtschaftsverwaltungen, dem WasserBLIcK, online. Bereits 2018 gewinnt das Konzept „Wasser-DE" den ersten Preis im eGovernment-Wettbewerb in der Kategorie „Bestes Kooperationsprojekt" [6]. Seit 2022 wird schließlich das LAWA WIKI (https://lawawiki.wasserblick.net/) als LAWA-internes Werkzeug zur Erörterung und Dokumentation der Berichtsschnittstellen der Wasserwirtschaftsverwaltungen an der BfG gehostet und zusammen mit den zuständigen Behörden weiterentwickelt.

2.5 Aufbau des Systems

Das WasserBLIcK System deckt aus den Bereichen des klassischen EVAP-Modells (Erfassung, Verwaltung, Analyse und Präsentation) [1] die Arbeitsabläufe der Verwaltung, Analyse und Präsentation ab. Das System kann über eine Drei-Schichten-Architektur beschrieben werden:

- Der Empfang von Daten erfolgt auf der nach Außen wirkenden *Präsentationsschicht*. Auch der Abruf bzw. Export von Daten kann dort interaktiv oder automatisiert erfolgen. Erste formale Prüfungen der begleitenden Metadaten sind im Import-Fall auf dieser Ebene verortet. Auch Anfragen der Benutzer werden auf dieser Schicht der Anwendungen über verschiedene Kommunikationspunkte empfangen: Vorkonfektionierte Kartenanwendungen und Kartendienste stehen hier neben den Auflistungen der

INSPIRE[10]- und OpenData[11]-Angebote. Daneben bietet das WasserBLIcK-System für angemeldete Benutzer den interaktiven und Workflow-gestützten Abruf einzelner Datensätze an.

- Auf der *Verarbeitungsschicht* werden eingehende Daten und Anfragen serverseitig weiteren Prüfungen unterzogen, die nun auf die Anforderungen der Geschäftsprozesse ausgerichtet sind. Hier erfolgt dann, falls notwendig, eine Verteilung der Daten und Anfragen auf die beteiligten technischen Komponenten.
- Die unterste Schicht stellt die *Datenhaltungsschicht* dar. Vorkonfektionierte Datenpakete stehen hier neben den nach fachlichen Domänen aufgeteilten Datenbanken, die große Datenmengen zuverlässig für die Nachnutzung durch weitere Systemkomponenten vorhalten. Letztere bieten die Chance, die eingehenden Daten performant umfangreichen Querprüfungen zu unterziehen.

Das WasserBLIcK-Team steuert für die Realisierung von neuen Anforderungen im Rahmen dieser Architektur die IT-Planung, Umsetzung und die möglichst unterbrechungsfreie Inbetriebnahme im Wirkbetrieb. In diesem Kontext erfolgt auch für ein bestmögliches Zusammenspiel der beteiligten Teilkomponenten eine enge Abstimmung mit den Dienstleistern und den zentralen Organisationseinheiten der IT, um anhand definierter Anwendungsfälle und gängiger Testfälle schnell zur Finalisierung von Vorhaben zu kommen. Über diese Zusammenarbeit wird auch kontinuierlich die IT-Sicherheit, z. B. über die Pflege entsprechender technischer und organisatorischer Regelwerke und Mechanismen, gewährleistet. Zudem erleichtert eine zunehmende Containerisierung der Systemlandschaft die kontinuierliche Konsolidierung des IT-Betriebes.

3 Datenmanagement

Die Einigung der fachlichen Experten und Expertinnen auf einheitliche Berichtsformate stellt den Kern des Datenmanagements im Kontext wasserbezogener Richtlinien dar.

Die umfangreichen Eingangsdaten mit einer Vielzahl von thematischen Merkmalen stammen von verschiedenen zuständigen Behörden auf unterschiedlichen Verwaltungsebenen. Der eigentlichen Datenlieferung ist daher ein intensiver Austausch in ständigen Ausschüssen und deren Unterarbeitsgruppen auf nationaler und europäischer Ebene, aber auch insbesondere auf Ebene der Flussgebiete, bzw. in übergreifenden Workshops zwischen den beteiligten Stellen zur Realisierung der Berichtsströme von Geobasisdaten und Fachdaten vorgeschaltet. In die Arbeit dieser Gremien bringt sich das WasserBLIcK-Team als Bindeglied mit seiner Expertise im Bereich Datenmanagement aktiv durch Vorträge und Veranstaltungsgestaltungen ein und trägt dadurch zur Vernetzung der Experten und Expertinnen des Datenmanagements und Reportings zur Wasserrahmenrichtlinie bei. Dazu gehört die kontinuierliche Vor- und Nachbereitung der datentechnischen Empfehlungen und Beschlüsse. Durch stetigen engagierten hausinternen Austausch mit weiteren

Experten der BfG, z. B. zum Thema Digitalisierung, kann ein Mehrwert für die effiziente Ausgestaltung des Systems und der Prozesse gewonnen werden.

Die grundlegende Geodatenerfassung bzw. Gewinnung ist nicht Teil der Arbeitsebene einer zentralen nationalen Stelle im Rahmen des Berichtswesens zur Wasserrahmenrichtlinie: Die Geobasisdaten zur WRRL werden im mittleren Maßstab bereits als geoobjektbezogene Vektordaten in Form von Punkten (z. B. Messstellen), Linien (Flussverläufe) und Flächen (Seen und Grundwasserkörper sowie Übergangs-, Küsten und Territorialgewässer) übermittelt. Ihre Stammdaten sind gemäß dem gemeinsamen, fachlichem Datenmodell auf europäischer Ebene an die Anforderungen der INSPIRE-Richtlinie angelehnt. Als Unterstützung zur Erstellung dieser eigentlichen Abgabedaten dienen weitere gemeinsame nationale Datensätze, die Common Data Sets (CDS). Diese definieren beispielsweise Meldegrenzen der Bundesländer und Übergabepunkte für Gewässer in Grenzsituationen. So können Daten im CDS-Bereich feingranularer und aktueller vorliegen, als dies für die Anforderungen nach WRRL erforderlich ist.

Die Fachdaten stellen im Fall der abschließenden Berichterstattung zur Wasserrahmenrichtlinie v. a. hochaggregierte geprüfte Informationen dar. Diese Angaben werden üblicherweise über umfangreiche Verarbeitungs- und Bewertungsschritte aus den ursprünglichen Messdaten abgeleitet. Auf Ebene des entsprechenden Monitorings der Gewässer wird kontinuierlich geprüft, wie die Verfahren der punktuellen in-situ-Daten um flächenhafte Verfahren (z. B. Rasterdaten aus der Fernerkundung) anwendungsorientiert erweitert werden können.

Zusätzlich unterstützen zentrale, regelmäßig deutschlandweit harmonisierte Modellierungen und deren Ergebnisse, die Zusammenstellung von harmonisierten Daten, die den Anforderungen der EU-Kommission (EU-KOM) entsprechen. Diese unterstützenden Verfahren, werden ihrerseits kontinuierlich an neue Anforderungen angepasst, und werden auch daran gemessen, dass ihre Ergebnisse in entsprechendem zeitlichem Vorlauf, zu Berichtsterminen den Bundesländern und Geschäftsstellen der Flussgebietsgemeinschaften zur Verfügung stehen.

Zur effizienten Nachnutzung ist es notwendig, dass alle Ergebnisse, auch zu kontinuierlichen Phänomenen wie signifikante Umweltexpositionen ubiquitär verteilter Schadstoffe, deren Konzentration in der Fläche der Mitgliedsstaaten schwanken, wieder bereits passend zu den erforderlichen diskreten Berichtseinheiten, z. B. punktuellen Messstationen, vorliegen. Diese räumlich strukturierenden Informationen mit direktem Raumbezug helfen, die eigentlichen inhaltlich standardisierten Aussagen und Merkmale mit indirektem Raumbezug, welche tabellarisch vorliegen, zu verorten und zu verarbeiten. Erstgenannte Daten ermöglichen als flankierende Angaben wie zum Beispiel zum zugehörigen Flussgebiet eine einfache Software-technische Umsetzung von räumlichen Filtermöglichkeiten und Prüfungsabläufen, sowohl im Bereich des Imports also auch des Exports von Daten.

Die Datenverwaltung folgt einem modellgetriebenen Ansatz. Aus der fachlichen Perspektive der Wasserrahmenrichtlinie werden alle zum Datenaustausch nötigen Schnittstellen als statische Klassen in einem Anwendungsschema modelliert. Neben primitiven

Datentypen können hier auch zulässige Codelisten für die Feldwerte hinterlegt, und darüber hinaus einfache Bedingungen zu Werteangaben untereinander formuliert werden. Diese gehen ebenso wie kurz gehaltene Spezifikationstexte in die automatisch erzeugten PDF-Dokumente zu den einzelnen Schnittstellen ein. Diese sind auf die nötigsten Angaben beschränkt und können daher auch bei Bedarf internationalisiert werden. Auf technischer Seite werden aus dem Modell die Definitionen der Datenstrukturen zur Verwendung in der zentralen objekt-relationalen Datenbank mit räumlicher Erweiterung auf Knopfdruck abgeleitet. Insbesondere für die Qualitätssicherung sind die automatisch erzeugten anwendungsserverseitigen Prüfskripte relevant. Diese können jederzeit noch durch weitere datenbankseitige Prüfungen zu Geschäftsprozessen ergänzt werden.

Die zusätzliche Führung von Identifikatoren anderer fachlicher Bereiche im Sinne von Fremdschlüsseln erlaubt bei kontinuierliche Prüfung auf korrekten Einsatz die übergreifende Verknüpfung von weiteren Daten aus unterschiedlichen Anwendungsdomänen.

So können einerseits die Erkenntnisse aus dem Bereich der Wasserrahmenrichtlinie berichtsstromintern bereits auch mit den ggf. erhöhten Schutzzielen von Naturschutzgebieten zusammengeführt werden, um ein fachlich übergeordnetes Verständnis der Gesamtzusammenhänge zu ermöglichen. Andererseits wird auch von anderen Berichtsströmen, wie der Badegewässer-RL, auf die Berichtseinheiten der Wasserkörper nach WRRL verwiesen. Diese Abhängigkeiten erfordern verlässliche zeitliche Gültigkeiten der Identifikatorensätze und deren Kommunikation der entgegennehmenden Stellen an die datenbereitstellenden Behörden, um die Abgabeverfahren untereinander reibungslos zu verzahnen. Die zur Qualitätssicherung verwendeten Vokabularien der Identifikatoren müssen hierzu regelmäßig fortgeschrieben werden, um ein einfaches Zusammenspiel der fachlich getrennten Berichterstattungen im Rahmen des sogenannten Streamlinings auf effiziente Art zu ermöglichen. Eine redundante Datenhaltung mit entsprechenden Fehlerquellen wird dadurch systematisch vermieden.

Ein anderer wichtiger Vorteil der Berichtseinheiten liegt in der einfachen, sachdatenbasierten Aufteilung der z. T. enormen Geodatenmengen. Die Berücksichtigung der unterschiedlichen Zuständigkeiten trägt dazu bei, zu übertragende Datenmengen in leichter handhabbare Datenpakete aufzuteilen.

Da nicht alle Sachdaten über eine eigene Verortung verfügen, können bei Bedarf durch geometrische Methoden, wie eine räumliche Verschneidung, näherungsweise weitere Hinweise auf Zugehörigkeiten zu weiteren Ordnungseinheiten abgeleitet werden. Für den Praxiseinsatz stellen diese Gruppierungsmöglichkeiten eine wichtige Grundlage für die einfache Vorfilterung von Massendaten dar. So werden auch große Datenmengen mit üblichen Büroanwendungen handhabbar, können in zusammenfassenden Berichtsformaten übersichtlich dargestellt werden und werden so über die Zeit zu stetig kontrollierten wertvollen, langjährigen Datenreihen.

3.1 Datenharmonisierung

Das Gewässernetz nach Wasserrahmenrichtlinie (WRRL) kann bei Bedarf über entsprechende Identifikatorangaben auch mit Objekten der Hochwasserrisikomanagementrichtlinie (HWRM-RL) verknüpft werden. Damit wird die Voraussetzung dafür geschaffen, dass die geometrische Repräsentation eines Gewässers zwischen den unterschiedlichen Berichterstattungen gleichartig ausfällt. Außerdem wird so eine redundante Geodatenhaltung vermieden.

Eine zentrale Rolle im Prozess der Harmonisierung von dezentral geführten heterogenen Daten zu deutschlandweiten harmonisierten Datensätzen als Ausgangsbasis für Berichterstattungen kommt den übergreifenden Auswertungen und Visualisierungen zu. Heterogene Datenlagen entstehen zum einen aufgrund der jeweiligen naturräumlichen Gegebenheiten und der verschiedenen Detaillierungsgrade der erforderlichen Eingangsdaten. So stehen höher auflösende Information oftmals nicht für alle Gebiete flächendeckend zum benötigten Zeitpunkt für eine bundesweite Produkterstellung zur Verfügung. Zum anderen können aufgrund unterschiedlicher landesrechtlicher Regelungen insbesondere an den administrativen Grenzen methodisch bedingte Unterschiede im Datenbestand auftreten.

Die Darstellung der nationalen Angaben auf europäischer Ebene kann ggf. helfen, einfache Verbesserungsmöglichkeiten zu erkennen. Die Berichte auf internationaler Ebene, beispielsweise zu den Prüfungen der nationalen WRRL-Bewirtschaftungspläne, stellen dabei aus Perspektive des Datenmanagements eine weitere Aggregationsstufe dar, die von nationaler Seite oftmals in kurzen Zeitfenstern zu prüfen sind. Eine Vorhaltung entsprechender Informationsmöglichkeiten auf nationaler Ebene unterstützt die Qualitätssicherung in diesen Situationen. Die implementierten Qualitätsprüfungen werden im begleitenden System LAWA WIKI dokumentiert und können bei Bedarf auf Anfrage bereitgestellt werden.

Darüber hinaus gilt es, über möglichst bundesländerspezifische Auswertungen, Lücken in den Datenlagen zu identifizieren und Wege aufzuzeigen, wie diese möglichst in bundesweit einheitlichem Verständnis, präzise gefüllt werden können. Der fortschreitende Erkenntnisgewinn kann aber auch dazu führen, dass bereits veröffentlichte Angaben angepasst werden müssen. Die entsprechenden Datensätze müssen daher aus dem Angebot herausgenommen werden. Das WasserBLIcK System stellt auch für diesen Anwendungsfall Verfahren bereit, um die Datenhoheit der bereitstellenden Stellen jederzeit gewährleisten zu können.

3.2 Umgang mit inhaltlichen Änderungen

Die etablierten Abgabe- und Überarbeitungsfristen im Zusammenhang mit den Berichterstattungen erfordern, dass der erreichte Wissensstand vor dem Hintergrund knapper finanzieller und personeller Ressourcen möglichst effizient konsolidiert, kommuniziert und qualitätsgesichert über die verschiedenen Zuständigkeiten hinweg abgegeben wird. Automatisierte Vor- und Musterbefüllungen der Abgabeformate erleichtern dabei den Einstieg in die Berichterstattungen bei mehrjährigen Zyklen der Datenbereitstellung.

Änderungsbedarfe von Seiten der Datenbereitsteller, die nach dem Erreichen eines vereinbarten Produkt-Meilensteins erfolgen, verursachen im Zuge einer inhaltlichen Relevanzfeststellung hohe nachgelagerte Auswertungsaufwände. Um die Produkteigentümer in diesem Vorgang zu unterstützen, existiert eine zusätzliche Komponente, welche die Änderung einzelner Sachdaten präzise auf einen Blick anzeigt. So kann schnell und einfach bewertet werden, ob zusätzlicher Austausch zur Abstimmung weiterer Produktanpassungen erforderlich ist.

Weit mehr zeitlichen Vorlauf erfordern Änderungen struktureller Art an den Berichtsschnittstellen. Auslöser der Anforderungen sind einerseits neue Fragestellungen auf den verschiedenen Verwaltungsebenen, welche nach Vereinbarung in den entsprechenden Gremien über ein gemeinsames Verständnis in die datentechnischen Schnittstellen überführt werden. Andererseits etablieren sich auf Basis der nunmehr langjährigen Erfahrungen im Umgang mit den großen Datenmengen und Änderungswünschen unterstützende Mechanismen wie Lebenszyklus-Management, die es z. B. erlauben, inhaltliche Aussagen besser nachvollziehen zu können. So wird im temporalen Kontext eine detailliertere Aussagenentwicklung bis auf Objektebene aufzeigbar. Damit können rein zeitabschnittbasierte Ansätze einfach weiter untersetzt werden.

3.3 Datenintegration

Um die erwähnten Anforderungen an die nationale elektronische Berichterstattung erfüllen zu können, wurde ein Datenfluss mit Qualitätsprüfungen auf allen Ebenen der Drei-Schichten-Architektur etabliert. Die folgenden weiteren Eigenschaften ermöglichen es, für kontinuierliche Veränderungen offen zu bleiben: Automatisierte Testmechanismen und Berechnungen erfolgen auch durch eine job-gesteuerte Einbindung von Fremdmodulen. Generell können Adapterlösungen als Anschlussstellen für heterogene und ggf. ergänzende Eingangsdaten wie z. B. Messdaten eingebaut und somit das System zukunftssicher ausgelegt werden. Bundesweite Analysen und Ergebnisse erzeugen einen produktiven Mehrwert. Plausibilitätsprüfungen werden zur Verbesserung der Berichterstattung durchgeführt und neue innovative Ansätze hinsichtlich Leistungsfähigkeit und Eignung bzgl. bestehender Anforderungen erprobt.

4 Verwendung in Produkten

Nach dem Prinzip Einer für Alle (EfA) [2] werden die Daten und Ergebnisse über die GDI-Wasser dem WasserBLIcK bereitgestellt. Bundesweite Daten werden in ausgewählten Statistiken, kartenbasierten Darstellungen und als Download frei zugänglich angeboten und unterstützen zielgerichtete Veränderungs- und Entscheidungsprozesse [3]. Die Freigabe der Produkte erfolgt nach Abstimmung in der LAWA. In Berichtsform finden die Daten Eingang in Veröffentlichungen auf der nationalen [4] bis hin zur europäischen Ebene [8].

4.1 Datendienste

Die Dienste basieren auf national flächendeckend harmonisierten Datenbeständen. Andere administrative Ebenen in Deutschland (Land, Bezirk, Kreis, Kommune) stellen gegebenenfalls zu den jeweiligen Themen Dienste in einer höheren räumlichen und zeitlichen Auflösung bereit. Die Bereitstellung zum Herunterladen greift dabei die Vorgaben auf den verschiedenen Verwaltungsebenen auf. Auf europäischer Ebene fördert die Richtline zu Daten der öffentlichen Verwaltung (PSI) [11] die Veröffentlichung der wasserbezogenen Daten der öffentlichen Hand. Die Verordnung zu den hochwertigen Datensätzen [12] konkretisiert die Anforderungen an die Auswahl besonders wichtiger Daten und die Art ihrer Bereitstellung.

So wird ein Zugang zu den Daten über Massen-Download und Anwendungsprogrammierschnittstellen (APIs) in maschinenlesbarem Format gefordert. Zudem sind die Daten mit einer offenen Lizenz zu versehen und über entsprechende Metadatenbeschreibungen auffindbar und gebrauchsfähig zu machen. Diese Anforderungen können technisch leicht erfüllt werden, da die Voraussetzung dafür bereits seit Jahren durch die Umsetzung der Vorgaben der Richtlinie zur Europäischen Geodateninfrastruktur (INSPIRE) [10] geschaffen wurden.

Für ein entsprechendes produktscharfes Aussteuern von Datenexporten ist z. T. nur eine abgestimmte Konvention zur Auszeichnung von Datensätzen nötig. An zentraler Stelle stellen Ableitungsregeln das passende Ausspielen der Produkte zum Anfragezeitpunkt sicher. Diese können dann durch den vereinfachten Zugang sowohl direkt zur schnelleren Beantwortung von interessanten Fragestellungen durch Dritte nachgenutzt werden, als auch als Eingangsdaten in weitere übergeordnete Produkte, wie z. B. Indikatoren, einfließen.

4.2 Kartendienste und -anwendungen

Vom WasserBLIcK-Team werden auf Basis der vorhandenen Daten visuelle Aufbereitungen als Kartenwendungen kreiert, die bei Bedarf internationalisiert zeigen, wie das Potenzial des bundesweiten Datenschatzes gehoben werden kann. Dabei können im Bereich dieser Geovisualisierungen vor allem zwei Anwendungsszenarien unterschieden werden:

Zum einen dienen die digitalen thematischen Karten dazu, die datenliefernden Stellen dabei zu unterstützen, ihre Meldungen insbesondere in Grenzsituation aufeinander abzustimmen. Die Daten werden in Echtzeit visualisiert und in eine leicht zu bedienende Anwendungsumgebung eingebettet. Dazu werden die benötigten Ausgangsdaten datenbankseitig in möglichst schnell abrufbarer Form, d. h. fokussiert auf die jeweilige Aussage, vorgehalten, um eine maximale Beschleunigung der Kartenanwendungen zu erreichen. Der Focus liegt hier auf dem schnellen Identifizieren von Harmonisierungsmöglichkeiten. Eine aufgeräumte Nutzerführung ermöglicht eine zielgerichtete Kommunikation und wird durch die standardmäßigen Funktionen wie Navigation und Druck ergänzt. Dadurch kann die inhaltliche Arbeit der Experten in einem geschützten Umfeld gefördert werden.

In einem an der interessierten Öffentlichkeit orientierten Anwendungsszenario stehen andere Aspekte wie die Performanz der Darstellung der großen Datenmengen im Vordergrund. Hier kommen Caching Verfahren zum Einsatz, die es erlauben, sich schnell und einfach einen Überblick über die enorme Bandbreite der Themen des Wasserbereichs zu verschaffen. Die verlässliche Präsentation der Inhalte der zahlreichen, anfragende Nutzer steht an dieser Stelle im Vordergrund, weshalb der Grad der Aktualität hier etwas zurückgenommen werden kann. Insbesondere wird hier Augenmerk auf die leichte Verständlichkeit der Inhalte gelegt. Mit dem Produkt Karten zum 3. WRRL-Bewirtschaftungsplan (Stand 14.04.2022) wird im Zusammenhang mit der Aktualisierung der Bewirtschaftungspläne der interessierten Öffentlichkeit eine umfangreiche webbasierte Kartenanwendung bereitgestellt. Sie bietet umfassende Ergebnisse von der Bestandsaufnahme bis hin zur Statusbewertung der Gewässer. Die Nutzer können auf regionale Kartenausschnitte wie Bundesländer fokussieren und ihre Themenwahl drucken. Die Weiterentwicklung der Kartenanwendung wird von der LAWA begleitet.

4.3 Wasserkörpersteckbriefe

Große Nachfrage besteht bei den Wasserkörpersteckbriefen (https://geoportal.bafg.de), welche die große Menge an Information im virtuellen Datenraum des Berichtswesens auf eine Aussage über die Situation vor Ort zusammenführen.

Durch einen Klick auf die Wasserkörper kann der zugehörige Wasserkörpersteckbrief (WKSB) zum dritten Bewirtschaftungsplan aufgerufen werden. Die Karte zeigt die deutschen Oberflächenwasserkörper an, die für den dritten Bewirtschaftungsplan (2022–2027) der EU-Wasserrahmenrichtlinie bewertet wurden. Die Bewirtschaftungspläne werden in einem 6-Jahreszyklus neu erstellt. Die WKSB stellen standardisiert Informationen zu den Eigenschaften, Belastungen, Zustand, Zielerreichung und Maßnahmen der Oberflächenwasserkörper zur Verfügung. Die Informationen beruhen auf den Daten der zuständigen Behörden der Länder. Aufgrund von Korrekturen der Ländermeldungen können die Daten in den Steckbriefen und Bewirtschaftungsplänen bzw. Länderinformationen voneinander abweichen.

5 Aktuelle Herausforderungen auf europäischer Ebene

Das WasserBLIcK-System wird die zuständigen Behörden dabei unterstützen, die Empfehlungen aus den Bewertungen der wasserbezogenen Richtlinien umzusetzen [7]. Das beabsichtigte Ziel ist die fristgerechte Berichterstattung auf Knopfdruck: Sobald eine Änderung an den Daten von Seiten der Datenbereitsteller erfolgt ist, soll ein nationales Datenpaket zum Abruf über das Portal Wasser-de abrufbar zur Verfügung gestellt werden. Alternativ soll in einem festzulegenden Intervall eine erneute Lieferung an die datenempfangende Stelle auf europäischer Ebene erfolgen. Die Aufstellung eines solchen Automatismus setzt die begleitende Absicherung durch eine umfangreiche Qualitätssicherung voraus. So soll sichergestellt werden, dass nur belastbare Angaben zwischen den verschiedenen Ebenen der Berichtsflüsse ausgetauscht werden.

6 Zusammenfassung

Über das Berichtsportal „WasserBLIcK" laufen bei der Bundesanstalt für Gewässerkunde eine Vielzahl wasserbezogener Geodaten zusammen. Einige Geodatensätze besitzen den Status nationaler Referenzdatensätze. Die Datenflüsse werden mit einem hohen Automatisierungsgrad implementiert, um die Effizienz zu maximieren, wodurch der zentrale Service WasserBLIcK zur Reduktion von Investitionskosten beiträgt. So kann von datentechnischer Seite ein Beitrag geleistet werden, das Verfahren zur Aufstellung und Annahme der Bewirtschaftungspläne auf nationaler Ebene zu beschleunigen. Darüber hinaus werden auf Basis der vorhandenen bewährten Systemkomponenten, qualitätsgesicherten Daten und etablierten Prozesse stetig neue Herangehensweisen, Zugänge und Handlungsempfehlungen für effiziente Datenflüsse entwickelt. Damit ist das WasserBLIcK-System auch in Zukunft darauf vorbereitet, steigende Anforderungen aufgrund der Nachfrage nach immer genauerer, vollständigerer und aktuellerer Information zu meistern.

Literatur

1. Bill, R. (2003). *Grundlagen der Geo-Informationssysteme.* http://www.geoinformatik.uni-rostock.de/vorlesungdoc/GIS-Grundlagen2003.pdf
2. BMI. (2024). *Einer für Alle-Prinzip.* https://www.digitale-verwaltung.de/Webs/DV/DE/onlinezugangsgesetz/efa/efa-node.html
3. BMUV. (2023). *Nationale Wasserstrategie.* https://www.bmuv.de/fileadmin/Daten_BMU/Download_PDF/Binnengewaesser/BMUV_Wasserstrategie_bf.pdf
4. UBA. (2022). *Die Wasserrahmenrichtlinie – Gewässer in Deutschland 2021. Fortschritte und Herausforderungen.* Dessau-Roßlau: Umweltbundesamt. https://www.umweltbundesamt.de/sites/default/files/medien/1410/publikationen/221010_uba_fb_wasserrichtlinie_bf.pdf
5. Bundesregierung. (2008). *2. Geo-Fortschrittsbericht der Bundesregierung.* https://www.imagi.de/SharedDocs/downloads/Webs/IMAGI/DE/Geofortschrittsberichte/2-fortschrittsbericht.pdf
6. eGovernment-Wettbewerb. (2018). *Die Gewinner 2018.* https://www.egovernment-wettbewerb.de/gewinner/gewinner-2018.html
7. European Commission. (2024). *2025 Flagship Technical Support Project: Supporting the Resilience of Natural Resources.* https://reform-support.ec.europa.eu/tsi-2025-flagship-supporting-resilience-natural-resources_en
8. European Environment Agency. (2018). *European waters: Assessment of status and pressures 2018.* https://www.eea.europa.eu/publications/state-of-water
9. European Union. (2000). *Richtlinie 2000/60/EG des Europäischen Parlaments und des Rates vom 23. Oktober 2000 zur Schaffung eines Ordnungsrahmens für Maßnahmen der Gemeinschaft im Bereich der Wasserpolitik.* https://eur-lex.europa.eu/legal-content/DE/TXT/PDF/?uri=CELEX:32000L0060
10. European Union. (2007). *Richtlinie 2007/2/EG zur Schaffung einer Geodateninfrastruktur in der Europäischen Gemeinschaft (INSPIRE).* https://eur-lex.europa.eu/legal-content/DE/AUTO/?uri=celex:32007L0002
11. Europäische Union. (2019). *Richtlinie (EU) 2019/1024 des Europäischen Parlaments und des Rates vom 20. Juni 2019 über offene Daten und die Weiterverwendung von Informationen des öffentlichen Sektors (Neufassung).* https://eur-lex.europa.eu/legal-content/DE/TXT/?qid=1561563110433&uri=CELEX%3A32019L1024
12. Europäische Union. (2023). *Commission Implementing Regulation (EU) 2023/138 of 21 December 2022 laying down a list of specific high-value datasets and the arrangements for their publication and re-use (Text with EEA relevance).* https://eur-lex.europa.eu/legal-content/DE/TXT/?uri=uriserv%3AOJ.L_.2023.019.01.0043.01.ENG

Auenchatbot KarlA

Nicolas Doms, Thorsten Schlachter und Lisa Hahn-Woernle

Zusammenfassung

Das Naturschutzzentrum Karlsruhe-Rappenwört bietet Besuchenden der Karlsruher Auen beispielsweise durch Ausstellungen, Veranstaltungen und Führungen die Möglichkeit, tiefergreifende Informationen zu Flora und Fauna der Karlsruher Auen zu erlangen. Jedoch ist der Erhalt dieser Informationen an die Öffnungszeiten des Naturschutzzentrums gebunden. Aus diesem Grund wurde ein Chatbot implementiert, dessen Fokus auf organisatorischen Inhalten zum Naturschutzzentrum selbst sowie Fachinformationen zu den Karlsruher Auen liegt. Diese Veröffentlichung zeigt ebenfalls, wie Interessierte auf den Prototypen in einer ersten Evaluation reagiert haben.

Schlüsselwörters

Chatbot • Aue • Umweltinformationssystem • Interaktion • Evaluation

N. Doms (✉) · T. Schlachter
Institut für Automation und angewandte Informatik (IAI), Karlsruher Institut für Technologie (KIT), Karlsruhe, Deutschland
E-Mail: nicolas.doms@kit.edu

T. Schlachter
E-Mail: thorsten.schlachter@kit.edu

L. Hahn-Woernle
Landesanstalt für Umwelt Baden-Württemberg (LUBW), Karlsruhe, Deutschland
E-Mail: lisa.hahn-woernle@lubw.bwl.de

F. Fuchs-Kittowski et al. (Hrsg.), *Umweltinformationssysteme - Digitalisierung für eine nachhaltige Planetare Zukunft,* https://doi.org/10.1007/978-3-658-46394-6_15

1 Einleitung

Das in den Karlsruher Rheinauen gelegene Naturschutzzentrum Karlsruhe-Rappenwört (NAZKA) steht Besuchenden der Karlsruher Auen zu seinen regulären Öffnungszeiten zur Verfügung. In dieser Zeit veranstalten Mitarbeitende des Naturschutzzentrums Führungen, beispielsweise für Schulklassen, beantworten Fragen zu Flora und Fauna und vieles mehr. Das Naturschutzzentrum bietet auch Dauer- und Sonderausstellungen, beispielsweise zu nachtaktiven Tieren und Vogelarten, die in den Auen vorkommen [2].

Während das Naturschutzzentrum nur während der Öffnungszeiten besucht werden kann, sind die Karlsruher Auen und die außerhalb des Naturschutzzentrums gelegenen Lehrpfade jederzeit zugänglich. Fragen zu Letzteren können dann von Besuchenden nur selbst recherchiert werden. Auch zu regulären Öffnungszeiten des Naturschutzzentrums sind nicht immer Mitarbeitende für Fragen verfügbar.

Aus diesem Grund sollen Informationen zum Naturschutzzentrum selbst, wie Öffnungszeiten, Anreise und Veranstaltungen, aber auch Informationen zu den Karlsruher Rheinauen, z. B. nach deren Fauna, Flora und Lebensräumen, aufbereitet und in einem jederzeit zugänglichen Format verfügbar gemacht werden. Hierfür soll ein Chatbot „KarlA“ implementiert werden, der diese Inhalte abbilden und Fragen von Interessierten möglichst präzise beantworten kann. Mitarbeitende des Naturschutzzentrums könnten darüber hinaus von der Beantwortung regelmäßig gestellter Fragen entlastet werden.

Im folgenden zweiten Abschnitt wird die fachliche Konzeption des Chatbots eruiert, wobei Besucher des Naturschutzzentrums anhand von Nutzerpersonas dargestellt werden und Anforderungen abgeleitet werden, bevor die konkreten Inhalte des Chatbots vorgestellt werden. Im dritten Abschnitt wird die Technologieentscheidung des Chatbots thematisiert, bevor der vierte Abschnitt dann die Ergebnisse der ersten Evaluation zeigt. Der fünfte Abschnitt fasst die Ergebnisse noch einmal zusammen und gibt einen kurzen Ausblick über zukünftige Entwicklungen.

2 Fachliche Konzeption

2.1 Nutzerpersonas und daraus abgeleitete Anforderungen

Um potenzielle Nutzergruppen besser zu verstehen und bei der Entwicklung des Chatbots ihre Anforderungen berücksichtigen zu können, wurden gemeinsam mit dem Naturschutzzentrum Karlsruhe-Rappenwört (NAZKA) Nutzerpersonas [3] erarbeitet: Geograf Werner Müller, Politikberaterin Sandra Schlau, alleinerziehende Mutter Hanna Steinke, Schüler Timo Hydell, Postdoc Michaela Düsentrieb und Lehrer Daniel Kowalczyk. Zwei dieser Personas werden hier ausführlicher vorgestellt, alle Personas sind in Tab. 1 am Ende dieses Abschnittes zusammengefasst.

Tab. 1 Anforderungen der Nutzerpersonas

Name	Rolle	Anforderungen
Werner Müller	Geograf	Organisatorisches erfahren, Umweltdaten abrufen, Fragen vom letzten Spaziergang beantworten
Sandra Schlau	Politikberaterin	Umweltdaten abrufen, Weiterleitung auf Fachartikel
Hanna Steinke	Mutter	Audiovisuelle Inhalte für Kinder
Timo Hydell	Schüler	Jugendgerechtes Design der Anwendung und Sprache
Michaela Düsentrieb	Postdoc	Weiterleitung auf Fachartikel
Daniel Kowalczyk	Lehrer	Exploratives Lernen unterstützen, Unterricht unterstützen, verständliche Sprache für Schüler

Eine häufige Besuchergruppe des NAZKA sind Schulklassen mit Lehrenden. Aus diesem Grund ist die erste Nutzerpersona der junge Lehrer „Daniel Kowalczyk" mit den Fächern Biologie und Erdkunde (Abb. 1).

Herr Kowalczyk möchte mit seinen Schüler:innen in seiner Funktion als Lehrer politisch diskutieren. Aufgrund seiner eigenen Naturverbundenheit und der aktuellen Relevanz

Abb. 1 Nutzerpersona „Daniel Kowalczyk". Bild mit GPT-4 generiert

des Themas „Nachhaltigkeit" möchte er umweltbewussteres Denken auch in den Schulunterricht einfließen lassen. Um aktuell zu bleiben, orientiert er seine Unterrichtsmaterialien auch an aktuellen Ereignissen.

Für den Auenchatbot leiten sich damit direkt einige Anforderungen ab. So müssen Inhalte derart aufbereitet werden, dass diese sowohl für Lehrende als auch Lernende verständlich sind. Die Informationen sollten möglichst anschaulich formuliert sein. Dabei sind Bilder und Infographiken, die Herrn Kowalczyk in seinen Erklärungen unterstützen, unverzichtbar. Gegebenenfalls soll auch auf Fachartikel weitergeleitet werden, damit Herr Kowalczyk oder besonders interessierte Schüler:innen weitere Informationen einholen können. Letztlich soll KarlA das explorative Lernen der Schüler:innen unterstützen – beispielsweise, indem der Chatbot nicht nur die Fragen beantwortet, sondern weitere spannende Themen vorschlägt.

Im Kontrast zur ersten Nutzerpersona handelt es sich bei der Persona „Werner Müller" um einen Familienvater zweier Kinder (Abb. 2). Die Zeit, die er am NAZKA mit seiner Familie verbringt, möchte er auch nutzen, um seinen Kindern die Natur näher zu bringen.

Um den Ausflug zu planen, nutzt er KarlA und möchte dabei über Öffnungszeiten und aktuelle Ausstellungen informiert werden. Als Geograf in der öffentlichen Verwaltung hat Herr Müller einen gewissen Bezug zu Umweltdaten und möchte daher auch aktuelle Messdaten wie Wetterdaten der lokalen Wetterstation oder Daten zur Luftqualität der Karlsruher Auen über KarlA abfragen können. Nach dem Besuch am NAZKA nutzt Herr

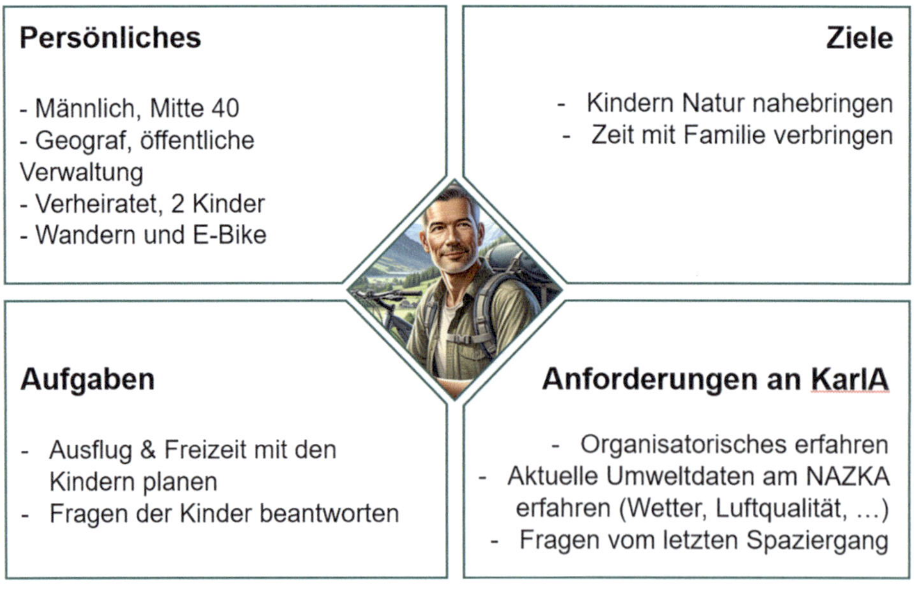

Abb. 2 Nutzerpersona „Werner Müller". Bild mit GPT-4 generiert

Müller KarlA erneut, um Antworten auf die Fragen seiner Familie, die er beim Besuch nicht beantworten konnte, zu erhalten.

Aus insgesamt sechs Nutzerpersonas leiten sich nun eine Reihe unterschiedlicher Anforderungen an KarlA ab, die in Tab. 1 dargestellt werden. Die daraus resultierenden Inhalte für den Chatbot werden im nachfolgenden Abschnitt vorgestellt.

2.2 Inhalte des Chatbots

Um den Besuchenden der Karlsruher Auen und des NAZKA einen möglichst großen Mehrwert zu bieten, benötigt KarlA eine Reihe unterschiedlicher Informationen organisatorischer sowie fachlicher Natur.

Zunächst sollte KarlA organisatorische Fragen zum Naturschutzzentrum beantworten können. Hierzu gehören unter anderem auch Öffnungszeiten, Anreiseinformationen, aber auch aktuelle Ausstellungen und Veranstaltungen.

Weiterhin sollte KarlA Fragen zu den Karlsruher Auen beantworten können. Hierbei sollten die Auen als Phänomen erklärt werden und mögliche Fragen, die sich aus dem Kontext ergeben, einschließen. Außerdem sollten die unterschiedlichen Lebensräume der Karlsruher Auen mit all ihren Besonderheiten erklärt werden. Weiterhin sollte KarlA Fragen zu den Tieren und Pflanzen, die in den Karlsruher Auen vorkommen, beantwortet können.

Gerade bei Tieren und Pflanzen könnte KarlA einen Mehrwert bieten, indem visuelle Elemente wie Bilder oder Videos in den Chatbot integriert werden. Somit könnten Nutzende des Chatbots beispielsweise einen Artenfund mit Referenzbildern vergleichen, um diesen eindeutig zu identifizieren. Besonders bei Tieren könnte durch die Integration von Audiodateien, z. B. mit Vogelstimmen, eine weitere Sinneswahrnehmung angesprochen werden, um das entsprechende Tier zu erkennen. KarlA könnte darüber hinaus weitere passende Themen vorschlagen, um das Tier oder die Pflanze näher kennenzulernen oder Vergleiche mit anderen Tier- und Pflanzenarten zu ermöglichen.

Die Nutzerpersona „Daniel Kowalczyk" zeigt einen deutlichen Bedarf an der Verwendung einfacher Sprache. Inhalte sollten so aufbereitet sein, dass diese auch von Laien verstanden werden können. Gleichzeitig sollten Inhalte aber auch die entsprechende Tiefe haben (ggf. durch Weiterleitung auf Fachartikel), sodass auch Personen mit tieferem Fachwissen neue Erkenntnisse aus dem Austausch mit KarlA ziehen können.

Aus der Nutzerpersona „Werner Müller" ergibt sich auch der Bedarf an konkreten Umweltdaten, also beispielsweise aktuelle Wetterdaten, um den Besuch besser planen zu können. Da regelmäßig Teile der Wege des Auenlehrpfades geflutet und damit unzugänglich sind, ist der aktuelle Wasserstand und damit der Messwert des nächstgelegenen Pegels für den Besuch relevant. Nicht zuletzt können auch Luftqualitätswerte für die Belastung mit Feinstaub oder Ozon für den bedenkenlosen Besuch des Naturschutzzentrums relevant sein.

3 Auswahl der Chatbot-Technologie

Bevor die Inhalte implementiert werden können, muss zunächst noch die richtige Technologie für den Chatbot ausgewählt werden. Für Chatbots stehen verschiedene Ansätze zur Verfügung, wovon zwei Ansätze nachfolgend in Abschn. 3.1 vorgestellt werden sollen. Im Anschluss daran zeigt der Abschn. 3.2 das letztlich ausgewählte Werkzeug.

3.1 Technologie-Ansätze

Bei regelbasierten Chatbots werden zunächst die Nutzerabsichten (Intents), die der Chatbot beantworten soll, definiert. Jeder Intent wird durch eine Reihe von Beispielsätzen definiert, die Nutzende fragen könnten. Hierdurch soll der Chatbot lernen, welche Satzbausteine für die Identifikation dieses Intents relevant sind. Danach werden zu diesen Intents die konkreten Antworten (Actions) definiert. Stellt eine nutzende Person nun eine Frage, errechnet der Chatbot anhand der gelernten Beispielsätze den wahrscheinlichsten Intent. Liegt die Wahrscheinlichkeit über einer geforderten Konfidenz, so wird die damit verbundene Action ausgegeben [4].

Dieser Ansatz ermöglicht es, den Leistungskatalog des Chatbots genau abzugrenzen. Das Verhalten des Chatbots ist damit vorhersagbar und reproduzierbar. Außerdem ist gewährleistet, dass die Inhalte korrekt wiedergegeben werden. Dieses Chatbotmodell ist technisch nicht besonders ressourcenintensiv und kann durch seine Einfachheit beispielsweise auch in einer (graphischen) Benutzeroberfläche repräsentiert werden, wodurch dieser Ansatz auch von Laien konfiguriert werden kann.

Nachteilig an diesem Ansatz ist jedoch, dass die Generierung der Inhalte einen hohen manuellen Aufwand erfordert. Der Chatbot kann nur auf Fragen bzw. Formulierungen reagieren, die in den gegebenen Beispielsätzen vorkommen. Auch lernt der Chatbot keine neuen Formulierungen durch die konstante Benutzung – außer, diese werden als Beispielsätze redaktionell hinzugefügt.

Bei Large Language Models (LLM), die kürzlich etwa durch die GPT-3 besondere Prominenz erlangt haben, wird das Chatbotmodell mit einer großen Menge von Textdokumenten trainiert, um die Syntax der Sprache zu erlernen. Im Anschluss oder auch währenddessen können weitere spezifische Informationen, wie zum Beispiel die Besonderheiten der Karlsruher Auen, antrainiert werden. Wird dem LLM-Chatbot eine Frage gestellt, errechnet er nun, welche Wörter und Sätze am wahrscheinlichsten auf diesen Nutzerinput folgen müssen, und generiert eine entsprechende Antwort [5]. Hierdurch ist es nicht erforderlich, die Intents des Benutzenden konkret zu definieren, was eine enorme Menge an redaktionellem Aufwand erspart. Der Chatbot reagiert sehr flexibel auf unterschiedliche Formulierungen und kann trotzdem eine Antwort ausgeben. Ebenfalls lässt sich der Chatbot auch einfach skalieren, indem weitere Fachtexte zum Training hinzugefügt werden.

Dieser Ansatz ist jedoch aus Hardwaresicht deutlich ressourcenintensiver und benötigt entsprechendes Fachwissen, um das Modell korrekt zu konfigurieren. Außerdem sind die vom Chatbot generierte Antworten weder vollständig vorhersagbar noch reproduzierbar, da diese erst zur Laufzeit ermittelt werden. Für das Training wird entsprechend eine Datenbasis benötigt, die in der Beschaffung und dem anschließenden Trainingsprozess zusätzliche Zeit, Ressourcen und gegebenenfalls Lizenzkosten (bei vortrainierten Modellen) kostet.

Es kursieren zum Beispiel prominente Fälle zu LLMs wie ChatGPT oder auch Google Gemini, in denen die künstliche Intelligenz zu rassistischen oder gar falschen Aussagen gebracht wurde [6, 7]. Da der Auenchatbot KarlA gesichertes Fachwissen vermitteln soll, ist das ein klarer Indikator, der gegen die Verwendung von LLMs spricht.

Außerdem soll der Chatbot nach Projektende vom Naturschutzzentrum weiterhin genutzt werden. Das Naturschutzzentrum hat jedoch weder die monetären Mittel, die technische Infrastruktur noch das informationstechnische Fachwissen, um ein LLM dauerhaft zu betreiben. Aus diesem Grund fällt die Wahl des Modelles für den Auenchatbot KarlA auf einen regelbasierten Ansatz.

3.2 Auswahl des Werkzeuges

Für die konkrete Implementierung wurde botario (https://botario.com) ausgewählt. Gründe für die Auswahl von botario waren unter anderem die anwenderfreundliche Weboberfläche (Abb. 3), über die die Chatbotinhalte erstellt und verwaltet werden können. Diese ermöglicht auch nicht IT affinen Personen die Mitarbeit am Chatbot.

Abb. 3 Weboberfläche von botario (Autorenansicht)

Darüber hinaus bietet botario die Möglichkeit, selbst Elemente mittels Python-Code zu programmieren. Dadurch besteht keine feste Abhängigkeit zu den Chatbot-Elementen, die zur Verfügung gestellt werden und somit wird das eigenständige Arbeiten wird gefördert.

Außerdem übersetzt botario die auf der Weboberfläche erstellten Inhalte intern in Rasa-Elemente. Bei Rasa handelt es sich um ein Open-Source Framework, mit dem unter anderem Chatbots oder auch Sprachassistenten erstellt werden können [8]. Somit kann botario über die Projektlaufzeit genutzt werden und nach Ende des Projektes kann der erstellte Chatbot vom NAZKA in eine lokale Rasa-Instanz ohne weitere Lizenzkosten übernommen werden. Für diesen Wechsel stellt botario ebenfalls von Haus aus einige Funktionalitäten zur Verfügung.

4 Erste Evaluation des Chatbots

Um die Qualität des Chatbots und den Nutzen für die entsprechenden Endnutzer bewerten zu können, wurde der Chatbot im Rahmen einer Evaluation für einen Zeitraum von etwa 3 Wochen (07.06.2023 bis 27.06.2023) freigeschaltet. Zu diesem Zeitpunkt konnte KarlA bereits rund 80 Intents zu Organisatorischem, Tieren, Auen allgemein und Persönlichem (also ihrem eigenen Wesen) beantworten.

Interessierte konnten zusätzlich zum eigentlichen Chatten mit KarlA auch eine Online-Umfrage beantworten. Die Online-Umfrage bestand aus vier Themenbereichen, wovon zwei zufällig für jede teilnehmende Person ausgewählt wurden. Zu diesen beiden Themenbereichen sollte die nutzende Person dann Fragen an KarlA stellen. Im Anschluss wurden Fragen zur Erfahrung mit dem Chatbot, etwa der Bedienbarkeit oder wie die eigenen Nachrichten verstanden und beantwortet wurden, gestellt. Die entsprechenden Aussagen sollten auf einer Likert-Skala [9] mit Werten von 1 (stimmt nicht) bis 5 (stimmt sehr) bewertet werden. Zum Abschluss wurden anonymisierte soziodemographische Daten erfasst.

Beim Öffnen des Chats generierte KarlA zusätzlich eine zufällige ID und gab diese im Chat aus. Nutzende konnten diese dann in der Umfrage angeben, wodurch Chat und Umfrage verknüpft werden konnten.

In die Ergebnisse der ersten Evaluation flossen somit die Ergebnisse der Online-Umfrage sowie die Chatverläufe ein. Die Ergebnisse aus dieser Evaluation sollen in den folgenden beiden Abschnitten vorgestellt werden, im Anschluss werden Rückschlüsse aus den Ergebnissen gezogen.

4.1 Ergebnisse aus den Umfragen

Die Umfrage wurde insgesamt 309-mal aufgerufen, 141 Teilnehmende haben mit der Befüllung der Fragen begonnen, abgeschlossen wurde die Umfrage jedoch nur von 54

	15-19	20-29	30-49	50+
Durch den Chatbot habe ich Neues lernen können.	4.0	4.2	3.4	3.1
Ich möchte den Chatbot nochmal ausprobieren, sobald dieser fertig entwickelt wurde.	4.5	4.1	4.0	4.0
Der Chatbot ist einfach zu benutzen.	4.8	4.4	4.2	3.4
Die Vorschläge (Buttons) zu weiteren Themen haben mir bei der Navigation geholfen.	4.4	4.6	4.1	4.3

Abb. 4 Generelles Empfinden und Bedienbarkeit (1=stimmt nicht, 5=stimmt sehr)

Teilnehmenden. 50 davon haben eine verknüpfbare Chat-ID angegeben – nur diese 50 fließen in die nachfolgenden Ergebnisse ein.

Von den 50 Teilnehmenden waren 27 männlich, 22 weiblich und eine Person machte keine Angabe zum Geschlecht. 25 Teilnehmende besuchten das Naturschutzzentrum in der Vergangenheit, 20 noch nicht, 5 machten keine Angabe zum Besuch. Von den 50 Teilnehmenden gehörten 8 zur Altersgruppe 15–19, 14 zur Gruppe 20–29, 13 zur Gruppe 30–49 und die übrigen 14 gehörten der Gruppe 50+ an.

Nicht aus allen Ergebnissen der Befragung lassen sich klare Rückschlüsse ziehen. Jedoch zeigen ähnliche Fragen oft eine ähnliche Tendenz der unterschiedlichen Altersgruppen. Zum besseren Verständnis werden die Ergebnisse entsprechend einer künstlich hinzugefügten Oberkategorie (Generelles Empfinden und Bedienbarkeit, Erwartungen an den Chatbot, KarlAs Wesen) vorgestellt.

Abb. 4 zeigt die Ergebnisse zu den Fragen, die sich mit dem generellen Empfinden beim Umgang mit dem Chatbot und der Bedienbarkeit von KarlA auseinandersetzen.

Die Ergebnisse zeigen grundsätzlich ein positives Empfinden der Nutzenden, unabhängig von der Altersgruppe. Die Themenvorschläge durch Buttons wurden ebenfalls grundsätzlich sehr positiv wahrgenommen. Mit Buttons sind hierbei Schaltflächen gemeint, die von KarlA generiert werden und weitere Themenvorschläge enthalten. Die nutzende Person kann auf diese Schaltflächen klicken, um zum jeweiligen Thema zu gelangen.

Auffällig ist, dass gerade die beiden jüngeren Altersgruppen eine höhere Zustimmung bei der Frage, ob sie durch den Chatbot etwas Neues erlernen konnten, vergeben haben. Da es sich hierbei um die Zielgruppen handelt, ist dies ein erwartetes Ergebnis. Die Frage, ob der Chatbot einfach zu benutzen sei, wurde von der ältesten Altersgruppe mit etwas weniger Zustimmung beantwortet.

Ein ähnliches Bild zeigt sich in Abb. 5, wo die Erwartungen an den Chatbot im Vordergrund standen. Hier zeigt sich erneut, dass das Interesse an KarlA generell von der ältesten Befragtengruppe weniger stark ausfällt. Diese stimmen der Verfügbarmachung aller Inhalte des NAZKA in KarlA und der mobilen Verfügbarkeit weniger zu als die jüngeren Gruppen und möchten eher auf andere Webseiten weitergeleitet werden, statt mit KarlA im Dialog zu bleiben. Die Frage, ob KarlA erkennen soll, ob sie mit einem Kind oder Erwachsenen spricht und demnach die Sprache anpassen soll, wurde mit

	15-19	20-29	30-49	50+
Ich möchte alle Informationen über das NAZKA auch über KarlA erfahren können. (vgl. Webseite)	4.5	4.0	4.2	3.1
Ich möchte den Chatbot auch mobil auf dem Smartphone nutzen können.	4.5	4.3	4.6	3.4
KarlA soll mich ab einer gewissen Detailtiefe lieber auf bestimmte Webseiten weiterleiten.	2.9	3.7	3.8	3.9
KarlA soll erkennen, ob sie mit einem Kind oder Erwachsenen spricht und ihre Sprache anpassen.	3.1	3.4	3.4	3.7

Abb. 5 Erwartungen an den Chatbot (1=stimmt nicht, 5=stimmt sehr)

	15-19	20-29	30-49	50+
KarlAs Wesen ist mir sympathisch.	4.8	3.5	3.6	3.6
Die Informationen über KarlA waren interessant.	3.8	2.8	2.4	2.8
Ich hätte gerne noch mehr über KarlAs Wesen rausgefunden.	3.8	2.3	2.6	1.8

Abb. 6 KarlAs Wesen (1=stimmt nicht, 5=stimmt sehr)

mehr Zustimmung aus der älteren Befragtengruppe beantwortet. Da KarlA eine einfache Sprache nutzt und die Chatteilnehmenden duzt ist dies ein nachvollziehbares Ergebnis.

Zuletzt sollen Ergebnisse zur Frage nach KarlAs Wesen in Abb. 6 vorgestellt werden. Auch hier zeigt sich noch einmal, dass besonders die jüngste Befragtengruppe ein besonderes Interesse an KarlA als Chatbot hat und diese sehr positiv aufgenommen hat, während die älteren Befragtengruppen eher neutralere Meinungen zu KarlA haben. Bei der Befragtengruppe 50+ zeigt sich in der Frage, ob sie gerne mehr über KarlAs Wesen herausgefunden hätte, mit einem Durchschnitt von 1,8 ein deutliches Desinteresse an eher spielerischen Inhalten.

Abschließend wurde den Teilnehmenden noch die Möglichkeit gegeben, in einem Freitextfeld Feedback zu KarlA zu verfassen. Besonders prominent waren Vergleiche mit ChatGPT, mit Bezug auf dessen individuellen Antworten auf die Formulierung der Frage. KarlA wirkt dagegen durch die fest formulierten Antworten deutlich statischer. Diese Rückmeldung war zu erwarten, die Gründe für den hier verwendeten regelbasierten Chatbot wurden in Abschn. 3 bereits diskutiert. Sonstige Kommentare, wie etwa die gewünschte Einbindung von mehr audiovisuellen Informationen, wurden für die weitere Entwicklung berücksichtigt.

4.2 Ergebnisse aus den Chatverläufen

Für die Evaluation der Chatverläufe wurden alle Chats berücksichtigt, bei der von der Nutzerseite mehr als 3 Nachrichten (Usernachrichten) verfasst wurden – egal ob selbst getippt oder durch die Nutzung der Buttons. Somit konnten 89 Chatverläufe mit insgesamt 1.827 Usernachrichten analysiert werden.

Im Durchschnitt wurden 20,53 Nachrichten an KarlA geschrieben und jede Nachricht enthielt im Schnitt 4,97 Wörter. Eine Nachricht enthielt dabei im Schnitt 1,01 Intents (einige Nachrichten enthielten mehr als einen Intent). Eine nutzende Person verbrachte im Schnitt etwa 12 min im Chat.

Für die bessere Interpretierbarkeit der Ergebnisse wird nun noch folgende Namenskonvention festgelegt: Eine *Usernachricht* ist eine Nachricht, die in einem Chat mit KarlA vom (menschlichen) Benutzenden verfasst wurde. Diese kann durch das Klicken eines angebotenen Buttons generiert werden *(Buttonnachricht)*. In allen anderen Fällen (manuelles Tippen, Copy&Paste, …) wird diese *Usernachricht* als *Tippnachricht* klassifiziert.

Abb. 7 zeigt, dass etwa 59 % der Usernachrichten *Tippnachrichten* waren und somit vom Nutzer selbst verfasst wurden. In den restlichen 41 % der Nachrichten wurde einer der angebotenen Buttons angeklickt. Bedenkt man, dass die Buttons nur an ausgewählten Stellen zur Verfügung stehen, zeigt dies eindeutig eine sehr präferierte Nutzung der Buttons. Dies bestätigt die Erkenntnis, die auch in der Umfrage schon in Abb. 1 indiziert wurde und suggeriert, dass die Buttons auch in Zukunft häufiger angeboten werden sollten.

Die Abb. 8 illustriert die Anzahl der Usernachrichten je Chatverlauf in den jeweiligen Quantilen (in 25 %-Schritten). Hier zeigt sich, dass etwa 75 % der Nutzenden nicht mehr als 26 Usernachrichten pro Chat verfasst haben. Das zeigt, dass die Kommunikation mit dem Chatbot eher kurz ausfällt. Nur einige wenige Nutzende waren bereit, längere Konversationen mit KarlA zu führen.

Abb. 9 stellt dar, welche Intents am beliebtesten bei den nutzenden Personen waren. Der Intent „Tiere_Definition“ bildet den Einstiegs-Intent für Fragen zu Tieren, von dem aus weitere Intents zu den Tieren per Buttonnachricht erreicht werden können. Das jeweils

Abb. 7 Getippte Nachricht vs. Buttonnachricht

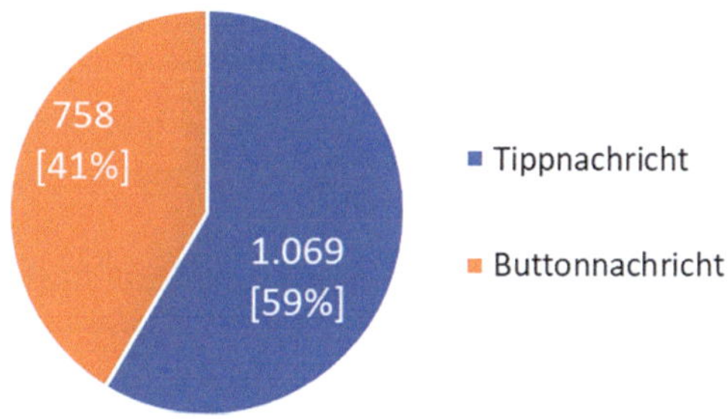

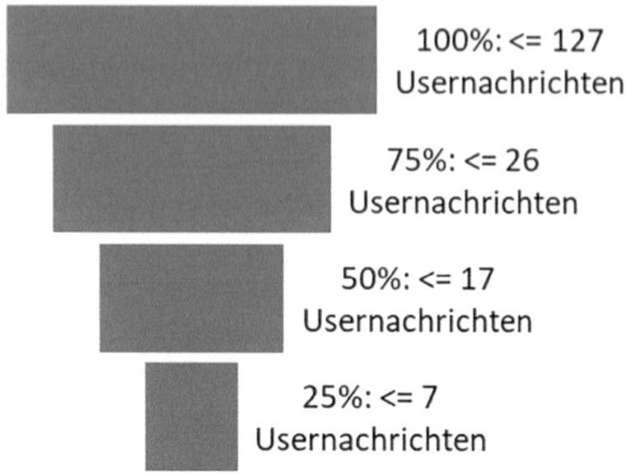

Abb. 8 Anzahl der Usernachrichten je Chatverlauf (Quantile)

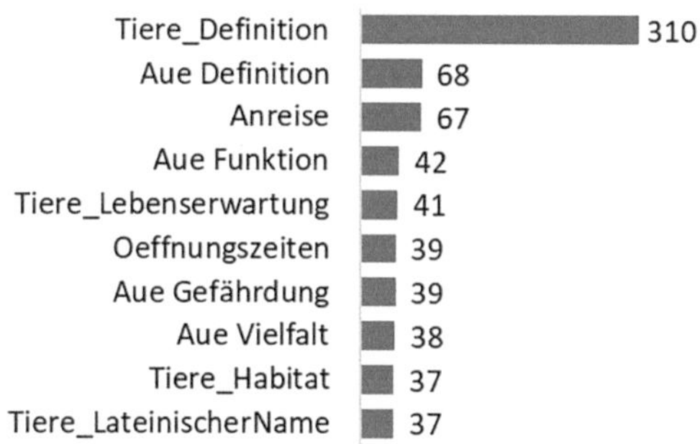

Abb. 9 Top 10 der beliebtesten Intents

gewünschte Tier wird per Entität erkannt, wodurch dann der passende Textinhalt zurückgegeben wird. Die Ergebnisse zeigen deutlich, dass die Informationen zu den Tieren am relevantesten sind.

Zuletzt wurden noch Nachrichten überprüft, die nicht zu Intents zugeordnet werden konnten. Auch hier finden sich eine Reihe von Fragen zu Tieren („Gefährdete Tierarten im NAZKA", „Welche Insekten gibt es im NAZKA", …) und Pflanzen, was eine klare Richtung für den Fokus bei der Generierung neuer Inhalte für die Zukunft angibt.

4.3 Ableitungen/Schlussfolgerungen

Aus der Evaluation ergeben sich nun einige konkrete Ableitungen, die noch in der Entwicklung von KarlA berücksichtigt werden:

- Buttons werden künftig vermehrt angeboten, um die Bedienung von KarlA zu erleichtern
- Informationen zu Tieren und Pflanzen im NAZKA werden erweitert und um audiovisuelle Komponenten ergänzt
- Die Texte werden mit Unterstützung einer professionellen Texterin neu verfasst, um diese zugänglicher für alle Altersgruppen aufzubereiten

Aufgrund der Prominenz ist auch ein Vergleich mit ChatGPT und eine kurze Begründung, warum KarlA nicht ähnlich funktioniert, angebracht.

5 Zusammenfassung und Ausblick

Grundsätzlich lässt sich sagen, dass KarlA in der ersten Evaluation positiv aufgenommen wurde und die Chancen, dass KarlA im produktiven Betrieb am NAZKA den erhofften Mehrwert erbringen wird, sehr gut sind. Durch das regelbasierte Chatbotmodell werden die Kosten für das NAZKA minimiert. Gleichzeitig bleibt in Zukunft eine Erweiterbarkeit des Funktionsumfangs von KarlA gewährleistet. Botario trägt durch die Einfachheit der Benutzeroberfläche zu einer schnellen Entwicklung von KarlA bei, stellt jedoch aufgrund der Lizenzkosten für die Zeit nach dem Projektende keine zukunftsfähige Lösung für das NAZKA dar.

Betrachtet man die zunehmende Prominenz von LLMs, so wird es zukünftig herausfordernder, reine regelbasierte Chatbots anzubieten. Nutzende gewöhnen sich bereits an die Flexibilität der Formulierungen in Konversationen mit Chatbots und sind überrascht, wenn die Anfrage nicht verstanden wird. Diese Erkenntnis bestätigte auch der vorangegangene Abschn. 4.1. Auch die fehlende Bereitschaft, längere Konversationen mit KarlA zu führen, wie es Abb. 8 suggeriert, könnte ein Indikator hierfür sein. Um jedoch bei wichtigen Fragestellungen nicht die bekannten „Halluzinationen" von LLMs einbüßen zu müssen, könnte ein hybrider Ansatz, bei welchem wichtige Fragen regelbasiert gehandhabt werden und in sonstigen Fällen ein LLM die Beantwortung der Frage übernimmt, eine gute Kompromisslösung darstellen.

Eine zweite Version des Prototyps soll noch im Sommer 2024 in einer zweiten Evaluation getestet werden, bevor die finale Version des Chatbots bis Ende des Jahres 2024 im Naturschutzzentrum Karlsruhe-Rappenwört in den produktiven Betrieb überführt wird.

Danksagung Dieses Projekt ist Teil des Projektes „Umweltinformationen digital 4.0", welches im Rahmen der Digitalisierungsstrategie „digital.LÄND" entstand. Hierbei handelt es sich um ein Projekt der Landesanstalt für Umwelt Baden-Württemberg (LUBW), welche in Kooperation mit verschiedenen Projektpartnern, unter anderem dem Karlsruher Institut für Technologie (KIT), der Hochschule Karlsruhe (HKA), der Hochschule Furtwangen (HFU) und dem Naturschutzzentrum Karlsruhe-Rappenwört (NAZKA), zusammenarbeitet [1]. Das Projekt gliedert sich in drei Teile, von denen das Teilprojekt „Umweltsuche 4.0" unter anderem die Konzeption eines Auenchatbots zum Ziel hat.

Literatur

1. Hahn-Woernle, L., Schillinger, W., Schlachter, T., Doms, N., Trefzger, M., Schlegel, T., Wolf, A., & Preiß, A. (2023). Umweltinformationen digital 4.0. In Fuchs-Kittowski, F., Abecker, A.,

Hosenfeld, F., Ortleb, H., & Klafft, M. (Hrsg.), *Umweltinformationssysteme – Vielfalt, Offenheit, Komplexität*, (S. 201–225). Wiesbaden: Springer. https://doi.org/10.1007/978-3-658-39796-8
2. Naturschutzzentrum Karlsruhe-Rappenwört. (2024). *Aufgaben.* https://nazka.de/aufgaben
3. Lepzien, J., & Lewerenz, M. (2017). Persona Methode. Eine Illustrierung von Bildungsbedarfen. Weiterbildungsmanagement professionalisieren. *Wissenschaftliche Weiterbildung der Universität Rostock,* (S. 23–31). Universität Rostock.
4. Thorat, S., & Jadhav, V. (2020). A Review on Implementation Issues of Rule-based Chatbot Systems. *Proceedings of the International Conference on Innovative Computing & Communications.* https://doi.org/10.2139/ssrn.3567047
5. Naveed, H., Khan, A.U., Qiu, S., Saqib, M., Anwar, S., Usman, M., Barnes, N., & Mian, A.S. (2023). A Comprehensive Overview of Large Language Models. ArXiv, abs/2307.06435.
6. Piñeiro-Martín, A., García-Mateo, C., Docío-Fernández, L., & López-Pérez, MdC. (2023). Ethical Challenges in the Development of Virtual Assistants Powered by Large Language Models. *Electronics. 2023.* https://doi.org/10.3390/electronics12143170
7. BBC. (2024). *Google to fix AI picture bot after ‚woke' criticism.* https://www.bbc.com/news/business-68364690
8. Bocklisch, T., Faulkner, J., Pawlowski, N., & Nichol, A. (2017). Rasa: Open Source Language Understanding and Dialogue Management. https://doi.org/10.48550/arXiv.1712.05181
9. Likert, R. (1932). A technique for the measurement of attitudes. *Archives of Psychology,* 140, (S. 1–55).

Gamification-Konzept für Mobile Augmented Reality im Kontext eines Naturlehrpfades

Yasmina Bouhout und Thomas Schlegel

Zusammenfassung

Moderne Technologien wie Augmented Reality gewinnen auch im Umweltbildungskontext zunehmend an Bedeutung. Ein Beispiel hierfür ist die erweiterte Anzeige von Umweltdaten in der Realität. Oftmals werden diese in einem spielerischen Kontext eingebunden. Gamification kann hierbei die Begeisterung für Zusammenhänge der Umwelt steigern. In diesem Beitrag wird ein Gamification-Konzept für eine Mobile AR-Anwendung am Beispiel des Auenerlebnispfades Karlsruhe-Rappenwört vorgestellt.

Schlüsselwörters

Gamification • Augmented Reality • Natur- und Umweltbildung

1 Einleitung

Im Rahmen der ganzheitlichen Umsetzung der landesweiten Digitalisierungsstrategie digital.länd hat die Landesanstalt für Umwelt Baden-Württemberg (LUBW) den Auftrag erhalten, unter dem Sammelbegriff „Umweltinformationen digital 4.0“ drei Forschungsprojekte im Handlungsfeld „Nachhaltige Digitalisierung“ zu realisieren: „Umweltdaten

Y. Bouhout (✉) · T. Schlegel
Institut für intelligente interaktive ubiquitäre Systeme (IIIUS), Hochschule Furtwangen, Furtwangen im Schwarzwald, Deutschland
E-Mail: Yasi_B@gmx.de; yasbou1402@gmail.com

T. Schlegel
E-Mail: Thomas.Schlegel@hfu.eu

F. Fuchs-Kittowski et al. (Hrsg.), *Umweltinformationssysteme - Digitalisierung für eine nachhaltige Planetare Zukunft,* https://doi.org/10.1007/978-3-658-46394-6_16

4.0", „Umweltsuche 4.0" und „Umwelt digital 4.0". Das übergeordnete Ziel dieser Vorhaben besteht darin, Methoden und Prototypen zu entwickeln, welche die Umweltinformationen des Landes in einer umfassenden, interaktiven und zeitgemäßen, innovativen Form sowohl der breiten Öffentlichkeit, der Fachöffentlichkeit als auch der Verwaltung präsentieren und zugänglich machen können.

Hauptaugenmerk des Teilprojekts „Umwelt digital 4.0" ist die Digitalisierung der Wissensstationen entlang des Auenerlebnispfads am Naturschutzzentrum Karlsruhe-Rappenwört und der damit einhergehenden Visualisierung von Umweltinformationen mittels Augmented Reality (AR). Anhand von Mobile AR und eines Gamification-Konzeptes sollen die Waldbesucher durch den Lehrpfad geführt werden. Die AR-App soll zu den analogen Stationen unterstützend wirken [1, 20].

Für diesen Beitrag wird die Gestaltungslösung eines Prototyps einer Mobile AR-App mit Gamification-Elementen erstellt. Die Gestaltungslösung orientiert sich am User-Centered-Design-Prozess (UCD) nach ISO 9241-210. Bei diesem Beitrag liegt das Fokus auf der konzeptuellen Ausarbeitung von Gamification-Elementen mit Einbindung von AR für den Auenerlebnispfad. Ziel dieses Beitrags ist es insbesondere Anforderungen an das Gamification-Konzept auf Basis eines Konzeptleitfadens und einer Literaturrecherche zu definieren. Nach aktueller Ausgangslage gibt es wenige Publikationen, die AR und Gamification im Natur- und Umweltbildungskontext vereinen. Gleichwohl gewinnen AR und Gamification branchenübergreifend immer mehr an wissenschaftlicher Relevanz [5, 9, 13]. Ziel dieser Arbeit ist es einen Beitrag in diesem Forschungsgebiet zu leisten.

Der Beitrag befasst sich zunächst mit dem aktuellen Stand der Forschung und gibt einen Einblick in den theoretischen Rahmen von Gamification (Abschn. 2.1) und Augmented Reality (Abschn. 2.2). Danach werden beide Begriffe im Natur- und Umweltbildungskontext beleuchtet (Abschn. 2.3). Im folgenden Konzeptionsteil (Abschn. 3) wird ein Gamification-Konzeptleitfaden (Abschn. 3.2) vorgestellt, welcher die Anforderungen an das Gamification-Konzept und Ergebnisse der Arbeit (Abschn. 3.3) begründet. Im Fazit (Abschn. 3.4) werden schließlich Schlussfolgerungen der vorliegenden wissenschaftlichen Ausarbeitung aufgeführt.

2 Stand der Forschung

2.1 Gamification

Nach aktuellem Forschungsstand gibt es eine Vielzahl an Definitionen für den Gamification Begriff. Laut Deterding et al. versteht man darunter die Anwendung von Spielemechanismen in nicht-spielerischen Umgebungen [2]. Diese Definition erhielt in den letzten Jahren die höchste Akzeptanz im wissenschaftlichen Kontext. Nach der Definition von Zichermann und Cunningham ist Gamification ein Prozess des Spieldenkens und der Spielmechanik, um Nutzer einzubinden und Probleme zu lösen [3]. Ein weiterer Ansatz, der beide Definitionen vereint, stammt von Kapp: „Gamification is using game-based mechanics, aesthetics and game thinking to engage people, motivate action, promote learning and solve problems." [4]. In dieser Definition geht es um weit mehr als nur den Einsatz von Spielemechanismen. Kapp bezieht zudem die Spielästhetik und das Spieledenken mit ein und beleuchtet dessen positive Auswirkungen auf den Nutzer.

Ziel der Gamification ist es demnach Gamification-Elemente in spielfremde Kontexte zu integrieren. Diese Elemente sollen möglichst die psychologischen Grundbedürfnisse des Nutzers erfüllen, sodass dieser aus intrinsischer Motivation handelt.

Gamification-Elemente. In der bestehenden Forschungsliteratur wird bei Gamification-Elementen zwischen Dynamiken, Mechaniken und Komponenten unterschieden [2, 3, 5]. Im Folgenden werden die Begriffe nach Werbach und Hunter erläutert [5]. Dynamiken bauen auf den o. g. psychologischen Grundbedürfnissen des Nutzers auf, einschließlich deren Mittel zur Erfüllung dieser Bedürfnisse. Beispiele für Dynamiken sind Emotionen, Narrative, Fortschritt und Beziehungen. Mechaniken hingegen bezeichnet die konzeptuelle Umsetzung der Dynamiken. Das sind z. B. Wettbewerbe, Feedback, Belohnungen und Kooperationen. Unter Komponenten versteht man Bestandteile der Mechaniken und Dynamiken. Komponenten sind diejenigen Elemente, die an der Oberfläche einer gamifizierten Anwendung zu sehen sind, mit denen der Nutzer interagieren kann. Beispiele dafür sind Punkte, Level, Ranglisten und Abzeichen.

Wichtige Aspekte stelle die individuelle Motivation und Bedürfnisse eines Nutzers dar. Denn nicht alle Gamification-Elemente werden von allen Nutzern gleich ansprechend und motivierend aufgefasst. Berücksichtigt werden müssen demnach die Spielerpersönlichkeit auf psychologischer Ebene für eine passende Auswahl an Gamification-Elemente. Schöbel und Söllner beschreiben in ihrer Publikation, dass noch Forschungsbedarf in Bezug auf die Spezifizierung der Bedeutung von Gamification-Elementen besteht. Grund dafür sind oftmals unterschiedliche Auffassungen und Verständnisse der Bedeutungen der Elemente. Diese Unstimmigkeiten resultieren in einer erschwerten Anpassbarkeit von Gamification-Ansätzen an die Bedürfnisse der Nutzergruppe [19]. Der nachfolgende Abschnitt soll einen tieferen Einblick in die Motivation auf psychologischer Ebene geben.

Motivation. Motivation meint ein nicht direkt beobachtbares, psychologisches Konstrukt und „[...] jene Bedingungen und Prozesse, die in den verschiedensten Lebensbereichen (z. B. Leistung, Freundschaft, sozialer Einfluss) die Zielgerichtetheit und Ausdauer menschlichen Handelns erklären können [...]" [6]. Grundsätzlich lässt sich Motivation in intrinsische und extrinsische Motivation klassifizieren. Intrinsisch motiviertes Verhalten zeigt sich aus einem Antrieb heraus, der aus dem Menschen selbst herbeigeführt wird. Der Mensch erfährt Freude an einer Tätigkeit selbst, ohne zusätzliche Anreize. Extrinsische Motivation meint den Gegensatz. Hier wird der Mensch durch Anreize von außen motiviert. Extrinsische Motivation resultiert in positiver Verstärkung oder negativer Bestrafung [7].

Eine Vielzahl an Studien der bestehenden Forschungsliteratur zeigt, dass der Einsatz von Gamification einen signifikanten Einfluss auf die menschliche Motivation hat. Dies geschieht v. a. im schulischen und im betrieblichen Kontext (siehe Abschn. 2.3). Der Mehrwert von Gamification wird in den unterschiedlichsten Anwendungsbereichen zunehmend diskutiert [8].

2.2 Augmented Reality (AR)

Augmented Reality (AR) beschreibt eine Kombination aus Realität und Virtualität durch Überlagerung der Realität mit künstlich geschaffenen virtuellen Inhalten. Die virtuellen Inhalte sind in 3D dargestellt. In der Regel erfolgt AR interaktiv in Echtzeit und der Nutzer nimmt Realität und Virtualität als Ganzes wahr [15]. AR kann mithilfe von AR-Brillen oder auf einem mobilen Endgerät angezeigt werden.

Bildgestützte AR bietet die Möglichkeit digitale Informationen und Medien mit einem physischen „Auslöser" zu verknüpfen. Auslöser können Objekte wie Bilder oder QR-Code sein. Diese werden dann mit der Smartphone- oder Tablet-Kamera erfasst, um anschließend zugehörige Informationen und Medien auf der Benutzeroberfläche zu visualisieren. Bei ortsbasierter AR werden GPS-fähige Smartphones oder Tablets verwendet, um virtuelle Medien an bestimmten Orten zu aktivieren. Dabei wird der Standort des Nutzers getrackt. Nach dem Erreichen eines bestimmten Ortes werden die gewünschten virtuelle Inhalte in der Realität überlagert und auf der Benutzeroberfläche visualisiert [16].

AR-Technologien entwickelten sich in den letzten Jahren stark weiter. Fokussiert wird sich hierbei auf die Verbesserung von Umgebungssensoren für eine realitätsnähere und umfangreichere AR-Projektion. Dies wird nicht zuletzt durch die steigenden Möglichkeiten von günstigerer und leistungsstärkerer Technologie begünstigt. Ein Anwendungsgebiet für AR, das sich derzeit einer besonderen Aufmerksamkeit insbesondere in der Forschung erfreut, ist der Einsatz ebendieser im Bildungsbereich [17].

Im Folgendem sollen gamifizierte Mobile AR-Anwendungen im Kontext der Natur- und Umweltbildung beleuchtet werden.

2.3 Anwendungsbeispiele für Mobile AR Gamification im Kontext der Natur- und Umweltbildung

Die aktuelle Forschungsliteratur im Bereich Mobile AR mit Einsatz von Gamification-Elementen im Kontext Natur- und Umweltbildung bewegt sich überwiegend im Bildungsbereich der Oberstufen- und Hochschulbildung. Fast ausschließlich wird auf eine höhere Lernmotivation bei den Schülern und Studenten abgezielt.

Publikationen zu Digitalisierung von Naturlehrpfaden im Kontext AR Gamification bilden jedoch eine Minderheit. Grund dafür soll die noch immer anhaltende Ablehnung von digitalen Medien innerhalb des klassisch analogen Natur- und Umwelterlebnisses sein. Daneben stellen die Finanzierung der hohen Entwicklungskosten für AR-Techniken eine weitere potenzielle Hürde dar [9]. Ein Beispiel für die Digitalisierung eines Naturlehrpfads ist der Bürgerwald Eggenfeld. Durch das Programm „Waldattraktionen Bayern" der Bayerischen Forstverwaltung des Bayerischen Staatsministeriums für Ernährung, Landwirtschaft und Forsten wurde die Wald-Infrastruktur Anfang 2018 AR-kompatibel ausgebaut. Seit Ende März 2019 dürfen die Waldbesucher mit ausleihbaren AR-Geräten den Wald virtuell erkunden. Es lassen sich vereinzelt Gamification-Elemente in der Demo auf der Waldwebseite erkennen. Der virtuelle Fuchs Aramis animiert den Nutzer, den Wald zu erkunden und Abenteuer zu erleben, indem der Nutzer Aufgaben bewältigt [10].

Des Weiteren findet man in der bestehenden Literatur im Bereich Mobile AR und Gamification eine Vielzahl an Studien mit sogenannten „Geogames". Der Begriff meint ortsbezogene AR-Schnitzeljagden mit Bindung eines virtuellen Spiels an einen realen Ort [11]. Zum Beispiel wurde in einer Studie im Kontext der Umweltbildung der Einsatz von AR und Gamification an chinesischen Universitäten anhand einer Geolocation-App untersucht. Die teilnehmenden Studenten erhielten interaktive und informative Inhalte über die Campus-Umgebung, mit dem Ziel, ihr Umweltwissen und ihr Bewusstsein für Umweltfragen zu erhöhen. Daneben wurden in englischer Sprache Fragen über Biodiversität und nachhaltigen Lebensstil gestellt. Ziel der Studie war es, den Studenten Umweltthemen näher zu bringen und ihre Sprachkenntnisse zu verbessern. Die Ergebnisse zeigten eine verbesserte Lernerfahrung und ein verbessertes Umweltverständnis der Studenten [12].

Ein besonders interessantes Projekt zum Thema Nachhaltigkeit und Umweltschutz stellt eine Studie zum AR-Spiel „PEAR" dar. Ziel war es die Einstellung der Spieler zu verschiedenen Umweltproblemen zu verbessern, wie z. B. die Anhäufung von Abfall, die Aufforstung und die Verschmutzung des Wassers. Der Spieler musste sich um einen Roboter kümmern mit dem Ziel der Wiederbelebung einer postapokalyptischen Erde. Die Ergebnisse legten dar, dass die Probanden mehr Wissen über nachhaltigkeitsbezogene Themen aufzeigten und eine positivere Einstellung gegenüber umweltfreundlichen Verhaltensweisen einnahmen [13].

In einer weiteren Studie zum selbigen Thema entwickelten die Autoren eine AR-basierte mobile Lernanwendung, die Simulationsspiele, Cartoons und Animationen enthält, um abstrakte ökologische Theorien zu veranschaulichen und Nachhaltigkeitsbildung interaktiv zu gestalten. Die Evaluierung der Umweltbildungsspiele zeigte positive Ergebnisse, mit einer signifikanten Verbesserung der Umweltkenntnisse der Teilnehmer nach dem Spielen [21].

In einer Studie im Fachgebiet Astronomie entwickelten die Autoren das AR-Lernspiel „PlanetarySystemGO". Ziel des Spiels war es, das Bewusstsein der Grundschüler für astronomische Konzepte zu sensibilisieren und ihr Lernen in Bezug auf die Planetensysteme in formellen und informellen Lernumgebungen zu fördern. In der AR-Anwendung machten die teilnehmenden Studenten „Jagd" auf Planeten, die einen Stern umkreisen. Die Flugbahnen jedes Planeten wurden auf dem Spielebildschirm visualisiert. Ziel des

Spiels ist es, so viele Planeten wie möglich zu „fangen“ und die höchstmögliche Punktzahl zu erreichen. Auch in dieser Studie zeigten sich positive Ergebnisse hinsichtlich des Spielerlebnisses und der Aneignung pädagogischer und fachlicher Inhalte [14].

3 Gamification-Konzept

3.1 Zielgruppe und Zielgrößen

Es wurde in der Nutzerkontextanalyse im User-Centered-Design-Prozess nach ISO 9241–210 zunächst Personas erstellt. Die Personas repräsentieren die Anforderungen, Motive und Ziele der Zielgruppe. Diese Zielgruppe wird schlussendlich mit der AR-App im Naturlehrpfad in Rappenwört interagieren. Bei der Festlegung der Zielgruppe wurden die Ergebnisse der Nutzergruppenanalyse berücksichtigt [18]. Als Nutzergruppe legte man Oberstufenschüler und ihre Fachlehrer fest. Motivation für die Festlegung auf genau diese Zielgruppe war in erster Linie der medienaffinen jüngeren Generation mittels moderner Technologien und einem Gamification-Konzept Natur- und Umweltthemen näher zu bringen und den Lehrern neue didaktische Methoden zur Lernvermittlung zu ermöglichen. Für die Entwicklung des Gamification-Konzepts stellen sich folgende Fragen:

1. Welche Gamification-Elemente eignen sich für Mobile AR und einen Naturlehrpfad?
2. Lassen sich alle Gamification-Elemente miteinander kombinieren?
3. Inwieweit lassen sich Gamification-Elemente an die Nutzerbedürfnisse und Motive anpassen?

Um diese Fragen zu beantworten bedarf es zunächst einer Methodik für ein strukturiertes Vorgehen bei der Gamification-Konzeptentwicklung im Kontext von Natur- und Umweltbildung. Der nachfolgende Abschnitt beschäftigt sich mit den theoretischen Grundlagen der Methodik zur Gamification-Konzeptentwicklung.

3.2 Methodik

Wie bereits im Abschn. 2.1 erwähnt, ist es schwierig, Gamification-Ansätze an die Bedürfnisse einer Zielgruppe anzupassen [19]. Die Kombination von Gamification-Elementen stelle eine noch größere Herausforderung dar. Als Grund nennen sie – je nach Kombinationslogik – die Veränderung einzelner Gamification-Konzepte für eine bestimmte Zielgruppe. Darüber hinaus gibt es bislang keine Prozesse für die schrittweise Entwicklung von Gamification-Konzepten. In bestehender Fachliteratur werden insgesamt Gamification-Elemente oft zufällig ausgewählt und kombiniert. Daraus resultiert eine fehlende Nutzerzentrierung in den Konzepten und somit auch eine mangelnde Ausrichtung nach den Interessen und Motiven der Zielgruppe sowie ein mangelndes systematisches Vorgehen [19].

Aus diesem Grund soll sich der Konzeptteil der vorliegenden Arbeit am Leitfaden zur nutzerzentrierten Gamification-Konzeptentwicklung von Söllner und Schöbel [19] orientieren. Die Basis des Ansatzes bildet der User-Centered-Design-Prozess nach ISO 9241-210 und MDA-Framework (Mechanics, Dynamics, Aesthetics) von Hunicke et al. [22]. Abb. 1 veranschaulicht den Ansatz von Söllner und Schöbel [19]. Das Vorgehensmodell fokussiert sich auf die Identifizierung von Motiven und Zielen der Nutzer, die Auswahl von Elementen, die Kombination von Elementen und deren Design und Anpassung. Nach Abschluss der einzelnen Phasen werden Designregeln formuliert. Im Folgenden soll kurz auf die einzelnen Schritte des Ansatzes von Schöbel und Söllner [19] eingegangen werden.

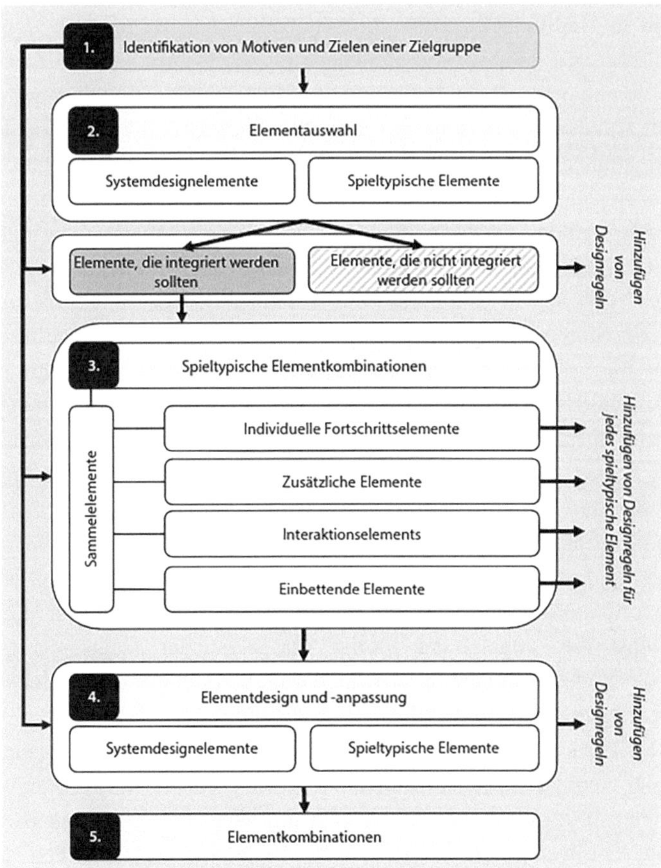

Abb. 1. Ansatz zur Gamification-Konzeptentwicklung nach Söllner und Schöbel [19]

Der erste Schritt ist die Identifikation von Motiven und Zielen einer Zielgruppe. Diese bilden die Basis für die passende Auswahl an Gamification-Elementen, um ein gewünschtes Ergebnis zu erzielen. Zudem bilden sie die Grundlage für die Entwicklung eines nutzerzentrierten Informationssystems.

Als nächstes erfolgt die Auswahl von Systemdesign- und spieltypischen Elementen. Systemdesign- und spieltypische Elemente lassen sich in Unterkategorien unterteilen, denen wiederum Spielmechaniken zugeordnet sind. Abb. 2 verdeutlicht diese Kategorisierung. Basierend auf den Zielen und Motiven der Zielgruppe sollen passende Spielmechaniken ausgewählt werden, die positive Effekte auf die Motivation und Nutzungsverhalten der Zielgruppe haben. Die Autoren beschreiben, dass es grundlegende spieltypische Elemente (Sammelelemente und eingebettete Elemente) gibt, die ohne andere spieltypische Elemente eingesetzt werden können. Jedoch gibt es auch einige andere spieltypische Elemente, die Abhängigkeiten gegenüber den grundlegenden spieltypischen Elementen aufzeigen. Beispielsweise stellen Punkte (Sammelelement) Basiselemente für Level oder Fortschrittsbalken (Individuelle Fortschrittselemente) dar, d. h. nach dem Vorgehensmodell wird ohne den Einsatz von Punkten kein Fortschritt erzielt. Zusätzlich bilden eingebettete Elemente die Basis dafür, ob das Gamification-Konzept auf Belohnungen und/oder Bestrafungen stützt. Für alle anderen Spielmechaniken gelten keine Abhängigkeiten und können beliebig alleine oder in Kombination mit anderen Mechaniken angemessen nach den Motiven und Zielen der Zielgruppe eingesetzt bzw. weggelassen werden. Danach werden – wieder mit Hauptaugenmerkt auf die Ziele und Motive der Zielgruppe – Designregeln für den Einsatz oder das Weglassen bestimmter Elemente formuliert. Im nächsten Schritt geht es um die Kombination von spieltypischen Elementen. Hier soll die die Sinnhaftigkeit der Kombination von Spielmechaniken überlegt werden ggf. unter der Berücksichtigung der Abhängigkeiten von grundlegenden spieltypischen Elementen. Anschließend folgt die Definition von Designregeln jeder Unterkategorie der spieltypischen Elemente in Bezug auf die Ziele und Motive der Zielgruppe.

Im vierten Schritt werden die kombinierten Elemente gestaltet und angepasst. Dies geschieht wieder durch die Definition von Designregeln, die darüber Auskunft geben, wann, wie und wofür die Elemente im Detail eingesetzt werden. Um die Designregeln zu definieren, besteht nach Söllner und Schöbel eine Notwendigkeit der Festlegung einer Lernzielorientierung der Zielgruppe. In ihrem Elementauswahl-Leitfaden wird beschrieben, dass dies anhand der Motive und Ziele der Zielgruppe geschieht. Sie unterscheiden zwischen verhaltens-, erfolgs- und sozialorientierten Zielorientierungen. Anhand dieser Orientierungen werden passende Elemente ausgewählt. So eignen sich beispielsweise Levels und Punkte für einen verhaltensorientierten Nutzer, da sich die Bewältigung der Herausforderungen auf seine Leistung bezieht. Ranglisten wiederum eignen sich für die erfolgsorientierte Zielorientierung. Nutzer mit einer sozial ausgeprägten Lernzielorientierung werden eher von Feedback-Elementen angesprochen.

Tab. 8.2 Zugewiesene Mechaniken

Kategorie/Element	Spielmechanik
Systemdesignelemente	
Übergeordnete Systemdesignelemente	Bedeutung
	Fantasy
	Bekannte Spiele
	Geschichten
Erfolgsbasierte Elemente	Ziele
	Feedback
Dokumentierende Elemente	Reminder
Begleitende Elemente	Virtueller Charakter
Spieltypische Elemente	
Individuelle Fortschrittselemente	Level
	Fortschrittsbalken
	Virtuelle Güter
Sammelelemente	Punkte
	Abzeichen
Zusätzliche Elemente	Bonus
Interaktionselemente	Wettbewerb
	Rangliste
	Kollaboration
	Handel
Einbettende Elemente	Belohnung
	Verlust

Abb. 2. Kategorisierung der Systemdesign- und spieltypische Elemente nach [19]

Schließlich werden im fünften Prozessschritt alle Ergebnisse und Designregeln der ausgewählten und kombinierten Elemente zusammengefasst und deren Gestaltung und Anpassung beschrieben.

Im nächsten Abschnitt wird nun der oben beschriebene Gamification-Konzeptleitfaden in das vorliegende Projekt implementiert. Als Ergebnis werden gemäß nach dem User-Centered-Design-Prozess nach ISO 9241-210 Anforderungen an das Gamification-Konzept formuliert.

3.3 Ergebnisse

Personas. Wie in Abschn. 3.1 beschrieben, wurden drei verschiedene Personas nach dem User-Centered-Design-Prozess nach ISO 9241-210 erstellt, die die Zielgruppe des vorliegenden Projekts repräsentiert. Bei der Festlegung der Zielgruppe wurden die Ergebnisse der Nutzergruppenanalyse berücksichtigt [18]. In dieser wurden detaillierte Umfragen mit potenziellen Nutzern durchgeführt. Diese Daten flossen in die Entwicklung der Personas mit ein. Persona 1 „Leonie“ stellt eine naturverbundene und umweltbewusste Oberstufenschülerin dar. Zu ihren größten Interessen zählen Klimaschutz und Nachhaltigkeit. Ihre Bedürfnisse sind die Vernetzung mit Gleichgesinnten und über das Weltgeschehen Bescheid zu wissen. Persona 2 „Timo“ ist ein Oberstufenschüler, der lebensfroh, tierlieb und neugierig ist und sich gerne für neue Dinge motiviert. Am meisten Interesse zeigt er an Musik und Gaming. Für ihn sind Spaß, Abenteuer und Abwechslung wichtig. Persona 3 „Stefan Sommer“ ist eine umweltpassionierte und extrovertierte Lehrkraft, die Interesse an Geocaching, Sport und Reisen zeigt. Zu seinen Bedürfnissen zählen neue Lehrformate auszuprobieren, bei Schülern die Begeisterung zu wecken und deren Zusammenhalt zu stärken.

Anforderungen an das Gamification-Konzept. Es kann gesagt werden, dass die Repräsentanten der Zielgruppe ähnliche Lernzielorientierungen aufweisen. Fasst man diese zusammen, geht man hier von einer sozial ausgeprägten Zielorientierung aus mit Bezug zur Natur und einem Hang zu neuen Dingen. Für diese Zielorientierung wurden passende Gamification-Elemente ausgewählt. Für das Gamification-Konzept war die Auswahl von Gamification-Elementen passend zur Zielgruppe von großer Wichtigkeit, um den Bedürfnissen der Nutzenden und den Anforderungen des Projekts gerecht zu werden. Zusätzlich darf nicht die Auswahl von angemessenen Elementen für den AR- und Naturlehrpfadkontext außer Acht gelassen werden [19]. Tab. 1 gibt einen Überblick über die integrierten Gamification-Elemente und eine kurze Erläuterung über deren Umsetzung. Als Systemdesignelement soll zunächst die Zielgruppe anhand einer Geschichte (1) durch die interaktive Anwendung geleitet werden. Dadurch kann der Nutzer in eine bestimmte Richtung hinarbeiten und ihm soll ersichtlich werden, was und warum er bestimmte Dinge tun soll. Dabei sollen Ziele (2) in Form von Herausforderungen oder der Ausübung verschiedener Aufgaben einen klaren Anhalt geben. Als begleitendes Element soll ein virtueller Charakter (3) eingesetzt werden, der individuell gestaltbar ist. Das führt beim Nutzer zu einer verstärkenden Identifikation mit dem Charakter und zu der damit einhergehenden positiven Beeinflussung der intrinsischen Motivation. Zudem soll der Charakter den Nutzer durch das Spiel begleiten und Anweisungen geben. Als belohnender Effekt und für die Bewältigung der Aufgaben sollen als spieltypisches Element virtuelle Güter (4) vom Nutzer gesammelt werden. Diese sollen genutzt werden, um nach der erfolgreichen Bewältigung der Aufgaben Abzeichen (5) zu erhalten. Schließlich soll der Nutzer auf seinen Erfolg/Misserfolg durch Feedback (6) aufmerksam gemacht werden. Als zusätzliches Feedback soll eine Anzeige mit den noch zu sammelnden Gütern und Abzeichen eingesetzt werden.

Gestaltungslösung. Die Ausarbeitung der Gamification-Elemente und dessen Gestaltungslösung nach ISO 9241-210 wird im Folgenden präsentiert. Bei Erstanwendung der AR-Applikation wird der Nutzer zunächst in den Kontext des Auenwaldes eingegliedert. Der virtuelle Vogel „Pirola“ (virtueller Charakter (3)) begrüßt den Nutzer und bittet ihn um die Hilfe zur Suche und Befreiung seiner Tierfreunde (Geschichte (1)). Bevor sich der

Tab. 1. Ergebnisse des Think-Aloud-Protokolls

Gamification Elemente	Umsetzung	Positiv	Negativ
(1) Geschichte	Nutzer hilft Pirola ihre Freunde im Auenwald zu finden	x	
(2) Ziele	Quests in Form von Aufgaben, die der Nutzer durchführen muss, um Schlüssel zu sammeln		x
(3) Virtueller Charakter	Vogel Pirola als Leitender Charakter durch die Geschichte; Pirola Konfigurator zu Beginn der Anwendung	x	
(4) Virtuelle Güter	Schlüssel werden gesammelt, um Pirolas Freunde zu befreien		x
(5) Badges	Nutzer erhält Wissensbadges und Tierbadges nach erfolgreicher Bewältigung der Quests		x
(6) Feedback	Information über Erfolg/Misserfolg nach Bewältigung der Quests	x	

Nutzer und Pirola ins Abenteuer begeben, konfiguriert der Nutzer dem virtuellen Charakter ein individuell angepasstes Aussehen. Dabei kann der Nutzer dem Vogel verschiedenen Schuhe und Accessoires auswählen (Abb. 3). Anschließend erscheint das Dashboard der Applikation. Darauf ist eine Karte mit gelb markierten Punkten zu sehen. Diese markieren die Standorte der Lehrpfadstationen (Abb. 4). Um Pirolas Freunde zu befreien, muss der Nutzer Aufgaben an den Stationen in Form von Quests bewältigen (Ziele (2)). Diese Quests kommen thematisch den realen Stationen im Naturlehrpfad am Naturschutzzentrum gleich. Beispielsweise beinhaltet die erste Station im Lehrpfad das Thema der Begradigung und Schiffbarmachung des Oberrheins. So besteht die Aufgabe der ersten Quest darin, ein Quiz über dieses Thema zu bewältigen.

Hauptaufgabe der Nutzer ist es, bei der Meisterung der Quests alle Schlüssel (virtuelle Güter (4)) zu sammeln, die anschließend dazu verwendet werden, die Waldtiere im AR-Modus zu befreien. Abb. 5 veranschaulicht dieses Prozedere. Die virtuellen Tiere werden als animierte 3D-Objekte angezeigt. Nach erfolgreicher Befreiung werden pro Waldtier ein Tier-Badge vergeben. Und nach jeder zweiten erfolgreich gemeisterten Quest wird ein Wissen-Badge vergeben (Abzeichen (5)). Beispiele für die Badges werden in Abb. 6 veranschaulicht. Als Feedback (6) erscheint ein Pop-Up, in dem der User über seinen Badge-Erhalt benachrichtigt wird. Die vergebenen Badges werden anschließend im Trophäen-Archiv hinzugefügt. Abb. 6 zeigt das Trophäen-Archiv mit den Tier- und Wissen-Badges. In Abb. 6 werden in einer Anzeige im rechten oberen Bereich alle bisher gesammelten Badges und Schlüssel visualisiert. Zudem gibt diese Auskunft über die noch zu erspielenden Schlüssel und Badges (Feedback).

Abb. 3. Pirola-Konfigurator

Evaluation. Um das Gamification-Konzept zu evaluieren nach dem User-Centered-Design-Prozess nach ISO 9241-210 wurden in der abschließenden UCD-Phase Usability Tests mit der Nutzergruppe durchgeführt. Jedoch bestand im Evaluierungsprozess nicht die Möglichkeit mit der oben genannten Zielgruppe zu testen. Hierfür wurden stattdessen Studenten zwischen 21 und 26 Jahren herangezogen. Die Nutzer wurden anhand von acht Aufgaben durch den Prototyp geleitet. Die Aufgaben dienten dazu, aufgestellte Hypothesen zur App-Verwendung zu beantworten. Bei der Durchführung der Aufgaben sollten sie ein Think-Aloud-Protokoll durchführen. Hier kommentierte der Nutzer alle seine Tätigkeiten mit dem Prototyp und teilte zudem seine Gedanken laut mit. Anschließend füllte die Nutzergruppe einen User Experience Questionnaire (UEQ) aus. Der Fragebogen erlaubt eine schnelle Messung verschiedener Kriterien der Softwarequalität. Unter den Kriterien zählen Faktoren wie Attraktivität, Durchschaubarkeit, Effizienz, Vorhersagbarkeit, Stimulation und Originalität. Zusätzlich wurde eine offene qualitative Fragestellung am Ende des Fragebogens für weitere Anmerkungen, Kritik oder Lob aufgeführt. Die Ergebnisse des UEQs werden in Abb. 7 veranschaulicht. Die Ergebnisse zeigen eine positive Bilanz hinsichtlich des Nutzererlebnisses in allen Kategorien. Da der Fragebogen für die Evaluation des Nutzererlebnisses ausgelegt ist, können nur bedingt Schlussfolgerungen zur

Abb. 4. Map-Dashboard

Evaluation des Gamification-Konzeptes beigetragen werden. Aus der offenen Fragestellung und dem Think-Aloud-Protokoll der Nutzer lassen sich jedoch einige qualitative Tendenzen abzeichnen. Tab. 1 gibt ein Stimmungsbild des Think-Aloud-Protokolls wieder. Aus dem Protokoll gingen auch qualitative Ergebnisse hinsichtlich der Lernmotivation hervor. Alle Teilnehmenden beschrieben eine verstärkte Motivation hinsichtlich des Natur- und Umweltthemas durch die eingegliederten Gamification-Elemente.

Betrachtet man die Ergebnisse hinsichtlich des Gamification-Konzeptes kann gesagt werden, dass das spieltypische Element Schlüssel (virtuelle Güter) in 5 von 15 Fällen zu Verwirrung beigetragen hatte. Es wäre nicht sofort klargeworden, wofür das Sammeln und der Einsatz der Schlüssel gut sei. Dies gilt auch für das Gamification-Element Badge (Abzeichen). Einige Nutzer sahen ebenfalls keinen Sinn hinter diesem spieltypischen Element und müssten mit zusätzlichen Informationen versehen werden. Außerdem schienen einigen Nutzern nicht ganz ersichtlich gewesen zu sein, dass die Quests das Pendant zu den analogen Stationen sein sollten. Die Hälfte der Nutzer bemängelte die fehlende Erläuterung zur Bewältigung der Quests. Hier ist jedoch anzumerken, dass es einem Großteil der Nutzergruppe nicht möglich war, den Auenerlebnispfad und die Stationen selbst zu besuchen, wodurch diese Parallele womöglich eher ersichtlich gewesen wäre. Alle

Abb. 5. Befreiung der Tiere im AR-Modus

anderen Gamification-Elemente schienen eine große Akzeptanz bei der Nutzergruppe zu erhalten.

Vergleich mit bestehenden Ansätzen aus der Forschungsliteratur. In dieser Arbeit wurde ein Konzept für mobile Endgeräte entwickelt, das in den Kontext anderer AR-Games und Gamification-Ansätze eingeordnet werden kann. Im Vergleich zeigt sich, dass viele bestehende AR-Spiele nicht auf spezifische Umgebungen wie einen Naturerlebnispfad zugeschnitten sind. Viele Anwendungen fokussieren sich beispielsweise auf städtische Umgebungen, Wälder (ohne Lehrpfade) oder allgemeinbildende Inhalte [11–14, 21]. Die vorliegende Gestaltungslösung hebt sich dadurch ab, dass sie speziell für den Naturlehrpfad in Rappenwört konzipiert wurde, was ein kontextbezogenes Lernen ermöglicht. Diese Anpassung an die natürlichen Gegebenheiten und spezifischen Inhalte des Pfades stellt einen Mehrwert dar, der in anderen Anwendungen häufig fehlt. Es muss jedoch angemerkt werden, dass im Evaluierungsprozess keine Gelegenheit bestand, mit der eigentlichen Zielgruppe direkt am Naturerlebnispfad zu testen. Eine eingehendere Untersuchung des fachlichen Hintergrunds des Naturerlebnispfades sowie seiner spezifischen Anforderungen hätte das Projekt erheblich bereichern können.

Abb. 6. Trophäen-Archiv

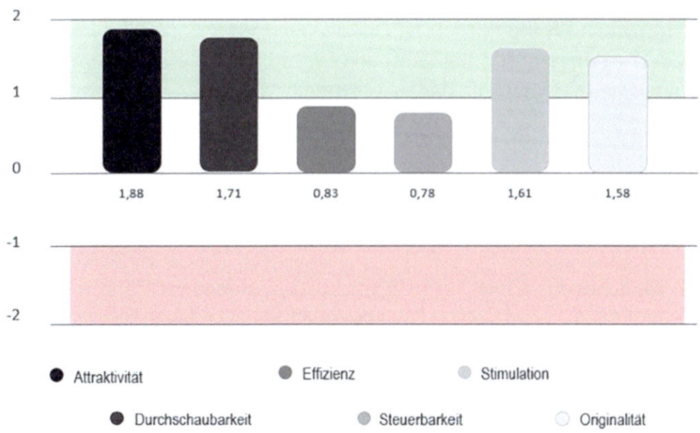

Abb. 7. Ergebnisse des UEQ

4 Fazit und Ausblick

In dieser Arbeit wurde ein Gamification-Konzept für eine AR-App im Kontext eines Naturlehrpfads präsentiert. Die Ergebnisse zeigen die konzeptuelle Ausarbeitung einer Auswahl und passenden Kombination von Gamification-Elementen in Abhängigkeit von der Zielgruppe. Qualitative Ergebnisse zeigen, dass alle Teilnehmenden eine verstärkte Lernmotivation hinsichtlich des Natur- und Umweltthemas durch die Gamification-Elemente beschreiben.

Es ist jedoch zu beachten, dass bei der vorliegenden konzeptuellen Ausarbeitung im Evaluierungsprozess keine Möglichkeit bestand, mit der eigentlichen Zielgruppe am Zielort zu testen. Eine tiefergehende Auseinandersetzung mit dem fachlichen Hintergrund des Naturerlebnispfades sowie dessen spezifischen Anforderungen hätte diese Arbeit erheblich bereichern können. Ein solcher Kontextbezug wäre entscheidend gewesen, um eine noch passendere Gesamtlösung zu entwickeln, die nicht nur auf Gamification-Prinzipien, sondern auch auf den fachlichen Anforderungen und Zielen des Naturerlebnispfades basiert.

Die herausgearbeiteten Erkenntnisse verdeutlichen zudem die Bedeutung einer klaren und verständlichen Kommunikation bezüglich Gamification-Elementen für Mobile AR-Anwendungen. Diese müssen den Nutzern deutlich erklärt werden, um Missverständnisse und Verwirrung zu vermeiden. Eine erhöhte Sensibilisierung der Nutzer für die Ziele und Mechaniken des Gamification-Konzepts kann ebenfalls dazu beitragen, das Engagement und die Interaktion zu steigern.

Danksagung Wir danken für die Förderung dieser Arbeit im Rahmen der Digitalisierungsstrategie des Landes Baden-Württemberg (digital.länd) und für die Unterstützung durch das Ministerium für Umwelt, Klima und Energiewirtschaft Baden-Württemberg.

Literatur

1. Ministerium für Umwelt, Klima und Energiewirtschaft Baden-Württemberg. (2021). *Umwelt 4.0.* https://um.baden-wuerttemberg.de/de/umweltnatur/nachhaltigkeit/nachhaltige-digitalisierung/projekte/umwelt-digital-40.
2. Deterding, S., Dixon, D., Khaled, R., & Nacke, L. (2011). From game design elements to gamefulness. *Proceedings of the 15th International Academic MindTrek Conference Envisioning Future Media Environments* (S. 9–15). ACM. https://doi.org/10.1145/2181037.2181040.
3. Zichermann, G., & Cunningham, C. J. L. (2011). *Gamification by design: Implementing game mechanics in web and mobile apps,* O'Reilly Media, Inc.
4. Kapp, K. M. (2012). *The gamification of learning and instruction: Game-based Methods and Strategies for Training and Education.* John Wiley & Sons.
5. Werbach, K., & Hunter, D. (2012). *For the Win: How Game Thinking Can Revolutionize Your Business.* Wharton School Press.

6. Brandstätter, V., Achtziger, A., & Gollwitzer, P. M. (2015). Motivation und Volition. In A. Schütz, M. Brand, H. Selg, & S. Lauterbacher (Hrsg.), *Psychologie: Eine Einführung in ihre Grundlagen und Anwendungsfächer* (5. Auflage, S. 173–188). Kohlhammer.
7. Becker, F. (2019). *Mitarbeiter wirksam motivieren: Mitarbeitermotivation mit der Macht der Psychologie*. Springer.
8. Warmelink, H., Koivisto, J., Mayer, I., Vesa, M., & Hamari, J. (2020). Gamification of production and logistics operations: Status quo and future directions. *Journal of Business Research 2020*, 106, 331–340. https://doi.org/10.1016/j.jbusres.2018.09.011.
9. Dotterweich, M. (2021). *Erlebnispfade in das digitale Zeitalter*. Umweltbildung Digital – Natur- und Umweltbildung mit digitalen Techniken. https://umweltbildung-digital.de/erlebnispfade-in-das-digitale-zeitalter.
10. Bürgerwald Eggenfeld. (2018). *Bürgerwald Augmented Reality: Eine Entdeckungsreise mithilfe modernster Technik – ein virtueller Fuchs begrüßt Sie im Wald*. https://buergerwald.eggenfelden.de/ar/.
11. Feulner, B. (2020). *SpielRäume: Eine DBR-Studie zum mobilen ortsbezogenen Lernen mit Geogames*. Hochschulverband für Geographiedidaktik. readbox publishing.
12. Mei, B., & Yang, S. (2019). Nurturing environmental education at the tertiary education level in China: Can mobile augmented reality and gamification help? *Sustainability, 11*(16), 4292. https://doi.org/10.3390/su11164292.
13. Wang, K., Tekler, Z. D., Cheah, L., Herremans, D., & Blessing, L. (2021). Evaluating the effectiveness of an augmented reality game promoting environmental action. *Sustainability*, 13(24), 13912. https://doi.org/10.3390/su132413912.
14. Patrício, J., Costa, C., & Manso, A. (2019). A Gamified Mobile Augmented Reality System for the Teaching of Astronomical Concepts. *14th Iberian Conference on Information Systems and Technologies (CISTI),* 1–5. IEEE. https://doi.org/10.23919/cisti.2019.8760658
15. Azuma, R. (1997). A survey of augmented reality. *Presence: Teleoperators & Virtual Environments, 6*(4), 355–385. https://doi.org/10.1162/pres.1997.6.4.355.
16. Kamarainen, A., Reilly, J., Metcalf, S., Grotzer, T. A., & Dede, C. J. (2018). Using Mobile Location-Based Augmented Reality to support outdoor learning in undergraduate ecology and environmental science courses. *Bulletin of the Ecological Society of America, 99*(2), 259–276. https://doi.org/10.1002/bes2.1396.
17. Lampropoulos, G., Keramopoulos, E., Diamantaras, K., & Evangelidis, G. (2022). Augmented Reality and Gamification in Education: A systematic literature review of research, applications, and empirical studies. *Applied Sciences*, 12(13), 6809. https://doi.org/10.3390/app12136809.
18. Trefzger, M. (2022). *Umwelt Digital 4.0: Gremiensitzung 12.10.22*. Hochschule Karlsruhe. Institut für Ubiquitäre Mobilitätssysteme.
19. Schöbel, S., & Söllner, M. (2019). Leitfaden für die Identifikation, Auswahl und Kombination von Gamification-Elementen am Beispiel des Lernkontextes. In *Kompetenzmanagement in Organisationen* (S. 143–164). https://doi.org/10.1007/978-3-662-59390-5_8.
20. Hahn-Woernle, L., Schillinger, W., Schlachter, T., Doms, N., Trefzger, M., Schlegel, T., Wolf, A., & Preiß, A. (2022). Umweltinformationen Digital 4.0. In *Springer eBooks* (S. 201–225). https://doi.org/10.1007/978-3-658-39796-8_13.
21. Ma, M., Dik, M., & Fung, W. (2023). Turning Grey to Green: Engaging Gamification in Sustainability Education with Augmented Reality Technology. *Proceedings Of The 17th European Conference On Games-based Learning*, 17(1), 361–370. https://doi.org/10.34190/ecgbl.17.1.1384.
22. Hunicke, R., Leblanc, M., & Zubek, R. (2004). MDA: A Formal Approach to Game Design and Game Research. In *AAAI Workshop Papers 2004*. https://cdn.aaai.org/Workshops/2004/WS-04-04/WS04-04-001.pdf.

MIX
Papier aus verantwortungsvollen Quellen
Paper from responsible sources
FSC® C105338

If you have any concerns about our products,
you can contact us on
ProductSafety@springernature.com

In case Publisher is established outside the EU,
the EU authorized representative is:
Springer Nature Customer Service Center GmbH
Europaplatz 3, 69115 Heidelberg, Germany

Printed by Libri Plureos GmbH
in Hamburg, Germany